普通高等教育"十一五"国家级规划教材

材料力学（Ⅰ）

第5版

孙训方　方孝淑　关来泰　编
胡增强　郭　力　江晓禹　修订

高等教育出版社
HIGHER EDUCATION PRESS

内容提要

本书为普通高等教育"十一五"国家级规划教材,在第四版(普通高等教育"十五"国家级规划教材)的基础上修订而成。本书第5版保留了原版概念确切、说理透彻、内容丰富的特点和相邻两版间的连续性,内容是按照教育部力学基础课程教学指导分委员会最新制订的"材料力学课程基本要求(A 类)"修订的,共分Ⅰ、Ⅱ两册。《材料力学(Ⅰ)》包含了材料力学的基本内容,可供 50～60 学时的材料力学课程选用;《材料力学(Ⅱ)》包含了材料力学较为深入的内容,补充较多学时材料力学课程教学要求的内容,以及为有潜力的学生留有深入学习的余地。

本书为《材料力学(Ⅰ)》,共9章,内容包括:绪论及基本概念、轴向拉伸和压缩、扭转、弯曲应力、梁弯曲时的位移、简单的超静定问题、应力状态和强度理论、组合变形及连接部分的计算、压杆稳定。

本书适用于高等学校土建、水利类各专业,也可供其他专业及有关工程技术人员参考。

本书配有《材料力学学习指导》、《材料力学电子教案与习题解答》和《材料力学网上作业与查询系统》,可作为本书的参考资料配合使用。

图书在版编目(CIP)数据

材料力学.Ⅰ/孙训方,方孝淑,关来泰编.—5版.
北京:高等教育出版社,2009.7
ISBN 978-7-04-026473-9

Ⅰ.材… Ⅱ.①孙… ②方… ③关… Ⅲ.材料力学-高等学校-教材 Ⅳ.TB301

中国版本图书馆CIP数据核字(2009)第068010号

策划编辑 黄　毅　责任编辑 张玉海　封面设计 王　睢　责任绘图 尹　莉
版式设计 余　杨　责任校对 胡晓琪　责任印制 宋克学

出版发行	高等教育出版社	购书热线	010-58581118
社　　址	北京市西城区德外大街4号	咨询电话	400-810-0598
邮政编码	100120	网　　址	http://www.hep.edu.cn
总　　机	010-58581000		http://www.hep.com.cn
经　　销	蓝色畅想图书发行有限公司	网上订购	http://www.landraco.com
印　　刷	高等教育出版社印刷厂		http://www.landraco.com.cn
		畅想教育	http://www.widedu.com
开　　本	787×960　1/16	版　　次	1982年1月第1版
印　　张	26		2009年7月第5版
字　　数	490 000	印　　次	2010年11月第9次印刷
		定　　价	33.30元

本书如有缺页、倒页、脱页等质量问题,请到所购图书销售部门联系调换。

版权所有　侵权必究

物料号　26473-00

第 5 版序言

本教材的第四版于2002年8月出版以来,得到广大高等工科院校力学教师的认同而被选用。第 5 版在保留原教材概念深入浅出,说理透彻,内容丰富、翔实的特色,以及保持教材连续性的基础上进行了修订,同时广泛征求了工科院校材料力学教师的意见。第 5 版的体系仍保持为相对独立的《材料力学(Ⅰ)》和《材料力学(Ⅱ)》,主要进行了以下几方面的工作:

1. 将《材料力学(Ⅰ)》第一章中的"材料力学与生产实践的关系"改写为"材料力学发展概述",以便读者对材料力学的建立和发展有个大致的概貌。

2. 在《材料力学(Ⅰ)》第二章"轴向拉伸和压缩"中,编入了可靠性设计的概念,使学生对可靠性原理在结构设计中的应用,能有初步的基本了解。

3. 在《材料力学(Ⅰ)》第五章的"梁挠曲线的初参数方程"中引入了奇异函数,使初参数方程更具有普遍性,从而适用于梁在各种荷载作用下的位移计算。

4. 对于思考题,适当删减类似名词解释的题目,增加一些具有启发、思考性的题目,以深化对基本概念和基本理论的理解。

5. 对于例题和习题,适当减少简单套用公式的"基本题",增设一些联系工程实际和较为深入的题目,以培养学生分析、解决问题和综合、创新的能力,并在例题中列出了解题步骤,以明确解题思路。对于较为深入(带星号)的习题,给出了"提示",以期有助于读者分析、思考。

6. 第 5 版对文字叙述进行了全面修订,力求简练、确切、规范、严谨。

除了以上几方面外,本书第 5 版根据国家标准的更新,也进行了相应的修订。

参加第 5 版修订工作的有胡增强、郭力(东南大学)和江晓禹(西南交通大学),并由胡增强主持修订。大连理工大学郑芳怀教授对书稿进行了认真、细致的审阅,并提出了很多建设性的意见,为提高第 5 版教材的质量作出了贡献,特此致谢。此外,东南大学钱伯勤教授、西南交通大学葛玉梅教授、江苏科技大学景荣春教授及众多兄弟院校的同仁对第 5 版的修订工作均提供了不少宝贵的意见,谨此一并致谢。

希望采用本教材的广大教师和读者,对使用中发现的问题,提出宝贵意见和建议,以利于今后再次修订,使之更臻完善。

修订者
2008 年 10 月

第四版序言

本教材的第一版于1979年4月出版,第二版于1987年4月出版,第三版于1994年9月出版。第三版教材于1996年获国家教育委员会第三届全国普通高等学校优秀教材一等奖,并被台湾和香港地区的大学选用,由台湾科技图书股份有限公司出版繁体字版。随着科学技术的发展和教育改革的深入,为更好地适应当前的教学要求,编者在征集高校材料力学教师意见的基础上,于2000年7月开始对第三版进行修订。第四版在保留原版概念深入浅出、内容丰富的特色,以及相邻两版间的连续性的基础上,将原书的上、下册修订为相对独立的《材料力学(Ⅰ)》和《材料力学(Ⅱ)》。《材料力学(Ⅰ)》包含了材料力学的基本内容,以适应50~60学时材料力学课程的教学需要;《材料力学(Ⅱ)》包含了材料力学较为深入的内容,补充较多学时材料力学课程的教学要求的内容,以及为有潜力的学生留有深入学习的余地。第四版主要作了如下工作:

1. 拉压、扭转和弯曲的超静定问题集中成独立的一章,以使对超静定问题的解法有统一的认识。

2. 应力状态和强度理论合并成一章,既使篇幅较为紧凑,也明确了讨论问题的目的性以及两者的内在联系。

3. 组合变形与连接部分的计算合并成一章,除精简篇幅外,使这一章成为在基本变形后,求解工程实际问题的内容。

4. 考虑材料塑性的极限分析集中成章,除极限扭矩和极限弯矩外,增加了拉压杆系极限荷载的内容,并放入《材料力学(Ⅱ)》中,以使对材料的塑性和考虑材料塑性的极限分析有较为全面、完整的认识,且便于教学安排。

5. 应变分析和电阻应变计法基础合并成一章,删去了原来实验应力分析基础中的光弹性法和全息光弹性法的内容,以适应当前的教学实践。

第四版对教材的文字叙述、例题、思考题和习题设置进行了适当精简,着重课程的教学基本要求,有利于培养学生的能力,提高教材的适用面。第四版中的名词术语、量和单位的名称、符号及书写规则等,根据国家标准作了全面修订。

第四版修订的指导思想和修订大纲,由孙训方教授(西南交通大学)确定,具体的修订工作由胡增强教授(东南大学)执笔完成。北京航空航天大学单辉祖教授对书稿进行了审阅,并提出了很多宝贵意见,为提高第四版教材的质量作出了贡献,特此致谢。

希望采用本教材的广大师生和读者,对使用中发现的问题,提出宝贵意见和建议,以利于今后再次修订,使之更臻完善。

修订者

二〇〇一年十月

第三版序言

这套教材的第一版于1979年4月出版,第二版于1987年4月出版。在第二版中主要删去了断裂力学基础一章,其余仅作了少量的修改和勘误。在本书十多年的使用过程中,国家教委制订了"材料力学课程教学基本要求",国家颁布了新版的"钢结构设计规范"、"木结构设计规范"等。因此,本书的一些内容已不太适应目前的教学需要。在广泛征求工科院校材料力学教师意见的基础上,编者于1991年6月开始对第二版进行修订。为了维持原书的特色,并避免相邻两版间的突变,第三版主要作了如下工作:

1. 弯曲问题中有些属于进一步研究的内容,集中起来另立一章。这样便于教师根据教学要求选用,可以完全不讲,也可以选讲其中的部分节、段。为此,该章中各节均加上*号。

2. 剪切与连接件的计算独立成章,并安排在拉压、扭转、弯曲变形各章之后,以便讲授受扭和受弯构件连接部分的计算。

3. 在强度理论一章中,编入了我国学者首创的双剪应力强度理论。由于该理论目前正在进一步发展,并尚未纳入有关规范,因而,本书主要介绍该理论的基本原理及依据,并给出相应的强度判据。对其适用范围则未详加讨论。

4. 压杆稳定分成两章。前一章属于基本要求的内容,原书中的压杆稳定系数表及有关曲线,以新版的钢结构和木结构设计规范中的稳定系数表和计算公式代替。当然,在引用有关设计规范时,以有代表性的材料(如 Q235 钢①)为限,主要给初学者一个概念。后一章是压杆稳定问题的进一步研究,以及其他弹性稳定问题的简介。这些内容对于理解弹性失稳的物理实质及拓宽知识面是很有好处的,供教师和学生选用。因而,该章的各节均加上*号。

5. 在能量方法一章中,把重点放在应变能概念和卡氏定理及其应用上,而把虚功原理及单位力法放在后面,并加上*号。这主要是考虑与后续的结构力学课程相衔接。对于无结构力学课程的专业,可仍以虚功原理和单位力法为主。

6. 有关动荷载的内容从基本变形的各章中集中起来,并与交变应力合并编为一章,主要是有利于教学安排。对疲劳破坏与疲劳强度的内容作了较大的改动,并以新版钢结构设计规范中的构件疲劳折减系数表,代替了原来的疲劳折减系数曲线和公式,以加强与钢结构中疲劳计算方法间的联系。

---

① Q235 钢是国家标准 GB 700—1988 的钢牌号,相当于旧标准钢牌号的 A3 钢。

7. 实验应力分析与理论分析计算相辅相成,在材料力学课程中均安排了一定的实验课。为了使学生对实验应力分析有较系统的认识,仍保留了实验应力分析基础一章,且对电阻应变计法的原理及应用这一节作了较大的改动,以供学生在实验课中参考,并对全章加上 * 号。

8. 在材料力学性能的进一步研究一章的低应力脆断·断裂韧度一节中,简单介绍了线弹性断裂力学的一些基本概念,以充实该节的内容。

除了以上几方面的更动外,在第三版中,各章还编写了思考题,适当增加了一些例题和习题。这是为帮助学生理解基本概念和因材施教创造条件。本书第三版采用高等教育出版社根据国家标准的规定和惯用情况整理的名词符号表。

参加第三版修订工作的有孙训方(西南交通大学)、胡增强(东南大学)、金心全(西南交通大学),并由孙训方主持修订。哈尔滨建筑工程学院的干光瑜教授对书稿进行了审阅,并提出了很多宝贵的意见,对提高第三版的质量作出了贡献,特此致谢。希望采用本教材的广大教师和读者,对使用中发现的问题,提出宝贵意见和建议,以利于今后再次修订,使之更臻完善。

编 者

一九九三年八月

第二版序言

这本教材问世以来，经很多学校采用为教科书，出版社曾要求此书的编者们，根据当前的教育改革形势，对该书进行一次全面的修订。但修订本要在一两年后才能付印，而原书的纸型已不能再用。为了满足各校对此书的需要，出版社只好将原书重新排版印刷。

根据近年来使用这本教材的师生们反映，原书第十四章，线弹性断裂力学基础，不可能在现行教学计划所规定的学时数内讲授，而作为选修课程的断裂力学基础，近年来已有很多教本可供选用。因此，利用这次重新排版的机会，将原书第十四章及与之有关的附录6"常用应力强度因子表"，一并删去。同时，将低应力脆断·断裂韧度作为材料的力学性能，以§13-10的形式写进第十三章中。此外，还对原书特别是下册中的部分内容作了一些更动；对原书中排版的不当处也尽量作了更正。

希望采用这本教材的广大教师和读者在使用此重排本后能继续给我们提出宝贵意见，在本书修订时加以改进。

编 者

一九八六年七月

第一版序言

本书是根据一九七七年十一月教育部委托召开的高等学校工科基础课力学教材会议上讨论的土建类专业多学时类型的《材料力学》教材编写大纲编写的。同时,在内容上也适当地照顾到其他专业的需要,因此,只需将引例和例题略加增删或改动,并对个别专题的内容加以补充,本书也可用作其他专业多学时类型《材料力学》课程的试用教材。

在本书的基本部分中,较多地引用了一九六四——一九六五年孙训方、方孝淑、陆耀洪编写的《材料力学》一书的有关内容,但按上述编写大纲的要求和一些兄弟院校材料力学教师的意见,作了必要的增删和修改。例如删去了动荷载一章,而将其主要内容作为例题安排在第二、三、五等章中,这样既可使读者从基本变形形式开始就接触到动荷载问题,又能及时将基本变形形式中的能量概念用于计算,以加深对能量方法的理解。此外,在对问题的分析方面还作了必要的充实,并增加了较多的例题。在各章后附上了习题,习题答案在附录中给出。这样的安排都是为使本书更便于自学。

本书除了对基本变形形式下的内力分析、应力计算公式的推导及其适用的条件性,以及位移计算中的边界条件等特别给以重视外,还对稳定性的概念、临界力公式的推导、能量原理的基本概念和方法等都予以加强。对于单元体和应力状态、变形能、叠加原理等概念和方法则分散在有关各章中逐步引出概念,并通过例题、习题加以应用,以收到反复巩固的功效。编者希望通过这样的处理,使材料力学中的主要内容能使读者切实学到手。断裂力学作为常规强度计算的补充,近年来有了很大的发展。本书用专章着重介绍了线弹性断裂力学的一些基本原理和简单的应用,这些都是断裂力学的重要基础。至于对线弹性断裂力学的进一步研究以及弹塑性断裂力学的内容,就只能由专门的课程来介绍了。

本书对于一些次要内容的处理办法是:在属于次要内容的章节前加上*号或将其安排在例题中,这样做可便于教师的取舍。由于材料力学内容较为丰富,专业要求又不尽相同,建议教师在使用本书时,根据专业的特点选用有关的章节进行教学。对于有些专业,限于学时的安排,也可以把主要精力放在基本部分上,而将专题部分作为选修的内容。

本书的字符和下标尽量保持与我国现行的有关手册和规范中所采用者一致。至于各种量的单位则主要以国际制单位为准,在少数插图中由于原始资料不便改动,仍保留了原有的公制单位。本书还附有一些主要常用量的公制单位与国际制单位的换算表，以便查用。

在本书编写过程中，西南交通大学、大连工学院和南京工学院三校的领导同志给予了大力支持。担任本教材主审的武汉水利电力学院粟一凡同志以及参加审稿会的武汉水利电力学院、成都科学技术大学、哈尔滨工业大学、华东水利学院、西安冶金建筑学院、江西工学院、重庆建筑工程学院、天津大学、同济大学、北京工业大学、太原工学院、清华大学、北京建筑工程学院和西南交通大学、大连工学院、南京工学院等院校的代表对本书的初稿提供了宝贵的意见。西南交通大学材料力学教研室奚绍中同志等对本书初稿特别是其中的例题及习题进行了校阅和修改，并提出了不少建设性的建议。三院校材料力学教研室的同志对本书的插图和例题、习题解答等方面都做了大量工作。这些对本书的定稿都起了很大的作用，这里一并致谢。

限于编者的水平，本书一定存在不少缺点和不妥之处，希望广大教师和读者在使用本书后给我们提出宝贵的意见，以便今后改进。

编　者
一九七九年二月

材料力学（Ⅰ）目录

第一章　绪论及基本概念 …………………………………………………… 1
　　§1-1　材料力学的任务 …………………………………………………… 1
　　§1-2　材料力学发展概述 ………………………………………………… 2
　　§1-3　可变形固体的性质及其基本假设 ………………………………… 5
　　§1-4　材料力学主要研究对象（杆件）的几何特征 …………………… 6
　　§1-5　杆件变形的基本形式 ……………………………………………… 7

第二章　轴向拉伸和压缩 …………………………………………………… 9
　　§2-1　轴向拉伸和压缩的概念 …………………………………………… 9
　　§2-2　内力·截面法·轴力及轴力图 …………………………………… 9
　　§2-3　应力·拉（压）杆内的应力 ……………………………………… 13
　　§2-4　拉（压）杆的变形·胡克定律 …………………………………… 19
　　§2-5　拉（压）杆内的应变能 …………………………………………… 24
　　§2-6　材料在拉伸和压缩时的力学性能 ………………………………… 27
　　§2-7　强度条件·安全因数·许用应力 ………………………………… 39
　　§2-8　应力集中的概念 …………………………………………………… 45
　　§2-9　静强度可靠性设计概念 …………………………………………… 46
　　思考题 ……………………………………………………………………… 50
　　习题 ………………………………………………………………………… 52

第三章　扭转 ………………………………………………………………… 58
　　§3-1　概述 ………………………………………………………………… 58
　　§3-2　薄壁圆筒的扭转 …………………………………………………… 59
　　§3-3　传动轴的外力偶矩·扭矩及扭矩图 ……………………………… 61
　　§3-4　等直圆杆扭转时的应力·强度条件 ……………………………… 64
　　§3-5　等直圆杆扭转时的变形·刚度条件 ……………………………… 73
　　§3-6　等直圆杆扭转时的应变能 ………………………………………… 76
　　§3-7　等直非圆杆自由扭转时的应力和变形 …………………………… 80
　　§3-8　开口和闭口薄壁截面杆自由扭转时的应力和变形 ……………… 83
　　思考题 ……………………………………………………………………… 89
　　习题 ………………………………………………………………………… 92

第四章　弯曲应力 …………………………………………………………… 97
　　§4-1　对称弯曲的概念及梁的计算简图 ………………………………… 97
　　§4-2　梁的剪力和弯矩·剪力图和弯矩图 ……………………………… 100

§4-3	平面刚架和曲杆的内力图	118
§4-4	梁横截面上的正应力·梁的正应力强度条件	120
§4-5	梁横截面上的切应力·梁的切应力强度条件	130
§4-6	梁的合理设计	140
思考题		143
习题		146

第五章 梁弯曲时的位移 157

§5-1	梁的位移——挠度及转角	157
§5-2	梁的挠曲线近似微分方程及其积分	158
§5-3	按叠加原理计算梁的挠度和转角	165
§5-4	奇异函数·梁挠曲线的初参数方程	169
§5-5	梁的刚度校核·提高梁的刚度的措施	173
§5-6	梁内的弯曲应变能	176
思考题		178
习题		180

第六章 简单的超静定问题 184

§6-1	超静定问题及其解法	184
§6-2	拉压超静定问题	185
§6-3	扭转超静定问题	193
§6-4	简单超静定梁	195
思考题		203
习题		205

第七章 应力状态和强度理论 211

§7-1	概述	211
§7-2	平面应力状态的应力分析·主应力	212
§7-3	空间应力状态的概念	220
§7-4	应力与应变间的关系	225
§7-5	空间应力状态下的应变能密度	232
§7-6	强度理论及其相当应力	234
§7-7	莫尔强度理论及其相当应力	239
§7-8	各种强度理论的应用	241
思考题		247
习题		250

第八章 组合变形及连接部分的计算 258

§8-1	概述	258
§8-2	两相互垂直平面内的弯曲	260
§8-3	拉伸(压缩)与弯曲	264
§8-4	扭转与弯曲	277

§8–5 连接件的实用计算法 ……………………………………………………… 281
§8–6 铆钉连接的计算 …………………………………………………………… 286
*§8–7 榫齿连接 …………………………………………………………………… 292
思考题 ……………………………………………………………………………… 294
习题 ………………………………………………………………………………… 296

第九章 压杆稳定 ………………………………………………………………… 305
§9–1 压杆稳定性的概念 ………………………………………………………… 305
§9–2 细长中心受压直杆临界力的欧拉公式 …………………………………… 306
§9–3 不同杆端约束下细长压杆临界力的欧拉公式·压杆的长度因数 ……… 309
§9–4 欧拉公式的应用范围·临界应力总图 …………………………………… 313
§9–5 实际压杆的稳定因数 ……………………………………………………… 317
§9–6 压杆的稳定计算·压杆的合理截面 ……………………………………… 321
思考题 ……………………………………………………………………………… 326
习题 ………………………………………………………………………………… 329

附录Ⅰ 截面的几何性质 ………………………………………………………… 333
§Ⅰ–1 截面的静矩和形心位置 ………………………………………………… 333
§Ⅰ–2 极惯性矩·惯性矩·惯性积 …………………………………………… 335
§Ⅰ–3 惯性矩和惯性积的平行移轴公式·组合截面的惯性矩和惯性积 …… 338
§Ⅰ–4 惯性矩和惯性积的转轴公式·截面的主惯性轴和主惯性矩 ………… 342
*§Ⅰ–5 计算惯性矩的近似方法 ………………………………………………… 346
思考题 ……………………………………………………………………………… 348
习题 ………………………………………………………………………………… 350

附录Ⅱ 常用截面的几何性质计算公式 ………………………………………… 355
附录Ⅲ 型钢规格表 ……………………………………………………………… 357
附录Ⅳ 简单荷载作用下梁的挠度和转角 ……………………………………… 372
附录Ⅴ 力学性能名词及符号的新旧对照表 …………………………………… 376
主要参考书 ………………………………………………………………………… 378
习题答案 …………………………………………………………………………… 379
索引 ………………………………………………………………………………… 389
Synopsis …………………………………………………………………………… 394
Contents …………………………………………………………………………… 395
作者简介 …………………………………………………………………………… 399

第一章 绪论及基本概念

§1–1 材料力学的任务

结构物和机械通常都受到各种外力的作用,例如,厂房外墙受到的风压力、吊车梁承受的吊车和起吊物的重力、轧钢机受到钢坯变形时的阻力等,这些力称为**荷载**①。组成结构物和机械的单个组成部分,统称为**构件**。

当结构或机械承受荷载或传递运动时,为保证整个结构或机械的正常工作,每一构件均应保证其能正常地工作。为此,首先要求构件在荷载作用下不发生破坏。如机床主轴因荷载过大而断裂时,整个机床就无法使用。但仅是不发生破坏,并不一定就能保证构件或整个结构的正常工作。例如,机床主轴若发生过大的变形,则将影响机床的加工精度。此外,有些构件在荷载作用下,可能丧失其原有的平衡形态。例如,房屋中受压的细长柱,当压力超过一定限度后,就有可能显著地变弯,甚至导致房屋倒塌。综上所述,对构件正常工作的要求可归纳为如下三点:

(1) 在荷载作用下,构件应不至于破坏(断裂或失效),即应具有足够的**强度**;

(2) 在荷载作用下,构件所产生的变形应不超过工程上允许的范围,即应具有足够的**刚度**;

(3) 承受荷载作用时,构件在其原有形态下的平衡应保持为稳定的平衡,亦即要满足**稳定性**的要求。

设计构件时,不仅需满足上述强度、刚度和稳定性要求,还应尽可能地合理选用材料和降低材料的消耗量,以节约资金或减轻构件的自重。前者往往要求多用材料,而后者则要求少用材料,两者之间存在着矛盾。材料力学的任务就在于合理地解决这种矛盾。在不断解决新矛盾的同时,也促进了材料力学的发展。

构件的强度、刚度和稳定性问题均与所用材料的**力学性能**(主要是指在外力作用下材料变形与所受外力之间的关系,以及材料抵抗变形与破坏的能力)有关,这些力学性能均需通过材料试验来测定。此外,有些单靠现有理论难以解

---

① 在材料力学中首先研究静荷载问题。静荷载是指荷载本身或构件的质点没有加速度或加速度可以略去不计,因而可以略去由加速度所引起的惯性力等影响的荷载。

决的问题,也需借助于实验来解决。因此,实验研究和理论分析同样重要,都是完成材料力学的任务所必需的。

§1-2 材料力学发展概述

材料力学的建立和发展经历了漫长的历史时期,限于篇幅,这里仅简略地给出与材料力学的建立和发展相关联的一些概貌,以供读者参考。

材料力学这门学科与社会的生产实践紧密相关,人们利用材料力学相关知识来解决生产实践问题的历史可以追溯到非常久远的年代。从古代人类开始建筑房屋起,就有意识地总结材料强度方面的知识,以寻求确定构件安全尺寸的法则。古埃及人曾依据一些经验性法则建造的金字塔(图1-1)一直留存至今。古希腊人发展了静力学,如阿基米德(Archimedes,公元前287—212)给出了杠杆平衡原理及物体重心的求法等,这些奠定了材料力学的基础。古罗马人在材料力学知识的应用方面也卓有成效,他们建造的一些庙宇和桥梁一直保留至今。

图1-1 金字塔

中世纪材料力学的发展,以文艺复兴时期最为迅速,著名的艺术家达·芬奇(Leonardo da Vinci,1452—1519)在其手稿里描述了测定材料强度的实验过程。达·芬奇是最早用实验方法测定材料强度的倡导者,但其同时代的工匠们仍然是凭经验来确定构件的尺寸。首先尝试用解析法求解构件安全尺寸的,是在17世纪。伽利略(Galileo,1564—1642)于1638年发表的《关于两门新科学的谈话和数学证明》,通常被认为是材料力学学科的开端。

系统地研究材料力学一般认为是始于17世纪的70年代。当时的胡克(Hooke,1635—1703)和马略特(Mariotte,1620—1684)分别于1678年和1680年提出了物体弹性变形与所受力间成正比的规律,即胡克定律。之后,随着微积分的快速发展,为材料力学的研究奠定了重要的数学基础。在这个时期,一些重要的材料力学研究成果不断涌现,如欧拉(Euler,1707—1783)和丹尼尔·伯努利(Daniel Bernoulli,1700—1782)所建立的梁的弯曲理论、欧拉提出的压杆稳定理论(即欧拉公式)等,直到今天依然被广泛应用。

直到18世纪末19世纪初,材料力学作为一门学科,才真正形成了比较完整的体系。这一时期为材料力学的发展做出重要贡献的科学家有库仑(Coulomb,1736—1806)、纳维(Navier,1785—1838)等。库仑系统地研究了脆性材料(当时主要是石料)的破坏问题,给出了判断材料强度的重要指标。纳维明确提出了应力、应变的概念,给出了各向同性和各向异性弹性体的广义胡克定律,研究了梁的超静定问题及曲梁的弯曲问题。之后,圣维南(Saint Venant,1797—1886)研究了柱体的扭转和一般梁的弯曲问题,提出了著名的圣维南原理,为材料力学应用于工程实际奠定了重要的基础。

19世纪中期,随着铁道工程的迅猛发展,机车车轴疲劳破坏的问题大量出现,从而促进了对材料疲劳及结构在动荷载下响应的研究。进入20世纪,一些复杂机械的发明和新型建筑物的建设,促进了冶金工业的发展,使得高强度的钢材和铝合金材料逐渐成为主要的工程材料。在高强度钢材的使用过程中,又出现由于构件具有初始微裂纹而发生意外断裂的事故,为解决这类问题,产生和发展了断裂力学这一分支。总之,材料力学所涉及的问题和研究的范畴随着生产的发展而日益延伸。

我国在材料力学发展的历史中也作出了重要贡献。东汉经学家郑玄(127—200)曾提出:"假令弓力胜三石……每加一石,则张一尺。"被认为是最早有关弹性定律的描述[①]。在我国古代就已将一些砖石结构建成拱形,以充分发挥石料的压缩强度。例如,建于隋朝(公元605年前)的河北赵州桥(图1-2),历经一千四百余年,至今昂然挺立,是世界上历史最悠久的石拱桥;用竹索建成悬索桥,以充分利用竹材的拉伸强度,如始建于宋朝(960年)以前,重建于清嘉庆九年(1804年)的四川安澜竹索桥(图1-3),历经2008年的四川8级地震依然完好无损。此外,在木结构中也积累了不少制造梁、柱的经验,如在我国宋朝李诚于1103年发表的《营造法式》中,规定矩形木梁截面的高宽比为3∶2,这完全符合材料力学的基本原理,且介于强度最高的$\sqrt{2}∶1$与刚度最大的$\sqrt{3}∶1$之间,是非常合理的。而建于辽清宁二年(1056年)的山西应州塔(图1-4),是世界上现存最高大的木结构建筑。20世纪尤其是近50年以来,由于航空、航天工业等工业技术的高度发展,我国科学家在新型材料(如超轻多孔金属材料、高性

---

① 参见老亮编著的《中国古代材料力学史》,国防科技大学出版社,1991年。

能摩擦材料)的研制和在材料力学的理论(如在梁的大挠度理论、材料的强度理论)等研究领域都取得了具有国际影响的成果。所有这些成果不仅丰富和发展了材料力学的研究范畴,同时也促进了材料力学在工程技术领域的应用和发展。伴随新材料、新技术的涌现,材料力学仍然是一个具有广阔前景的领域,并将对现代工业技术的发展发挥更大的作用。

图1-2 赵州桥

图1-3 安澜竹索桥

图1-4 应州塔

§1-3 可变形固体的性质及其基本假设

制造构件所用的材料,其物质结构和性质是多种多样的,但具有一个共同的特点,即都是固体,而且在荷载作用下均将发生**变形**——包括物体尺寸的改变和形状的改变。因此,这些材料统称为**可变形固体**。

工程中实际材料的物质结构是各不相同的,如金属具有晶体结构,所谓晶体是由排列成一定规则的原子所构成;塑料由长链分子所组成;玻璃、陶瓷是由按某种规律排列的硅原子和氧原子所组成。因而,各种材料的物质结构都具有不同程度的空隙,并可能存在气孔、杂质等缺陷。然而,这种空隙的大小与构件的尺寸相比,都是极其微小的(如金属晶体结构的尺寸约为 1×10^{-7} mm 数量级),因而可以略去不计而认为物体的结构是密实的。此外,对于实际材料的基本组成部分,如金属、陶瓷、岩石的晶体,混凝土的石子、砂和水泥等,彼此之间及基本组成部分与构件之间的力学性能均存在着不同程度的差异。但由于基本组成部分的尺寸与构件尺寸相比极为微小,且其排列方向又是随机的,因而材料的力学性能所反映的是无数个随机排列的基本组成部分力学性能的统计平均值。例如,构成金属的晶体的力学性能是有方向性的,但由成千上万个随机排列的晶体所组成的金属材料,其力学性能则是统计各向同性的。

综上所述,对于可变形固体制成的构件,在进行强度、刚度或稳定性计算时,通常略去一些次要因素,将它们抽象为理想化的材料,然后进行理论分析。对可变形固体所做的三个基本假设如下。

1. 连续性假设 认为物体在其整个体积内连续地充满了物质而毫无空隙。根据这一假设,就可在受力构件内任意一点处截取一体积单元来进行研究。而且,值得注意的是,在正常工作条件下,变形后的固体仍应保持其连续性。因此,可变形固体的变形必须满足**几何相容条件**,即变形后的固体既不引起"空隙",也不产生"挤入"现象。

2. 均匀性假设 认为从物体内任意一点处取出的体积单元,其力学性能都能代表整个物体的力学性能。显然,这种能够代表材料力学性能的体积单元的尺寸,是随材料的组织结构不同而有所不同的。例如,对于金属材料,通常取 0.1 mm×0.1 mm×0.1 mm 为其代表性体积单元的最小尺寸。对于混凝土,则需取 10 mm×10 mm×10 mm 为其代表性体积单元的最小尺寸。这是因为代表性体积单元的最小尺寸必须保证在其体积中包含足够多数量的基本组成部分,以使其力学性能的统计平均值能保持一个恒定的量。

3. 各向同性假设 认为材料沿各个方向的力学性能是相同的。如前所述,金属沿任意方向的力学性能,是具有方向性晶体的统计平均值。至于钢板、型钢或铝合金板、钛合金板等金属材料,由于轧制过程造成晶体排列择优取向,沿轧制方向和垂直于轧制方向的力学性能会有一定的差别,且随材料和轧制加工程度不同而异。但在材料力学的计算中,通常不考虑这种差别,而仍按各向同性进行计算。不过对于木材和纤维增强叠层复合材料等,其整体的力学性能具有明显的方向性,就不能再认为是各向同性的,而应按**各向异性**来进行计算。关于各向异性材料的基本特征,将在第七章中稍加说明。

如上所述,在材料力学的理论分析中,以均匀、连续、各向同性的可变形固体作为构件材料的力学模型,这种理想化了的力学模型代表了各种工程材料的基本属性,从而使理论研究成为可行。用这种力学模型进行计算所得的结果,在大多数情况下是能符合工程计算的精度要求的。

材料力学中所研究的构件在承受荷载作用时,其变形与构件的原始尺寸相比通常甚小,可以略去不计。所以,在研究构件的平衡和运动及内部受力和变形等问题时,均可按构件的原始尺寸和形状进行计算。这种变形微小及按原始尺寸和形状进行计算的概念,在材料力学中将经常用到。与此相反,有些构件在受力变形后,必须按其变形后的形状来计算,如第九章所讨论的压杆稳定就属于这类问题。对于大变形问题,在《材料力学(Ⅱ)》第四章的例题中作了介绍,但对大变形问题的详细讨论,则超出了本书所涉及的范围。

工程上所用的材料,在荷载作用下均将发生变形。当荷载不超过一定的范围时,绝大多数的材料在卸除荷载后均可恢复原状。但当荷载过大时,则在荷载卸除后只能部分地复原而残留下一部分变形不能消失。在卸除荷载后能完全消失的那一部分变形,称为**弹性变形**,不能消失而残留下来的那一部分变形,则称为**塑性变形**。例如,取一段直的钢丝,将它弯成一个圆弧,若圆弧的曲率不大,则放松后钢丝又恢复原状,这种变形就是弹性变形;若弯成的圆弧曲率过大,则放松后弧形钢丝的曲率虽有所减小,但不再变直了,残留下来的那一部分变形就是塑性变形。对于每一种材料,通常当荷载不超过一定的限度时,其变形完全是弹性的。多数构件在正常工作条件下,均要求其材料只发生弹性变形,若发生塑性变形,则认为是材料的强度失效。所以,在材料力学中所研究的大部分问题,多局限于弹性变形范围内。对于考虑材料塑性时的计算,将在《材料力学(Ⅱ)》的第二章中讨论。

综上所述,在材料力学中是把实际材料看作均匀、连续、各向同性的可变形固体,且在大多数场合下局限在弹性变形范围内和小变形条件下进行研究。

§1-4 材料力学主要研究对象(杆件)的几何特征

材料力学所研究的主要构件从几何上多抽象为杆,而且大多数抽象为直杆。

直杆是**纵向**(长度方向)尺寸远大于**横向**(垂直于长度方向)尺寸的构件。梁、柱和传动轴等都可抽象为直杆。

直杆的两个主要的几何因素为**横截面**和**轴线**。前者是指沿垂直于直杆长度方向的截面,后者则为所有横截面形心的连线(图 1-5a)。横截面和轴线是互相垂直的。在材料力学中所研究的多数是等截面的直杆(图 1-5a)。

对于等截面的曲杆,其主要几何因素仍为横截面和轴线。前者是指曲杆沿垂直于其弧长方向的截面,后者则为所有横截面形心的连线(图 1-5b)。曲杆的轴线与横截面也是相互垂直的。

横截面沿轴线变化的杆称为变截面杆。

等直杆的计算原理一般也可近似地用于曲率很小的曲杆和横截面变化不大的变截面杆。

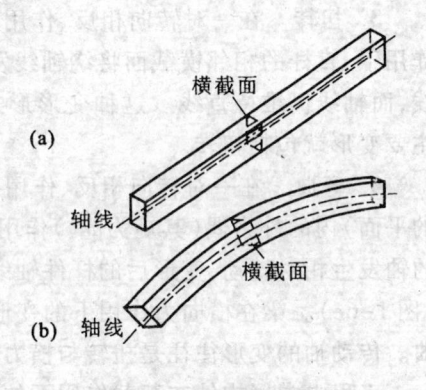

图 1-5

§1-5 杆件变形的基本形式

作用在杆上的外力是多种多样的,因此杆的变形也是各种各样的。然而,变形的基本形式有以下四种。

1. 轴向拉伸或轴向压缩 在一对其作用线与直杆轴线重合的外力 F 作用下,直杆的主要变形是长度的改变。这种变形形式称为轴向拉伸(图 1-6a)或轴向压缩(图 1-6b)。简单桁架在荷载作用下,桁架中的杆件就发生轴向拉伸或轴向压缩。

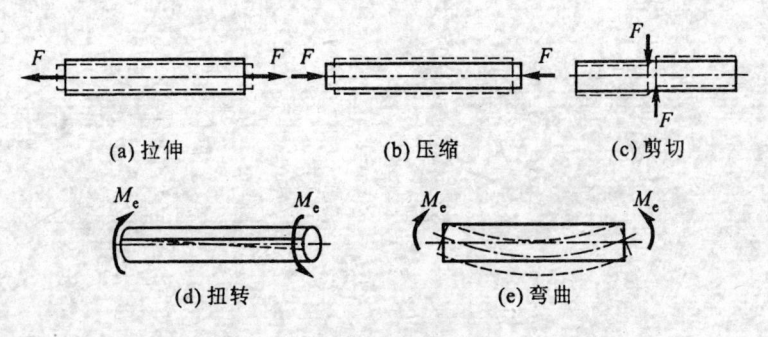

(a) 拉伸 (b) 压缩 (c) 剪切

(d) 扭转 (e) 弯曲

图 1-6

2. 剪切 在一对相距很近的大小相同、指向相反的横向外力 F 作用下,直杆的主要变形是横截面沿外力作用方向发生相对错动(图 1-6c)。这种变形形式称为剪切。一般在发生剪切变形的同时,杆件还存在其他的变形形式。

3. 扭转 在一对转向相反、作用面垂直于直杆轴线的外力偶(其矩为 M_e)作用下,直杆的相邻横截面将绕轴线发生相对转动,杆件表面纵向线将变成螺旋线,而轴线仍维持直线。这种变形形式称为扭转(图 1-6d)。机械中传动轴的主要变形就包括扭转。

4. 弯曲 在一对转向相反、作用面在杆件的纵向平面(即包含杆轴线在内的平面)内的外力偶(其矩为 M_e)作用下,直杆的相邻横截面将绕垂直于杆轴线的轴发生相对转动,变形后的杆件轴线将弯成曲线。这种变形形式称为**纯弯曲**(图 1-6e)。梁在横向力作用下的变形将是弯曲与剪切的组合,通常称为**横力弯曲**。传动轴的变形往往是扭转与横力弯曲的组合。

工程中常用构件在荷载作用下的变形,大多为上述几种基本变形形式的组合,纯属一种基本变形形式的构件较为少见。但若以某一种基本变形形式为主,其他属于次要变形的,则可按该基本变形形式计算。若几种变形形式都非次要变形,则属于组合变形问题。本书将先分别讨论构件的每一种基本变形,然后再分析组合变形问题。

第二章 轴向拉伸和压缩

§2-1 轴向拉伸和压缩的概念

工程中有很多构件,如钢木组合桁架中的钢拉杆(图 2-1)和测定材料力学性能的万能试验机的立柱等,除连接部分外都是等直杆,作用于杆上的外力(或外力合力)的作用线与杆轴线重合。这类构件简称为拉(压)杆。

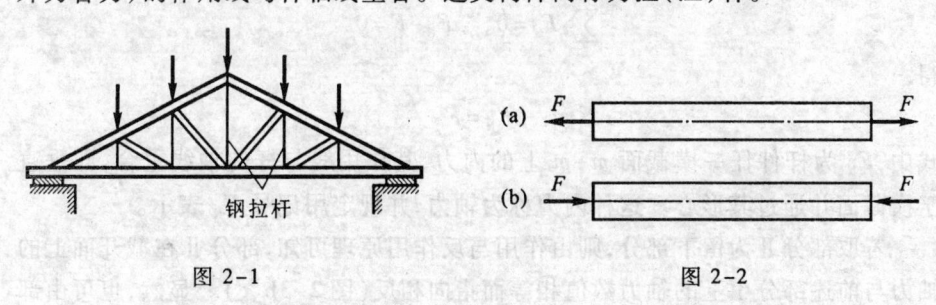

图 2-1

图 2-2

实际拉(压)杆的端部可以有各种连接方式。如果不考虑其端部的具体连接情况,则其计算简图即如图 2-2a、b 所示。计算简图的几何特征是等直杆;其受力特征是杆在两端各受一集中力 F 作用,两个力 F 大小相等,指向相反,且作用线与杆轴线重合;其变形特征是杆将发生纵向伸长或缩短。

§2-2 内力·截面法·轴力及轴力图

Ⅰ. 内力

物体在受到外力作用而变形时,其内部各质点间的相对位置将发生变化。相应地,各质点间的相互作用力也将发生改变。这种由外力作用而引起的质点间相互作用力的改变量,即为材料力学中所研究的内力。由于假设物体是均匀连续的可变形固体,因此在物体内部相邻部分之间相互作用的内力,实际上是一个**连续分布**的内力系,而将分布内力系的合成(力或力偶),简称为**内力**。也就是说,内力是指由外力作用所引起的、物体内相邻部分之间分布内力系的合成。

Ⅱ. 截面法·轴力及轴力图

由于内力是物体内相邻部分之间的相互作用力,为了显示内力,可应用截面法。设一等直杆在两端轴向拉力 F 的作用下处于平衡,欲求杆件横截面 $m-m$ 上的内力(图2-3a)。为此,假想一平面沿横截面 $m-m$ 将杆件截分为Ⅰ、Ⅱ两部分,任取一部分(如部分Ⅰ),弃去另一部分(如部分Ⅱ),并将弃去部分对留下部分的作用以截开面上的内力来代替。

对于留下部分Ⅰ而言,截开面 $m-m$ 上的内力 F_N 就成为外力。由于整个杆件处于平衡状态,杆件的任一部分均应保持平衡。于是,杆件横截面 $m-m$ 上的内力必定是与其左端外力 F 共线的轴向力 F_N(图2-3b)。内力 F_N 的数值可由平衡条件求得。

由平衡方程

$$\sum F_x = 0, \quad F_N - F = 0$$

得

$$F_N = F$$

式中,F_N 为杆件任一横截面 $m-m$ 上的内力,其作用线与杆的轴线重合,即垂直于横截面并通过其形心。这种内力称为**轴力**,并规定用记号 F_N 表示。

若取部分Ⅱ为留下部分,则由作用与反作用原理可知,部分Ⅱ在截开面上的轴力与前述部分Ⅰ上的轴力数值相等而指向相反(图2-3b、c)。显然,也可由部分Ⅱ的平衡条件来确定。

对于压杆,同理可通过上述过程求得其任一横截面 $m-m$ 上的轴力 F_N,其指向如图2-4所示。为了使由部分Ⅰ和部分Ⅱ所得同一截面 $m-m$ 上的轴力具有相同的正负号,联系变形情况,规定:引起纵向伸长变形的轴力为正,称为**拉力**,由图2-3b、c可见,拉力是背离截面的;引起纵向缩短变形的轴力为负,称为**压力**,由图2-4b、c可见,压力是指向截面的。

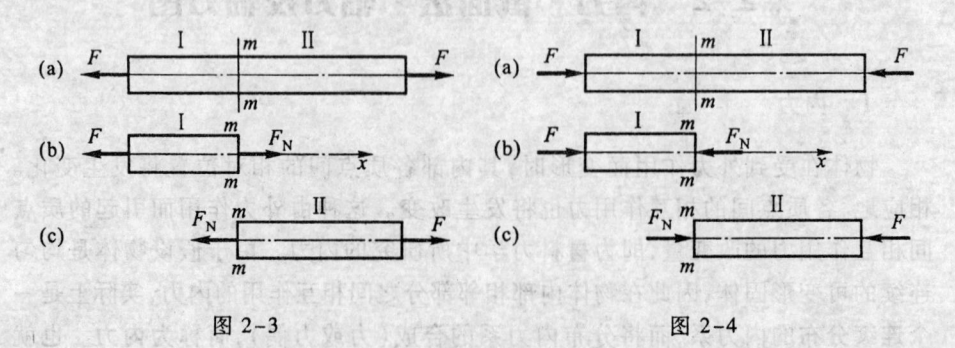

图 2-3

图 2-4

§2-2 内力·截面法·轴力及轴力图

上述分析轴力的方法称为**截面法**,它是求内力的一般方法。截面法包括以下三个步骤:

（1）截开:在需求内力的截面处,假想地将杆截分为两部分;

（2）代替:将两部分中的任一部分留下,并把弃去部分对留下部分的作用代之以作用在截开面上的内力(力或力偶);

（3）平衡:对留下的部分建立平衡方程,根据其上的已知外力来计算杆在截开面上的未知内力。应该注意,截开面上的内力对留下部分而言已属外力。

必须指出,静力学中的力(或力偶)的可移性原理,在用截面法求内力的过程中是有限制的。例如,图 2-5a 所示拉杆在自由端 A 承受集中力 F,由截面法可得,杆任一横截面 $m-m$ 或 $n-n$ 上的轴力 F_N 均等于 F(图 2-5b、c)。若将集中力 F 由自由端 A 沿其作用线移至杆的 B 点处(图 2-5d),则其 AB 段内任一横截面 $m-m$ 上的轴力都将等于零(图 2-5e),而 BC 段内任一横截面 $n-n$ 上的轴力仍等于 F(图 2-5f),保持不变。这是因为集中力 F 由自由端 A 移至 B 点后,改变了杆件 AB 段的变形,而并未改变 BC 段的变形。同理,将杆上的荷载用一个静力等效的相当力系来代替,在求内力的过程中也有所限制。

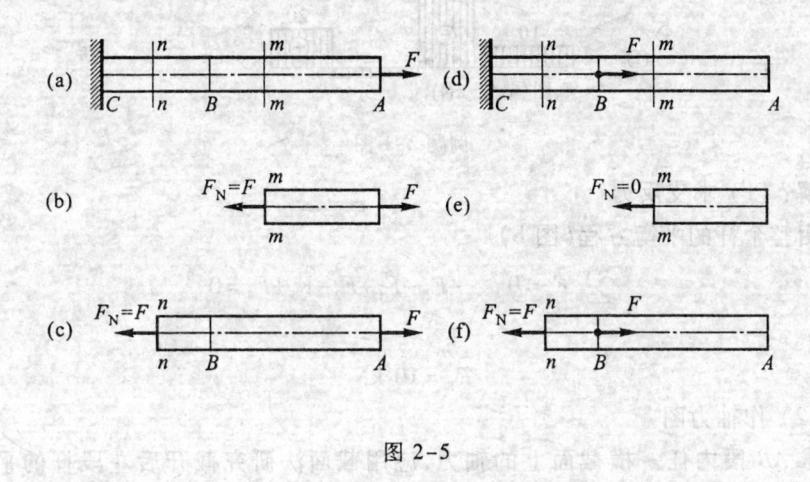

图 2-5

当杆受到多个轴向外力作用时,在杆的不同横截面上的轴力将各不相同。为了表明横截面上的轴力随横截面位置而变化的情况,可用平行于杆轴线的坐标表示横截面的位置,用垂直于杆轴线的坐标表示横截面上轴力的数值,从而绘出表示轴力与截面位置关系的图线,称为**轴力图**。从该图上即可确定最大轴力的数值及其所在横截面的位置。习惯上将正值的轴力画在上侧,负值的画在下侧。

例题 2-1　一等直杆及其受力情况如图 a 所示,试作杆的轴力图。

例题 2-1 图

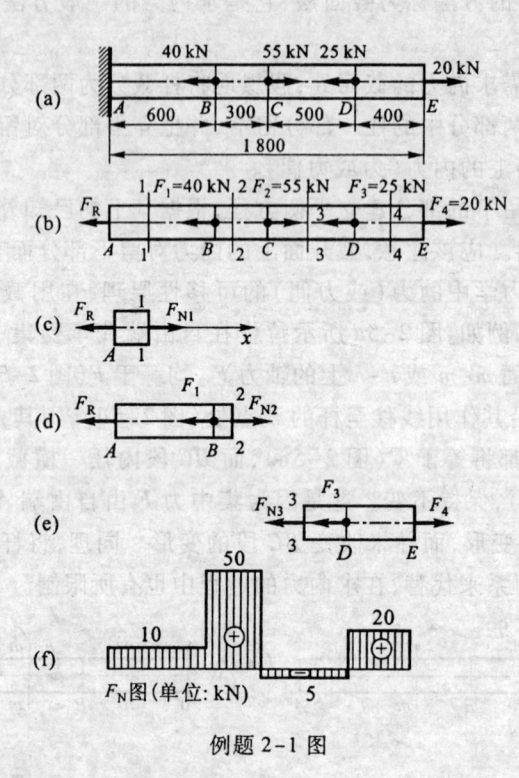

解：（1）求支反力

由整个杆的平衡方程（图 b）

$$\sum F_x = 0, \quad -F_R - F_1 + F_2 - F_3 + F_4 = 0$$

得

$$F_R = 10 \text{ kN}$$

（2）作轴力图

求 AB 段内任一横截面上的轴力，应用截面法研究截开后左段杆的平衡。假定轴力 F_{N1} 为拉力（图 c），由平衡方程求得轴力为

$$F_{N1} = F_R = 10 \text{ kN}$$

结果为正值，F_{N1} 为拉力。

同理，可求得 BC 段内任一横截面上的轴力（图 d）为

$$F_{N2} = F_R + F_1 = 50 \text{ kN}$$

在求 CD 段内的轴力时，可取外力较少的右段研究其平衡，并假定轴力 F_{N3} 为拉力（图 e）。由

$$\sum F_x = 0, \quad -F_{N3} - F_3 + F_4 = 0$$

得
$$F_{N3} = -F_3 + F_4 = -5 \text{ kN}$$
结果为负值,表明 F_{N3} 应为压力。

同理,可得 DE 段内任一横截面上的轴力 F_{N4} 为
$$F_{N4} = F_4 = 20 \text{ kN}$$

按作轴力图的规则,作出杆的轴力图如图 f 所示。$F_{N,max}$ 发生在 BC 段内的任一横截面上,其值为 50 kN。

§2-3 应力·拉(压)杆内的应力

在确定了拉(压)杆的轴力以后,还不能判断杆是否会因强度不足而破坏,因为轴力只是杆横截面上分布内力系的合力。要判断杆是否满足强度要求,还必须知道内力的分布集度,以及材料承受荷载的能力。杆件截面上内力的分布集度,称为应力。

I. 应力的概念

应力是受力杆件某一截面上分布内力在一点处的集度。若考察受力杆截面 $m-m$ 上 M 点处的应力(图 2-6a),则可在 M 点周围取一微小的面积 ΔA,设 ΔA

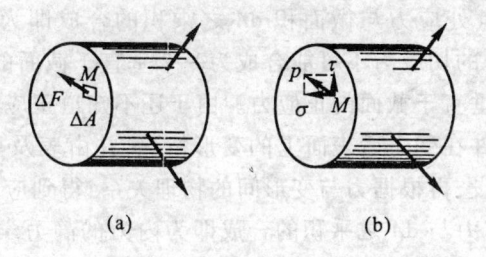

(a)　　　　　　(b)

图 2-6

面积上分布内力的合力为 ΔF,于是,在面积 ΔA 上内力 ΔF 的平均集度为
$$p_m = \frac{\Delta F}{\Delta A}$$

式中,p_m 称为面积 ΔA 上的**平均应力**。一般地说,截面 $m-m$ 上的分布内力并不是均匀的,因而平均应力 p_m 的大小和方向将随所取的微小面积 ΔA 的大小而不同。为表明分布内力在 M 点处的集度,令微小面积 ΔA 无限缩小而趋于零,则其极限值

$$p = \lim_{\Delta A \to 0} \frac{\Delta F}{\Delta A} = \frac{\mathrm{d}F}{\mathrm{d}A} \tag{2-1}$$

即为 M 点处的内力集度,称为截面 $m-m$ 上 M 点处的**总应力**。由于 ΔF 是矢量,因而总应力 p 也是个矢量,其方向一般既不与截面垂直,也不与截面相切。通常,将总应力 p 分解为与截面垂直的法向分量 σ 和与截面相切的切向分量 τ(图 2-6b)。法向分量 σ 称为**正应力**,切向分量 τ 称为**切应力**。

从应力的定义可见,应力具有如下特征:

(1) 应力定义在受力物体的某一截面上的某一点处,因此,讨论应力必须明确是在哪一个截面上的哪一点处。

(2) 在某一截面上一点处的应力是矢量。对于应力分量,通常规定离开截面的正应力为正,反之为负,即拉应力为正,压应力为负;而对截面内部(靠近截面)的一点产生顺时针转向力矩的切应力为正,反之为负(图 2-6b 中表示的正应力和切应力均为正)。

(3) 应力的量纲为 $ML^{-1}T^{-2}$。应力的单位为 Pa[①]。

(4) 整个截面上各点处的应力与微面积 $\mathrm{d}A$ 之乘积的合成,即为该截面上的内力。

Ⅱ. 拉(压)杆横截面上的应力

拉(压)杆横截面上的内力为轴力,其方向垂直于横截面,且通过横截面的形心,而截面上各点处应力与微面积 $\mathrm{d}A$ 之乘积的合成即为该截面上的内力。显然,截面上各点处的切应力不可能合成为一个垂直于截面的轴力。因而,与轴力相应的只可能是垂直于截面的正应力。由于还不知道正应力在截面上的变化规律,为此,考察杆件在受力后表面上的变形情况,并由表及里地作出杆件内部变形情况的几何假设,再根据力与变形间的物理关系,得到应力在截面上的变化规律,然后再通过应力与 $\mathrm{d}A$ 之乘积的合成即为内力的静力学关系,得到以内力表示的应力计算公式。

取一等直杆(图 2-7a),在其侧面作相邻的两条横向线 ab 和 cd,然后在杆两端施加一对轴向拉力 F 使杆发生变形。此时,可观察到该两横向线平移至 $a'b'$ 和 $c'd'$(图 2-7b 中的虚线)。根据这一现象,设想横向线代表杆的横截面,于是,可假设原为平面的横截面在杆变形后仍为平面,称为**平面假设**。根据平面假设,拉杆变形后两横截面将沿杆轴线作相对平移,也就是说,拉杆在其任意两个横截面之间纵向线段的伸长变形是均匀的。

由于假设材料是均匀的,而杆的分布内力集度又与杆纵向线段的变形相对

[①] 1 Pa = 1 N/m²。由于这一单位较小,工程中通常采用 MPa,即 1 MPa = 10⁶ Pa。

应,因而拉杆横截面上的正应力 σ 呈均匀分布,即各点处的正应力相等(图 2-7c、d)。然后,按应力与内力间的静力学关系

$$F_N = \int_A \sigma dA = \sigma \int_A dA = \sigma A$$

即得拉杆横截面上正应力 σ 的计算公式

$$\sigma = \frac{F_N}{A} \tag{2-2}$$

式中,F_N 为轴力;A 为杆的横截面面积。

对轴向压缩的杆,上式同样适用。由于已规定了轴力的正负号,由式(2-2)可知,正应力的正负号与轴力的正负号是一致的。

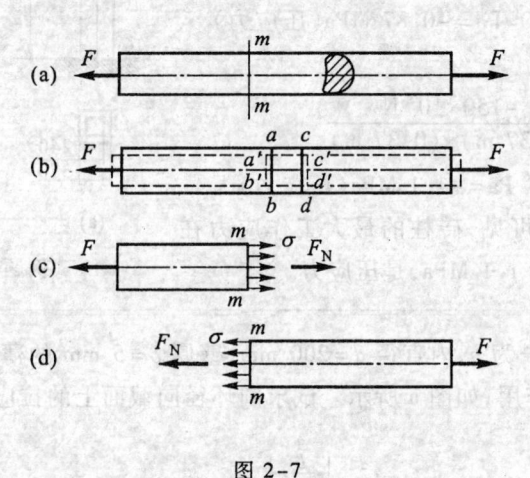

图 2-7

式(2-2)是根据正应力在杆横截面上各点处相等的结论而导出的。应该指出,这一结论实际上只在杆上离外力作用点稍远的部分才正确,而在外力作用点附近,由于杆端连接方式的不同,其应力分布较为复杂。但圣维南原理指出:"力作用于杆端方式的不同,只会使与杆端距离不大于杆的横向尺寸的范围内受到影响"。这一原理已被实验所证实。

当等直杆受几个轴向外力作用时,由轴力图可求得其最大轴力 $F_{N,max}$,代入式(2-2)即得杆内的最大正应力为

$$\sigma_{max} = \frac{F_{N,max}}{A} \tag{2-3}$$

最大轴力所在的横截面称为**危险截面**,危险截面上的正应力称为**最大工作应力**。

例题 2-2 一横截面为正方形的砖柱分上、下两段,其受力情况、各段长度

及横截面尺寸如图 a 所示。已知 $F = 50$ kN，试求荷载引起的最大工作应力。

解：(1) 作柱的轴力图

应用截面法，作柱的轴力图如图 b 所示。

(2) 确定柱的最大工作应力

对于变截面杆，分别利用式 (2-2)，由轴力图及横截面尺寸求得每段柱的横截面上的正应力为

$$\sigma_1 = \frac{F_{N1}}{A_1} = \frac{-50 \times 10^3 \text{ N}}{(0.24 \text{ m}) \times (0.24 \text{ m})}$$

$$= -0.87 \times 10^6 \text{ Pa} = -0.87 \text{ MPa}(压应力)$$

和

$$\sigma_2 = \frac{F_{N2}}{A_2} = \frac{-150 \times 10^3 \text{ N}}{(0.37 \text{ m}) \times (0.37 \text{ m})}$$

$$= -1.1 \times 10^6 \text{ Pa} = -1.1 \text{ MPa}(压应力)$$

由上述结果可见，砖柱的最大工作应力在柱的下段，其值为 1.1 MPa，是压应力。

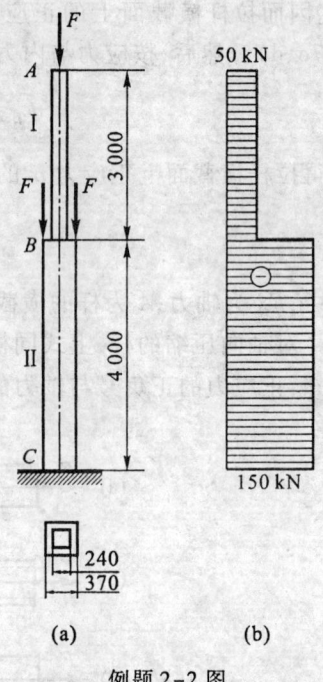

例题 2-2 图

例题 2-3 长为 b、内直径 $d = 200$ mm、壁厚 $\delta = 5$ mm 的薄壁圆环，承受 $p = 2$ MPa 的内压力作用，如图 a 所示。试求圆环径向截面上的拉应力。

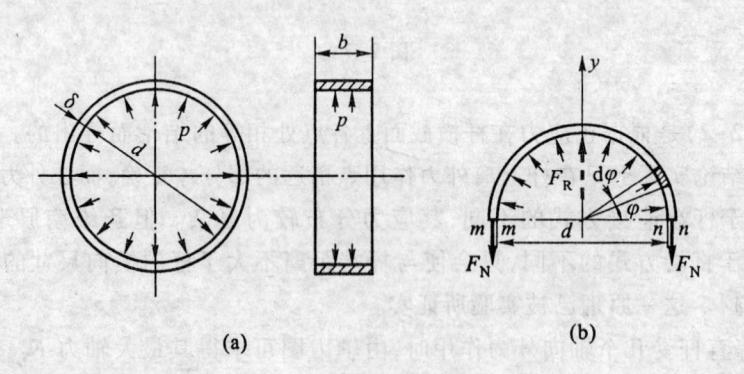

例题 2-3 图

解：(1) 径向截面上的内力

薄壁圆环在内压力作用下要均匀胀大，故在包含圆环轴线的任一径向截面上，作用有相同的法向拉力 F_N。为求该拉力，可假想地用一直径平面将圆环截分为二，并研究留下的半环（图 b）的平衡。半环上的内压力沿 y 方向的合力为

$$F_R = \int_0^\pi \left(pb\frac{d}{2}d\varphi\right)\sin\varphi = \frac{pbd}{2}\int_0^\pi \sin\varphi\,d\varphi = pbd$$

其作用线与 y 轴重合。

由对称关系可知,图 b 两侧截面上的拉力 F_N 相等。于是,由平衡方程

$$\sum F_y = 0, \quad F_N = \frac{F_R}{2} = \frac{pbd}{2}$$

(2) 径向截面上的应力

由于圆环的壁厚 δ 远小于内直径 d,故可近似地认为径向截面上的正应力均匀分布(当 $\delta \leq d/20$ 时,这种近似是足够精确的)。于是,可得径向截面上的正应力为

$$\sigma = \frac{F_N}{A} = \frac{pbd}{2b\delta} = \frac{pd}{2\delta}$$

$$= \frac{(2\times 10^6 \text{ Pa})\times (0.2 \text{ m})}{2\times (5\times 10^{-3}\text{ m})} = 40\times 10^6 \text{ Pa} = 40 \text{ MPa}$$

Ⅲ. 拉(压)杆斜截面上的应力

上面分析了拉(压)杆横截面上的正应力,现研究与横截面成 α 角的任一斜截面 $k-k$ 上的应力(图 2-8a)。为此,假想地用一平面沿斜截面 $k-k$ 将杆截分为二,并研究左段杆的平衡(图 2-8b)。于是,可得斜截面 $k-k$ 上的内力 F_α 为

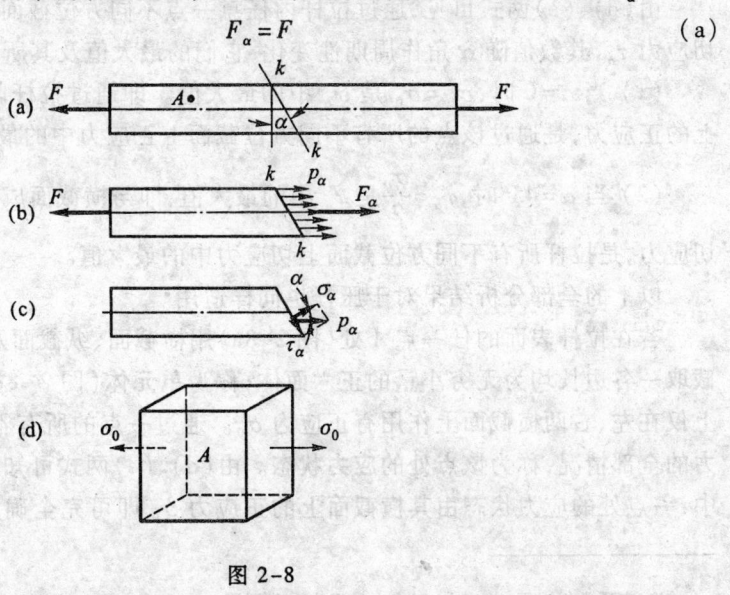

$$F_\alpha = F \qquad (a)$$

图 2-8

仿照求横截面上正应力变化规律的分析过程,同样可得到斜截面上各点处的总应力 p_α 相等的结论。于是,有

$$p_\alpha = \frac{F_\alpha}{A_\alpha} \qquad (b)$$

式中,A_α 是斜截面面积。A_α 与横截面面积 A 的关系为 $A_\alpha = A/\cos\alpha$,代入式(b),并利用式(a),即得

$$p_\alpha = \frac{F}{A}\cos\alpha = \sigma_0 \cos\alpha \qquad (c)$$

式中,$\sigma_0 = \dfrac{F}{A}$ 即拉杆在横截面($\alpha=0$)上的正应力。

总应力 p_α 是矢量,分解为两个分量:沿截面法线方向的正应力和沿截面切线方向的切应力,并分别用 σ_α、τ_α 表示[①],如图 2-8c 所示。

上述两个应力分量可表示为

$$\sigma_\alpha = p_\alpha \cos\alpha = \sigma_0 \cos^2\alpha \qquad (d)$$

和

$$\tau_\alpha = p_\alpha \sin\alpha = \frac{\sigma_0}{2}\sin 2\alpha \qquad (e)$$

上列两式表达了通过拉杆内任一点处不同方位斜截面上的正应力 σ_α 和切应力 τ_α 随 α 角而改变的规律。式中角度 α 以横截面外向法线至斜截面外向法线为逆时针转向时为正,反之为负。

由(d)、(e)两式可见,通过拉杆内任意一点不同方位截面上的正应力 σ_α 和切应力 τ_α,其数值随 α 角作周期性变化,它们的最大值及其所在截面的方位为:

(1) 当 $\alpha = 0$ 时,$\sigma_\alpha = \sigma_0$ 是 σ_α 中的最大值。即通过拉杆内某一点的横截面上的正应力,是通过该点的所有不同方位截面上正应力中的最大值。

(2) 当 $\alpha = 45°$ 时,$\tau_\alpha = \dfrac{\sigma_0}{2}$ 是 τ_α 中的最大值,即与横截面成 $45°$ 的斜截面上的切应力,是拉杆所有不同方位截面上切应力中的最大值。

以上的全部分析结果对于压杆也同样适用。

若在拉杆表面的任一点 A 处(图 2-8a)用横截面、纵截面及与表面平行的面截取一各边长均为无穷小量的正六面体,称为**单元体**(图 2-8d),则在该单元体上仅在左、右两横截面上作用有正应力 σ_0。通过一点的所有不同方位截面上应力的全部情况,称为该点处的**应力状态**。由(d)、(e)两式可知,在所研究的拉杆中,一点处的应力状态由其横截面上的正应力 σ_0 即可完全确定,这样的应力状

[①] 在通常情况下,总应力、正应力和切应力分别用 p、σ 和 τ 表示。这里的下角标 α 表示这些应力是在 α 面上的应力。

态称为**单轴应力状态**。关于应力状态的问题将在第七章中详细讨论。

§2-4 拉（压）杆的变形·胡克定律

设拉杆的原长为 l，承受一对轴向拉力 F 的作用而伸长后，其长度增为 l_1（图 2-9），则杆的纵向伸长为

$$\Delta l = l_1 - l \tag{a}$$

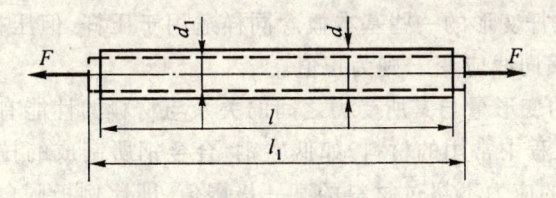

图 2-9

纵向伸长 Δl 只反映杆的总变形量，而无法说明沿杆长度方向上各段的变形程度。由于拉杆各段的伸长是均匀的，因此，其变形程度可以每单位长度的纵向伸长（即 $\Delta l/l$）来表示。每单位长度的伸长（或缩短），称为**线应变**，并用记号 ε 表示。于是，拉杆的纵向线应变为

$$\varepsilon = \frac{\Delta l}{l} \tag{b}$$

由式（a）可知，拉杆的纵向伸长 Δl 为正，压杆的纵向缩短 Δl 为负。因此，线应变在伸长时为正，缩短时为负。

必须指出，式（b）所表达的是在长度 l 内的平均线应变，当沿杆长度均匀变形时，就等于沿长度各点处的纵向线应变。当沿杆长度为非均匀变形时（如一等直杆在自重作用下的变形），式（b）并不反映沿长度各点处的纵向线应变。为研究一点处的线应变，可围绕该点取一个很小的正六面体（图 2-10）。设所取正六面体沿 x 轴方向 AB 边的原长为 Δx，变形后其长度的改变量为 $\Delta \delta_x$，对于非均匀变形，比值 $\Delta \delta_x / \Delta x$ 为 AB 边的平均线应变。当 Δx 无限缩小而趋于零时，其极限值

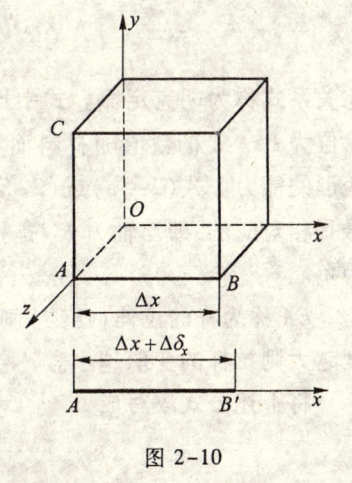

$$\varepsilon_x = \lim_{\Delta x \to 0} \frac{\Delta \delta_x}{\Delta x} = \frac{\mathrm{d}\delta_x}{\mathrm{d}x} \tag{2-4}$$

图 2-10

称为 A 点处沿 x 轴方向的线应变。

拉杆在纵向变形的同时将有横向变形。设拉杆为圆截面杆,其原始直径为 d,受力变形后缩小为 d_1(图 2-9),则其横向变形为

$$\Delta d = d_1 - d \tag{c}$$

在均匀变形情况下,拉杆的横向线应变为

$$\varepsilon' = \frac{\Delta d}{d} \tag{d}$$

由式(c)可见,拉杆的横向线应变显然为负,即与其纵向线应变的正负号相反。

以上有关拉杆变形的一些基本概念同样适用于压杆,但压杆的纵向线应变 ε 为负值,而其横向线应变 ε' 则为正值。

拉(压)杆的变形量与其所受力之间的关系与材料的性能有关,只能通过实验来获得。对工程中常用的材料,如低碳钢、合金钢所制成的拉杆,由一系列实验证明:当杆内的应力不超过材料的某一极限值,即比例极限(见 §2-6)时,杆的伸长 Δl 与其所受外力 F、杆的原长 l 成正比,而与其横截面面积 A 成反比,即有

$$\Delta l \propto \frac{Fl}{A}$$

引进比例常数 E,则有

$$\Delta l = \frac{Fl}{EA} \tag{2-5a}$$

由于 $F = F_N$,故上式可改写为

$$\Delta l = \frac{F_N l}{EA} \tag{2-5b}$$

此关系式称为**胡克定律**。式中比例常数 E 称为**弹性模量**,其量纲为 $ML^{-1}T^{-2}$,其单位为 Pa。E 的数值随材料而异,是通过实验测定的,其值表征材料抵抗弹性变形的能力。式(2-5a)或(2-5b)同样适用于压杆。轴力 F_N 和变形 Δl 的正负号是相对应的,即当轴力 F_N 是拉力为正时,求得的变形 Δl 是伸长也为正,反之为负。

EA 称为杆的拉伸(压缩)刚度,对于长度相等且受力相同的拉杆,其拉伸刚度越大则拉杆的变形越小。

将上述公式改写成

$$\frac{\Delta l}{l} = \frac{1}{E} \times \frac{F_N}{A} \tag{e}$$

式中,$\frac{\Delta l}{l}$ 为杆内任一点处的纵向线应变 ε;$\frac{F_N}{A}$ 为杆横截面上的正应力 σ。于是,得胡克定律的另一表达形式

$$\varepsilon = \frac{\sigma}{E} \tag{2-6}$$

显然，上式中的纵向线应变 ε 和横截面上正应力 σ 的正负号也是相对应的，即拉应力引起纵向伸长线应变。式(2-6)是经过改写后的胡克定律，它不仅适用于拉(压)杆，而且还可以更普遍地用于所有的单轴应力状态，故通常又称其为**单轴应力状态下的胡克定律**。

对于横向线应变 ε'，实验结果指出，当拉(压)杆内的应力不超过材料的比例极限时，它与纵向线应变 ε 的绝对值之比为一常数，此比值称为**横向变形因数**或**泊松**(S. D. Poisson)**比**，通常用 ν 表示，即

$$\nu = \left|\frac{\varepsilon'}{\varepsilon}\right| \tag{f}$$

ν 是量纲为一的量，其数值随材料而异，也是通过实验测定的。

考虑到纵向线应变与横向线应变的正负号恒相反，故有

$$\varepsilon' = -\nu\varepsilon \tag{2-7a}$$

将式(2-6)中的 ε 代入，则得

$$\varepsilon' = -\nu\frac{\sigma}{E} \tag{2-7b}$$

上式表明，一点处的横向线应变与该点处的纵向正应力成正比，但正负号相反。

弹性模量 E 和泊松比 ν 都是材料的弹性常数。表 2-1 给出了一些材料的 E 和 ν 的约值。

表 2-1 弹性模量及泊松比的约值

材料名称	牌 号	E/GPa[①]	ν
低碳钢	Q235	200～210	0.24～0.28
中碳钢	45	205	
低合金钢	Q345(16Mn)	200	0.25～0.30
合金钢	40CrNiMoA	210	
灰铸铁		60～162	0.23～0.27
球墨铸铁		150～180	
铝合金	LY12	71	0.33
硬质合金		380	
混凝土		15.2～36	0.16～0.18
木材(顺纹)		9～12	

例题 2-4 钢质制动带 AD 一端固定、一端铰接在杠杆 GH 上(图 a)，制动

---

① 1 GPa = 10^9 Pa。

带的宽度 $b=50$ mm、厚度 $\delta=1.6$ mm、弹性模量 $E=210$ GPa。制动带与直径 $D=600$ mm 的飞轮的接触为半个圆周,且制动带用相当柔软的材料作衬里,衬里材料与旋转飞轮间的动摩擦因数 $f=0.4$。当施加力 F_e 使制动带的 CD 段内产生的拉力为 40 kN 时,试求制动带与飞轮的接触段 $\overset{\frown}{BC}$ 的伸长。

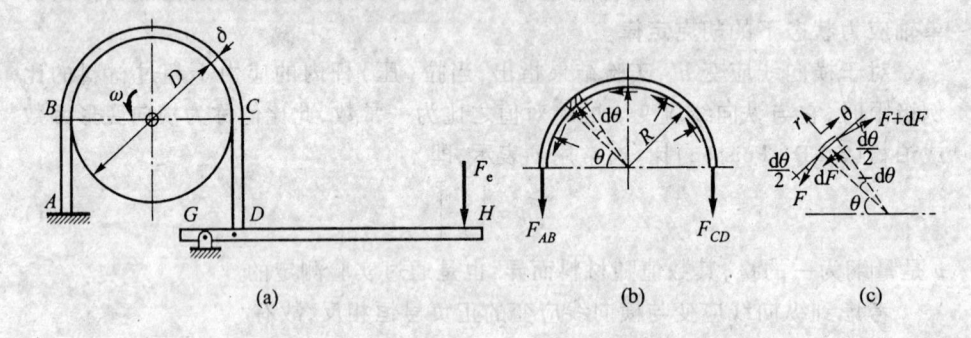

(a)   (b)   (c)

例题 2-4 图

解:(1) 受力分析

制动带的 CD 段为紧边,紧边拉力 $F_{CD}=40$ kN;AB 段为松边,松边拉力为 F_{AB}。制动带与飞轮相接触的各点处将有径向压力和切向摩擦力作用(图 b)。任取一微段(图 c),由微段的平衡方程

$$\sum F_r=0, \quad \mathrm{d}F_r-(F+\mathrm{d}F)\sin\frac{\mathrm{d}\theta}{2}-F\sin\frac{\mathrm{d}\theta}{2}=0 \tag{1}$$

$$\sum F_\theta=0, \quad (F+\mathrm{d}F)\cos\frac{\mathrm{d}\theta}{2}-F\cos\frac{\mathrm{d}\theta}{2}-f\mathrm{d}F_r=0 \tag{2}$$

对于微小角度 $\mathrm{d}\theta$,令 $\sin\dfrac{\mathrm{d}\theta}{2}\approx\dfrac{\mathrm{d}\theta}{2}$,$\cos\dfrac{\mathrm{d}\theta}{2}\approx 1$,并略去高阶微量 $\mathrm{d}F\times\dfrac{\mathrm{d}\theta}{2}$,由式(1)、(2)即得

$$\frac{\mathrm{d}F}{\mathrm{d}\theta}=fF$$

分离变量,积分得

$$F=A\mathrm{e}^{f\theta}$$

积分常数可由 $\overset{\frown}{BC}$ 段两端的边界条件确定,由

$$\theta=0, \quad F=F_{AB}, \quad A=F_{AB}$$
$$\theta=\pi, \quad F=F_{CD}, \quad F_{CD}=A\mathrm{e}^{f\pi}=F_{AB}\mathrm{e}^{f\pi}$$

所以,制动带在 $\overset{\frown}{BC}$ 段任一截面的拉力为

$$F=\frac{F_{CD}}{\mathrm{e}^{f\pi}}\times\mathrm{e}^{f\theta} \tag{3}$$

（2）$\widehat{BC}$段的伸长

考虑微段（图c）的伸长，由胡克定律得

$$d\delta = \frac{F(Rd\theta)}{EA} = \frac{F_{CD}Re^{f\theta}}{EAe^{f\pi}}d\theta$$

故接触段$\widehat{BC}$的总伸长为

$$\delta_{\widehat{BC}} = \int_{\widehat{BC}} d\delta = \frac{F_{CD}R}{EAe^{f\pi}}\int_0^\pi e^{f\theta}d\theta = \frac{F_{CD}R}{EAfe^{f\pi}}(e^{f\pi}-1)$$

$$= \frac{(40\times10^3\ \text{N})\times(30\times10^{-2}\ \text{m})}{(210\times10^9\ \text{Pa})\times(50\times10^{-3}\ \text{m})\times(1.6\times10^{-3}\ \text{m})\times(0.4)}\left(1-\frac{1}{e^{0.4\pi}}\right)$$

$$= 1.28\times10^{-3}\ \text{m} = 1.28\ \text{mm}$$

例题 2-5 图a所示杆系由圆截面钢杆1和2组成。已知杆端铰接，两杆与铅垂线均成$\alpha=30°$的角度，长度均为$l=2$ m，直径均为$d=25$ mm，钢的弹性模量为$E=210$ GPa。设在结点A处悬挂一重量为$P=100$ kN的重物，试求结点A的位移Δ_A。

解：（1）各杆轴力

在微小变形情况下，计算各杆的轴力时可将α角的微小变化忽略不计。假定各杆的轴力均为拉力（图b），由结点A的平衡方程

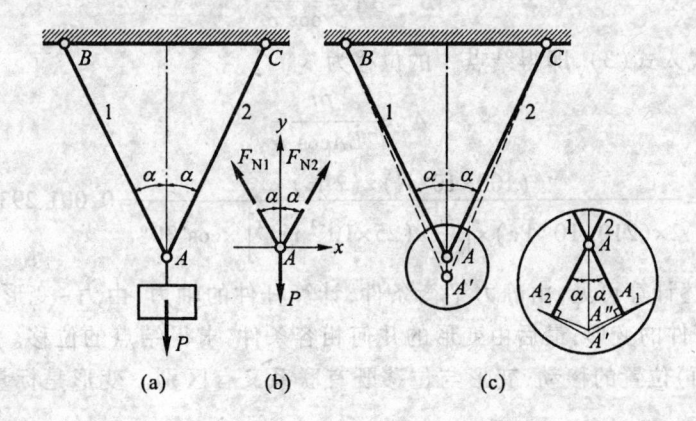

例题2-5图

$$\sum F_x = 0, \quad F_{N2}\sin\alpha - F_{N1}\sin\alpha = 0$$

和

$$\sum F_y = 0, \quad F_{N1}\cos\alpha + F_{N2}\cos\alpha - P = 0$$

解得各杆的轴力为

$$F_{N1}=F_{N2}=\frac{P}{2\cos\alpha} \tag{1}$$

结果都是正值,说明原先假定的拉力是正确的。

(2) 各杆变形

将 F_{N1} 和 F_{N2} 代入式(2-5b),得每杆的伸长为

$$\Delta l_1=\Delta l_2=\frac{F_{N1}l}{EA}=\frac{Pl}{2EA\cos\alpha} \tag{2}$$

式中,$A=\frac{\pi}{4}d^2$ 为杆的横截面面积。

(3) 结点 A 的位移

为计算位移 Δ_A,假想地将两杆在 A 点处拆开,并沿两杆轴线分别增加长度 Δl_1 和 Δl_2。显然,变形后两杆仍应铰接在一起,即应满足变形的几何相容条件。于是,分别以 B、C 为圆心,以两杆伸长后的长度 $\overline{BA_1}$、$\overline{CA_2}$ 为半径作圆弧,其交点 A''(图 c)即为 A 点的新位置。$\overline{AA''}$ 即为 A 点的位移。由于变形微小,故可过 A_1、A_2 分别作 1、2 两杆的垂线以代替圆弧,两垂线交于 A'(图 c),略去高阶微量,可认为 $\overline{AA'}=\overline{AA''}$。由于杆系在几何、物性及受力情况的对称性,故 A' 必与 A 在同一铅垂线上。由图 c 可得

$$\Delta_A=\overline{AA'}=\frac{\Delta l_1}{\cos\alpha} \tag{3}$$

将式(2)代入式(3),即得结点 A 的位移为

$$\Delta_A=\frac{Pl}{2EA\cos^2\alpha}$$

$$=\frac{(100\times10^3\text{ N})\times(2\text{ m})}{2\times(210\times10^9\text{ Pa})\times\left[\frac{\pi}{4}\times(25\times10^{-3}\text{ m})^2\right]\times\cos^2 30°}=0.001\,293\text{ m}(\downarrow)$$

从上述计算可见,由静力平衡条件,计算杆件的轴力;由力-变形间物理关系,计算杆件的变形;最后由变形的几何相容条件,求得结点的位移。位移是指点(或截面)位置的移动,变形与位移既有联系又有区别。变形是标量,而位移则是矢量。

§2-5 拉(压)杆内的应变能

弹性体在受力后要发生变形,同时弹性体内将积蓄能量。例如,摆钟的发条(弹性体)被拧紧(发生变形)后,在其放松的过程中将带动齿轮系,使指针转动

§2-5 拉(压)杆内的应变能

而作功。拧紧了的发条具有作功的本领,就表明发条在拧紧状态下积蓄有能量。为计算这种能量,现以受重力作用且仅发生弹性变形的拉杆为例,利用能量守恒原理来找出外力所作的功与弹性体内所积蓄的能量在数量上的关系。设一上端固定,且仅发生弹性变形的拉杆(图2-11),在其下端的小盘上逐渐增加重量。每加一点重量,杆将相应地有一点伸长,已在盘上的重物也相应地下沉,因而重物的位能将减少。由于重量是逐渐增加的,故在加载过程中,可认为杆没有动能改变。按能量守恒原理,略去声、热等其他微小的能量损耗不计,重物失去的位能将全部转变为积蓄在杆内的能量。因为杆的变形是弹性变形,故在卸除荷载后,这种能量又随变形的消失而全部转换为其他形式的能量。这种伴随着弹性变形的增减而改变的能量称为应变能。在所讨论的情况下,应变能就等于重物所失去的位能。

由于重物失去的位能在数值上等于其下沉时所作的功,所以杆内的应变能在数值上就等于重物在下沉时所作的功。推广到一般弹性体受静荷载(不一定是重力)作用的情况,可以认为在弹性体的变形过程中,积蓄在弹性体内的应变能 V_ε 在数值上等于外力所作的功 W,即

$$V_\varepsilon = W \tag{2-8}$$

上式称为弹性体的**功能原理**。应变能 V_ε 的单位为 J①。

图 2-11

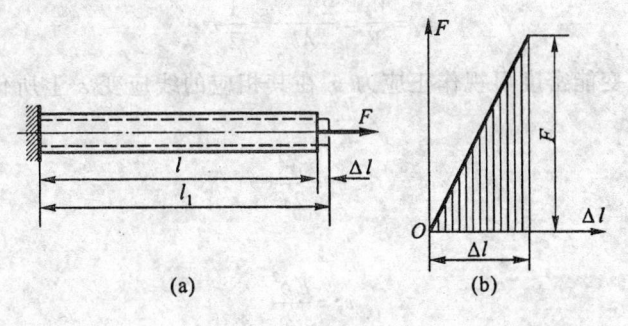

图 2-12

为推导拉杆(图2-12a)应变能的计算式,先计算外力所作的功 W。在静荷载 F 的作用下,杆伸长 Δl,也即拉力 F 作用点的位移。力 F 对该位移所作的功等于 F 与 Δl 关系图线下的面积。由于在弹性变形范围内 F 与 Δl 成线性关系,如图2-12b所示,于是,可得力 F 所作的功 W 为

---

① 1 J=1 N·m。

$$W = \frac{1}{2}F\Delta l$$

由式(2-8),可得积蓄在杆内的应变能为

$$V_\varepsilon = \frac{1}{2}F\Delta l \qquad (a)$$

又因 $F_N = F$,故可将上式改写为

$$V_\varepsilon = \frac{1}{2}F_N\Delta l \qquad (b)$$

利用式(2-5a)和(2-5b)的关系,可由(a)、(b)两式分别得

$$V_\varepsilon = \frac{F^2 l}{2EA} \qquad (2-9a)$$

和

$$V_\varepsilon = \frac{F_N^2 l}{2EA} \qquad (2-9b)$$

或

$$V_\varepsilon = \frac{EA}{2l}\Delta l^2 \qquad (2-9c)$$

由于拉杆各横截面上所有点处的应力均相同,故杆的单位体积内所积蓄的应变能就等于杆的应变能 V_ε 除以杆的体积 V。单位体积内的应变能称为**应变能密度**,并用 v_ε 表示,于是

$$v_\varepsilon = \frac{V_\varepsilon}{V} = \frac{\frac{1}{2}F\Delta l}{Al} = \frac{1}{2}\sigma\varepsilon \qquad (c)$$

式 c 表明:应变能密度可视作正应力 σ 在其相应的线应变 ε 上所作的功。由式(2-6)可得

$$v_\varepsilon = \frac{\sigma^2}{2E} \qquad (2-10a)$$

或

$$v_\varepsilon = \frac{E\varepsilon^2}{2} \qquad (2-10b)$$

应变能密度的单位为 J/m^3。

以上计算拉杆内应变能的各公式也适用于压杆。而式(2-10a)及(2-10b)则普遍适用于所有的单轴应力状态。当然,这些公式都只有在应力不超过材料的比例极限这一前提下才能应用,也就是说,只适用于应力与应变成线性关系的**线弹性范围**以内。

利用应变能的概念可以解决与结构或构件的弹性变形有关的问题。这种方法称为**能量法**。本节将用能量法求解一些较简单的拉(压)杆的位移,对于较为

一般的情形,将在《材料力学(Ⅱ)》的第三章中讨论。

例题 2-6 试计算例题 2-5 中结构的应变能,并求结点 A 的位移 Δ_A。

解:(1)结构的应变能

在例题 2-5 中已知组成该结构的两杆材料相同,长度、横截面面积和受力均相等。因此,两杆的应变能必相等。根据式(2-9b)求得结构的应变能为

$$V_\varepsilon = 2\frac{F_{N1}^2 l}{2EA} = \frac{P^2 l}{(2\cos\alpha)^2 EA}$$

$$= \frac{(100\times10^3\text{ N})^2\times(2\text{ m})}{(2\times\cos 30°)^2\times(210\times10^9\text{ Pa})\times\left[\frac{\pi}{4}\times(25\times10^{-3}\text{ m})^2\right]}$$

$$= 64.67 \text{ N}\cdot\text{m} = 64.7 \text{ J}$$

(2)结点 A 的位移

因结点 A 的位移 Δ_A 与荷载 P 的方向相同,由弹性体的功能原理,荷载 P 所作的功在数值上应等于该结构的应变能,即

$$\frac{1}{2}P\Delta_A = V_\varepsilon$$

于是,可得结点 A 的位移为

$$\Delta_A = \frac{2V_\varepsilon}{P} = \frac{2\times 64.67 \text{ N}\cdot\text{m}}{100\times 10^3 \text{ N}} = 1.293\times 10^{-3}\text{ m}$$

$$= 1.293 \text{ mm}(\downarrow)$$

所得位移 Δ_A 为正值,表示位移 Δ_A 的方向与力 P 的指向相同,即铅垂向下。

§2-6 材料在拉伸和压缩时的力学性能

在前面讨论拉(压)杆的应力、变形计算中,曾涉及材料在轴向拉伸(压缩)时的力学性能,如变形(或应变)与轴力(或应力)成线性关系的应力极限值,即比例极限、弹性模量等。在下面的拉(压)杆的强度计算中,还将涉及另外一些力学性能。材料的力学性能都需通过试验来测定,本节主要介绍工程中常用材料在拉伸和压缩时的力学性能。

Ⅰ. 材料的拉伸和压缩试验

在进行拉伸试验时,应将材料做成标准的试样,使其几何形状和受力条件均符合轴向拉伸的要求。试验以前,先在试样的中间等直部分上划两条横线(图 2-13),横线之间的一段为试样的工作段。为了能比较不同粗细的试样在拉断

后工作段的变形程度,通常对圆截面标准试样的工作段长度(称为**标距**)l 与其横截面直径 d 的比例加以规定。矩形截面标准试样,则规定其工作段长度 l 与横截面面积 A 的比例。常用的标准比例有两种,即

$$l=10\,d \quad \text{和} \quad l=5\,d \quad (\text{对圆截面试样})$$

或

$$l=11.3\sqrt{A} \quad \text{和} \quad l=5.65\sqrt{A} \quad (\text{对矩形截面试样})$$

压缩试样通常用圆截面或正方形截面的短柱体(图 2-14a、b),其长度 l 与横截面直径 d 或边长 b 的比值一般规定为 1 到 3,以避免试样在试验过程中被压弯。

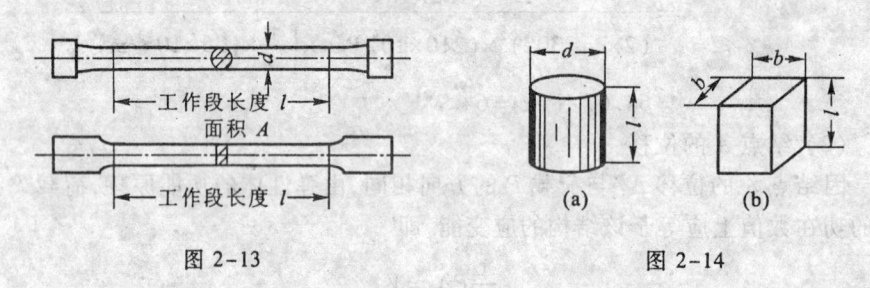

图 2-13

图 2-14

由于压缩试样的高度与宽度之间的比值较小,因而试样两端的端部影响必将波及整个试样。由于试样的两端面与试验机承压平台间的摩阻力将阻止横向尺寸的增大,而使压缩试样中的应力情况变得较为复杂,从而使试验所测定的材料在压缩时的力学性能带有一定的条件性。

拉伸或压缩试验时主要使用两类设备。一类是用来使试样发生变形(伸长或缩短)并测定试样抗力(也就是 §2-2 中所说的内力)的**万能试验机**;另一类是用来量测试样变形的**变形仪**,将微小的变形放大,能在所需的精度范围内量测试样的变形。关于试验设备的具体构造和原理,可参阅有关书籍[1]。

通常在实验室内所做的材料拉伸或压缩试验,是在室温(或称为常温)条件下按一般的变形速度进行的[2]。在上述条件下所得的材料的力学性能,即称为常温、静荷载下材料在拉伸或压缩时的力学性能。

Ⅱ.低碳钢试样的拉伸图及其力学性能

低碳钢是工程上最广泛使用的材料,同时,低碳钢试样在拉伸试验中所表现出的变形与抗力间的关系也比较典型。

---

[1] 例如,贾有权主编,《材料力学实验》,第二版,高等教育出版社,1984 年。
[2] 关于对试样的具体要求和测试条件,可参阅国家标准,例如,GB/T 228—2002《金属材料 室温拉伸试验方法》等。

§2-6 材料在拉伸和压缩时的力学性能

一般万能试验机可以自动绘出试样在试验过程中工作段的伸长与抗力间定量的关系曲线。曲线以横坐标表示试样工作段的伸长量 Δl，而以纵坐标表示试样承受的荷载（即试样的抗力）F，称为试样的拉伸图。

图 2-15a 所示为低碳钢试样的拉伸图。由图可见，低碳钢在整个拉伸试验过程中，其工作段的伸长量与荷载间的关系大致可分为以下四个阶段。

阶段 Ⅰ 试样的变形完全是弹性的，全部卸除荷载后，试样将恢复其原长，这一阶段称为**弹性阶段**。低碳钢试样在此阶段内，其伸长量与荷载之间成正比，即胡克定律式（2-5a）所表达的关系式

$$\Delta l = \frac{Fl}{EA}$$

精确的量测虽指出伸长量与荷载间的关系和正比关系略有偏离，但以工程实用的精度要求而言，这种微小的偏离是可以忽略不计的。

阶段 Ⅱ 试样的伸长量急剧地增加，而试验机上的荷载读数在很小的范围内波动。试样的荷载在很小的范围内波动，而其变形却不断增大的现象称为屈服，这一阶段则称为**屈服阶段**。屈服阶段出现的变形，是不可恢复的塑性变形。若试样经过抛光，则在试样表面将可看到大约与轴线成 45°方向的条纹（图 2-15b），是由材料沿试样的最大切应力面发生滑移而引起的，称为**滑移线**。

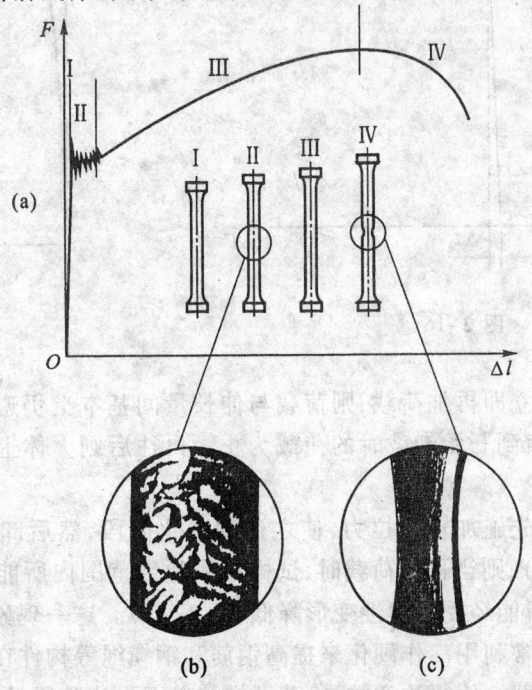

图 2-15

阶段Ⅲ 试样经过屈服阶段后,若要使其继续伸长,由于材料在塑性变形过程中不断发生强化,因而试样中的抗力不断增长。这一阶段称为**强化阶段**。在强化阶段试样的变形主要是塑性变形,其变形量要远大于弹性变形。在此阶段中可以较明显地观察到整个试样横向尺寸的缩小。

阶段Ⅳ 试样伸长到一定程度后,荷载读数反而逐渐降低。此时可以看到试样某一段内的横截面面积显著地收缩,出现如图 2-15c 所示的"缩颈"现象。在试样继续伸长(主要是"缩颈"部分的伸长)的过程中,由于"缩颈"部分的横截面面积急剧缩小,因此荷载读数(即试样的抗力)反而降低,一直到试样被拉断。这一阶段称为**局部变形阶段**。

若在强化阶段内停止加载,并逐渐卸除荷载,则荷载与试样的伸长量之间遵循直线关系,该直线 bc 与弹性阶段内的直线 Oa(图 2-16)近乎平行。卸载时荷载与伸长量之间遵循直线关系的规律称为材料的**卸载规律**。由此可见,在强化阶段中,试样的变形包括弹性变形 Δl_e 和塑性变形 Δl_p 两部分(图 2-16),在卸载过程中,弹性变形逐渐消失,只留下塑性变形。

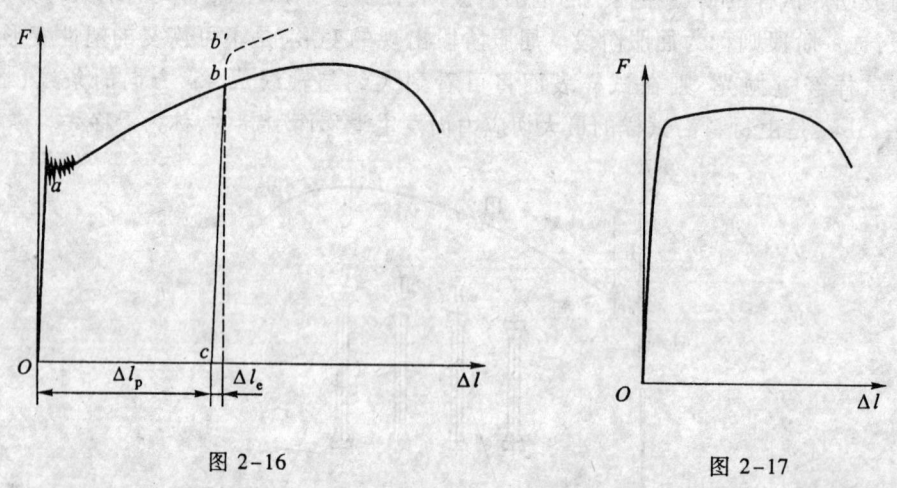

图 2-16

图 2-17

如果卸载后立即再加荷载,则荷载与伸长量间基本上仍遵循着卸载时的同一直线关系,一直到开始卸载时的荷载为止。再往后则大体上遵循着原来拉伸图的曲线关系。

若对试样预先施加轴向拉力,使之达到强化阶段,然后卸载(如在图 2-16 中的 b 点处卸载),则当再加荷载时,试样在线弹性范围内所能承受的最大荷载将增大,而试样所能经受的塑性变形降低(图 2-17)。这一现象称为材料的**冷作硬化**。在工程上常利用冷作硬化来提高钢筋和钢缆绳等构件在线弹性范围内所能承受的最大荷载。值得注意的是,若试样拉伸至强化阶段后卸载,经过一段时间后再受拉,则其线弹性范围的最大荷载还有所提高,如图 2-16 中虚线 cb' 所示。这种现象称为**冷作时效**。冷作时效不仅与卸载后至加载的时间间隔有关，而且与试样所处的温度有关。较详细的讨论可参阅有关书籍[①]。

低碳钢试样的拉伸图只能代表试样的力学性能，因为该图的横坐标和纵坐标均与试样的几何尺寸有关。若将拉伸图的纵坐标即荷载 F 除以试样横截面的原面积 A，将其横坐标即伸长量 Δl 除以试样工作段的原长 l，所得曲线即与试样的尺寸无关，而可以代表材料的力学性能，称为**应力-应变曲线**或 σ-ε **曲线**。

低碳钢的 σ-ε 曲线如图 2-18 所示，其纵坐标

$$\sigma = \frac{F}{A}$$

实质上是名义应力（称为工程应力），因为超过屈服阶段以后，试样横截面面积显著缩小，仍用原面积求得的应力并不能表示试样横截面上的真实应力。曲线的横坐标

$$\varepsilon = \frac{\Delta l}{l}$$

实质上也是名义应变（称为工程应变，通常用百分数表示），因为超过屈服阶段之后，试样的长度显著增加，用原长 l 求得的应变也不能表示试样的真实应变。

根据 σ-ε 曲线（图 2-18）可获得表征材料的力学性能的几个特征点及其相应的含义。

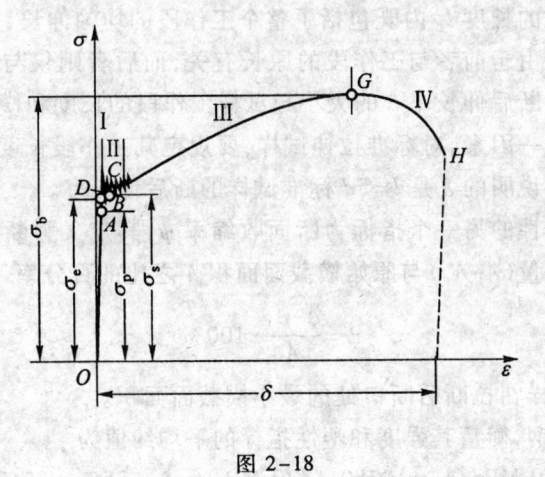

图 2-18

在弹性阶段内，A 点是应力与应变成正比即符合胡克定律的最高限，与之对应的应力称为材料的**比例极限**，以 σ_p 表示。弹性阶段的最高点 B 是卸载后不发生塑性变形的极限，而与之对应的应力称为材料的**弹性极限**，并以 σ_e 表示。

[①] 例如，天津大学、同济大学、南京工学院编，《钢筋混凝土结构》，中国建筑工业出版社，1985 年。

由于这两个极限应力在数值上相差不大,在实测中很难区分,因此在工程实用中通常并不区分材料的这两个极限应力,而统称为弹性极限。材料内的应力处于弹性极限以下,统称为线弹性范围。

在屈服阶段内,应力 σ 有幅度不大的波动,在发生屈服而力首次下降前所对应的最高应力(点 C)为**上屈服强度**,而在屈服期间,不计初始瞬时效应时的最低应力(点 D)为**下屈服强度**。试验指出,上屈服强度的数值受加载速度等因素的影响较大,而下屈服强度值则较为稳定。因此,通常将下屈服强度称为材料的**屈服强度**或**屈服极限**,并以 σ_s 表示[①]。

在强化阶段,G 点是该阶段的最高点,即试样中的名义应力的最大值,称为材料的**抗拉强度**或**强度极限**,以 σ_b 表示。

对低碳钢而言,极限应力 σ_s 和 σ_b 是衡量材料强度的两个重要指标。

σ-ε 曲线(图 2-18)横坐标上的 δ 代表试样拉断后的塑性变形程度,其值等于试样的工作段在拉断后标距的残余伸长 (l_1-l) 与原始标距 l 之比的百分率,称为**断后伸长率**,即

$$\delta = \frac{l_1-l}{l} \times 100\%$$

此值的大小表示材料在拉断前能发生的最大的塑性变形程度,是衡量材料塑性的一个重要指标。

试样拉断后的长度 l_1 内既包括了整个工作段的均匀伸长,也包括"缩颈"部分的局部伸长。由于前者与工作段的原长有关,而后者则仅与工作段的横截面尺寸有关,因此,断后伸长率 δ 的大小与试样工作段的长度和横截面尺寸的比值有关。考虑到这一因素,对标准拉伸试样,要规定其工作段长度与横截面尺寸的比值。通常不加说明的 δ 是 $l=5d$ 标准试样的断后伸长率。

衡量材料塑性的另一个指标为**断面收缩率** ψ,其定义为断裂后试样横截面面积的最大缩减量 $(A-A_1)$ 与原始横截面面积 A 之比的百分率,即

$$\psi = \frac{A-A_1}{A} \times 100\%$$

式中,A_1 代表试样在拉断后断口处的最小横截面面积。

对于 Q235 钢,衡量其强度和塑性指标的平均约值为

$\sigma_s = 220 \sim 240$ MPa, $\sigma_b = 380 \sim 470$ MPa, $\delta_5 = 25\% \sim 27\%$, $\psi \approx 60\%$

这种 δ 和 ψ 数值均较高的材料,通常称为**塑性材料**。

[①] 在国家标准 GB/T 228—2002 中,屈服强度、抗拉强度、断后伸长率及断面收缩率等符号均有变动,本书仍暂沿用原标准 GB 228—87。关于新、旧标准中力学性能名称的对照表,见附录Ⅴ。

Ⅲ. 其他金属材料在拉伸时的力学性能

与低碳钢在 σ-ε 曲线上相似的材料,还有 16 锰钢及另外一些高强度低合金钢。它们与低碳钢相比,屈服强度和抗拉强度均显著提高,而屈服阶段则稍短,且断后伸长率略低。

对于其他金属材料,σ-ε 曲线并不都类似低碳钢具备四个阶段。图 2-19 中给出了另外几种典型的金属材料在拉伸时的 σ-ε 曲线。将这些曲线与图 2-18 相比较,可以看出:有些材料如铝合金和退火球墨铸铁没有屈服阶段,而其他三个阶段却很明显;另外一些材料如锰钢则仅有弹性阶段和强化阶段,而没有屈服阶段和局部变形阶段。这些材料的共同特点是断后伸长率 δ 均较大,都属于塑性材料。

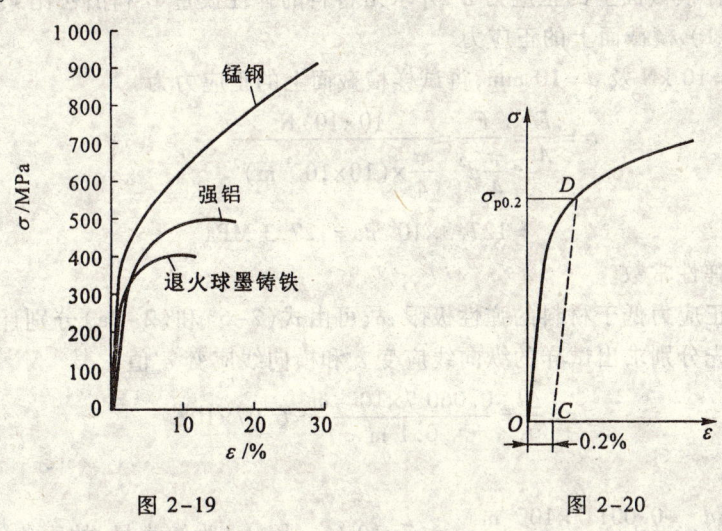

图 2-19

图 2-20

对于没有屈服阶段的塑性材料,通常将对应于塑性应变 $\varepsilon_p = 0.2\%$ 时的应力定为规定非比例延伸强度,并以 $\sigma_{p0.2}$ 表示。这是一个人为规定的极限应力,作为衡量材料强度的指标。确定 $\sigma_{p0.2}$ 数值的方法如图 2-20 所示。图中的直线 CD 与弹性阶段内的直线部分相平行。

另外一类典型材料的共同特点是断后伸长率 δ 均很小。这类材料称为脆性材料。通常以断后伸长率 $\delta < 2\% \sim 5\%$ 作为定义脆性材料的界限。图 2-21 所示的就是脆性材料灰铸铁在拉伸时的 σ-ε 曲线。灰铸铁的 σ-ε 曲线从很低的应力开始就不是直线,但由于直到拉断时试样的变

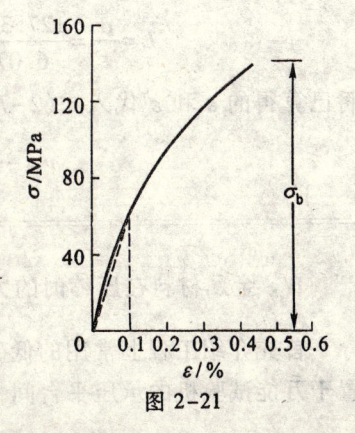

图 2-21

形都非常小,且没有屈服阶段、强化阶段和局部变形阶段,因此在工程计算中,通常取总应变为 0.1% 时 σ-ε 曲线的割线(图 2-21 中的虚线)斜率来确定其弹性模量,称为割线弹性模量。

衡量脆性材料拉伸强度的唯一指标是材料的抗拉强度 σ_b。这个应力可看成是试样被拉断时的真实应力,因为脆性材料的试样被拉断时,其横截面面积的缩减极其微小。

例题 2-7 一根材料为 Q235 钢的拉伸试样,其直径 $d = 10$ mm,工作段长度 $l = 100$ mm,其弹性极限为 $\sigma_p = 200$ MPa。当试验机上荷载读数达到 $F = 10$ kN 时,量得工作段的伸长为 $\Delta l = 0.060\ 7$ mm,直径的缩小为 $\Delta d = 0.001\ 7$ mm。试求此时试样横截面上的正应力 σ,并求出材料的弹性模量 E 和泊松比 ν。

解:(1)横截面上的正应力

由 $F = 10$ kN 及 $d = 10$ mm,得试样横截面上的正应力为

$$\sigma = \frac{F}{A} = \frac{F}{\frac{\pi}{4}d^2} = \frac{10 \times 10^3\ \text{N}}{\frac{\pi}{4} \times (10 \times 10^{-3}\ \text{m})^2}$$

$$= 127.3 \times 10^6\ \text{Pa} = 127.3\ \text{MPa}$$

(2)弹性常数

由于正应力低于材料的弹性极限,故可由式(2-6)和(2-7a)分别计算 E 和 ν。为此,先分别求出试样的纵向线应变 ε 和横向线应变 ε' 值:

$$\varepsilon = \frac{\Delta l}{l} = \frac{0.060\ 7 \times 10^{-3}\ \text{m}}{0.1\ \text{m}} = 6.07 \times 10^{-4}$$

和

$$\varepsilon' = \frac{\Delta d}{d} = \frac{-0.001\ 7 \times 10^{-3}\ \text{m}}{10 \times 10^{-3}\ \text{m}} = -1.7 \times 10^{-4} \quad (因 \Delta d 为缩小量,故取负值)$$

将已算得的 σ 和相应的 ε 代入式(2-6),得弹性模量

$$E = \frac{\sigma}{\varepsilon} = \frac{127.3 \times 10^6\ \text{Pa}}{6.07 \times 10^{-4}} = 210 \times 10^9\ \text{Pa} = 210\ \text{GPa}$$

将已算得的 ε 和 ε' 代入式(2-7a),得泊松比

$$\nu = -\frac{\varepsilon'}{\varepsilon} = -\frac{-1.7 \times 10^{-4}}{6.07 \times 10^{-4}} = 0.28$$

IV. 金属材料在压缩时的力学性能

首先介绍工程上常用的低碳钢在压缩时的力学性能。将短圆柱体压缩试样置于万能试验机的承压平台间,并使之发生压缩变形。与拉伸试验相同,绘出试

§2-6 材料在拉伸和压缩时的力学性能

样在试验过程中的缩短量 Δl 与抗力 F 之间的关系曲线。这一曲线称为试样的**压缩图**。为了使得到的曲线与所用试样的横截面面积和长度无关,同样以试样的名义应力作纵坐标,以其名义应变作横坐标,将压缩图改画成 $\sigma\text{-}\varepsilon$ 曲线,如图 2-22 中的实线所示。为了便于比较材料在拉伸和压缩时的力学性能,在图中以虚线绘出了低碳钢在拉伸时的 $\sigma\text{-}\varepsilon$ 曲线。

由图 2-22 中的低碳钢在拉伸和压缩时的 $\sigma\text{-}\varepsilon$ 曲线可见,在屈服阶段以前,两曲线基本重合,两者的屈服强度和弹性模量基本相同。进入强化阶段后,试样在压缩时的

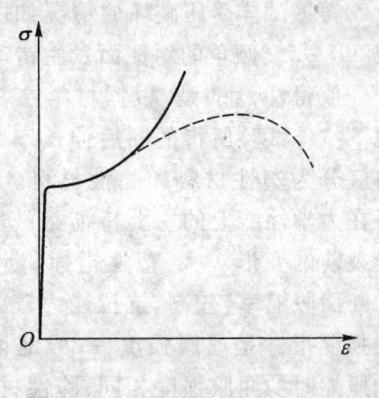

图 2-22

名义应力随名义应变的增加而增大,由于试样的横截面面积逐渐增大,而计算名义应力时仍采用试样的原来面积,因而无法测定低碳钢试样的压缩强度 σ_{bc}。所以,对于低碳钢,从拉伸试验的结果就可以了解其在压缩时的主要力学性能。

类似情况在一般的塑性材料中也存在。但有些材料(如铬钼硅合金钢)在拉伸和压缩时的屈服强度并不相同,而仍需进行压缩试验。

塑性材料的试样在压缩后的变形情况如图 2-23a 所示。由于试样两端面受到摩擦力的影响,因此变形后呈鼓状。

(a)　　　　　　　　(b)

图 2-23

脆性材料在压缩和拉伸时的力学性能有较大的区别。例如,图 2-24 所示为灰铸铁在拉伸(虚线)和压缩(实线)时的 $\sigma\text{-}\varepsilon$ 曲线[①],压缩试样的 $l:d = 5:1$。比较两条曲线可以看出:

(1) 铸铁在压缩时的强度极限和延伸率都较拉伸时大得多,因而这种材料宜用作受压构件。

(2) 铸铁无论在拉伸或压缩时,其 $\sigma\text{-}\varepsilon$ 曲线中的直线部分均很短,因此只

---

① 本图曲线引自:老亮、宋先郁,"灰铸铁应力-应变图中一个值得商榷的问题",《国防科技大学学报》,1981年,第 3 期。

能认为是近似地符合胡克定律。

铸铁试样受压破坏的情况如图 2-23b 所示。试样受压时将沿与轴线大致成 $50° \sim 55°$ 倾角的斜截面发生错动而破坏。

值得注意的是,根据材料在常温、静荷载下拉伸试验所得的断后伸长率大小,将材料区分为**塑性材料**和**脆性材料**。这两类材料在力学性能上的主要特征是:塑性材料在断裂前的变形较大,塑性指标(断后伸长率和断面收缩率)较高,抗拉能力较好,其常用的强度指标是屈服强度,一般地说,在拉伸和压缩时的屈服强度相同;脆性材料在断裂前的变形较小,塑性指标较低,其强度指标是强度极限,而且其拉伸强度 σ_b 远低于压缩强度 σ_{bc}。但是,材料是塑性的还是脆性的,将随材料所处的温度、应变速率和应力状态等条件的变化而不同。例如,具有尖锐切槽的低碳钢试样,在轴向拉伸时将在切槽处发生突然的脆性断裂;而在很大的外压作用下,铸铁试样在轴向拉伸时也将发生大的塑性变形和缩颈现象。

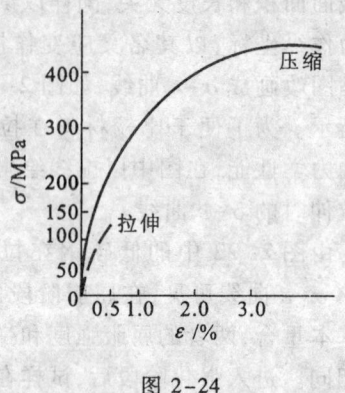

图 2-24

Ⅴ. 几种非金属材料的力学性能

一、混凝土

混凝土是由水泥、石子和砂加水搅拌均匀经水化作用后而成的人造材料。由于石子粒径较构件尺寸要小得多,故可近似地看作匀质、各向同性材料。

混凝土和天然石料都是脆性材料,一般都用作压缩构件。混凝土的压缩强度是以标准的立方体试块,在标准养护条件下经过 28 天养护后进行测定的。混凝土的标号就是根据其压缩强度标定的。

混凝土压缩时的 $\sigma-\varepsilon$ 曲线如图 2-25a 所示。在加载初期有很短的一直线段,以后明显弯曲,在变形不大的情况下突然断裂。混凝土的弹性模量规定以 $\sigma = 0.4\sigma_b$ 时的割线斜率确定。混凝土在压缩试验中的破坏形式,与两端压板和试块的接触面的润滑条件有关。当润滑不好、两端面的摩阻力较大时,压坏后呈两个对接的截锥体(图 2-25b);当润滑较好、摩阻力较小时则沿纵向开裂(图 2-25c)。两种破坏形式所对应的压缩强度也有差异。因此,在这类材料的压缩试验中还规定其端部条件,这样所得的压缩强度才能作为衡量材料强度的一种比较性指标。

混凝土的拉伸强度很小,约为压缩强度的 1/5~1/20,故在用作弯曲构件时,其受拉部分一般用钢筋来加强(称为钢筋混凝土),在计算时就不考虑混凝土的拉伸强度。

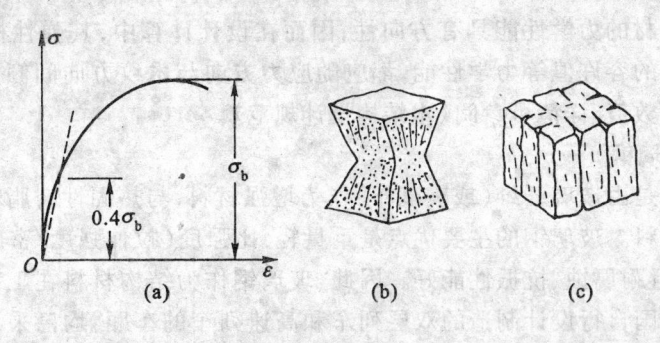

图 2-25

二、木材

木材的力学性能随应力方向与木纹方向间倾角的不同而有很大的差异,即木材的力学性能具有方向性,称为**各向异性材料**。由于木材的组织结构对于平行于木纹(称为顺纹)和垂直于木纹(称为横纹)的方向基本上具有对称性,因而其力学性能也具有对称性。这种力学性能具有三个相互垂直的对称轴的材料,称为**正交各向异性材料**(图 2-26)。

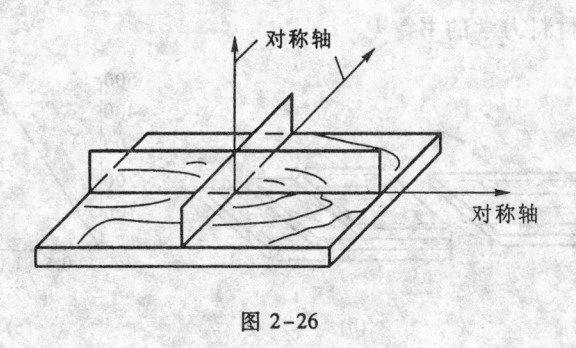

图 2-26

松木在顺纹拉伸、压缩和横纹压缩时,其 σ-ε 曲线的大致形状如图 2-27 所示。木材的顺纹拉伸强度很高,但因受木节等缺陷的影响,其强度极限值波动很大。木材的横纹拉伸强度很低,工程中应避免横纹受拉。木材的顺纹压缩强度虽稍低于顺纹拉伸强度,但受木节等缺陷的影响较小,因此在工程中广泛用作柱、斜撑等承压构件。木材在横纹压缩时,其初始阶段的应力-应变关系基本上成线性关系,当应力超过比例极限后,曲线趋于水平,并产生很大的塑性变形,工程中通常以其比例

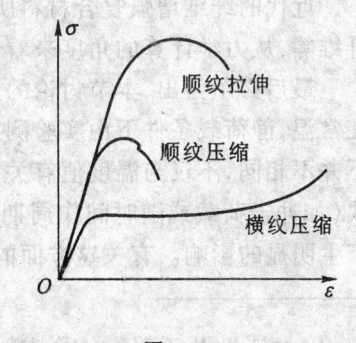

图 2-27

极限作为强度指标。

由于木材的力学性能具有方向性,因而在设计计算中,其弹性模量 E 和最大工作应力的容许值等力学性能,都应随应力方向与木纹方向间倾角的不同而采用不同的数值,详情可参阅《木结构设计规范》。

三、玻璃钢

玻璃钢是由玻璃纤维(或玻璃布)作为增强材料,与热固性树脂粘合而成的一种复合材料。玻璃钢的主要优点是重量轻,比强度(拉伸强度/密度)高,成型工艺简单,且耐腐蚀、抗振性能好。因此,玻璃钢作为结构材料在工程中得到广泛应用。我国自行设计制造的双层列车和高速列车的车厢,均已采用了玻璃钢材料。

玻璃钢的力学性能与所用的玻璃纤维(或玻璃布)和树脂的性能,以及两者的相对用量和相互结合的方式有关。玻璃纤维(或玻璃布)可以是同一方向排列的(图 2-28a),也可以将每层按不同方向叠合粘结在一起(图 2-28b)。纤维呈单向排列的玻璃钢沿纤维方向拉伸时的 σ-ε 曲线如图 2-28c 所示,直至断裂前,基本上是线弹性的。由于纤维的方向性,显然,玻璃钢的力学性能是各向异性的。关于玻璃钢在纤维排列方式不同和应力作用方向不同时的力学计算,可参阅有关复合材料力学的书籍[①]。

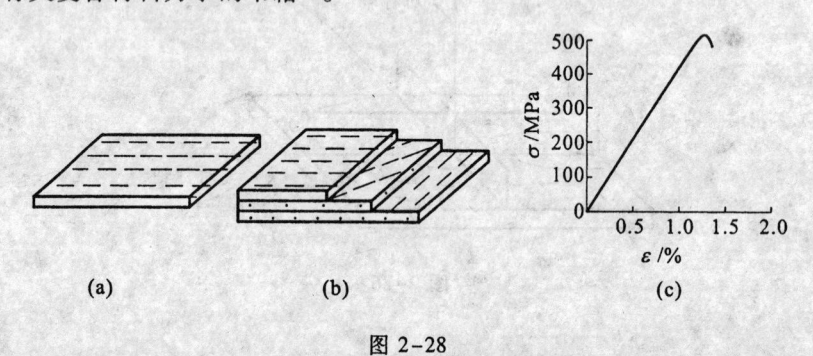

图 2-28

近代的纤维增强复合材料所用的增强纤维,已发展为强度更高的碳纤维、硼纤维等,从力学计算的角度来看,基本上与玻璃钢相仿。

最后必须指出,本节讨论的几种在土建工程中常用的材料的力学性能,都是在常温、静荷载条件下由实验测定的。材料在高温或低温下的力学性能与常温下并不相同,不仅与温度值有关,而且与荷载的作用时间有关。而荷载的作用方式(如冲击荷载或随时间作周期性变化的交变荷载等)对材料的力学性能也将产生明显的影响。有关这方面的详细讨论见《材料力学(Ⅱ)》中的第七章。

---

① 例如,R. M. 琼斯著,《复合材料力学》,朱颐龄等译,上海科学技术出版社,1981 年。

§2-7 强度条件·安全因数·许用应力

I. 拉(压)杆的强度条件

由式(2-3)求得拉(压)杆的最大工作应力后,并不能判定杆件是否会因强度不足而发生破坏。只有把杆件的最大工作应力与材料的强度指标联系起来,才有可能作出判断。

为便于说明问题,将材料的两个强度指标 σ_s 和 σ_b 统称为**极限应力**,并用 σ_u 表示。为确保拉(压)杆不致因强度不足而破坏,杆件最大工作应力的容许值应小于材料的极限应力 σ_u,可规定为极限应力 σ_u 的若干分之一,并称为材料的**许用应力**,以 $[\sigma]$ 表示,即

$$[\sigma] = \frac{\sigma_u}{n} \tag{2-11}$$

式中,n 是一个大于1的因数,称为**安全因数**。关于安全因数的确定,将在下面进一步讨论。于是,为确保拉(压)杆不致因强度不足而破坏的强度条件为

$$\sigma_{\max} \leqslant [\sigma] \tag{2-12}$$

对于等截面直杆,拉伸(压缩)时的强度条件,可改写为

$$\frac{F_{N,\max}}{A} \leqslant [\sigma] \tag{2-13}$$

根据拉(压)杆的强度条件,可对其进行强度计算。强度计算通常有以下三种类型:

(1) 强度校核。
(2) 截面选择。
(3) 许可荷载计算。

在已知拉(压)杆的材料、尺寸及所受荷载的情况下,检验构件能否满足上述强度条件,称为强度校核。

已知拉(压)杆所受荷载及所用材料,按强度条件选择杆件的横截面面积或尺寸,称为截面选择。为此可将式(2-13)改写为

$$A \geqslant \frac{F_{N,\max}}{[\sigma]}$$

当选用型钢等标准截面时,可能为满足强度条件而将采用过大的截面。为经济起见,可考虑采用小一号的截面,但由此而引起的最大工作应力超过许用应力的百分数,在设计规范上有具体规定,一般限制在5%以内。

已知拉(压)杆的材料和尺寸,也可以按强度条件来确定杆所能容许的最大

轴力,从而计算出其所允许承受的荷载,称为许可荷载计算。此时式(2-13)可改写为

$$F_{N,\max} \leq A[\sigma]$$

在以上的计算中,都要用到材料的许用应力。工程上常用材料在一般情况下的许用拉(压)应力的约值在表 2-2 中给出。

表 2-2 常用材料的许用应力约值

(适用于常温、静荷载和一般工作条件下的拉杆和压杆)

材料名称	牌 号	许用应力/MPa	
		轴向拉伸	轴向压缩
低碳钢	Q235	170	170
低合金钢	16Mn	230	230
灰铸铁		34~54	160~200
混凝土	C 20	0.44	7
混凝土	C 30	0.6	10.3
红松(顺纹)		6.4	10

例题 2-8 三铰屋架的主要尺寸如图 a 所示,承受长度为 $l = 9.3$ m 的竖向均布荷载沿水平方向的集度为 $q = 4.2$ kN/m。屋架中的钢拉杆直径 $d = 16$ mm,许用应力 $[\sigma] = 170$ MPa。试校核拉杆的强度。

解:(1) 作计算简图

由于两屋面板之间和拉杆与屋面板之间的接头难以阻止微小的相对转动,故可将接头看作铰接,于是得屋架的计算简图如图 b 所示。

(2) 求支反力

由屋架整体(图 b)的平衡方程 $\sum F_x = 0$,得

$$F_{Ax} = 0$$

利用对称关系及平衡方程 $\sum F_y = 0$ 得

$$F_{Ay} = F_{By} = \frac{1}{2}ql = \frac{1}{2} \times (4.2 \times 10^3 \text{ N/m}) \times (9.3 \text{ m}) = 19.5 \times 10^3 \text{ N}$$
$$= 19.5 \text{ kN}$$

(3) 求拉杆的轴力 F_N

取半个屋架为分离体(图 c),由平衡方程

$$\sum M_C = 0, \quad (1.42 \text{ m})F_N + \frac{(4.65 \text{ m})^2}{2}q - (4.25 \text{ m})F_{Ay} = 0$$

及 $q = 4.2$ kN/m 和 $F_{Ay} = 19.5$ kN 求得

$$F_N = 26.3 \text{ kN}$$

§2-7 强度条件·安全因数·许用应力

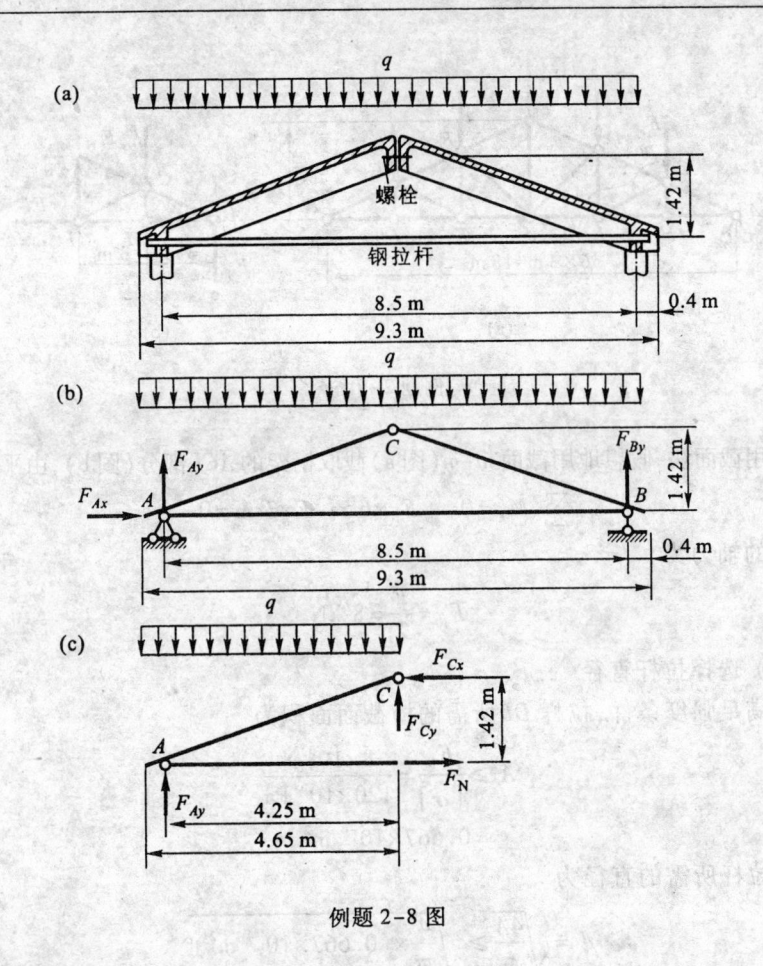

例题 2-8 图

(4) 强度校核

由拉杆直径 $d = 16$ mm 及轴力 F_N 得拉杆横截面上的工作应力为

$$\sigma = \frac{F_N}{A} = \frac{26.3 \times 10^3 \text{ N}}{\frac{\pi}{4} \times (16 \times 10^{-3} \text{ m})^2}$$

$$= 131 \times 10^6 \text{ Pa} = 131 \text{ MPa}$$

由于

$$\sigma = 131 \text{ MPa} < [\sigma]$$

满足强度条件，故钢拉杆的强度是安全的。

例题 2-9 图 2-1 所示钢木组合桁架的尺寸及计算简图如图 a 所示。已知 $F = 16$ kN，钢的许用应力 $[\sigma] = 120$ MPa。试选择钢拉杆 DI 的直径 d。

解：(1) 计算拉杆 DI 的轴力

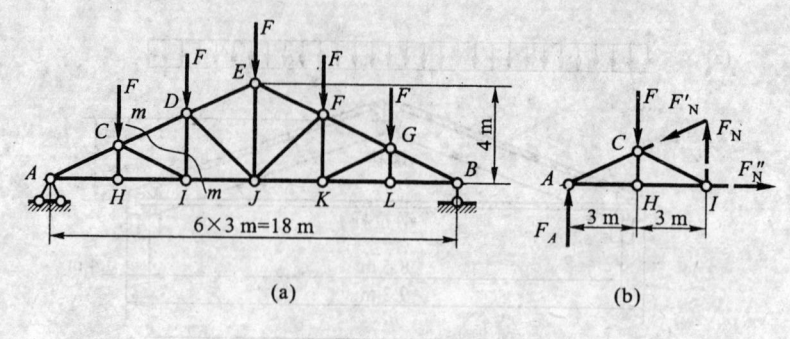

例题 2-9 图

应用截面法,假想地用截面 m-m(图 a)截取桁架的 ACI 部分(图 b),由平衡方程

$$\sum M_A = 0, \quad F_N \times 6 \text{ m} - F \times 3 \text{ m} = 0$$

得拉杆的轴力为

$$F_N = \frac{F}{2} = 8 \text{ kN}$$

(2) 选择拉杆直径

为满足强度条件,拉杆 DI 所需的横截面面积为

$$A \geqslant \frac{F_N}{[\sigma]} = \frac{8 \times 10^3 \text{ N}}{120 \times 10^6 \text{ Pa}}$$
$$= 0.667 \times 10^{-4} \text{ m}^2$$

由此得拉杆所需的直径为

$$d = \sqrt{\frac{4A}{\pi}} \geqslant \sqrt{\frac{4}{\pi} \times (0.667 \times 10^{-4} \text{ m}^2)}$$
$$= 0.92 \times 10^{-2} \text{ m} = 9.2 \text{ mm}$$

由于用作钢拉杆的圆钢的最小直径为 10 mm,故选用

$$d = 10 \text{ mm}$$

例题 2-10 简易起重设备(图 a)中,杆 AC 由两根 80 mm×80 mm×7 mm 等边角钢组成,杆 AB 由两根 10 号工字钢组成。材料为 Q235 钢,许用应力 $[\sigma]$ = 170 MPa。试求许可荷载 $[F]$。

解:(1) 杆件轴力与荷载 F 的关系

取结点 A 为研究对象,并假设杆 AC 的轴力 F_{N1} 为拉力,杆 AB 的轴力 F_{N2} 为压力,如图 b 所示。由结点 A 的平衡方程

$$\sum F_y = 0, \quad F_{N1} \sin 30° - F = 0$$

$$\sum F_x = 0, \quad F_{N2} - F_{N1} \cos 30° = 0$$

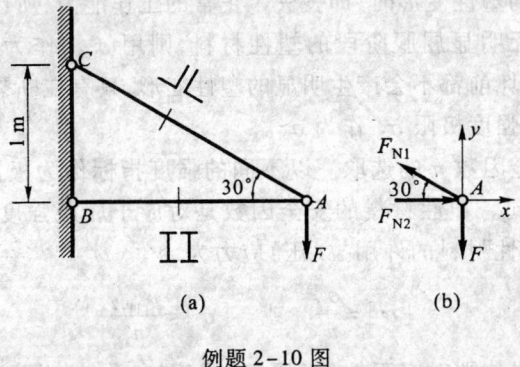

例题 2-10 图

解得
$$F_{N1} = 2F, \quad F_{N2} = 1.732F \tag{1}$$

(2) 各杆的许可轴力

由型钢表查得杆 AC 的横截面面积 $A_1 = (108.6 \times 10^{-6} \text{ m}^2) \times 2 = 2\ 172 \times 10^{-6} \text{ m}^2$,杆 AB 的横截面面积 $A_2 = (1\ 430 \times 10^{-6} \text{ m}^2) \times 2 = 2\ 860 \times 10^{-6} \text{ m}^2$。根据强度条件

$$\sigma = \frac{F_N}{A} \leqslant [\sigma]$$

得两杆的许可轴力分别为

$[F_{N1}] \leqslant (170 \times 10^6 \text{ Pa}) \times (2\ 172 \times 10^{-6} \text{ m}^2) = 369.24 \times 10^3 \text{ N} = 369.24 \text{ kN}$

$[F_{N2}] \leqslant (170 \times 10^6 \text{ Pa}) \times (2\ 860 \times 10^{-6} \text{ m}^2) = 486.20 \times 10^3 \text{ N} = 486.20 \text{ kN}$

(3) 许可荷载

将 $[F_{N1}]$ 和 $[F_{N2}]$ 分别代入式(1),便得到按各杆强度要求所算出的许可荷载为

$$[F_1] = \frac{[F_{N1}]}{2} = \frac{369.24 \text{ kN}}{2} \leqslant 184.6 \text{ kN}$$

$$[F_2] = \frac{[F_{N2}]}{1.732} = \frac{486.20 \text{ kN}}{1.732} \leqslant 280.7 \text{ kN}$$

所以,结构的许可荷载应取 $[F] = 184.6$ kN。

事实上,压杆的许用应力在考虑到压杆稳定性时应该小于强度的许用应力。

Ⅱ. 许用应力和安全因数

首先研究极限应力 σ_u 的选用。对于塑性材料制成的拉(压)杆,当其达到屈服而发生显著的塑性变形时,即丧失了正常的工作能力,所以通常取屈服强度 σ_s 作为 σ_u;对于无明显屈服阶段的塑性材料,则用 $\sigma_{p0.2}$ 作为 σ_u。至于脆性材料,由于材料在破坏前都不会产生明显的塑性变形,只有在断裂时才丧失正常工作能力,所以应取强度极限 σ_b 作为 σ_u。

其次研究安全因数 n 的选取。以不同的强度指标作为极限应力,所用的安全因数 n 也就不同。塑性材料的安全因数是对应于屈服强度 σ_s 或 $\sigma_{p0.2}$ 的,以 n_s 表示。于是,塑性材料的许用拉(压)应力为

$$[\sigma] = \frac{\sigma_s}{n_s} \quad \text{或} \quad [\sigma] = \frac{\sigma_{p0.2}}{n_s}$$

脆性材料的安全因数则对应于拉伸(压缩)强度 $\sigma_b(\sigma_{bc})$,用 n_b 表示。所以,脆性材料的许用拉(压)应力为

$$[\sigma] = \frac{\sigma_b(\sigma_{bc})}{n_b}$$

由此可见,对许用应力数值的规定实质上是如何选择适当的安全因数。安全因数实质上包括了两方面的考虑:一方面是在强度条件中有些量的本身就存在着主观认识与客观实际间的差异;另一方面则是给构件以必要的强度储备。

主观认识与客观实际间的差异主要有以下几方面:

(1) 极限应力的差异。材料的极限应力值是根据材料试验结果按统计方法得到的,材料产品的合格与否也只能凭抽样检查来确定,所以实际使用的材料的极限应力值个别的有低于给定值的可能。

(2) 横截面尺寸的差异。个别构件在经过加工后,其实际横截面尺寸有可能比规定的尺寸小。

(3) 荷载值的差异。实际荷载有可能超过在计算中所采用的标准荷载,如百年难遇的风、雪荷载就可能超过在计算中所选用的数值。

(4) 实际结构与其计算简图间的差异。将实际结构简化为计算简图,往往会因忽略了一些次要因素而带来偏于不安全的后果,如例题 2-8 中三铰屋架的钢拉杆,其两端并非光滑铰接,拉力作用线也未必正好与杆轴线重合,但在计算简图中,都略去了这些次要因素。因此,为确保构件能正常工作,就在强度条件中以安全因数的形式加以补偿。

至于强度储备,是考虑到构件在使用期内可能遇到意外的事故或其他不利的工作条件。对这些因素的考虑,应该和构件的重要性以及当构件损坏时后果的严重性等联系起来。这种强度储备也是以安全因数的形式加以考虑的。

由上述分析可见,安全因数的确定并不单纯是个力学问题,同时还包括了工程上的考虑及复杂的经济问题。下面粗略地给出安全因数的大致范围。在静荷载下,n_s 一般取为 $1.25 \sim 2.5$;在对荷载的考虑较全面、材料质量较均匀等有利

条件下，n_s 可取较低值，反之则应取较高值。同样在静荷载下，n_b 一般取 2.5～3.0；有时可大到 4～14。由于脆性材料的破坏以断裂为标志，且脆性材料的强度指标值的分散度较大，因此对脆性材料要多给一些强度储备。

§2-8 应力集中的概念

§2-3 中的应力计算公式(2-2)仅适用于等截面的直杆。对于横截面平缓地变化的拉(压)杆，按等截面直杆的应力计算公式进行近似计算，在工程计算中一般是允许的。但在工程实际中，由于结构或工艺上的要求，经常会碰到一些截面有骤然改变的杆件，如具有螺栓孔的钢板、带有螺纹的拉杆等。在杆件的截面突然变化处，将出现局部的应力骤增现象。如图 2-29 所示具有小圆孔的均匀拉伸板，在通过圆心的横截面上的应力分布就不再是均匀的，在孔的附近处应力骤然增加，而离孔稍远处应力就迅速下降并趋于均匀。这种由杆件截面骤然变化(或几何外形局部不规则)而引起的局部应力骤增现象，称为应力集中。

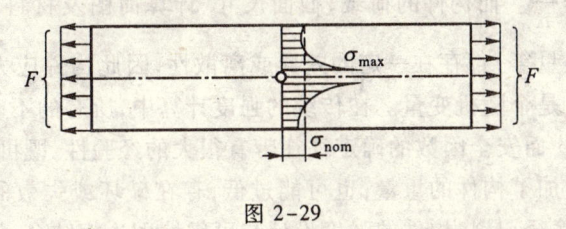

图 2-29

在杆件外形局部不规则处的最大局部应力 σ_{max}，必须借助于弹性理论、计算力学或实验应力分析的方法求得。在工程实际中，应力集中的程度用最大局部应力 σ_{max} 与该截面上视作均匀分布的名义应力 σ_{nom} 的比值来表示，即

$$K_{t\sigma} = \frac{\sigma_{max}}{\sigma_{nom}} \tag{2-14}$$

比值 $K_{t\sigma}$ 称为**理论应力集中因数**，其下标 σ 表示是正应力。

值得注意的是，应力集中并不是单纯由截面面积的减小所引起的，杆件外形的骤然变化，是造成应力集中的主要原因。一般地说，杆件外形的骤变越是剧烈(即相邻截面的刚度差越大)，应力集中的程度越是严重。同时，应力集中是一种局部的应力骤增现象，如图 2-29 中具有小圆孔的均匀受拉平板，在孔边处的最大应力约为平均应力的 3 倍，而距孔稍远处，应力即趋于均匀。而且，应力集中处不仅最大应力急剧增长，其应力状态也与无应力集中时不同。

由塑性材料制成的杆件受静荷载作用时，由于一般塑性材料存在屈服阶段，当局部的最大应力达到材料的屈服强度时，若继续增加荷载，则其应力不增加，应变继续增大，而所增加的荷载将由其余部分的材料来承受，直至整个截面上各点处的应力都趋于屈服强度时,杆件才因屈服而丧失正常的工作能力。因此,由塑性材料制成的杆件,在静荷载作用下通常不考虑应力集中的影响。对于由脆性材料或塑性差的材料(如高强度钢)制成的杆件,在静荷载作用下,局部的最大应力就可能引起材料的开裂,因而应按局部的最大应力来进行强度计算。但是,脆性材料中的铸铁由于其内部组织很不均匀,本身就存在气孔、杂质等引起应力集中的因素,因此外形骤变引起的应力集中的影响并不明显,可不考虑应力集中的影响。但在动荷载作用下,不论是塑性材料,还是脆性材料制成的杆件,都应考虑应力集中的影响。有关动荷载下应力集中的问题,将在《材料力学(Ⅱ)》的第六章中讨论。

*§2-9 静强度可靠性设计概念

在§2-7 的构件强度分析中,为保证构件的正常工作,要求构件满足强度条件 $\sigma_{max} \leq [\sigma] = \dfrac{\sigma_u}{n}$。而构件的荷载、截面尺寸、计算简图及材料的力学性能(极限应力、弹性模量等)都存在一定的差异或离散性,因此构件应力和材料强度都带有不确定性,是个随机变量。在传统的强度计算中,所有的不确定因素归结为一个安全因数。而安全因数的确定往往带有很大的经验性,既可能过于保守,浪费了材料,并增加了构件的重量;也可能过低,存在破坏或失效的危险。解决这一矛盾的一种途径,是将构件的强度设计与可靠性理论相结合,将应力和强度视为随机变量,按可靠性原理进行设计,使设计的构件具有定量的可靠性指标。

I. 可靠性设计的基本概念

产品(按不同的任务,产品可以是构件、部件或系统)在规定环境、规定时间和规定条件下无故障地完成其规定功能的能力,称为**可靠性**。可靠性的概率度量,称为**可靠度**。可靠度就是产品在规定环境、规定时间和规定条件下无故障工作能力的度量。

如前所述,构件的应力和材料的力学性能是具有离散性的随机变量。随机变量虽具有一定的离散性,但通过大量试验统计,其分布遵循一定的概率分布规律。随机变量的分布特征,通常用概率密度函数表示。

测量结果表明,构件的应力(荷载、截面尺寸等)和材料的力学性能的分布特性,通常可用正态分布来描述。正态分布的概率密度函数为

$$f(x) = \dfrac{1}{s\sqrt{2\pi}} \exp\left[-\dfrac{(x-\mu)^2}{2s^2}\right], \quad -\infty < x < \infty \qquad (2-15)$$

式中,参数 μ 为随机变量的**均值**(也称**数学期望**),表示随机变量取值的平均大

小。参数 s 为随机变量的**标准差**(也称均方差),表示随机变量可能取值与均值的偏差的疏密程度。典型的正态分布曲线 $f(x)$ 如图 2-30 所示。均值 μ 的变化,使曲线 $f(x)$ 沿横坐标(x 轴)移动;标准差 s 越大,曲线越平坦,即数据的离散性越大。

在可靠性分析中,如应用代数法(另有矩法)计算随机变量函数的均值和标准差,根据概率和随机过程理论,可推得如表 2-3 所列的运算公式。表中,x、y 为两个独立的呈正态分布的随机变量;z 为随机变量函数,也服从正态分布;a 为常数。若随机变量 x、y 的均值 μ_x、μ_y 与标准差 s_x、s_y 为已知,则随机变量函数 z 的均值 μ_z 和标准差 s_z 即可按表中所列公式计算。

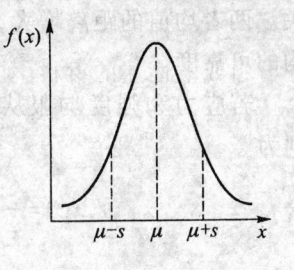

图 2-30

表 2-3 正态分布随机变量函数的运算公式

随机变量函数 z	均值 μ_z	标准差 s_z
ax	$a\mu_x$	as_x
$x+a$	μ_x+a	s_x
$x\pm y$	$\mu_x\pm\mu_y$	$\sqrt{s_x^2+s_y^2}$
xy	$\mu_x\mu_y$	$\sqrt{\mu_x^2 s_y^2+\mu_y^2 s_x^2}$
x/y	μ_x/μ_y	$\sqrt{\mu_x^2 s_y^2+\mu_y^2 s_x^2}/\mu_y^2$
x^n	μ_x^n	$n\mu_x^{n-1} s_x$

Ⅱ. 静强度的可靠性设计

如前所述,构件的应力和材料的强度均为随机变量,且服从正态分布。设 $f(x_\sigma)$、$f(x_s)$ 分别表示应力和强度的概率密度函数。若两条概率密度曲线相交(图 2-31),则图中阴影部分表示有可能出现"应力大于强度"的概率,这种由应

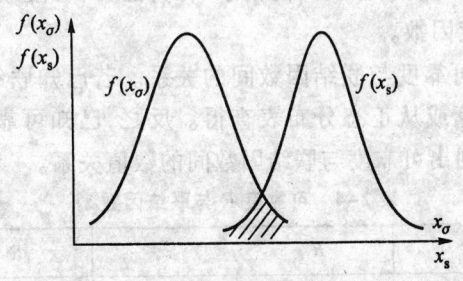

图 2-31

力大于强度而导致结构失效的概率,与应力和强度的均值及标准差(离散度)有关。两者均值的距离增大,或者标准差减小,都将使阴影面积减小,即提高了结构的可靠度。

若应力和强度均服从正态分布,则由式(2-15),两者的概率密度函数分别为

$$f(x_\sigma) = \frac{1}{s_\sigma\sqrt{2\pi}} \exp\left[-\frac{(x_\sigma - \mu_\sigma)^2}{2s_\sigma^2}\right], -\infty < x_\sigma < \infty \quad (2-16)$$

$$f(x_s) = \frac{1}{s_s\sqrt{2\pi}} \exp\left[-\frac{(x_s - \mu_s)^2}{2s_s^2}\right], -\infty < x_s < \infty \quad (2-17)$$

式中,μ_σ、μ_s 分别为应力和强度的均值,s_σ、s_s 分别为应力和强度的标准差。

令随机变量函数 $y = x_s - x_\sigma$,则 $y>0$ 的概率即为结构的可靠度。由于 x_s、x_σ 服从正态分布,由概率分析可知,随机变量函数 y 也服从正态分布。则由表2-3的计算公式可得其均值和标准差分别为

$$\mu_y = \mu_s - \mu_\sigma$$
$$s_y = \sqrt{s_s^2 + s_\sigma^2}$$

于是,结构可靠度为

$$R = P(y>0) = \int_0^\infty \frac{1}{s_y\sqrt{2\pi}} \exp\left[-\frac{1}{2}\left(\frac{y - \mu_y}{s_y}\right)^2\right] dy \quad (2-18)$$

令 $t = \frac{y - \mu_y}{s_y}$,则上式可简化为标准正态分布形式

$$R = \frac{1}{\sqrt{2\pi}} \int_{-\infty}^{z} e^{-\frac{t^2}{2}} dt \quad (2-19)$$

式中

$$z = \frac{\mu_s - \mu_\sigma}{\sqrt{s_s^2 + s_\sigma^2}} \quad (2-20)$$

上式建立了构件应力与材料强度间的关系,称为**应力-强度联结方程**。参量 z 称为**联结因数或可靠度因数**。

式(2-19)表示可靠度与联结因数间的关系。若已知联结因数 z,则可靠度 R 可由式(2-19)计算或从正态分布表查得。反之,已知可靠度,也可求得联结因数。表2-4摘要列出可靠度与联结因数间的数值关系。

表2-4 可靠度 R 与联结因数 z

R	z	R	z	R	z
0.5	0.000	0.995	2.576	0.999 999	4.753

续表

R	z	R	z	R	z
0.9	1.288	0.999	3.091	0.999 999 9	5.199
0.95	1.645	0.999 9	3.716	0.999 999 99	5.612
0.99	2.326	0.999 99	4.256	0.999 999 999	5.997

根据式(2-19)和(2-20),若已知结构的应力和强度的分布特性,即可求得其可靠度。

例题 2-11 一圆截面链杆,承受轴向拉力的均值为 $\mu_F = 25$ kN,标准差为 $s_F = 300$ N。材料为合金钢,其屈服强度的均值为 $\mu_s = 800$ MPa,标准差为 $s_s = 32$ MPa。规定的可靠度为 $R = 0.999$。试确定链杆的截面半径 μ_r,设其公差为 $0.015\mu_r$。

解:(1) 横截面面积的均值和标准差

在一般强度设计中,公差通常是标准差的 3 倍,故半径的标准差为

$$s_r = \frac{0.015\mu_r}{3} = 0.005\mu_r \tag{1}$$

圆杆的横截面面积为 $A = \pi r^2$,由表 2-3,可得截面面积的均值和标准差分别为

$$\mu_A = \pi\mu_r^2 \tag{2}$$

$$s_A = 2\pi\mu_r s_r = 2\pi\mu_r(0.005\mu_r) = 0.01\pi\mu_r^2 \tag{3}$$

(2) 构件应力的均值和标准差

轴向拉伸的正应力公式为

$$\sigma = \frac{F}{A}$$

由表 2-3,应力的均值和标准差分别为

$$\mu_\sigma = \frac{\mu_F}{\mu_A} = \frac{25 \times 10^3 \text{ N}}{\pi\mu_r^2} = \frac{7\,957.7 \text{ N}}{\mu_r^2} \tag{4}$$

$$s_\sigma = \frac{1}{\mu_A^2}\sqrt{\mu_F^2 s_A^2 + \mu_A^2 s_F^2}$$

$$= \frac{1}{(\pi\mu_r^2)^2}\sqrt{(25 \times 10^3 \text{ N})^2 \times (0.01\pi\mu_r^2)^2 + (\pi\mu_r^2)^2 \times (300 \text{ N})^2}$$

$$= \frac{124.30 \text{ N}}{\mu_r^2}$$

(3) 链杆半径

当规定的可靠度 $R=0.999$ 时,由表 2-4 查得联结因数 $z=3.091$,于是由应力-强度联结方程式(2-20)得

$$3.091 = \frac{800 \times 10^6 \text{ Pa} - 7\,957.7 \text{ N}/\mu_r^2}{\sqrt{(32 \times 10^6 \text{ Pa})^2 + (124.30 \text{ N}/\mu_r^2)^2}}$$

解得链杆半径的均值为

$$\mu_r = 3.36 \text{ mm}$$

由此可见,链杆的半径应设计为

$$r = \mu_r \pm 0.015\mu_r = (3.36 \pm 0.05) \text{ mm}$$

思 考 题

2-1 试论证杆件横截面上各点处的正应力若相等,则截面上法向分布内力的合力必通过横截面的形心。反之,法向分布内力的合力虽通过横截面的形心,但正应力在横截面上各点处却不一定相等。

2-2 横截面面积为 A,单位长度重量为 q 的无限长弹性杆,自由放在摩擦因数为 f 的粗糙表面上,如图所示。试求欲使该杆在端点产生位移 δ 时所需的力 F。已知杆的弹性模量为 E。

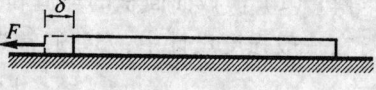

思考题 2-2 图

2-3 受轴向拉伸的闭合薄壁截面杆如图所示。已知 A、B 两点间的距离 a,材料的弹性常数 E、ν。试证明两点间距离的改变量为 $\Delta_{AB} = -\nu\sigma a/E$。

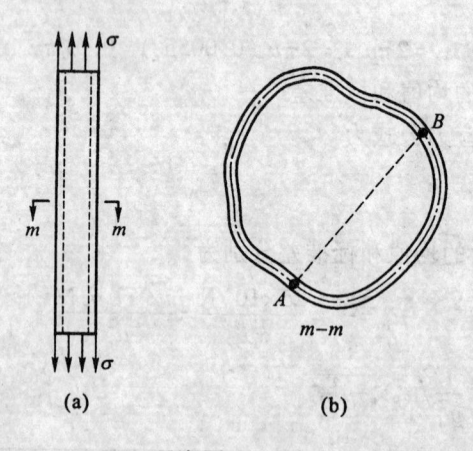

思考题 2-3 图

2-4 试论述为什么轴向拉(压)杆斜截面上的应力是均匀分布的?

2-5 弹性模量 E 的物理意义是什么?如低碳钢的弹性模量 $E_s = 210$ GPa,混凝土的弹性模量 $E_c = 28$ GPa,试求下列各项:

(1) 在横截面上正应力 σ 相等的情况下,钢和混凝土杆的纵向线应变 ε 之比;

(2) 在纵向线应变 ε 相等的情况下,钢和混凝土杆横截面上正应力 σ 之比;

(3) 当纵向线应变 $\varepsilon = 0.000\,15$ 时,钢和混凝土杆横截面上正应力 σ 的值。

2-6 若在受力物体内某点处,已测得 x 和 y 两方向均有线应变,试问在 x 和 y 两方向是否都必定有正应力?若测得仅 x 方向有线应变,则是否 y 方向必无正应力?若测得 x 和 y 方向均无线应变,则是否 x 和 y 方向都必无正应力?

2-7 直径相同的铸铁圆截面杆,可设计成图 a 和图 b 所示的两种结构形式。试问哪种结构所承受的荷载 F 大?大多少?

2-8 由某种材料制成的拉杆,如果实际上是由于 $\tau_{\pm 45°} = \tau_u$ 而引起强度破坏,试问是否可用 $\sigma_{0°} = \sigma_u$ 作为强度破坏的判据?这里 σ_u 和 τ_u 是指拉杆材料发生强度破坏时横截面上的正应力和 45°斜截面上的切应力。

2-9 拉伸试样的断后伸长率为 $\delta = \dfrac{l_1 - l}{l} \times 100\% = \dfrac{\Delta l}{l} \times 100\%$,而试样的纵向线应变为 $\varepsilon = \dfrac{\Delta l}{l} = \dfrac{\Delta l}{l} \times 100\%$。可见,两者的表达式相同,试问能否得出结论:试样的断后伸长率等于其纵向线应变。

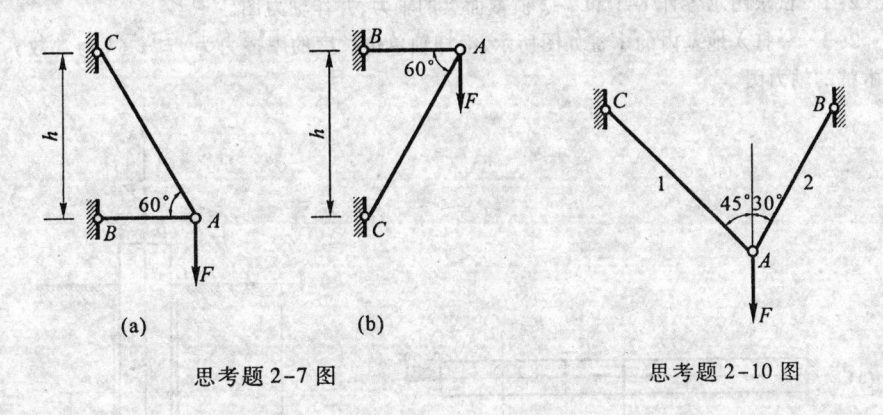

思考题 2-7 图

思考题 2-10 图

2-10 在图示结构中,杆 1 和杆 2 的许用应力分别为 $[\sigma]_1$ 和 $[\sigma]_2$,横截面面积分别为 A_1 和 A_2,则两杆各自的许可轴力分别为 $[F_{N1}] = [\sigma]_1 A_1$ 和 $[F_{N2}] = [\sigma]_2 A_2$。若根据结点 A 的平衡条件 $\sum F_y = 0$ 求得结构的许可荷载,则 $[F] = [F_{N1}]\cos 45° + [F_{N2}]\cos 30°$。试问结论是否正确?为什么?

2-11 在一长纸条的中部,打出一小圆孔和切出一横向裂缝,如图所示。若小圆孔的直

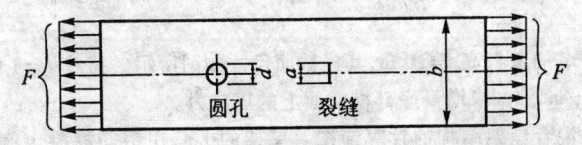

思考题 2-11 图

径 d 与裂缝的长度 a 相等,且均不超过纸条宽度 b 的十分之一 $\left(d=a\leqslant\dfrac{b}{10}\right)$。小圆孔和裂缝均位于纸条宽度的中间,然后在纸条两端均匀受拉,试问纸条将从何处破裂,为什么?

2-12 轴向压缩时的最大切应力发生在 45°的斜截面上,而由铸铁的压缩试验发现,试样的破坏是大致沿 55°的斜截面剪断的。若铸铁的内摩擦因数 $f\approx 0.35$,试证试样受压时(如图),其破坏面法线与试样轴线间的倾角约为 55°。

(提示:考虑材料的内摩擦,在临近破坏时,导致斜截面发生错动的应是斜截面上的切应力 τ_α 与摩擦力集度 $f\sigma_\alpha$ 之差。)

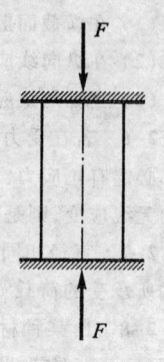

思考题 2-12 图

习　　题

2-1 试求图示各杆 1-1 和 2-2 横截面上的轴力,并作轴力图。

2-2 一打入地基内的木桩如图所示,沿杆轴单位长度的摩擦力为 $f=kx^2$(k 为常数),试作木桩的轴力图。

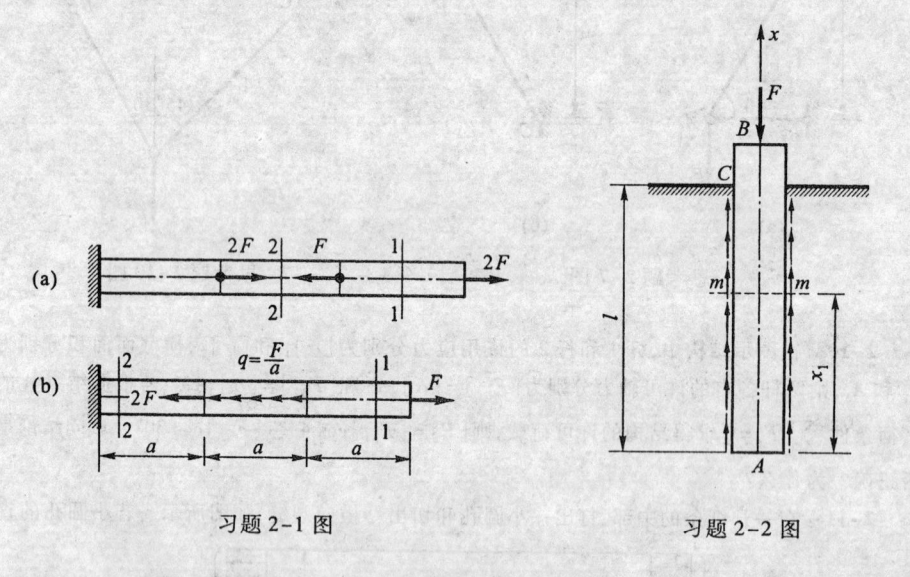

习题 2-1 图　　习题 2-2 图

2-3 石砌桥墩的墩身高 $l=10$ m,其横截面尺寸如图所示。荷载 $F=1\,000$ kN,材料的密度 $\rho=2.35\times 10^3$ kg/m^3。试求墩身底部横截面上的压应力。

2-4 图示一混合屋架结构的计算简图。屋架的上弦用钢筋混凝土制成。下面的拉杆和中间竖向撑杆用角钢构成,其截面均为两个 75 mm×8 mm 的等边角钢。已知屋面承受集度为 $q=20$ kN/m 的竖直均布荷载。试求拉杆 AE 和 EG 横截面上的应力。

习题2-3图

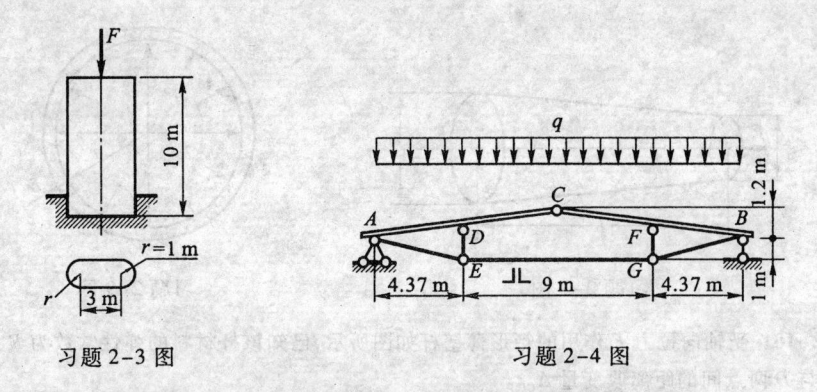

习题2-4图

2-5 图示拉杆承受轴向拉力 $F=10$ kN,杆的横截面面积 $A=100$ mm²。如以 α 表示斜截面与横截面的夹角,试求:

(1) 当 $\alpha=0°$、$30°$、$-60°$ 时各斜截面上的正应力和切应力,并用图表示其方向;

(2) 拉杆的最大正应力和最大切应力及其作用的截面。

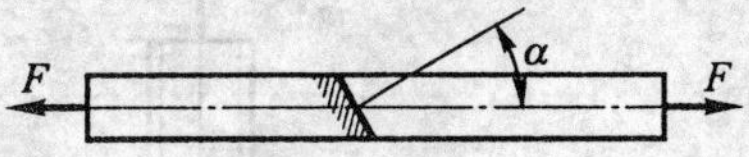

习题2-5图

2-6 一木桩受力如图所示。柱的横截面为边长 200 mm 的正方形,材料可认为符合胡克定律,其纵向弹性模量 $E=10$ GPa。如不计柱的自重,试求:

(1) 作轴力图;

(2) 各段柱横截面上的应力;

(3) 各段柱的纵向线应变;

(4) 柱端 A 的位移。

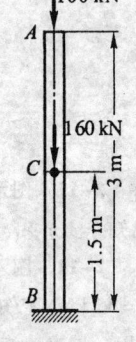

2-7 图示圆锥形杆受轴向拉力作用,试求杆的伸长。

2-8 (1) 试证明受轴向拉伸(压缩)的圆截面杆横截面沿圆周方向的线应变 ε_s 等于直径方向的线应变 ε_d。

(2) 一根直径为 $d=10$ mm 的圆截面杆,在轴向拉力 F 作用下,直径减小 0.002 5 mm。如材料的弹性模量 $E=210$ GPa,泊松比 $\nu=0.3$。试求轴向拉力 F。

(3) 空心圆截面钢杆,外直径 $D=120$ mm,内直径 $d=60$ mm,材料的泊松比 $\nu=0.3$。当其受轴向拉伸时,已知纵向线应变 $\varepsilon=0.001$,试求其变形后的壁厚 δ。

习题2-6图

2-9 一内半径为 r,厚度为 $\delta\left(\delta\leqslant\dfrac{r}{10}\right)$,宽度为 b 的薄壁圆环。在圆环的内表面承受均匀分布的压力 p(如图),试求:

(1) 由内压力引起的圆环径向截面上的应力;

(2) 由内压力引起的圆环半径的增大。

习题 2-7 图

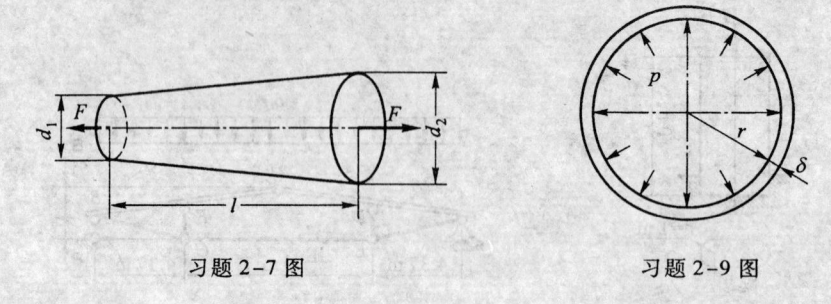

习题 2-9 图

2-10 受轴向拉力 F 作用的箱形薄壁杆如图所示,已知该杆材料的弹性常数为 E、ν。试求 C 与 D 两点间的距离改变量 Δ_{CD}。

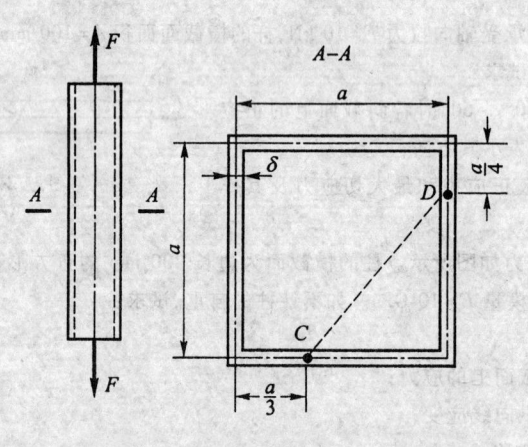

习题 2-10 图

2-11 图示结构中,AB 为水平放置的刚性杆,杆 1、2、3 材料相同,其弹性模量 $E = 210$ GPa,已知 $l = 1$ m,$A_1 = A_2 = 100$ mm^2,$A_3 = 150$ mm^2,$F = 20$ kN。试求 C 点的水平位移和铅垂位移。

2-12 图示实心圆钢杆 AB 和 AC 在 A 点以铰相连接,在 A 点作用有铅垂向下的力 $F = 35$ kN。已知杆 AB 和 AC 的直径分别为 $d_1 = 12$ mm 和 $d_2 = 15$ mm,钢的弹性模量 $E = 210$ GPa。试求 A 点在铅垂方向的位移。

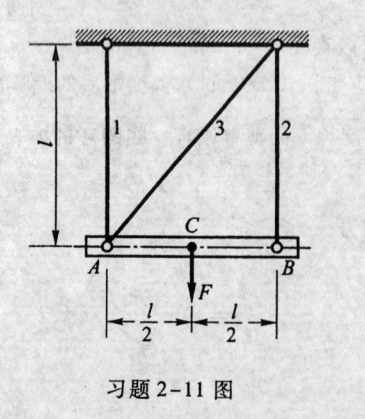

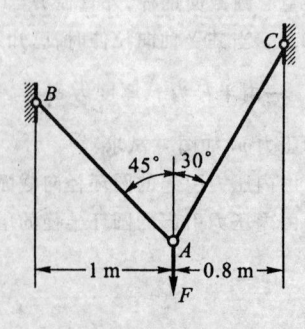

习题 2-11 图

习题 2-12 图

2-13 图示 A 和 B 两点之间原有水平方向的一根直径 $d=1$ mm 的钢丝,在钢丝的中点 C 加一竖直荷载 F。已知钢丝产生的线应变为 $\varepsilon=0.0035$,其材料的弹性模量 $E=210$ GPa,钢丝的自重不计。试求:
(1) 钢丝横截面上的应力(假设钢丝经过冷拉,在断裂前可认为符合胡克定律);
(2) 钢丝在 C 点下降的距离 Δ;
(3) 荷载 F 的值。

2-14 图示两根杆 A_1B_1 和 A_2B_2 的材料相同,其长度和横截面面积也相同。杆 A_1B_1 承受作用在端点的集中荷载 F;杆 A_2B_2 承受沿杆长均匀分布的荷载,其集度为 $f=\dfrac{F}{l}$。试比较这两根杆内积蓄的应变能。

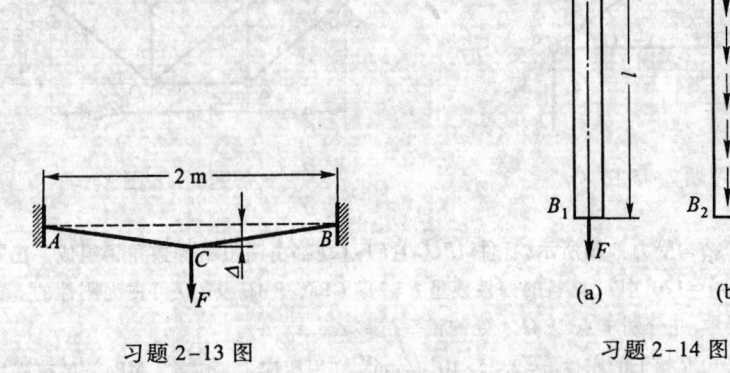

习题 2-13 图

习题 2-14 图

2-15 水平刚性杆 AB 由三根钢杆 BC、BD 和 ED 支承,如图所示。在杆的 A 端承受铅垂荷载 $F=20$ kN,三根钢杆的横截面面积分别为 $A_1=12$ mm^2,$A_2=6$ mm^2,$A_3=9$ mm^2,钢的弹性模量 $E=210$ GPa,试求:
(1) 端点 A 的水平和铅垂位移;
(2) 应用功能原理,即式(2-8),核算端点 A 的铅垂位移。

2-16 简易起重设备的计算简图如图所示。已知斜杆 AB 用两根 63 mm×40 mm×4 mm 不等边角钢组成,钢的许用应力 $[\sigma]=170$ MPa。当提起重量为 $P=15$ kN 的重物时,试校核斜杆 AB 的强度。

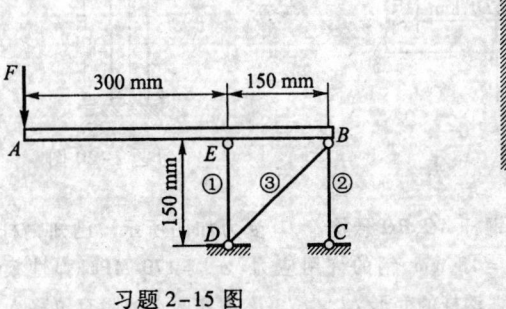

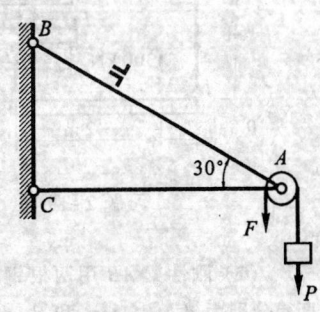

习题 2-15 图

习题 2-16 图

2-17 简单桁架及其受力如图所示,水平杆 BC 的长度 l 保持不变,斜杆 AB 的长度可随夹角 θ 的变化而改变。两杆由同一材料制造,且材料的许用拉应力与许用压应力相等。要求两杆内的应力同时达到许用应力,且结构的总重量为最小时,试求:

(1) 两杆的夹角 θ 值;

(2) 两杆横截面面积的比值。

2-18 一桁架受力如图所示。各杆都由两个等边角钢组成。已知材料的许用应力 $[\sigma]=170$ MPa。试选择杆 AC 和 CD 的角钢型号。

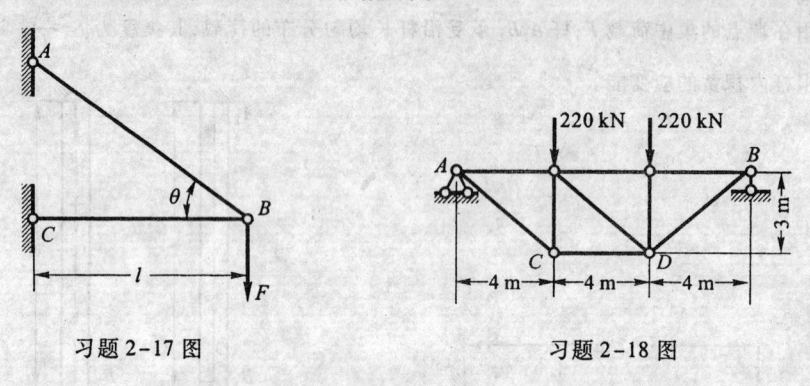

习题 2-17 图

习题 2-18 图

2-19 一结构受力如图所示,杆件 AB、CD、EF、GH 都由两根不等边角钢组成。已知材料的许用应力 $[\sigma]=170$ MPa,材料的弹性模量 $E=210$ GPa,杆 AC 及 EG 可视为刚性的。试选择各杆的角钢型号,并分别求出点 D、C、A 处的铅垂位移 Δ_D、Δ_C、Δ_A。

2-20 已知混凝土的密度 $\rho=2.25\times 10^3$ kg/m³,许用压应力 $[\sigma]=2$ MPa。试按强度条件确定图示混凝土柱所需的横截面面积 A_1 和 A_2。若混凝土的弹性模量 $E=20$ GPa,试求柱顶 A 的位移。

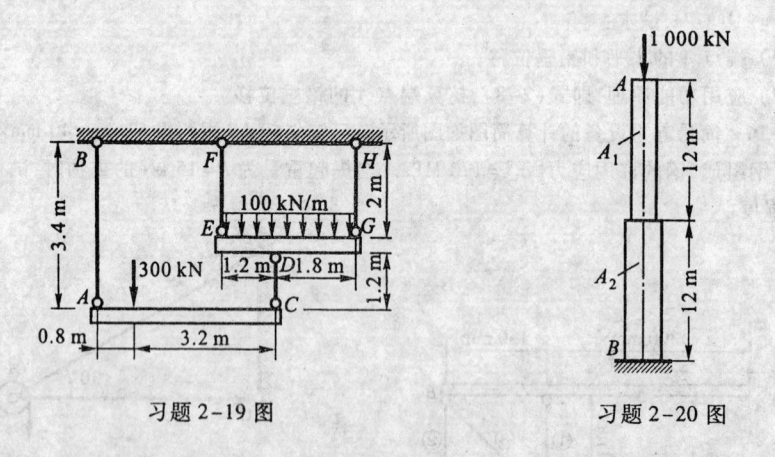

习题 2-19 图

习题 2-20 图

2-21 (1) 刚性梁 AB 用两根钢杆 AC、BD 悬挂着,其受力如图所示。已知钢杆 AC 和 BD 的直径分别为 $d_1=25$ mm 和 $d_2=18$ mm,钢的许用应力 $[\sigma]=170$ MPa,弹性模量 $E=210$ GPa。试校核钢杆的强度,并计算钢杆的变形 Δl_{AC}、Δl_{DB} 及 A、B 两点的竖直位移 Δ_A、Δ_B。

(2) 若荷载 $F=100$ kN 作用于 A 点处,试求 F 点的竖直位移 Δ_F。(计算结果表明,$\Delta_F = \Delta_A$,事实上这是线性弹性体中普遍存在的关系,称为位移互等定理。)

*2-22 一宽度 $b=50$ mm、厚度 $\delta=10$ mm 的金属杆由两段杆沿 $m-m$ 面胶合而成(如图),胶合面的角度 α 可在 $0°\sim 60°$ 的范围内变化。假设杆的承载能力取决于粘胶的强度,且可分别考虑粘胶的正应力和切应力强度。已知胶的许用正应力 $[\sigma]=100$ MPa,许用切应力 $[\tau]=50$ MPa。为使杆能承受尽可能大的拉力,试求胶合面的角度 α,以及此时的许可荷载。

(提示:当胶合面上的正应力和切应力同时分别达到其许用正应力和许用切应力时,所承受的拉力 F 为最大。)

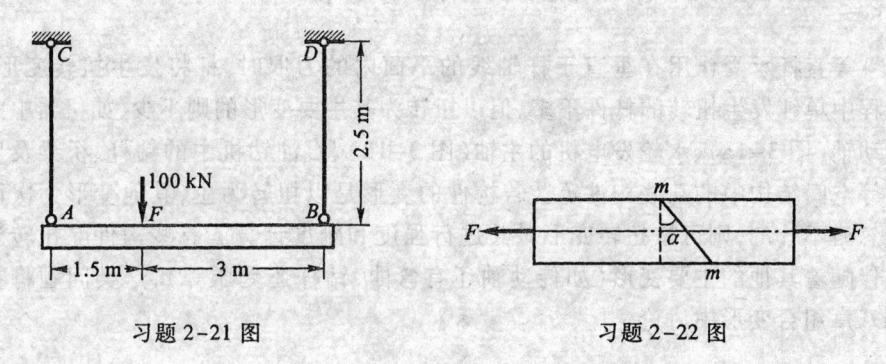

习题 2-21 图　　　　　　　　习题 2-22 图

第三章 扭 转

§3-1 概 述

等直杆承受作用在垂直于杆轴线的平面内的力偶时,杆将发生扭转变形。工程中单纯发生扭转的杆件不多,但以扭转为其主要变形的则不少,如机器中的传动轴(图3-1a)、水轮发电机的主轴(图3-1b)、石油钻机中的钻杆、桥梁及厂房等空间结构中的某些构件等。若构件的变形是以扭转为主,其他变形为次而可忽略不计的,则可按扭转变形对其进行强度和刚度计算。有些构件除扭转外还伴随着其他的主要变形(如传动轴还有弯曲,钻杆还受压等),这类问题将在第八章组合变形中讨论。

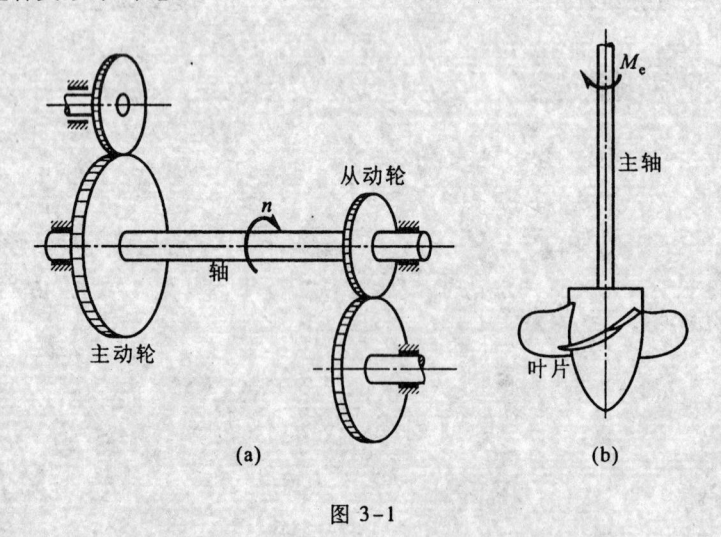

图 3-1

使直杆发生扭转变形的受力特征是杆受其作用面垂直于杆件轴线的外力偶系作用,最简单的计算简图如图3-2所示。其变形特征是杆的相邻横截面将绕杆轴线发生相对转动,杆表面的纵向线将变成螺旋线。

当发生扭转的杆是等直圆杆时,由于杆的物性和横截面几何形状的极对称性,就可用材料力

图 3-2

学的方法求解。对于非圆截面杆,由于横截面不存在极对称性,其变形和横截面上的应力都比较复杂,就不能用材料力学的方法求解,在§3-7中将简单地介绍一些按弹性理论方法求得的结果。

在求解等直圆杆扭转时的应力和变形前,先研究薄壁圆筒的扭转,介绍有关切应力、切应变及其关系等基本概念。

§3-2 薄壁圆筒的扭转

设一薄壁圆筒的壁厚 δ 远小于其平均半径 $r_0 \left(\delta \leqslant \dfrac{r_0}{10} \right)$,其两端面承受产生扭转变形的外力偶矩 M_e(图3-3a)。由截面法可知,圆筒任一横截面 n-n 上的内

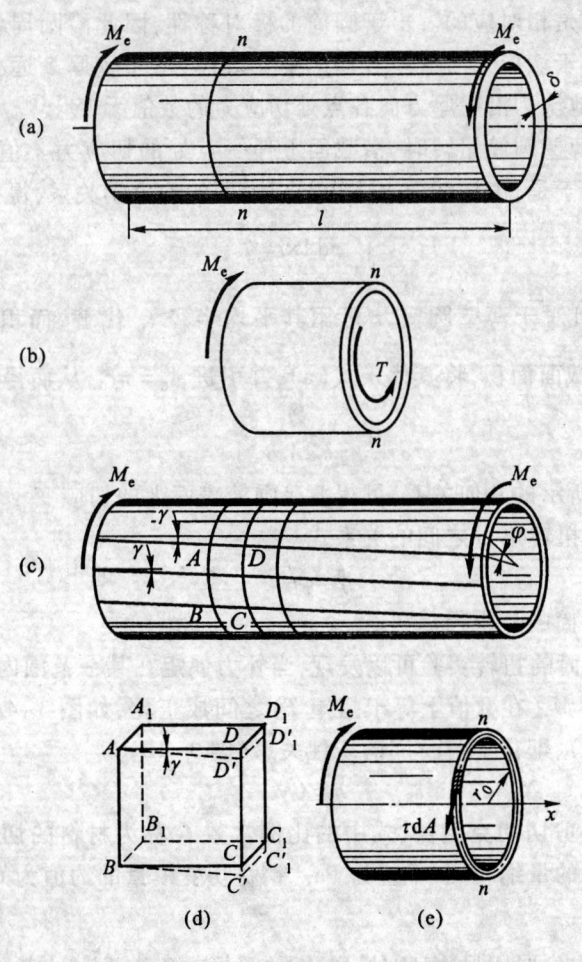

图 3-3

力将是作用在该截面上的力偶(图3-3b),该内力偶矩称为**扭矩**,并用T表示。由截面上的应力与微面积dA之乘积的合成等于截面上的扭矩可知,横截面上的应力只能是切应力。

为考察沿横截面圆周上各点处切应力的变化规律,可预先在圆筒表面画上等间距的圆周线和纵向线,从而形成一系列的正方格子。在圆筒两端施加外力偶矩M_e后,可以发现圆周线保持不变,而纵向线发生倾斜,在小变形时仍保持为直线。于是可设想,薄壁圆筒扭转变形后,横截面保持为形状、大小均无改变的平面,只是相互间绕圆筒轴线发生相对转动。因此,横截面上各点处切应力的方向必与圆周相切。圆筒两端截面之间相对转动的角位移,称为**相对扭转角**,并用φ表示(图3-3c)。而圆筒表面上每个格子的直角都改变了相同的角度γ(图3-3c、d),这种直角的改变量γ称为**切应变**。这个切应变和横截面上沿圆周切线方向的切应力是相对应的。由于圆筒的极对称性,因此沿圆周各点处切应力的数值相等。至于切应力沿壁厚方向的变化规律,由于壁厚δ远小于其平均半径r_0,故可近似地认为沿壁厚方向各点处切应力的数值无变化①。

综上所述,薄壁圆筒扭转时,横截面上任一点处的切应力τ值均相等,其方向与圆周相切。于是,由横截面上内力与应力间的静力学关系,得

$$\int_A \tau dA \times r = T \tag{a}$$

由于τ为常量,且对于薄壁圆筒,r可用其平均半径r_0代替,而积分$\int_A dA = A = 2\pi r_0 \delta$为圆筒横截面面积,将其代入式(a),并引进$A_0 = \pi r_0^2$,从而得

$$\tau = \frac{T}{2A_0\delta} \tag{3-1}$$

由图3-3c所示的几何关系,可得薄壁圆筒表面上的切应变γ和相距为l的两端面间的相对扭转角φ之间的关系式

$$\gamma = \varphi r / l \tag{3-2}$$

式中,r为薄壁圆筒的外半径。

通过薄壁圆筒的扭转实验可以发现,当外力偶矩在某一范围内时,相对扭转角φ与外力偶矩M_e(在数值上等于扭矩T)之间成正比,如图3-4a所示。利用式(3-1)和(3-2),即得τ与γ间的线性关系(图3-4b)为

$$\tau = G\gamma \tag{3-3}$$

上式称为材料的**剪切胡克定律**,式中的比例常数G称为材料的**切变模量**,其量纲与弹性模量E的量纲相同,单位为Pa。钢材切变模量的约值为$G=80$ GPa。

---

① 精确解见§3-4,可以证明当筒壁厚度不超过平均直径的5%时,近似解与精确解间的误差不超过5%。

(a) (b)

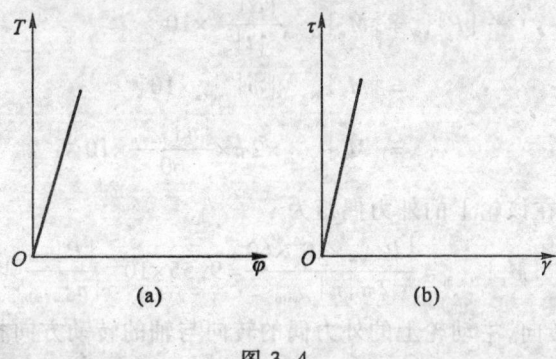

图 3-4

应当注意,剪切胡克定律式(3-3)只有在切应力不超过材料的某一极限值时才适用,该极限值称为材料的剪切比例极限 τ_p,即适用于切应力不超过材料剪切比例极限的线弹性范围。

§3-3 传动轴的外力偶矩·扭矩及扭矩图

I. 传动轴的外力偶矩

工程中常用的传动轴(图3-1),往往仅已知其所传递的功率和转速。为此,需根据所传递的功率和转速,求出使轴发生扭转的外力偶矩。

设一传动轴,其转速为 $n(\text{r/min})$,轴传递的功率由主动轮输入,然后通过从动轮分配出去(图3-5)。设通过某一轮所传递的功率为 P,在工程实际中,其常用单位为 kW①。当轴在稳定转动时,外力偶在 t 秒内所作的功等于其矩 M_e 与轮在 t 秒内的转角 α(图3-6)之乘积。因此,外力偶每秒钟所作的功即功率 P 为

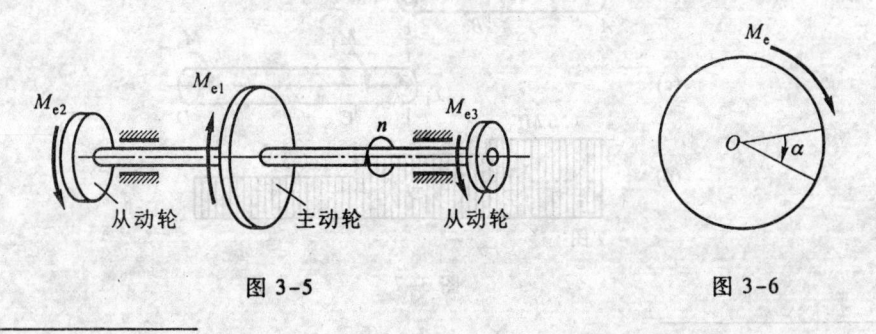

图 3-5   图 3-6

---

① 1 kW = 1 000 W;1 W = 1 J/s,1 J = 1 N·m。

$$\{P\}_{kW} = \{M_e\}_{N\cdot m} \frac{\{\alpha\}_{rad}}{\{t\}_s} \times 10^{-3}$$

$$= \{M_e\}_{N\cdot m} \{\omega\}_{rad/s} \times 10^{-3}$$

$$= \{M_e\}_{N\cdot m} \times 2\pi \times \frac{\{n\}_{r/min}}{60} \times 10^{-3}$$

于是，即得作用在该轮上的外力偶矩为

$$\{M_e\}_{N\cdot m} = \frac{\{P\}_{kW} \times 10^3 \times 60}{2\pi \{n\}_{r/min}} = 9.55 \times 10^3 \frac{\{P\}_{kW}}{\{n\}_{r/min}} \text{①} \quad (3-4)$$

对于外力偶的转向，主动轮上的外力偶的转向与轴的转动方向相同，而从动轮上的外力偶的转向则与轴的转动方向相反，如图 3-5 所示。

Ⅱ．扭矩及扭矩图

作用在传动轴上的外力偶往往有多个，因此不同轴段上的扭矩也各不相同，可应用截面法计算轴横截面上的扭矩。

设一等直圆杆如图 3-7a 所示，作用在杆上的外力偶矩分别为：$M_1 = 6M_e$、$M_2 = M_e$、$M_3 = 2M_e$、$M_4 = 3M_e$。先求杆中间 BC 段中任一横截面 1-1 上的扭矩，应用截面法将杆沿横截面 1-1 处假想地截分为二，并研究其左半段杆（图 3-7b）的平衡。由平衡方程

$$\sum M_x = 0, \quad T_1 - M_1 + M_2 = 0$$

得

$$T_1 = M_1 - M_2 = 6M_e - M_e = 5M_e$$

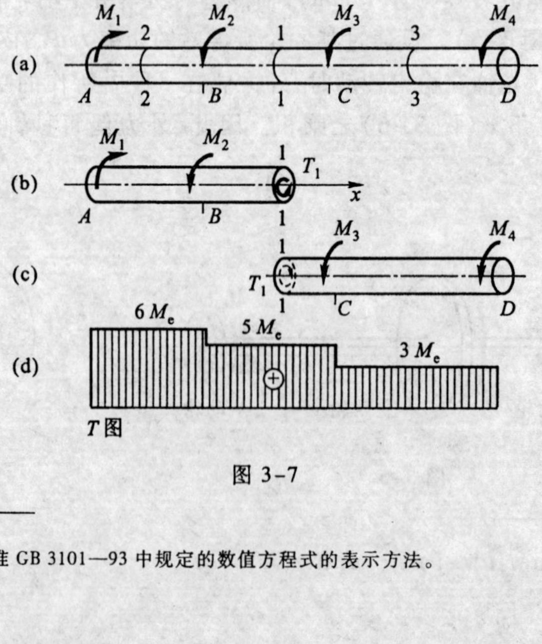

图 3-7

---

① 这是国家标准 GB 3101—93 中规定的数值方程式的表示方法。

扭矩 T_1 的转向如图 3-7b 所示。

若研究其右半段杆的平衡,则可得同一横截面上的扭矩必数值相等而转向相反(图 3-7c)。为使从两段杆所求得的同一横截面上扭矩的正负号一致,按杆的变形情况,规定杆因扭转而使其纵向线在某一段内有变成右手螺旋线的趋势时,则该段杆横截面上的扭矩为正,反之为负。若将扭矩按右手螺旋法则用力偶矢表示,则当力偶矢的指向离开截面时扭矩为正,反之为负。两者对扭矩正负号的规定是一致的。按上述规定,横截面 1-1 上的扭矩 T_1 应为正号。

同理,可得图 3-7a 中 2-2 和 3-3 两横截面上的扭矩均为正,其数值分别为

$$T_2 = M_1 = 6M_e$$

和

$$T_3 = M_4 = 3M_e$$

在本例中,每一段杆内各横截面上的扭矩分别等于 T_1、T_2 和 T_3。

为了表明沿杆轴线各横截面上的扭矩的变化情况,从而确定最大扭矩及其所在横截面的位置,可仿照轴力图的作法绘制**扭矩图**。图 3-7a 所示杆的扭矩图,如图 3-7d。由该图可见,最大扭矩 T_{max} 发生在杆 AB 段内任一横截面上,其值为 $6M_e$。

例题 3-1 一传动轴如图 a 所示,其转速 $n = 300$ r/min,主动轮输入的功率 $P_1 = 500$ kW。若不计轴承摩擦所耗的功率,三个从动轮输出的功率分别为 $P_2 = 150$ kW,$P_3 = 150$ kW 及 $P_4 = 200$ kW。试作轴的扭矩图。

解:(1)外力偶矩

由式(3-4)可得作用在各轮上的外力偶矩分别为

$$M_1 = \left(9.55 \times 10^3 \times \frac{500}{300}\right) \text{ N} \cdot \text{m} = 15.9 \times 10^3 \text{ N} \cdot \text{m}$$

$$= 15.9 \text{ kN} \cdot \text{m}$$

$$M_2 = M_3 = \left(9.55 \times 10^3 \times \frac{150}{300}\right) \text{ N} \cdot \text{m} = 4.78 \times 10^3 \text{ N} \cdot \text{m}$$

$$= 4.78 \text{ kN} \cdot \text{m}$$

$$M_4 = \left(9.55 \times 10^3 \times \frac{200}{300}\right) \text{ N} \cdot \text{m} = 6.37 \times 10^3 \text{ N} \cdot \text{m}$$

$$= 6.37 \text{ kN} \cdot \text{m}$$

由此,得轴的计算简图如图 b 所示。

(2)扭矩图

应用截面法,分别计算轴各段任一横截面上的扭矩。在 AC 段内,沿任一横截面 2-2 将轴截开,并研究左边一段轴的平衡,假设 T_2 为正值扭矩,由平衡方程

得

$$\sum M_x = 0, \quad M_2 + M_3 + T_2 = 0$$

$$T_2 = -M_2 - M_3 = -9.56 \text{ kN·m}$$

结果为负号,说明 T_2 为负值扭矩,其转向如图 c 所示。

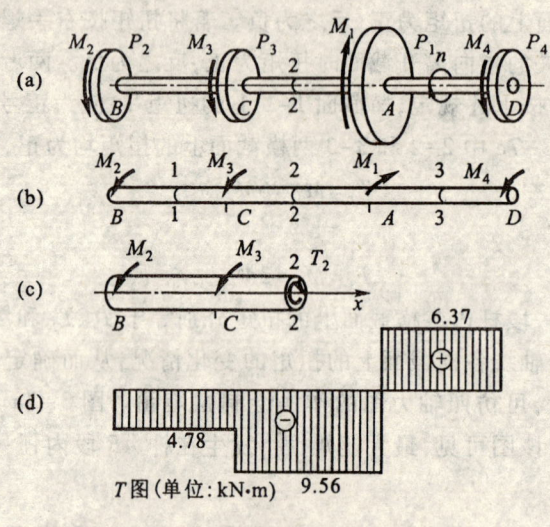

例题 3-1 图

同理,在 BC 段内

$$T_1 = -M_2 = -4.78 \text{ kN·m}$$

在 AD 段内

$$T_3 = M_4 = 6.37 \text{ kN·m}$$

于是,可作扭矩图如图 d 所示。由图可见,最大扭矩 T_{max} 发生在 CA 段内,其值为 9.56 kN·m。

§3-4 等直圆杆扭转时的应力·强度条件

I. 横截面上的应力

与薄壁圆筒相仿,在小变形条件下,等直圆杆在扭转时横截面上也只有切应力。为求得圆杆在扭转时横截面上的切应力计算公式,先从变形几何方面和物理方面求得切应力在横截面上的变化规律,然后再考虑静力学方面来求解。

几何方面 为研究横截面上任一点处切应变随点的位置而变化的规律,在等直圆杆的表面上作出任意两个相邻的圆周线和纵向线(图 3-8a)。当杆的两

端施加一对其矩为 M_e 的外力偶后,可以发现:两圆周线绕杆轴线相对旋转了一个角度,圆周线的大小和形状均未改变;在变形微小的情况下,圆周线的间距也未变化,纵向线则倾斜了一个角度 γ(图 3-8b)。根据所观察到的现象,假设横截面如同刚性平面般绕杆的轴线转动,即**平面假设**。实验指出,在杆扭转变形后只有等直圆杆的圆周线才仍在垂直于杆轴的平面内,所以上述假设只适用于等直圆杆。

图 3-8

为确定横截面上任一点处的切应变随点的位置而变化的规律,假想地截取长为 $\mathrm{d}x$ 的杆段进行分析。由平面假设可知,杆段变形后的情况如图 3-9a 所示。截面 b-b 相对于截面 a-a 绕杆轴转动了一个微小角度 $\mathrm{d}\varphi$,因此其上的任意半径 O_2D 也转动了同一角度 $\mathrm{d}\varphi$。由于截面转动,杆表面上的纵向线 AD 倾斜了一个角度 γ(图 3-9a)。纵向线的倾斜角 γ 就是横截面周边上任一点 A 处的切应变(参看§3-2)。同时,经过半径 O_2D 上任意点 G 的纵向线 EG 在杆变形后也倾斜了一个角度 γ_ρ,即为横截面半径上任一点 E 处的切应变。应该注意,上述切应变均在垂直于半径的平面内。设 G 点至横截面圆心的距离为 ρ,由图 3-9a 所示的几何关系可得

$$\gamma_\rho \approx \tan \gamma_\rho = \frac{\overline{GG'}}{\overline{EG}} = \frac{\rho \mathrm{d}\varphi}{\mathrm{d}x}$$

即

$$\gamma_\rho = \rho \frac{\mathrm{d}\varphi}{\mathrm{d}x} \tag{a}$$

上式表示等直圆杆横截面上任一点处的切应变随该点在横截面上的位置而变化的规律。式中的 $\dfrac{\mathrm{d}\varphi}{\mathrm{d}x}$ 表示相对扭转角 φ 沿杆长度的变化率,对于给定的横截面是个常量。因此,在同一半径 ρ 的圆周上各点处的切应变 γ_ρ 均相同,且与 ρ 成正比。

物理方面 由剪切胡克定律可知,在线弹性范围内,切应力与切应变成正比,即

$$\tau = G\gamma \tag{b}$$

将式(a)代入式(b),并令相应点处的切应力为 τ_ρ,即得横截面上切应力变

化规律的表达式

$$\tau_\rho = G\gamma_\rho = G\rho \frac{d\varphi}{dx} \tag{c}$$

由上式可知，在同一半径 ρ 的圆周上各点处的切应力 τ_ρ 值均相等，其值与 ρ 成正比。因 γ_ρ 为垂直于半径平面内的切应变。故 τ_ρ 的方向垂直于半径，切应力沿任一半径的变化情况如图 3-9b 所示。

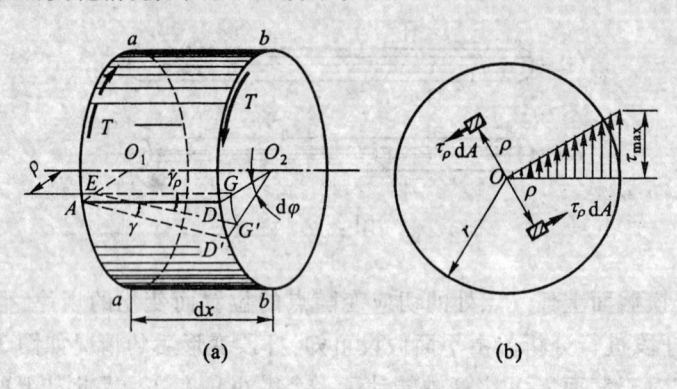

图 3-9

静力学方面 由于在横截面任一直径上距圆心等远的两点处的内力元素 $\tau_\rho dA$ 等值而反向（图 3-9b），因此整个截面上的内力元素 $\tau_\rho dA$ 的合力必等于零，并组成一个力偶，即为横截面上的扭矩 T。因为 τ_ρ 的方向垂直于半径，故内力元素 $\tau_\rho dA$ 对圆心的力矩为 $\rho\tau_\rho dA$。于是，由静力学中的合力矩原理可得

$$\int_A \rho\tau_\rho dA = T \tag{d}$$

将式(c)代入式(d)，经整理后即得

$$G\frac{d\varphi}{dx}\int_A \rho^2 dA = T \tag{e}$$

上式中的积分 $\int_A \rho^2 dA$ 仅与横截面的几何量有关，称为横截面的**极惯性矩**，并用 I_p 表示，即

$$I_p = \int_A \rho^2 dA \tag{f}$$

其单位为 m^4。将式(f)代入式(e)，即得

$$\frac{d\varphi}{dx} = \frac{T}{GI_p} \tag{3-5}$$

将其代入式(c)，即得

$$\tau_\rho = \frac{T\rho}{I_p} \tag{3-6}$$

上式即等直圆杆在扭转时横截面上任一点处切应力的计算公式。

由式(3-6)及图3-9b可见,当ρ等于横截面的半径r时,即在横截面周边上的各点处,切应力将达到其最大值τ_{max},其值为

$$\tau_{max} = \frac{Tr}{I_p}$$

在上式中若用W_p代表I_p/r,则有

$$\tau_{max} = \frac{T}{W_p} \quad (3-7)$$

式中,W_p称为**扭转截面系数**,其单位为 m³。

推导切应力计算公式的主要依据为平面假设,且材料符合胡克定律。因此,公式仅适用于在线弹性范围内等直圆杆。

为计算极惯性矩I_p和扭转截面系数W_p,在圆截面上距圆心为ρ处取厚度为$d\rho$的环形面积作为面积元素(图3-10a),并由式(f)可得圆截面的极惯性矩为

$$I_p = \int_A \rho^2 dA = \int_0^{\frac{d}{2}} 2\pi\rho^3 d\rho = \frac{\pi d^4}{32} \quad (3-8)$$

圆截面的扭转截面系数为

$$W_p = \frac{I_p}{r} = \frac{I_p}{d/2} = \frac{\pi d^3}{16} \quad (3-9)$$

由于平面假设同样适用于空心圆截面杆,因此,上述切应力公式也适用于空心圆截面杆。设空心圆截面的内、外直径分别为d和D(图3-10b),其

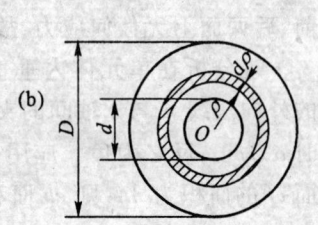

图 3-10

比值$\alpha = \dfrac{d}{D}$,则从式(f)可得空心圆截面的极惯性矩为

$$I_p = \int_A \rho^2 dA = \int_{\frac{d}{2}}^{\frac{D}{2}} 2\pi\rho^3 d\rho = \frac{\pi}{32}(D^4 - d^4)$$

所以

$$I_p = \frac{\pi D^4}{32}(1 - \alpha^4) \quad (3-10)$$

扭转截面系数为

$$W_p = \frac{I_p}{D/2} = \frac{\pi(D^4 - d^4)}{16D} = \frac{\pi D^3}{16}(1 - \alpha^4) \quad (3-11)$$

Ⅱ. 斜截面上的应力

已知等直圆杆扭转时横截面上周边各点处的切应力最大,为全面了解杆内

的应力情况,进一步讨论这些点处斜截面上的应力。为此,在圆杆的表面处用横截面、径向截面及与表面相切的面截取一单元体(图 3-11a)。在其左、右两侧面(即杆的横截面)上只有切应力 τ,其方向与 y 轴平行,在其前、后两平面(即与杆表面相切的面)上无任何应力。由于单元体处于平衡状态,故由平衡方程 $\sum F_y = 0$ 可知,单元体在左、右两侧面上的内力元素 $\tau dydz$ 应是大小相等、指向相反的一对力,并组成一个力偶,其矩为 $(\tau dydz)dx$。为满足另两个平衡方程 $\sum F_x = 0$ 和 $\sum M_z = 0$,在单元体的上、下两平面上将有大小相等、指向相反的一对内力元素 $\tau' dxdz$,并组成其矩为 $(\tau' dxdz)dy$ 的力偶。该力偶矩与前一力偶矩数值相等而转向相反,从而可得

$$\tau' = \tau \tag{3-12}$$

上式表明,两相互垂直平面上的切应力 τ 和 τ' 数值相等,且均指向(或背离)该两平面的交线,称为**切应力互等定理**。该定理具有普遍意义,在单元体各平面上同时有正应力的情况下同样成立。单元体(图 3-11a)在其两对互相垂直的平面上只有切应力而无正应力的这种状态,称为**纯剪切应力状态**。等直圆杆和薄壁圆筒在发生扭转时,其中的单元体均处于纯剪切应力状态。由于这种单元体的前、后两面上无任何应力,故可将其改用平面图(图 3-11b)表示。

现分析在单元体内垂直于前、后两平面的任一斜截面 ef 上的应力,斜截面的外向法线 n 与 x 轴间的夹角为 α,并规定从 x 轴至截面外向法线逆时针转动时 α 为正,反之为负。应用截面法,研究其左边部分(图 3-11c)的平衡。设斜截面 ef 的面积为 dA,则 eb 面和 bf 面的面积分别为 $dA\cos\alpha$ 和 $dA\sin\alpha$。选择参考轴 ξ 和 η 分别与斜截面 ef 平行和垂直(图 3-11c),由平衡方程

$$\sum F_\eta = 0, \quad \sigma_\alpha dA + (\tau dA\cos\alpha)\sin\alpha + (\tau' dA\sin\alpha)\cos\alpha = 0$$

和

$$\sum F_\xi = 0, \quad \tau_\alpha dA - (\tau dA\cos\alpha)\cos\alpha + (\tau' dA\sin\alpha)\sin\alpha = 0$$

利用切应力互等定理公式,经整理后,即得任一斜截面 ef 上的正应力和切应力的计算公式分别为

$$\sigma_\alpha = -\tau\sin 2\alpha \tag{a}$$

和

$$\tau_\alpha = \tau\cos 2\alpha \tag{b}$$

由式(b)可知,单元体的四个侧面(分别为 $\alpha = 0°$ 和 $\alpha = 90°$)上的切应力绝对值最大,均等于 τ。而由式(a)可知,在 $\alpha = -45°$ 和 $\alpha = 45°$ 两斜截面上的正应力分别为

$$\sigma_{-45°} = \sigma_{max} = +\tau$$

和

$$\sigma_{45°} = \sigma_{min} = -\tau$$

即该两截面上的正应力分别为 σ_α 中的最大值和最小值,即一为拉应力,另一为压应力,其绝对值均等于 τ,且最大、最小正应力的作用面与最大切应力的作用面之间互成 $45°$,如图 3-11d。附带指出,这些结论是纯剪切应力状态的特点,并不限于等直圆杆在扭转时这一特殊情况。

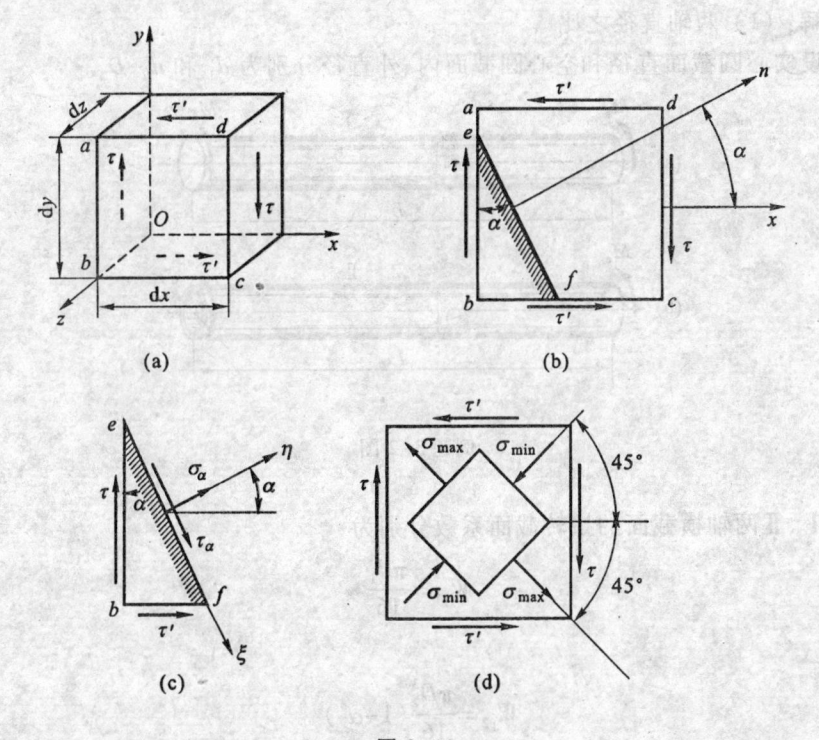

图 3-11

在圆杆的扭转试验中,对于剪切强度低于拉伸强度的材料(如低碳钢),破坏是由横截面上的最大切应力引起,并从杆的最外层沿横截面发生剪断产生的(图 3-12a),而对于拉伸强度低于剪切强度的材料(如铸铁),其破坏是由 $-45°$ 斜截面上的最大拉应力引起,并从杆的最外层沿与杆轴线约成 $45°$ 倾角的螺旋形曲面发生拉断而产生的(图 3-12b)。

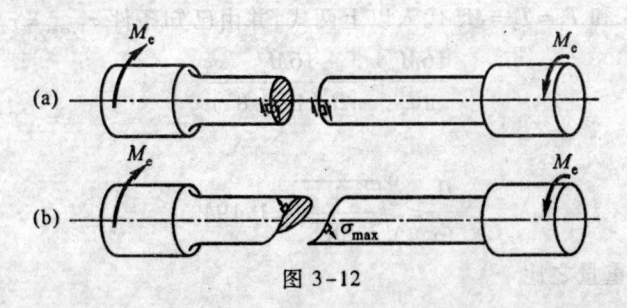

图 3-12

例题 3-2 实心圆截面轴 I 和空心圆截面轴 II（图 a、b）的材料、扭转力偶矩 M_e 和长度 l 均相同，最大切应力也相等。若空心圆截面内、外直径之比为 $\alpha = 0.8$，试求空心圆截面的外径与实心圆截面直径之比及两轴的重量比。

解：（1）两轴直径之比

设实心圆截面直径和空心圆截面内、外直径分别为 d_1 和 d_2、D_2。

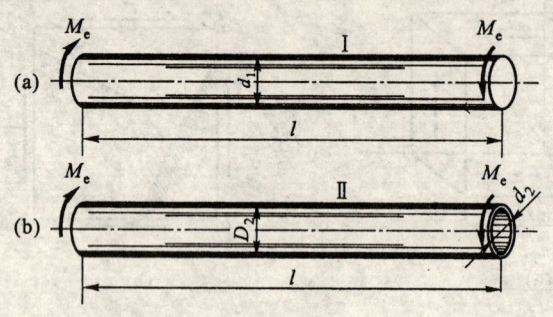

例题 3-2 图

I、II 两轴横截面的扭转截面系数分别为

$$W_{p1} = \frac{\pi d_1^3}{16}$$

和

$$W_{p2} = \frac{\pi D_2^3}{16}(1-\alpha^4)$$

分别代入式（3-7），即得两轴的最大切应力为

$$\tau_{1,\max} = \frac{T_1}{W_{p1}} = \frac{16T_1}{\pi d_1^3}$$

和

$$\tau_{2,\max} = \frac{T_2}{W_{p2}} = \frac{16T_2}{\pi D_2^3(1-\alpha^4)}$$

以 $\alpha = 0.8$ 和 $T_1 = T_2 = M_e$ 代入以上两式，并由已知条件 $\tau_{1,\max} = \tau_{2,\max}$ 即得

$$\frac{16M_e}{\pi d_1^3} = \frac{16M_e}{\pi D_2^3(1-0.8^4)}$$

由此得

$$\frac{D_2}{d_1} = \sqrt[3]{\frac{1}{1-0.8^4}} = 1.194$$

（2）两轴重量之比

§3-4 等直圆杆扭转时的应力·强度条件

由于两轴的长度和材料均相同,故轴Ⅱ与轴Ⅰ的重量比等于其横截面面积 A_2 和 A_1 之比,于是有

$$\frac{A_2}{A_1} = \frac{\frac{\pi}{4}(D_2^2-d_2^2)}{\frac{\pi}{4}d_1^2} = \frac{D_2^2(1-\alpha^2)}{d_1^2}$$

$$= 1.194^2 \times (1-0.8^2) = 0.512$$

由此可见,在最大切应力相等的情况下,空心圆轴的自重较实心圆轴为轻,比较节省材料。然而,除大型圆轴外,一般的空心轴是用实心圆杆通过钻孔加工得到的,因此除在减轻重量为其主要因素(如飞行器中的轴)或有使用要求(如机床主轴)等情况外,设计空心轴并不总是值得的。

例题 3-3 设圆筒的壁厚为 δ、平均直径为 d_0 如图 a 所示。试验算薄壁圆筒横截面上切应力公式(3-1)的精确度。

解:(1)切应力的精确值与近似值

按精确公式(3-6),切应力沿空心圆截面壁厚 δ 的变化情况如图 b 所示,最大切应力 τ_{max} 在截面最外层,其值为

$$\tau_{max} = \frac{T}{W_p} = \frac{TD/2}{\frac{\pi}{32}(D^4-d^4)} = \frac{TD}{\frac{\pi}{16}(D^2+d^2)(D+d)(D-d)}$$

将 $D = d_0 + \delta$ 和 $d = d_0 - \delta$(图 b)代入上式,经整理后,得

$$\tau_{max} = \frac{T(1+\beta)}{2A_0\delta(1+\beta^2)} \quad (1)$$

式中,$\beta = \frac{\delta}{d_0}$;$A_0 = \frac{\pi}{4}d_0^2$。

由近似公式(3-1),薄壁圆筒横截面上的切应力沿壁厚不变,其算式为

$$\tau = \frac{T}{2A_0\delta} \quad (2)$$

例题 3-3 图

(2)精度分析

由式(1)和(2)可得以 τ_{max} 为基准的误差为

$$\Delta = \frac{\tau_{max} - \tau}{\tau_{max}} = 1 - \frac{\tau}{\tau_{max}}$$

$$= 1 - \frac{\dfrac{T}{2A_0\delta}}{\dfrac{T(1+\beta)}{2A_0\delta(1+\beta^2)}} = 1 - \frac{1+\beta^2}{1+\beta} = \frac{\beta(1-\beta)}{1+\beta}$$

用百分率表示,则得

$$\Delta = \frac{\beta(1-\beta)}{1+\beta} \times 100\%$$

由此可见,当 $\beta = \dfrac{\delta}{d_0}$ 越小,即筒壁越薄时,误差 Δ 越小,由式(3-1)计算的结果越接近精确值。例如,当 $\beta = 5\%$ 时,Δ 仅为 4.52%。因此,在筒壁很薄时,认为切应力沿壁厚不变是合理的。但应注意,壁厚过薄的圆筒受扭时,会因筒壁内存在压应力而使筒壁发生局部折皱,以致丧失承载能力。

Ⅲ. 强度条件

等直圆杆在扭转时,杆内各点均处于纯剪切应力状态。其强度条件是横截面上的最大工作切应力 $\tau_{\max}$ 不超过材料的许用切应力 $[\tau]$,即

$$\tau_{\max} \leqslant [\tau] \tag{3-13}$$

由于等直圆杆的最大工作应力 $\tau_{\max}$ 存在于最大扭矩所在横截面即危险截面的周边上任一点处,即**危险点处**。于是,上述强度条件式(3-13)可写为

$$\frac{T_{\max}}{W_p} \leqslant [\tau] \tag{3-14}$$

将式(3-9)或(3-11)中的 W_p 代入强度条件式(3-14),就可对实心或空心圆截面的传动轴进行强度计算,即校核强度、选择截面或计算许可荷载。

实验指出,在静荷载作用下,同一种材料在纯剪切和拉伸时的力学性能之间存在着一定的关系,因而通常可以从材料的许用拉应力 $[\sigma]$ 值来确定其许用切应力 $[\tau]$ 值。但对于机械中的传动轴,由于在初步设计中略去了弯曲和应力随时间作交替变化的影响,故强度条件中所采用的 $[\tau]$ 应取低于静荷载下的 $[\tau]$ 值。

对于用铸铁一类脆性材料制成的杆件,在扭转时,其破坏形式是沿斜截面发生脆性断裂。按理应按斜截面上的最大拉应力(见本节Ⅱ)建立强度条件,但由于斜截面上的最大拉应力与横截面上的最大切应力间有固定的关系,所以习惯上仍按式(3-13)进行强度计算。这虽从形式上掩盖了材料强度破坏的实质,但实际上是一致的。

例题 3-4 直径为 $d = 50$ mm 的等截面钢轴,由功率为 20 kW 的电动机带

动,如图 a 所示,钢轴的转速 $n = 180$ r/min,齿轮 B、D、E 的输出功率分别为 $P_B = 3$ kW、$P_D = 10$ kW、$P_E = 7$ kW。轴的许用切应力 $[\tau] = 40$ MPa,不考虑弯曲的影响。试校核该轴的强度。

解: (1) 扭矩图

各轮的外力偶矩分别为

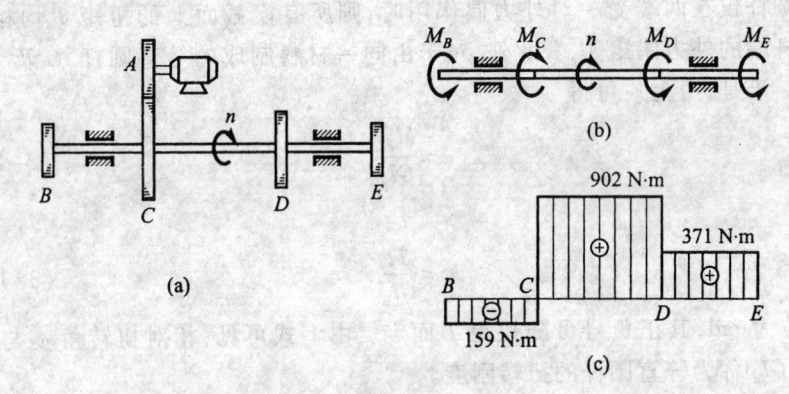

例题 3-4 图

$$M_C = 9.55 \times 10^3 \frac{P}{n} = 9.55 \times 10^3 \frac{20 \text{ kW}}{180 \text{ r/min}} = 1\ 061 \text{ N} \cdot \text{m}$$

$$M_B = 159 \text{ N} \cdot \text{m}, \quad M_D = 531 \text{ N} \cdot \text{m}, \quad M_E = 371 \text{ N} \cdot \text{m}$$

于是,可得轴的扭矩图如图 c 所示。危险截面为轴 CD 段中的各横截面,危险截面上的扭矩为

$$T_{\max} = 902 \text{ N} \cdot \text{m}$$

(2) 强度校核

由强度条件

$$\tau_{\max} = \frac{T_{\max}}{W_p} = \frac{16 \times 902 \text{ N} \cdot \text{m}}{\pi \times (0.05 \text{ m})^3} = 36.8 \times 10^6 \text{ Pa} < [\tau]$$

所以,满足强度要求。

§3-5 等直圆杆扭转时的变形·刚度条件

Ⅰ.扭转时的变形

等直圆杆的扭转变形,是用两横截面绕杆轴相对转动的相对角位移即相对

扭转角 φ 来度量的。

式(3-5)中的 $\mathrm{d}\varphi$ 为相距 $\mathrm{d}x$ 的两横截面间的相对扭转角。因此,长为 l 的一段杆两端面间的相对扭转角 φ 为

$$\varphi = \int_l \mathrm{d}\varphi = \int_0^l \frac{T}{GI_\mathrm{p}} \mathrm{d}x$$

当等直圆杆仅在两端受一对外力偶作用时,则所有横截面上的扭矩 T 均相同,且等于杆端的外力偶矩 M_e。此外,对于由同一材料制成的等直圆杆,G 及 I_p 亦为常量。于是,由上式可得

$$\varphi = \frac{M_\mathrm{e} l}{GI_\mathrm{p}} \tag{3-15a}$$

或

$$\varphi = \frac{Tl}{GI_\mathrm{p}} \tag{3-15b}$$

φ 的单位为 rad,其正负号可随扭矩 T 而定。由上式可见,相对扭转角 φ 与 GI_p 成反比,GI_p 称为等直圆杆的**扭转刚度**。

由于杆在扭转时各横截面上的扭矩可能并不相同,且杆的长度也各不相同,因此在工程中,对于扭转杆的刚度通常用相对扭转角沿杆长度的变化率 $\mathrm{d}\varphi/\mathrm{d}x$ 来度量,称为**单位长度扭转角**,并用 φ' 表示。由式(3-5)可得

$$\varphi' = \frac{\mathrm{d}\varphi}{\mathrm{d}x} = \frac{T}{GI_\mathrm{p}} \tag{3-16}$$

显然,以上计算公式都只适用于材料在线弹性范围内的等直圆杆,因为作为计算依据的式(3-5),是在这样的条件下导出的。

例题 3-5 图示传动轴系钢制实心圆截面轴。已知 $M_1 = 1\,592\ \mathrm{N\cdot m}$、$M_2 = 955\ \mathrm{N\cdot m}$、$M_3 = 637\ \mathrm{N\cdot m}$。截面 A 与截面 B、C 之间的距离分别为 $l_{AB} = 300\ \mathrm{mm}$ 和 $l_{AC} = 500\ \mathrm{mm}$。轴的直径 $d = 70\ \mathrm{mm}$,钢的切变模量 $G = 80\ \mathrm{GPa}$。试求截面 C 相对于 B 的扭转角。

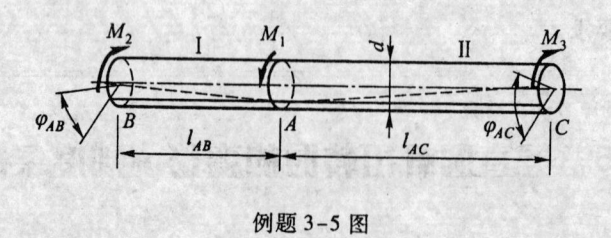

例题 3-5 图

解:(1) 轴的扭矩
由截面法可得轴 Ⅰ、Ⅱ 两段内的扭矩分别为

$$T_1 = 955 \text{ N}\cdot\text{m}, \quad T_2 = -637 \text{ N}\cdot\text{m}$$

(2) 相对扭转角

截面 C 相对于 B 的扭转角,应等于截面 A 相对于 B 的扭转角与截面 C 相对于 A 的扭转角之和,即

$$\varphi_{BC} = \varphi_{BA} + \varphi_{AC}$$

由相对扭转角公式(3-15b)及 $I_p = \dfrac{\pi d^4}{32}$,可得

$$\varphi_{BA} = \frac{(955 \text{ N}\cdot\text{m}) \times (0.3 \text{ m})}{(80 \times 10^9 \text{ Pa}) \times \dfrac{\pi}{32} \times (7 \times 10^{-2} \text{ m})^4} = 1.52 \times 10^{-3} \text{ rad}$$

和

$$\varphi_{AC} = \frac{(-637 \text{ N}\cdot\text{m}) \times (0.5 \text{ m})}{(80 \times 10^9 \text{ Pa}) \times \dfrac{\pi}{32} \times (7 \times 10^{-2} \text{ m})^4} = -1.69 \times 10^{-3} \text{ rad}$$

于是,得截面 C 相对于 B 的扭转角 φ_{BC} 为

$$\varphi_{BC} = \varphi_{BA} + \varphi_{AC} = -1.7 \times 10^{-4} \text{ rad}$$

φ_{BC} 为负值,表示其转向与扭转力偶 M_3 相同。

II. 刚度条件

等直圆杆扭转时,除需满足强度条件外,有时还需满足刚度条件。例如,机器的传动轴如扭转角过大,将会使机器在运转时产生较大的振动;精密机床的轴若变形过大,则将影响机床的加工精度等。刚度要求通常是限制其单位长度扭转角 φ' 中的最大值 φ'_{max} 不超过某一规定的允许值 $[\varphi']$,即

$$\varphi'_{max} \leqslant [\varphi'] \tag{3-17}$$

式中,$[\varphi']$ 称为许可单位长度扭转角,其常用单位是 $(°)/\text{m}$。式(3-17)即为等直圆杆在扭转时的**刚度条件**。

由于按式(3-16)计算所得结果的单位是 rad/m,故需将其单位换算为 $(°)/\text{m}$,于是可得

$$\frac{T_{max}}{GI_p} \times \frac{180}{\pi} \leqslant [\varphi'] \tag{3-18}$$

式中,T_{max}、G、I_p 的单位分别为 $\text{N}\cdot\text{m}$、Pa 和 m^4。将式(3-8)或(3-10)中的 I_p 代入上式,即可对实心或空心圆截面的等直杆进行扭转刚度计算,例如,校核刚度、选择截面或计算许可荷载。

许可单位长度扭转角 $[\varphi']$,是根据作用在轴上的荷载性质及轴的工作条件等因素决定的。对于精密机器的轴,其 $[\varphi']$ 常取在 $0.15 \sim 0.30 (°)/\text{m}$ 之间;对

于一般的传动轴,则可放宽到 2(°)/m 左右。各类轴的许可单位长度扭转角 $[\varphi']$ 的具体数值可由有关的机械设计手册查得。

例题 3-6 例题 3-1 中的传动轴(例题 3-1 图 a)是由 45 号钢制成的空心圆截面轴,其内、外直径之比 $\alpha = \dfrac{1}{2}$。钢的许用切应力 $[\tau] = 40$ MPa,切变模量 $G = 80$ GPa,许可单位长度扭转角 $[\varphi'] = 0.3(°)/\text{m}$。试按强度条件和刚度条件选择轴的直径。

解:(1) 由强度条件求轴径

在例题 3-1 中已得 $T_{\max} = 9.56$ kN·m。由

$$W_p = \frac{\pi D^3}{16}(1-\alpha^4) = \frac{\pi D^3}{16} \times \left[1-\left(\frac{1}{2}\right)^4\right] = \frac{\pi D^3}{16} \times \frac{15}{16}$$

代入强度条件式(3-14),可得空心圆轴所需的外直径为

$$D = \sqrt[3]{\frac{16 T_{\max}}{\pi(1-\alpha^4)[\tau]}} = \sqrt[3]{\frac{16 \times (9.56 \times 10^3 \text{ N·m}) \times 16}{15\pi \times (40 \times 10^6 \text{ Pa})}} = 109 \times 10^{-3} \text{ m}$$

$$= 109 \text{ mm}$$

(2) 由刚度条件求轴径

由

$$I_p = \frac{\pi D^4}{32}(1-\alpha^4) = \frac{\pi D^4}{32} \times \frac{15}{16}$$

代入刚度条件式(3-18),即得所需的外直径为

$$D = \sqrt[4]{\frac{T_{\max}}{G \times \dfrac{\pi}{32} \times (1-\alpha^4)} \times \frac{180}{\pi} \times \frac{1}{[\varphi']}}$$

$$= \sqrt[4]{\frac{32 \times (9.56 \times 10^3 \text{ Pa}) \times 16}{(80 \times 10^9 \text{ Pa}) \times \pi \times 15} \times \frac{180}{\pi} \times \frac{1}{0.3 \,(°)/\text{m}}}$$

$$= 125.5 \times 10^{-3} \text{ m} = 125.5 \text{ mm}$$

轴应同时满足强度和刚度条件,故空心圆轴的外径应不小于 125.5 mm,内径不大于 62.75 mm。

§3-6 等直圆杆扭转时的应变能

当圆杆扭转变形时,杆内将积蓄应变能。由于杆件各横截面上的扭矩可能变化,同时,横截面上各点处的切应力也随该点到圆心的距离而改变,为此,计算

杆内的应变能,需先计算杆内任一点处的应变能密度,再计算全杆内所积蓄的应变能。

受扭圆杆的任一点处于纯剪切应力状态,如图 3-13a 所示。设其左侧面固定,则单元体在变形后右侧面将向下移动 $\gamma \mathrm{d}x$。当材料处于线弹性范围内,切应力与切应变成正比(图 3-13b),且切应变 γ 值很小,因此在变形过程中,上、下两面上的外力将不作功,只有右侧面上的外力 $\tau \mathrm{d}y\mathrm{d}z$ 对相应的位移 $\gamma \mathrm{d}x$ 作功,其值为

$$\mathrm{d}W = \frac{1}{2}(\tau \mathrm{d}y\mathrm{d}z)(\gamma \mathrm{d}x) = \frac{1}{2}\tau\gamma(\mathrm{d}x\mathrm{d}y\mathrm{d}z) \tag{a}$$

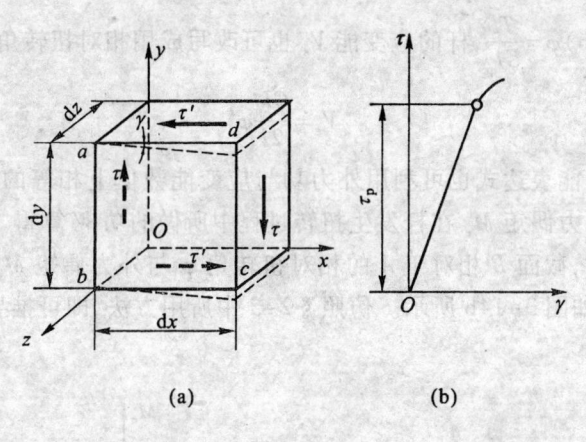

图 3-13

单元体内所积蓄的应变能 $\mathrm{d}V_\varepsilon$ 数值上等于 $\mathrm{d}W$,于是可得单位体积内的应变能即应变能密度 v_ε 为

$$v_\varepsilon = \frac{\mathrm{d}V_\varepsilon}{\mathrm{d}V} = \frac{\mathrm{d}W}{\mathrm{d}x\mathrm{d}y\mathrm{d}z} = \frac{1}{2}\tau\gamma \tag{b}$$

由剪切胡克定律 $\tau = G\gamma$,上式可改写为

$$v_\varepsilon = \frac{\tau^2}{2G} \tag{3-19a}$$

或

$$v_\varepsilon = \frac{G}{2}\gamma^2 \tag{3-19b}$$

求得受扭圆杆任一点处的应变能密度 v_ε 后,全杆的应变能 V_ε 即可由积分计算

$$V_\varepsilon = \int_V v_\varepsilon \mathrm{d}V = \int_l \int_A v_\varepsilon \mathrm{d}A\mathrm{d}x \tag{3-20}$$

式中,V 为杆的体积;A 为杆的横截面面积;l 为杆长。

若等直圆杆仅在两端受外力偶矩 M_e 作用(图 3-14a),则任一横截面的扭矩 T 和极惯性矩 I_p 均相同。将式(3-19a)代入式(3-20),其中的切应力 $\tau = \dfrac{T\rho}{I_p}$,可得杆内的应变能为

$$V_\varepsilon = \int_l \int_A \frac{\tau^2}{2G} dA dx = \frac{l}{2G}\left(\frac{T}{I_p}\right)^2 \int_A \rho^2 dA = \frac{T^2 l}{2GI_p} \tag{3-21a}$$

由于 $T = M_e$,上式又可写为

$$V_\varepsilon = \frac{M_e^2 l}{2GI_p} \tag{3-21b}$$

又由式(3-15b) $\varphi = \dfrac{Tl}{GI_p}$,杆的应变能 V_ε 也可改写成用相对扭转角 φ 表达的形式

$$V_\varepsilon = \frac{GI_p}{2l}\varphi^2 \tag{3-21c}$$

以上应变能表达式也可利用外力功与应变能数值上相等的关系,直接从作用在杆端的外力偶矩 M_e 在杆发生扭转过程中所做的功 W 算得。当杆在线弹性范围内工作时,截面 B 相对于 A 的相对扭转角 φ 与外力偶矩 M_e 在加载过程中成正比关系,如图 3-14b 所示。仿照 §2-5 中所用方法,即可推导出以上应变能表达式。

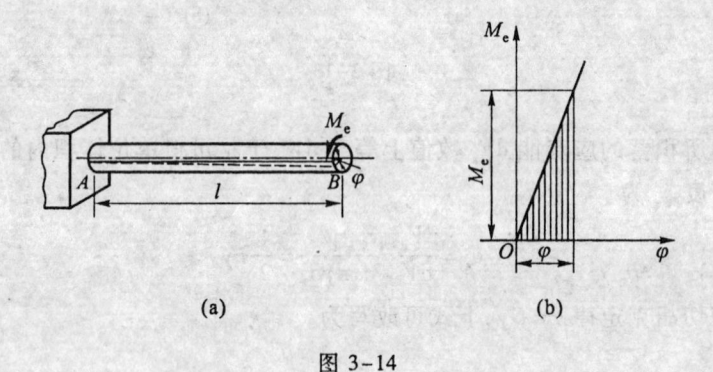

图 3-14

例题 3-7 图 a 表示工程中常用于起缓冲、减振或控制作用的圆柱形密圈螺旋弹簧承受轴向压(拉)力作用。设弹簧圈的平均半径为 R,簧杆的直径为 d,弹簧的有效圈数(即除去两端与平面接触的部分后的圈数)为 n,簧杆材料的切变模量为 G。试在簧杆的斜度 α 小于 $5°$,且簧圈的平均直径 D 远大于簧杆直径 d 的情况下,推导弹簧的应力和变形计算公式。

解:(1) 簧杆横截面上的应力

§3-6 等直圆杆扭转时的应变能

应用截面法沿簧杆的任一横截面假想地截取其上半部分(图 b)并研究其平衡。由于簧杆斜度 α 小于 $5°$，为分析方便，可视为零度，于是簧杆的横截面就处于包含弹簧轴线(即外力 F 作用线)的纵向平面内。由平衡方程求得截面上的内力分量为通过截面形心的剪力 $F_S = F$ 和扭矩 $T = FR$。

作为近似解，略去与剪力 F_S 相应的切应力，且当簧圈的平均直径 D 与簧杆直径 d 的比值 $\dfrac{D}{d}$ 很大时，略去簧杆曲率的影响，而用圆截面直杆的扭转应力公式 (3-7) 计算簧杆横截面上的最大扭转切应力 τ_{max}，即

$$\tau_{max} = \frac{T}{W_P} = \frac{FR}{\dfrac{\pi}{16}d^3} = \frac{16FR}{\pi d^3} \tag{1}$$

由上式算出的最大切应力是偏低的近似值。在弹簧的设计计算中，常将该式乘以考虑簧杆曲率和剪力影响的修正因数①。

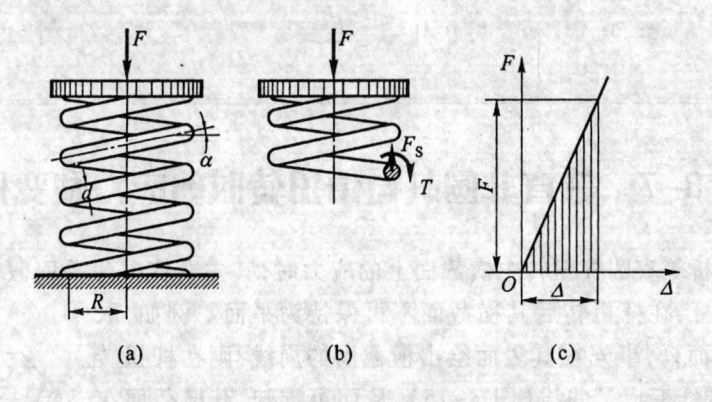

例题 3-7 图

(2) 弹簧的变形

利用功能原理，研究弹簧受轴向压(拉)力作用时的缩短(伸长)变形 Δ。试验结果表明，当弹簧的变形不因弹簧圈并紧而受到影响时，其变形 Δ 与外力 F 成正比，如图 c 所示。由此可得外力所作功为

$$W = \frac{1}{2}F\Delta$$

若只考虑簧杆扭转变形的影响，则由等直圆杆扭转时的应变能公式(3-21a)，可得簧杆内的应变能 V_ε 为

$$V_\varepsilon = \frac{1}{2}\frac{T^2 l}{GI_P} = \frac{(FR)^2 2\pi Rn}{2GI_P}$$

---

① 例如，参见刘鸿文主编，《高等材料力学》，§9.8，高等教育出版社，1985 年。

式中，$l=2\pi Rn$ 代表簧杆中心线的全长；I_p 为簧杆横截面的极惯性矩。令外力所作的功 W 与簧杆内的应变能 V_ε 相等，并引用 $I_p=\dfrac{\pi d^4}{32}$，即得

$$\Delta=\frac{2\pi RnFR^2}{G\dfrac{\pi d^4}{32}}=\frac{64FR^3n}{Gd^4} \tag{2}$$

由于在计算应变能 V_ε 时，略去了剪力的影响，并应用直杆扭转的公式，故所得的 V_ε 值是近似的，且比实际值为小，因而，算出的变形 Δ 也较实际值略小，但其相对误差小于簧杆横截面的应力计算式(1)。

若令

$$k=\frac{Gd^4}{64R^3n} \tag{3}$$

代表弹簧的刚度系数，其单位为 N/m，则可将式(2)改写为

$$\Delta=\frac{F}{k} \tag{4}$$

§3-7 等直非圆杆自由扭转时的应力和变形

在分析等直圆杆扭转中横截面上的应力时，其主要依据为平面假设。对于等直非圆杆，在杆扭转后其横截面不再保持为平面。例如，取一矩形截面杆，事先在其表面绘出横截面的周线，则在杆扭转后，这些周线变成了曲线（图3-15），从而可推知，其横截面在杆变形后将发生翘曲而不再保持平面。因此，等直圆杆扭转时的计算公式不适用于非圆截面杆的扭转。对于这类问题，只能用弹性理论方法求解。

等直非圆杆在扭转时横截面虽将发生翘曲，但当等直杆在两端受外力偶作用，且端面可以自由翘曲时，称为**纯扭转**或**自由扭转**。这时，杆相邻两横截面的翘曲程度完全相同，横截面上仍然是只有切应力而没有正应力。若杆的两端受到约束而不能自由翘曲，称为**约束扭转**，则其相邻两横截面的翘曲程度不同，将在横截面上引起附加的正应力。由约束扭转所引起的附加正应力，在一般实体截面杆中通常均很小，可略去不计。但在薄壁杆件中，这一附加正应力则

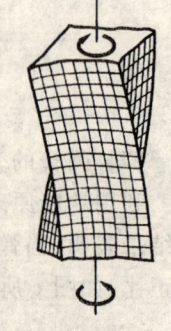

图3-15

成为不能忽略的量①。本节仅简单介绍矩形及狭长矩形截面的等直杆在自由扭转时弹性理论解的结果。

为了对矩形截面杆扭转时进行强度和刚度计算,下面直接给出横截面上最大切应力和单位长度扭转角的计算公式

$$\tau_{\max} = \frac{T}{W_\mathrm{t}} \tag{3-22}$$

$$\varphi' = \frac{T}{GI_\mathrm{t}} \tag{3-23}$$

式中,W_t 仍称为扭转截面系数;I_t 称为截面的相当极惯性矩;而 GI_t 称为非圆截面杆的扭转刚度。这里的 I_t 和 W_t 除了在量纲上与圆截面的 I_p 和 W_p 相同外,在几何意义上截然不同。

矩形截面(图 3-16a)的 I_t 和 W_t 与截面尺寸的关系如下

$$W_\mathrm{t} = \alpha h b^2 \tag{3-24a}$$

$$I_\mathrm{t} = \beta h b^3 \tag{3-24b}$$

式中,因数 α、β 可从表 3-1 中查出,其值均随矩形截面的长、短边尺寸 h 和 b 的比值 h/b 而变化。横截面上的最大切应力 $\tau_{\max}$ 发生在长边中点即在截面周边上距形心最近的点处;而在短边中点处的切应力则为该边上各点处切应力中的最大值,可根据 $\tau_{\max}$ 和表 3-1 中的因数 γ 按下式计算:

$$\tau = \gamma \tau_{\max} \tag{3-25}$$

矩形截面周边上各点处的切应力方向必与周边相切(图 3-16a),因为在杆表面上没有切应力,故由切应力互等定理可知,在横截面周边上各点处不可能有垂直于周边的切应力分量。同理,在矩形截面的顶点处切应力必等于零。矩形截面上切应力的变化情况如图 3-16a。

表 3-1　矩形截面杆自由扭转时的因数 α、β 和 γ

h/b	1.0	1.2	1.5	2.0	2.5	3.0	4.0	6.0	8.0	10.0
α	0.208	0.219	0.231	0.246	0.258	0.267	0.282	0.299	0.307	0.313
β	0.141	0.166	0.196	0.229	0.249	0.263	0.281	0.299	0.307	0.313
γ	1.000	0.930	0.858	0.796	0.767	0.753	0.745	0.743	0.743	0.743

附注:当 $h/b>10$ 时,$\alpha = \beta \approx \frac{1}{3}$,$\gamma = 0.74$。

---

① 对于薄壁杆件在约束扭转时其横截面上附加正应力的分析,可参阅有关参考书。例如,刘鸿文主编,《高等材料力学》,高等教育出版社,1985 年。

图 3-16

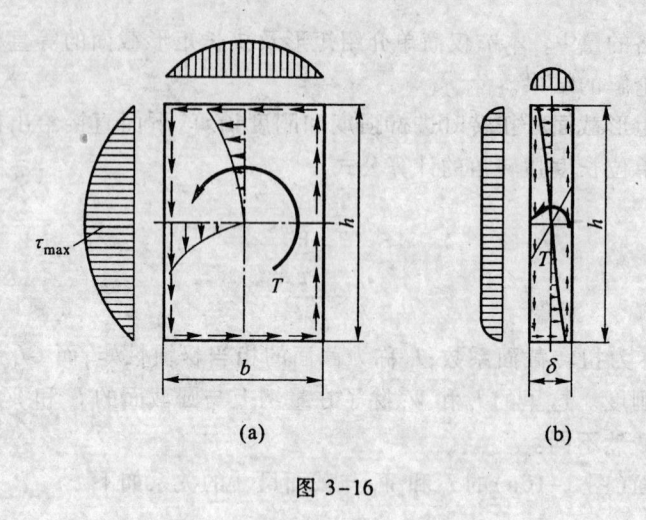

根据表 3-1 的附注,可得狭长矩形截面(图 3-16b)的 I_t 和 W_t 与截面尺寸间的关系为

$$I_t = \frac{1}{3}h\delta^3 \tag{3-26a}$$

$$W_t = \frac{1}{3}h\delta^2 = \frac{I_t}{\delta} \tag{3-26b}$$

为了与一般矩形相区别,在上式中已将狭长矩形的短边尺寸 b 改写为 δ。狭长矩形截面上切应力的变化情况如图 3-16b。切应力在沿长边各点处的方向均与长边相切,其数值除在靠近顶点处以外均相等。

例题 3-8 一宽度 $b = 50$ mm、高度 $h = 100$ mm 的矩形截面钢杆,长度 $l = 2$ m,在其两端承受扭转外力偶矩 M_e 作用,如图所示。已知材料的许用切应力 $[\tau] = 100$ MPa,切变模量 $G = 80$ GPa,杆的许可单位长度扭转角 $[\varphi'] = 1(°)/$m。试求外力偶矩的许可值。

解:(1) 由强度条件求 M_e

由强度条件
$$T = M_e \leq W_t[\tau] = \alpha h b^2[\tau]$$

由表 3-1,$h/b = 2$ 时,$\alpha = 0.246$。于是,有
$$M_e \leq 0.246 \times (0.1 \text{ m}) \times (0.05 \text{ m})^2 \times (100 \times 10^6 \text{ Pa})$$
$$= 6\ 150 \text{ N} \cdot \text{m}$$

(2) 由刚度条件求 M_e

由刚度条件

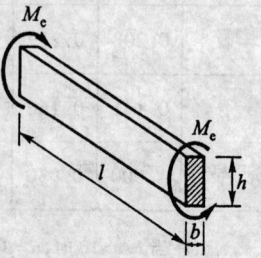

例题 3-8 图

$$T = M_e \leq GI_t[\varphi'] = G\beta h b^3 [\varphi']$$

由表 3-1, $h/b=2$ 时, $\beta=0.229$。于是, 有

$$M_e \leq (80\times 10^9 \text{ Pa})\times 0.229 \times (0.1 \text{ m}) \times (0.05 \text{ m})^3 \times \left(1\times \frac{\pi}{180}\right)$$

$$= 4\,000 \text{ N}\cdot\text{m}$$

为同时满足强度和刚度条件,故许可外力偶矩为

$$[M_e] = 4 \text{ kN}\cdot\text{m}$$

*§3-8 开口和闭口薄壁截面杆自由扭转时的应力和变形

Ⅰ. 开口薄壁截面杆

在土建工程中常采用一些薄壁截面的构件。若薄壁截面的壁厚中线是一条不封闭的折线或曲线,则称为开口薄壁截面,如各种轧制型钢(工字钢、槽钢、角钢等)或工字形、槽形、T 字形截面(图 3-17)等。这类截面的杆件在外力作用下常会发生扭转变形,本节只讨论在自由扭转时应力和变形的近似计算。

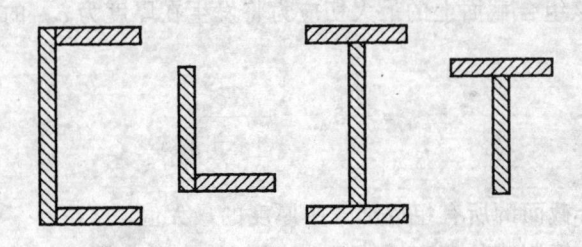

图 3-17

对某些开口薄壁截面杆,例如各种轧制型钢,其横截面可以看成是由若干狭长矩形所组成的组合截面(图 3-17)。根据杆在自由扭转时横截面的变形情况,可作出如下假设:杆扭转后,横截面周线虽然在杆表面上变成曲线,但在其变形前的平面上的投影形状仍保持不变。当开口薄壁杆沿杆长每隔一定距离有加劲板时,上述假设基本上和实际变形情况符合。由假设得知,在杆扭转后,组合截面的各组成部分所转动的单位长度扭转角与整个截面的单位长度扭转角 φ' 相同,于是,有变形相容条件

$$\varphi_1' = \varphi_2' = \cdots = \varphi_n' = \varphi' \tag{a}$$

式中, $\varphi_i'(i=1,2,\cdots,n)$ 代表组合截面中组成部分 i 的单位长度扭转角。由式(3-23)和式(a),可得补充方程

$$\frac{T_1}{GI_{t1}} = \frac{T_2}{GI_{t2}} = \cdots = \frac{T_n}{GI_{tn}} = \frac{T}{GI_t} \tag{b}$$

式中，$I_{ti}(i=1,2,\cdots,n)$ 和 T_i 分别代表组合截面中组成部分 i 的相当极惯性矩和其上的扭矩，而 I_t 和 T 则分别代表整个组合截面的相当极惯性矩和扭矩。由合力矩和分力矩的静力学关系，可得

$$T = T_1 + T_2 + \cdots + T_n \tag{c}$$

联立式(b)和(c)，消去 T、G 后，即得整个截面的相当极惯性矩为

$$I_t = \sum_{i=1}^{n} I_{ti} \tag{d}$$

对于开口薄壁截面，当其每一组成部分 i 的狭长矩形厚度 δ_i 与宽度 h_i 之比很小时，就可利用近似公式(3-26a)将式(d)改写为

$$I_t = \sum_{i=1}^{n} I_{ti} = \frac{1}{3} \sum_{i=1}^{n} h_i \delta_i^3 \tag{3-27a}$$

为了求得整个截面上的最大切应力 $\tau_{\max}$，须先研究其每一组成部分 i 上的最大切应力 $\tau_{\max,i}$。矩形截面杆在扭转时的最大切应力由式(3-22)并利用狭长矩形截面的 W_t 表达式(3-26b)和上述式(b)的关系，可得

$$\tau_{\max,i} = \frac{T_i}{W_{ti}} = \frac{T_i}{I_{ti}} \delta_i = \frac{T}{I_t} \delta_i \tag{e}$$

由式(e)可见，该组合截面上的最大切应力将发生在厚度为 $\delta_{\max}$ 的组成部分的长边处，其值为

$$\tau_{\max} = \frac{T}{I_t} \delta_{\max} = \frac{T \delta_{\max}}{\frac{1}{3} \sum_{i=1}^{n} h_i \delta_i^3} \tag{3-28}$$

式中，$\delta_{\max}$ 为组合截面的所有组成部分中厚度的最大值。

在计算用型钢制成的等直杆的扭转变形时，由于实际型钢截面的翼缘部分是变厚度的，且在连接处有过渡圆角，这就增加了杆的刚度，故应对 I_t 表达式(3-27a)作如下修正，并将修正后的 I_t 改写为 I_t'

$$I_t' = \eta \times \frac{1}{3} \sum_{i=1}^{n} h_i \delta_i^3 \tag{3-27b}$$

式中，η 为修正因数。对于角钢截面，可以取 $\eta = 1.00$；槽钢截面 $\eta = 1.12$；T形钢截面 $\eta = 1.15$；工字钢截面 $\eta = 1.20$。在计算单位长度扭转角时，仍采用式(3-23)，并以 I_t' 代替式中的 I_t。

例题 3-9 一长度为 l、厚度为 δ 的薄钢板，卷成平均直径为 D 的圆筒，材料的切变模量为 G，在其两端承受扭转外力偶矩 M_e，试求：

(1) 在板边为自由的情况下（图a），薄壁筒横截面上的切应力分布规律，以

及其最大切应力和最大相对扭转角；

(2) 当板边焊接后(图b)，薄壁筒横截面上的切应力分布规律，以及其最大切应力和最大相对扭转角。

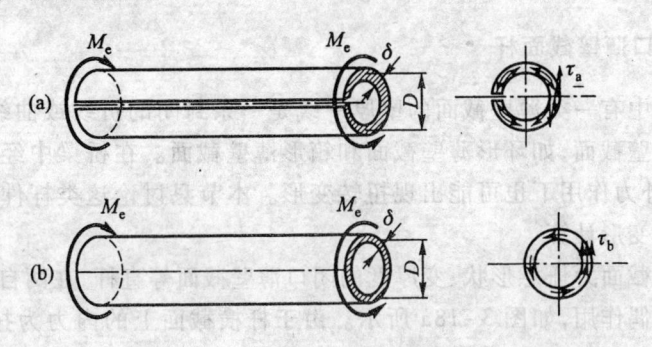

例题 3-9 图

解：(1) 开口薄壁圆筒的应力和变形

在板边为自由的情况下，可将开口环形截面展直，视为狭长矩形截面。其横截面上的切应力沿壁厚呈线性变化，如图a所示。最大切应力发生在开口薄壁圆筒的内、外周边处。对于薄壁杆，$\pi D/\delta$（即h/b）>10，由表3-1，得 $\alpha=\beta=\dfrac{1}{3}$。于是，最大切应力和最大相对扭转角分别为

$$\tau_a = \frac{T}{\alpha h b^2} = \frac{3M_e}{\pi D \delta^2}$$

$$\varphi_a = \varphi_a' l = \frac{Tl}{G\beta h b^3} = \frac{3M_e l}{G\pi D \delta^3}$$

(2) 闭口薄壁圆筒的应力和变形

当板边焊接后，则成闭口薄壁圆筒，其横截面上的切应力沿壁厚为均匀分布，如图b所示。切应力及最大相对扭转角分别为

$$\tau_b = \frac{T}{2A_0 \delta} = \frac{2M_e}{\pi D^2 \delta}$$

$$\varphi_b = \frac{Tl}{GI_p} \approx \frac{Tl}{G(\pi D\delta)\left(\dfrac{D}{2}\right)^2} = \frac{4M_e l}{G\pi D^3 \delta}$$

开口薄壁圆筒与闭口薄壁圆筒相比较：

最大切应力 　　　　　$\tau_a/\tau_b = 3D/2\delta$

最大相对扭转角　　　$\varphi_a/\varphi_b = \dfrac{3}{4}\left(\dfrac{D}{\delta}\right)^2$

若 $D=20\delta$,则 $\tau_a=30\tau_b$、$\varphi_a=300\varphi_b$。可见,开口薄壁圆筒的最大切应力和最大相对扭转角均远大于闭口薄壁圆筒。

Ⅱ. 闭口薄壁截面杆

在工程中有一类薄壁截面的壁厚中线是一条封闭的折线或曲线,这类截面称为闭口薄壁截面,如环形薄壁截面和箱形薄壁截面。在桥梁中经常采用箱形截面梁,在外力作用下也可能出现扭转变形。本节只讨论这类杆件在自由扭转时的应力和变形计算。

设一横截面为任意形状、变厚度的闭口薄壁截面等直杆,在两自由端承受一对扭转外力偶作用,如图 3-18a 所示。由于杆横截面上的内力为扭矩,因此其横截面上将只有切应力。又因是闭口薄壁截面,故可假设切应力沿壁厚无变化,且其方向与壁厚的中线相切(图 3-18b)。在杆的壁厚远小于其横截面尺寸时,由假设所引起的误差在工程计算中是允许的。

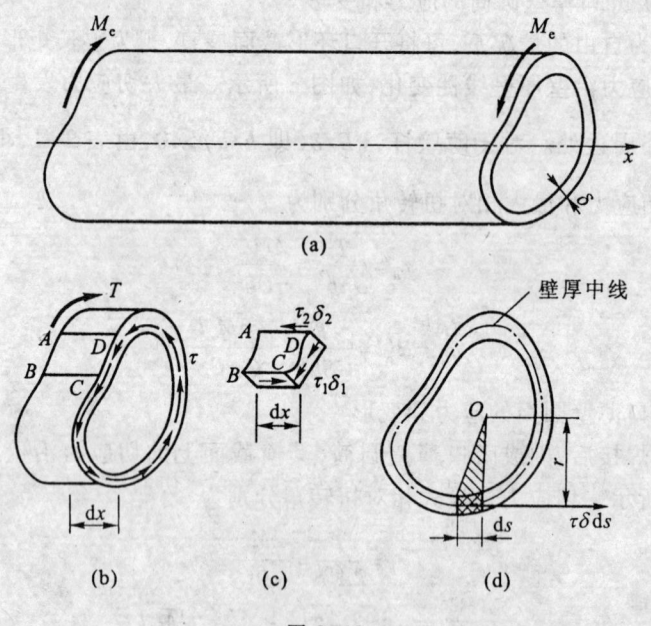

图 3-18

取长为 dx 的杆段,用两个与壁厚中线正交的纵截面从杆壁中取出小块 $ABCD$,如图 3-18c 所示。设横截面上 C 和 D 两点处的切应力分别为 τ_1 和 τ_2,而壁厚则分别为 δ_1 和 δ_2。根据切应力互等定理,在上、下两纵截面上应分别有切应力 τ_1 和 τ_2(图 3-18c)。由平衡方程

$$\sum F_x = 0, \quad \tau_1\delta_1 dx = \tau_2\delta_2 dx$$

可得
$$\tau_1\delta_1 = \tau_2\delta_2 \quad (a)$$

由于所取的两纵截面是任意选择的,故上式表明,横截面沿其周边任一点处的切应力 τ 与该点处的壁厚 δ 之乘积为一常数,即

$$\tau\delta = 常数 \quad (b)$$

为找出横截面上的切应力 τ 与扭矩 T 之间的关系,沿壁厚中线取出长为 ds 的一段,在该段上的内力元素为 $\tau\delta ds$(图3-18d),其方向与壁厚中线相切。其对横截面平面内任一点 O 的矩为

$$dT = (\tau\delta ds)r$$

式中,r 是从矩心 O 到内力元素 $\tau\delta ds$ 作用线的垂直距离。由力矩合成原理可知,截面上扭矩应为 dT 沿壁厚中线全长 s 的积分。注意到式(b),即得

$$T = \int_s dT = \int_s \tau\delta r ds = \tau\delta \int_s r ds$$

由图3-18d可知,rds 为图中阴影线三角形面积的2倍,故其沿壁厚中线全长 s 的积分应是该中线所围面积 A_0 的2倍。于是,可得

$$T = \tau\delta \times 2A_0$$

或

$$\tau = \frac{T}{2A_0\delta} \quad (3-29)$$

上式即为闭口薄壁截面等直杆在自由扭转时横截面上任一点处切应力的计算公式。上式与式(3-1)在形式上相同,但在应用上则具有普遍性。

由式(b)可知,壁厚 δ 最薄处横截面上的切应力 τ 为最大。于是,由式(3-29)可得杆横截面上的最大切应力为

$$\tau_{max} = \frac{T}{2A_0\delta_{min}} \quad (3-30)$$

式中,δ_{min} 为薄壁截面的最小壁厚。

闭口薄壁截面等直杆的单位长度扭转角 φ' 可按功能原理来求得。

由纯剪切应力状态下的应变能密度 v_e 的表达式(3-19a)及式(3-29),可得杆内任一点处的应变能密度为

$$v_e = \frac{\tau^2}{2G} = \frac{1}{2G}\left(\frac{T}{2A_0\delta}\right)^2 = \frac{T^2}{8GA_0^2\delta^2} \quad (c)$$

又根据应变能密度 v_e 计算扭转时杆内应变能的表达式(3-20),可得单位长度杆内的应变能为

$$V_e = \int_V v_e dV = \frac{T^2}{8GA_0^2}\int_V \frac{dV}{\delta^2}$$

式中,V 为单位长度杆壁的体积,$dV = 1 \times \delta \times ds = \delta ds$。将 dV 代入上式,并沿壁厚中

线的全长 s 积分,即得

$$V_\varepsilon = \frac{T^2}{8GA_0^2} \int_s \frac{\mathrm{d}s}{\delta} \qquad (\mathrm{d})$$

然后,计算单位长度杆两端截面上的扭矩对杆段的相对扭转角 φ' 所作的功。由于杆在线弹性范围内工作,因此所作的功应为

$$W = \frac{T\varphi'}{2} \qquad (\mathrm{e})$$

(d)和(e)两式中的 V_ε 和 W 在数值上相等,从而解得

$$\varphi' = \frac{T}{4GA_0^2} \int_s \frac{\mathrm{d}s}{\delta} \qquad (3-31)$$

即得所要求的单位长度扭转角。式中的积分取决于杆的壁厚 δ 沿壁厚中线 s 的变化规律。当壁厚 δ 为常数时,则得

$$\varphi' = \frac{Ts}{4GA_0^2\delta} \qquad (3-32)$$

式中,s 为壁厚中线的全长。

例题 3-10 横截面面积 A、壁厚 δ、长度 l 和材料的切变模量均相同的三种截面形状的闭口薄壁杆,分别如图 a、b 和 c 所示。若分别在杆的两端承受相同的扭转外力偶矩 M_e,试求三杆横截面上的切应力之比和单位长度扭转角之比。

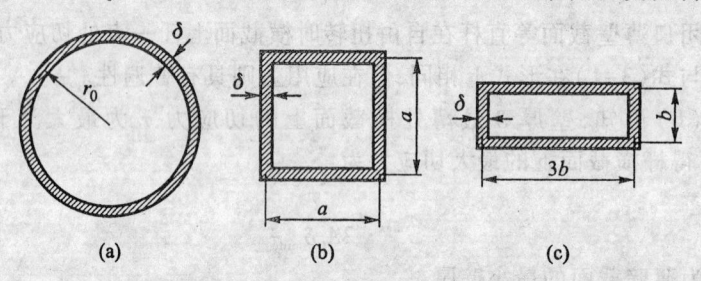

例题 3-10 图

解:(1) 三杆切应力之比

薄壁圆截面(图 a):由

$$A = 2\pi r_0 \delta, \quad r_0 = \frac{A}{2\pi\delta}$$

$$A_0 = \pi r_0^2 = \frac{1}{4\pi} \times \left(\frac{A}{\delta}\right)^2$$

得

$$\tau_a = \frac{T}{2A_0\delta} = \frac{M_e \times 2\pi\delta}{A^2}$$

薄壁正方形截面(图 b)：由

$$A = 4a\delta, \quad a = \frac{A}{4\delta}$$

$$A_0 = a^2 = \frac{1}{16}\left(\frac{A}{\delta}\right)^2$$

得

$$\tau_b = \frac{T}{2A_0\delta} = \frac{8M_e\delta}{A^2}$$

薄壁矩形截面(图 c)：由

$$A = 2(b+3b)\delta = 8b\delta, \quad b = \frac{A}{8\delta}$$

$$A_0 = 3b \times b = \frac{3}{64}\left(\frac{A}{\delta}\right)^2$$

得

$$\tau_c = \frac{T}{2A_0\delta} = \frac{32M_e\delta}{3A^2}$$

可见，三种截面的扭转切应力之比为

$$\tau_a : \tau_b : \tau_c = 2\pi : 8 : \frac{32}{3} = 1 : 1.27 : 1.70$$

(2) 三杆单位长度扭转角之比

三杆的单位长度扭转角分别为

$$\varphi'_a = \frac{Ts}{4GA_0^2\delta} = 4\pi^2 \frac{M_e\delta^2}{GA^3}, \quad \varphi'_b = 64\frac{M_e\delta^2}{GA^3}, \quad \varphi'_c = \frac{1024}{9} \times \frac{M_e\delta^2}{GA^3}$$

故三杆扭转角之比为

$$\varphi'_a : \varphi'_b : \varphi'_c = 1 : 1.62 : 2.88$$

上述计算表明，对于同一材料、相同截面面积，无论是强度或是刚度，都是薄壁圆截面最佳，薄壁矩形截面最差。这是因为薄壁圆截面壁厚中线所围的面积 A_0 为最大，而薄壁箱形截面在其内角处还将引起应力集中。

思 考 题

3-1 在车削工件时(如图)，工人师傅在粗加工时通常采用较低的转速，而在精加工时，则用较高的转速，试问这是为什么？

3-2 长为 l、直径为 d 的两根由不同材料制成的圆轴，在其两端作用相同的扭转力偶矩 M_e，试问：
(1) 最大切应力 τ_{max} 是否相同？为什么？
(2) 相对扭转角 φ 是否相同？为什么？

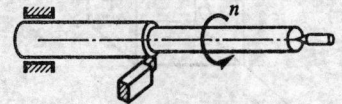

思考题 3-1 图

3-3 图 a 所示受扭圆杆，由两个横截面 ABE、CDF 和一个通过杆轴的纵截面 $ABDC$ 截取的一隔离体，由横截面上的切应力分布规律和切应力互等定理，可得隔离体各截面上的切应力分布如图 b 所示，试问：

（1）纵截面 $ABDC$ 上切应力所构成的合力偶矩为多大？

（2）该合力偶矩是如何达到平衡的？

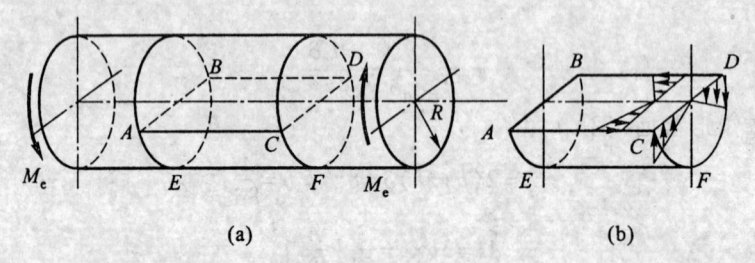

思考题 3-3 图

3-4 由外直径为 D、内直径为 d 的空心圆杆和直径为 d 的实心圆杆经紧配合而构成的组合轴，承受扭转外力偶矩 M_e，如图所示。两杆的材料不同，空心圆杆与实心圆杆的切变模量分别为 G_1 和 G_2，且 $G_1 > G_2$，截面的极惯性矩分别为 I_{p1} 和 I_{p2}。若平面假设依然成立，试求组合杆横截面上切应力的分布规律，及两杆内的最大切应力。

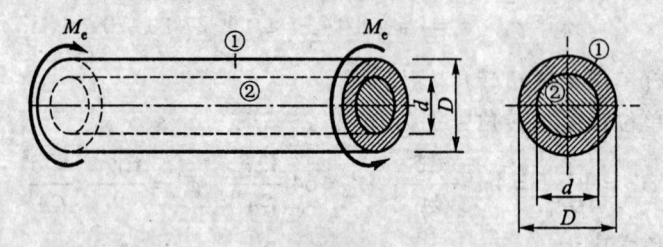

思考题 3-4 图

3-5 图示单元体，已知右侧面上有与 y 方向成 θ 角的切应力 τ。试根据切应力互等定理，画出其他面上的切应力。

3-6 一直径为 d 的等直圆杆，承受扭转外力偶矩 M_e，如图所示。现在杆表面与母线成 $45°$ 方向测得线应变为 ε，试证明材料的切变模量 G 与 M_e、d 和 ε 间的关系为

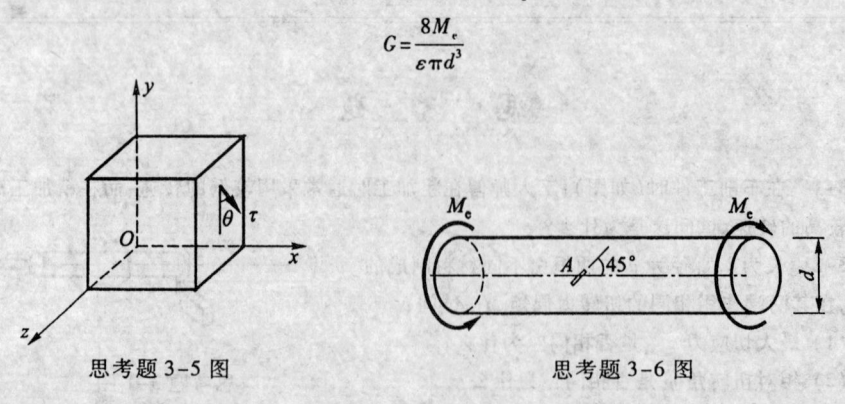

$$G = \frac{8M_e}{\varepsilon \pi d^3}$$

思考题 3-5 图

思考题 3-6 图

3-7 AB 和 CD 为材料及直径均分别相同的圆截面杆,其切变模量为 G,直径为 d。两杆均固结于刚性块 BC 上,A 端固定,在截面 D 上作用外力偶矩 M_e,如图所示。试利用外力偶矩所作的功,在数值上等于储存在杆内的应变能这一关系,求截面 D 的扭转角 φ_D。

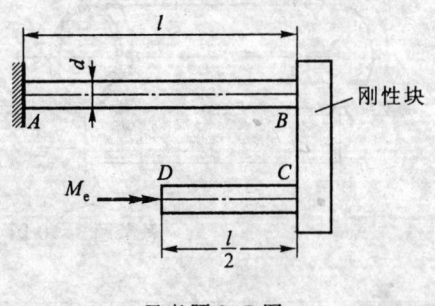

思考题 3-7 图

3-8 同一圆杆在图 a、b、c 三种不同加载情况下,在线弹性范围内工作,且变形微小,试问:
(1) 图 c 受力情况下的应力是否等于图 a 和 b 情况下应力的叠加? 变形是否也如此?
(2) 图 c 受力情况下的应变能 V_ε 是否等于前两种情况下的应变能 $V_{\varepsilon a}$ 和 $V_{\varepsilon b}$ 的叠加? 为什么? 已知 $d=100$ mm,$M_1=5$ kN·m,$M_2=10$ kN·m。

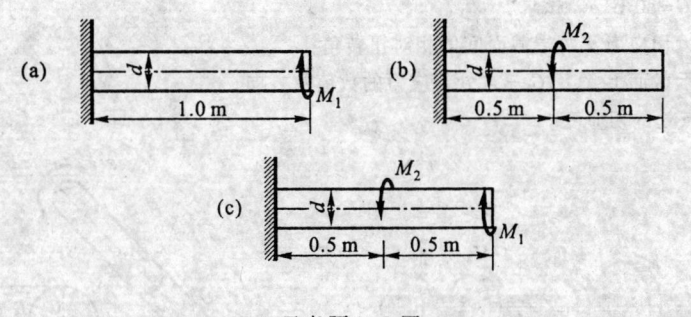

思考题 3-8 图

3-9 油泵阀门弹簧的平均直径 $D=20$ mm、簧丝直径 $d=2.5$ mm,有效圈数 $n=8$,承受轴向压力 $F=80$ N,如图所示。已知弹簧材料的切变模量 $G=80$ GPa。试求:
(1) 簧丝的最大切应力及弹簧的变形;
(2) 若将簧丝截面改为正方形,而要求簧丝内的最大切应力保持不变,则方形截面的边长以及两弹簧的重量比和变形之比。

3-10 一长度为 l、平均半径为 r 的薄壁圆管,其横截面的上半圆周壁厚为 δ_1、下半圆周壁厚为 δ_2,在两端承受扭转外力偶矩 M_e,如图所示。材料的切变模量为 G。试求横截面上的最大切应力和圆管的最大相对扭转角。(提示:不考虑壁厚变化处应力集中的影响。)

思考题 3-9 图

思考题 3-10 图

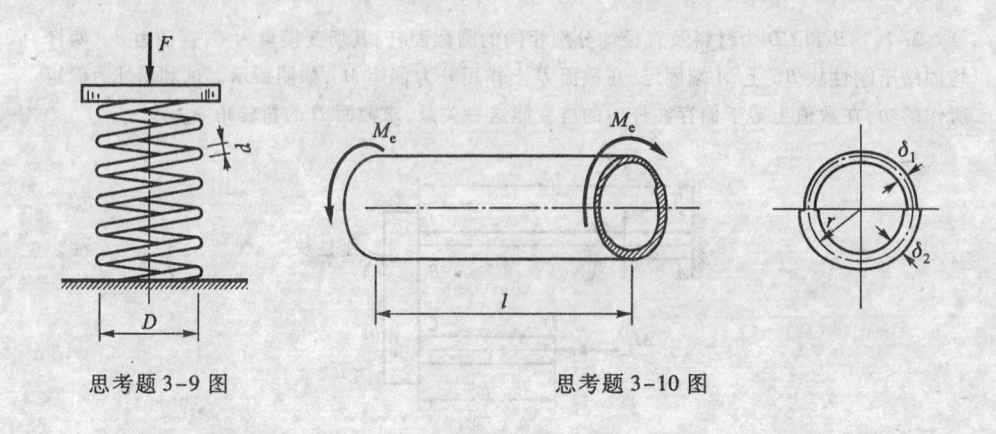

习　题

3-1　一传动轴作匀速转动,转速 $n=200$ r/min,轴上装有五个轮子,主动轮 Ⅱ 输入的功率为 60 kW,从动轮 Ⅰ、Ⅲ、Ⅳ、Ⅴ 依次输出 18 kW、12 kW、22 kW 和 8 kW。试作轴的扭矩图。

3-2　实心圆轴的直径 $d=100$ mm,长 $l=1$ m,其两端所受外力偶矩 $M_e=14$ kN·m,材料的切变模量 $G=80$ GPa。试求:
(1) 最大切应力及两端截面间的相对扭转角;
(2) 图示截面上 A、B、C 三点处切应力的数值及方向;
(3) C 点处的切应变。

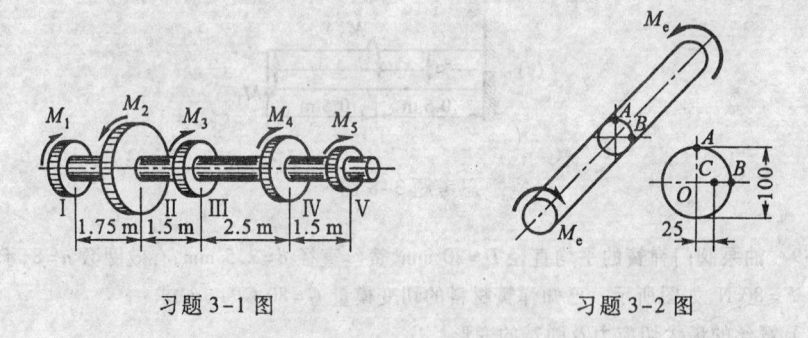

习题 3-1 图

习题 3-2 图

3-3　空心钢轴的外径 $D=100$ mm,内径 $d=50$ mm。已知间距为 $l=2.7$ m 的两横截面的相对扭转角 $\varphi=1.8°$,材料的切变模量 $G=80$ GPa。试求:
(1) 轴内的最大切应力;
(2) 当轴以 $n=80$ r/min 的速度旋转时,轴所传递的功率。

3-4　某小型水电站的水轮机容量为 50 kW,转速为 300 r/min,钢轴直径为 75 mm,若在正常运转下且只考虑扭矩作用,其许用切应力 $[\tau]=20$ MPa。试校核该轴的强度。

3-5　图示绞车由两人同时操作,每人在手柄上沿旋转的切向作用力 F 均为 0.2 kN,已知轴材料的许用切应力$[\tau]$=40 MPa。试求：

(1) AB 轴所需的直径；

(2) 绞车所能吊起的最大重量。

3-6 已知钻探机钻杆(如图)的外直径 D=60 mm，内直径 d=50 mm，功率 P=7.355 kW，转速 n=180 r/min，钻杆入土深度 l=40 m，钻杆材料的切变模量 G=80 GPa，许用切应力$[\tau]$=40 MPa。假设土壤对钻杆的阻力是沿长度均匀分布的，试求：

(1) 单位长度上土壤对钻杆的阻力矩集度 m；

(2) 作钻杆的扭矩图，并进行强度校核；

(3) 两端截面的相对扭转角。

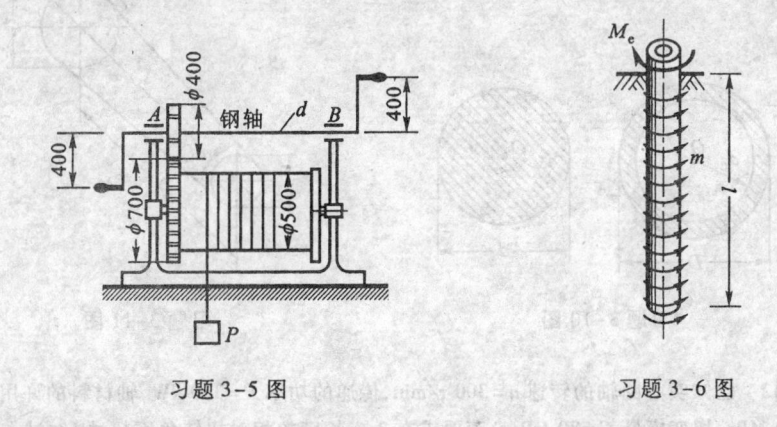

习题 3-5 图   习题 3-6 图

3-7 图示一等直圆杆，已知 d=40 mm, a=400 mm, G=80 GPa, φ_{DB}=1°。试求：

(1) 最大切应力；

(2) 截面 A 相对于截面 C 的扭转角。

3-8 直径 d=50 mm 的等直圆杆，在自由端截面上承受外力偶矩 M_e=6 kN·m，而在圆杆表面上的 A 点将移动到 A_1 点，如图所示。已知 $\Delta s = \widehat{AA_1}$=3 mm，圆杆材料的弹性模量 E=210 GPa。试求泊松比 ν。(提示：各向同性体材料的三个弹性常数 E、G、ν 间存在如下关系：$G = \dfrac{E}{2(1+\nu)}$。)

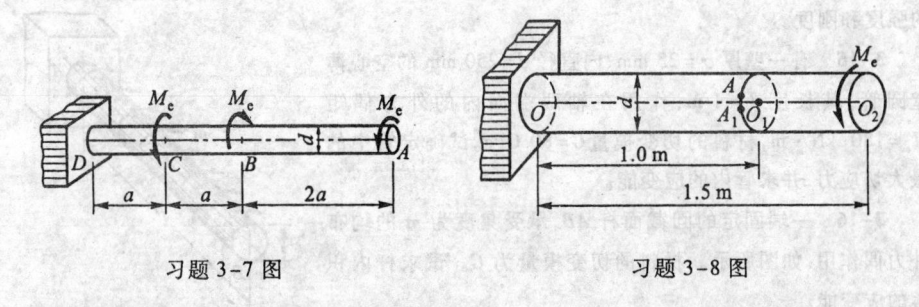

习题 3-7 图   习题 3-8 图

3-9 直径 d=25 mm 的钢圆杆，受轴向拉力 60 kN 作用时，在标距为 200 mm 的长度内伸长了 0.113 mm。当其承受一对扭转外力偶矩 $M_e = 0.2$ kN·m 时，在标距为 200 mm 的长度内相对扭转了 $0.732°$ 的角度。试求钢材的弹性常数 E、G 和 ν。

3-10 长度相等的两根受扭圆轴，一为空心圆轴，一为实心圆轴，两者的材料和所受的外力偶矩均相同。实心轴直径为 d；空心轴外直径为 D，内直径为 d_0，且 $\dfrac{d_0}{D} = 0.8$。试求当空心轴与实心轴的最大切应力均达到材料的许用切应力（$\tau_{max} = [\tau]$）时的重量比和刚度比。

3-11 全长为 l，两端面直径分别为 d_1、d_2 的圆锥形杆，在两端各承受一外力偶矩 M_e，如图所示。试求杆两端面间的相对扭转角。

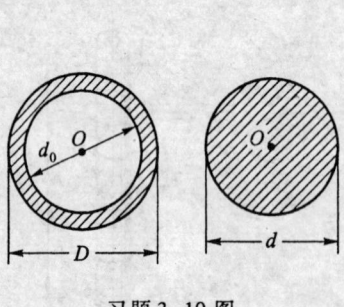

习题 3-10 图 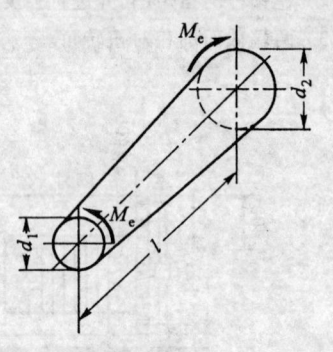 习题 3-11 图

3-12 已知实心圆轴的转速 $n = 300$ r/min，传递的功率 $P = 330$ kW，轴材料的许用切应力 $[\tau] = 60$ MPa，切变模量 $G = 80$ GPa。若要求在 2 m 长度的相对扭转角不超过 $1°$，试求该轴所需的直径。

3-13 习题 3-1 中所示的轴，材料为钢，其许用切应力 $[\tau] = 20$ MPa，切变模量 $G = 80$ GPa，许可单位长度扭转角 $[\varphi'] = 0.25$ $(°)/$m。试按强度及刚度条件选择圆轴的直径。

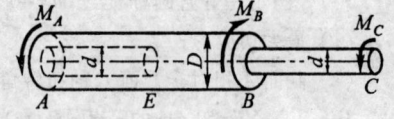

习题 3-14 图

3-14 阶梯形圆杆，AE 段为空心，外直径 $D = 140$ mm，内直径 $d = 100$ mm；BC 段为实心，直径 $d = 100$ mm。外力偶矩 $M_A = 18$ kN·m，$M_B = 32$ kN·m，$M_C = 14$ kN·m。已知：$[\tau] = 80$ MPa，$[\varphi'] = 1.2(°)/$m，$G = 80$ GPa。试校核该轴的强度和刚度。

3-15 有一壁厚 $\sigma = 25$ mm、内直径 $d = 250$ mm 的空心薄壁圆管，其长度 $l = 1$ m，作用在轴两端面内的外力偶矩 $M_e = 180$ kN·m，材料的切变模量 $G = 80$ GPa。试确定管中的最大切应力，并求管内的应变能。

3-16 一端固定的圆截面杆 AB，承受集度为 m 的均布外力偶作用，如图所示。材料的切变模量为 G。试求杆内积蓄的应变能。

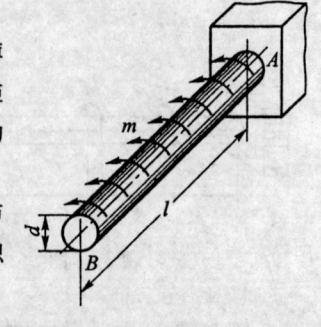

习题 3-16 图

3-17 簧杆直径 $d = 18$ mm 的圆柱形密圈螺旋弹簧，受

拉力 $F = 0.5$ kN 作用,弹簧的平均直径为 $D = 125$ mm,材料的切变模量 $G = 80$ GPa。试求:
(1) 簧杆内的最大切应力;
(2) 为使其伸长量等于 6 mm 所需的弹簧有效圈数。

3-18 一圆锥形密圈螺旋弹簧承受轴向拉力 F 如图,簧丝直径 $d = 10$ mm,上端面平均半径 $R_1 = 50$ mm,下端面平均半径 $R_2 = 100$ mm,材料的许用切应力 $[\tau] = 500$ MPa,切变模量为 G,弹簧的有效圈数为 n。试求:
(1) 弹簧的许可拉力;
(2) 证明弹簧的伸长 $\Delta = \dfrac{16Fn}{Gd^4}(R_1 + R_2)(R_1^2 + R_2^2)$。

3-19 图示矩形截面钢杆承受一对外力偶矩 $M_e = 3$ kN·m。已知材料的切变模量 $G = 80$ GPa。试求:
(1) 杆内最大切应力的大小、位置和方向;
(2) 横截面短边中点处的切应力;
(3) 杆的单位长度扭转角。

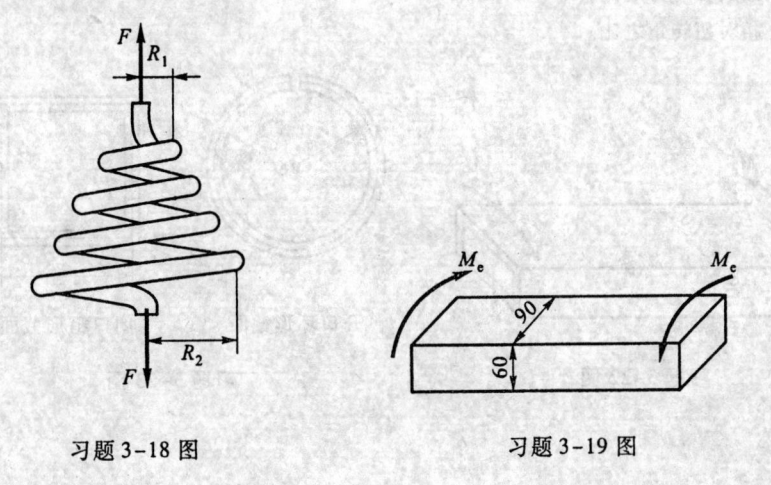

习题 3-18 图　　　　习题 3-19 图

3-20 一长度为 l、边长为 a 的正方形截面轴,承受扭转外力偶矩 M_e,如图所示。材料的切变模量为 G。试求:
(1) 轴内最大正应力的作用点、截面方位及数值。
(2) 轴的最大相对扭转角。

3-21 图示 T 形薄壁截面杆的长度 $l = 2$ m,在两端受扭转力偶矩作用,材料的切变模量 $G = 80$ GPa,杆的横截面上的扭矩为 $T = 0.2$ kN·m。试求杆在纯扭转时的最大切应力及单位长度扭转角。

3-22 图示为一闭口薄壁截面杆的横截面,杆在两端承受一对外力偶矩 M_e。材料的许用切应力 $[\tau] = 60$ MPa。试求:
(1) 按强度条件确定其许可扭转力偶矩 $[M_e]$;
(2) 若在杆上沿母线切开一条缝,则其许可扭转力偶矩 $[M_e]$ 将减至多少?

习题 3-20 图

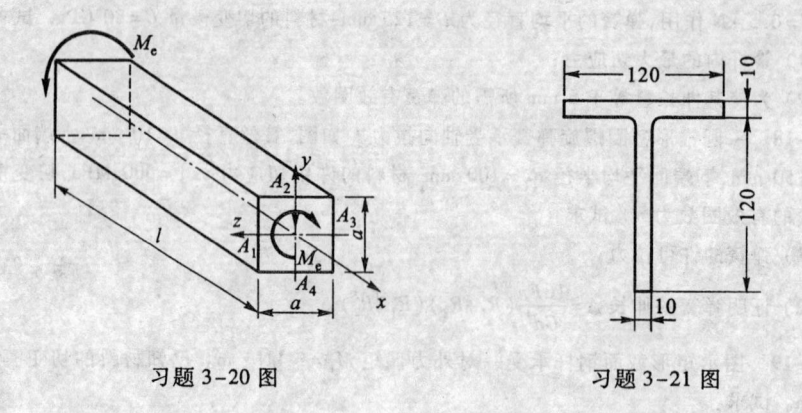

习题 3-21 图

3-23 图示为薄壁杆的两种不同形状的横截面,其壁厚及管壁中线的周长均相同,两杆的长度和材料也相同。当在两端承受相同的一对扭转外力偶矩时,试求:
(1) 最大切应力之比;
(2) 相对扭转角之比。

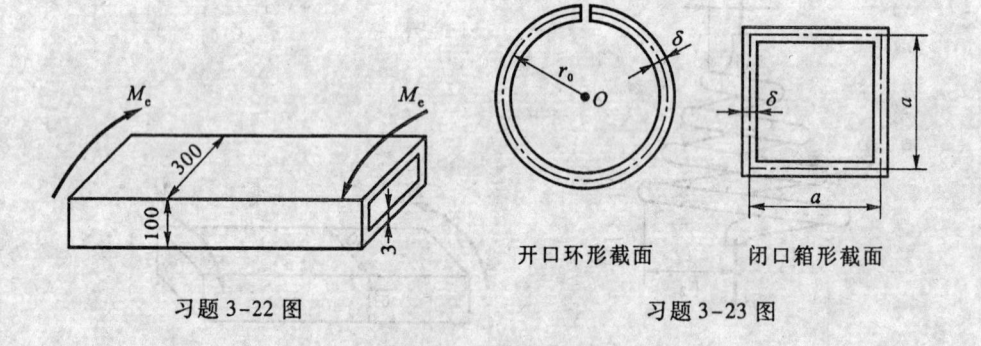

习题 3-22 图

习题 3-23 图

开口环形截面   闭口箱形截面

第四章 弯曲应力

§4-1 对称弯曲的概念及梁的计算简图

I. 弯曲的概念

等直杆在包含其轴线的纵向平面内,承受垂直于杆轴线的横向外力或外力偶的作用时,杆的轴线将变成曲线,这种变形称为**弯曲**。凡是以弯曲为主要变形的杆件,通称为梁。梁是一类常用的构件,几乎在各类工程中都占有重要地位。

工程中常见的梁,如图4-1a、b、c中的梁AB,其横截面都具有对称轴。若梁上所有的横向力或(及)力偶均作用在包含该对称轴的纵向平面(称为纵对称面)内,由于梁的几何、物性和外力均对称于梁的纵对称面,则梁变形后的轴线必定是在该纵对称面内的平面曲线(图4-2),这种弯曲称为对称弯曲。若梁不具有纵对称面,或者,梁虽具有纵对称面但横向力或力偶不作用在纵对称面内,

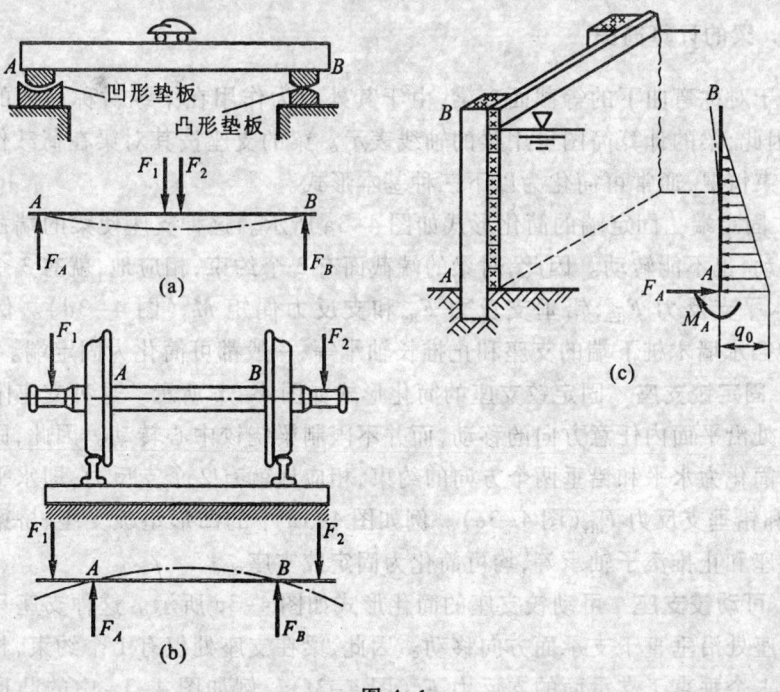

图 4-1

这种弯曲则统称为**非对称弯曲**。对称弯曲是弯曲问题中最简单和最常见的情况,本书就讨论梁在对称弯曲时的应力和变形计算。关于非对称弯曲问题,将在《材料力学(Ⅱ)》的第一章中介绍。

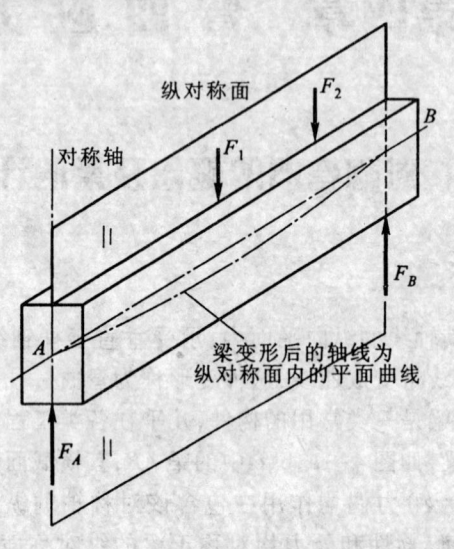

图 4-2

Ⅱ. 梁的计算简图

处于对称弯曲下的等截面直梁,由于其外力为作用在梁纵对称面内的平面力系,因此,梁的计算简图可用梁的轴线表示。梁的支座按其对梁在荷载作用平面的约束情况,通常可简化为以下三种基本形式。

1. 固定端 固定端的简化形式如图 4-3a 所示。这种支座使梁的端截面既不能移动,也不能转动。因此,对梁的端截面有 3 个约束,相应地,就有 3 个支反力,即水平支反力 F_{Rx},铅垂支反力 F_{Ry} 和支反力偶矩 M_R(图 4-3d)。例如图 4-1c 中挡水墙木桩下端的支座和止推长轴承等,一般都可简化为固定端。

2. 固定铰支座 固定铰支座的简化形式如图 4-3b 所示。这种支座限制梁在支座处沿平面内任意方向的移动,而并不限制梁绕铰中心转动。因此,固定铰支座可简化为水平和铅垂两个方向的约束,相应地就有 2 个支反力,即水平支反力 F_{Rx} 和铅垂支反力 F_{Ry}(图 4-3e)。例如图 4-1a 中的凹形垫板支座、桥梁下的固定支座和止推滚子轴承等,均可简化为固定铰支座。

3. 可动铰支座 可动铰支座的简化形式如图 4-3c 所示。这种支座只限制梁在支座处沿垂直于支承面方向移动。因此,梁在支座处仅有 1 个约束,相应地也只有 1 个垂直于支承面的支反力 F_R(图 4-3f)。例如图 4-1a 中的凸形垫板支座、桥梁下的辊轴支座和滚珠轴承等,均可简化为可动铰支座。

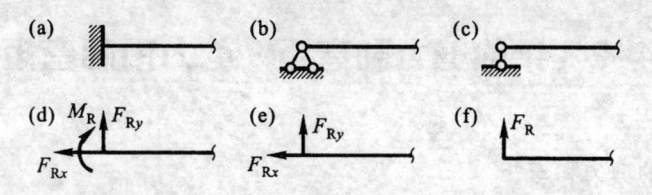

图 4-3

梁的实际支座通常可简化为上述三种基本形式。但是,支座的简化往往与对计算的精度要求,或与所有支座对整个梁的约束情况有关。例如,图 4-4a 所示插入砖墙内的过梁,由于插入端较短,因而梁端在墙内有微小转动的可能;此外当梁有水平移动趋势时,其一端将与砖墙接触而限制了梁的水平移动。因此,两个支座可分别简化为固定铰支座和可动铰支座(图 4-4b)。图 4-1b 中车辆轴的支座也具有类似的情况。

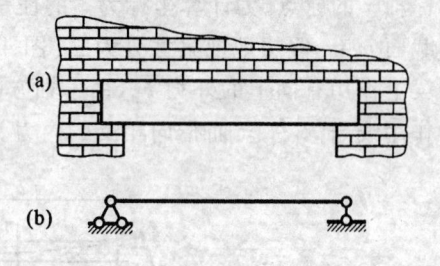

从以上的分析可知,如果梁具有 1 个固定端,或具有 1 个固定铰支座和 1 个可

图 4-4

动铰支座,则其 3 个支反力可由平面力系的 3 个独立的平衡方程求出。这种梁称为**静定梁**。图 4-5a、b、c 所示为工程上常见的三种基本形式的静定梁,分别称为**简支梁**、**外伸梁**和**悬臂梁**。图 4-1a、b、c 所示梁即为这三种梁的实例。有时为了工程上的需要,对梁设置较多的支座(图 4-5d、e),因而梁的支反力数目多于独立的平衡方程的数目,此时仅用平衡方程就无法确定其所有的支反力,这种梁称为**超静定梁**。关于超静定梁的解法将在第六章中介绍。

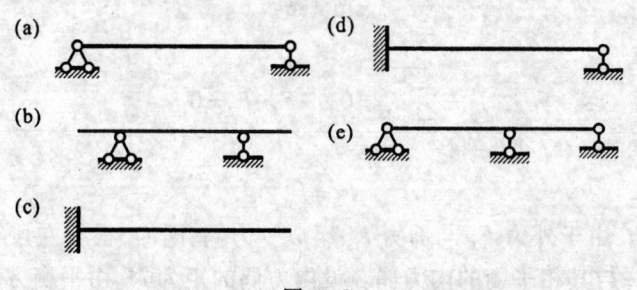

图 4-5

梁在两支座间的部分称为**跨**,其长度则称为梁的**跨长**。常见的静定梁大多

是单跨的。

§4-2 梁的剪力和弯矩·剪力图和弯矩图

Ⅰ. 梁的剪力和弯矩

为计算梁的应力和位移,应先确定梁在外力作用下任一横截面上的内力。当作用在梁上的全部外力(包括荷载和支反力)均为已知时,用截面法即可求出其内力。

设简支梁承受集中力 F(图4-6a),已求得支反力为 F_A 和 F_B。取 A 点为坐标轴 x 的原点,为计算坐标为 x 的任一横截面 $m-m$ 上的内力,应用截面法沿横截面 $m-m$ 假想地把梁截分为二(图4-6b、c)。分析梁的左段(图4-6b),该段梁上作用有向上的外力 F_A,由 y 轴方向力的平衡条件,则横截面 $m-m$ 上必有一作用线与 F_A 平行而指向相反的内力。设内力为 F_S,由平衡方程

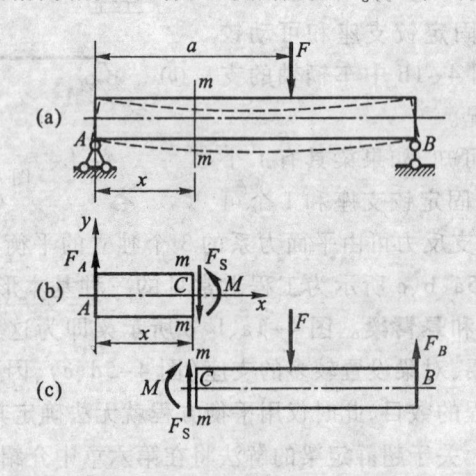

图 4-6

$$\sum F_y = 0, \quad F_A - F_S = 0$$

可得

$$F_S = F_A \tag{a}$$

F_S 称为**剪力**。由于外力 F_A 与剪力 F_S 组成一力偶,因而,根据左段梁的平衡,横截面上必有一与其相平衡的内力偶。设内力偶的矩为 M,由平衡方程

$$\sum M_C = 0, \quad M - F_A x = 0$$

可得

$$M = F_A x \qquad\qquad (b)$$

矩心 C 为横截面 m–m 的形心。内力偶矩 M 称为**弯矩**。

左段梁横截面 m–m 上的剪力和弯矩，实际上是右段梁对左段梁的作用。根据作用与反作用原理，右段梁在同一横截面 m–m 上必有数值上分别与式（a）、（b）相等，而指向和转向相反的剪力和弯矩（图 4–6c）。

为使左、右两段梁上算得的同一横截面 m–m 上的剪力和弯矩在正负号上也相同，联系变形情况对剪力、弯矩的正负号加以规定。为此，在横截面 m–m 处截取长为 dx 的微段（图 4–7），通常规定：dx 微段有左端向上而右端向下的相对错动时（图 4–7a），横截面 m–m 上的剪力 F_S 为正，反之（图 4–7b）为负；当 dx 微段的弯曲为向下凸，即该段的下半部纵向受拉时（图 4–7c），横截面上的弯矩为正，反之（图 4–7d）为负。图 4–6b 或 c 中所示的横截面 m–m 上的剪力和弯矩应均为正号。

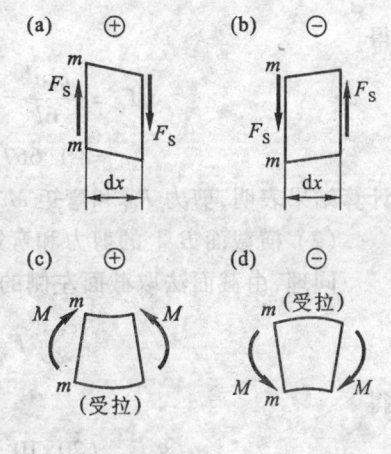

图 4–7

例题 4–1　图 4–1c 中挡水墙木桩的计算简图为一受线性分布荷载作用的悬臂梁，如图 a 所示。已知最大荷载集度 $q_0 = 20$ kN/m，梁长 $l = 2$ m，$a = 1$ m。试求 C、B 两点处横截面上的剪力和弯矩。

解：当求悬臂梁横截面上的内力时，若取包含自由端的截面一侧的梁段来计算，则不必求出支反力。

（1）横截面 C 上的剪力和弯矩

应用截面法，并取截面左侧的梁段（图 b）。左段梁上分布荷载的合力为 $\dfrac{q_0 a^2}{2l}$。假定截面 C 的剪力 F_{SC} 和弯矩 M_C 均为正。由左段梁的平衡方程

$$\sum F_y = 0, \quad -F_{SC} - \frac{q_0 a^2}{2l} = 0$$

得

$$F_{SC} = -\frac{q_0 a^2}{2l}$$

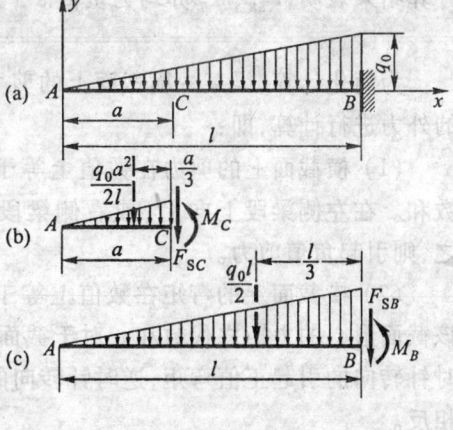

例题 4–1 图

$$= \frac{(20\times 10^3 \text{ N/m})\times (1 \text{ m})^2}{2\times 2 \text{ m}} = -5\times 10^3 \text{ N} = -5 \text{ kN} \tag{1}$$

$$\sum M_C = 0, \quad M_C + \frac{q_0 a^2}{2l}\times \frac{a}{3} = 0$$

得

$$M_C = -\frac{q_0 a^3}{6l} = -\frac{(20\times 10^3 \text{ N/m})\times (1 \text{ m})^3}{6\times 2 \text{ m}}$$

$$= -1.667\times 10^3 \text{ N}\cdot\text{m} = -1.667 \text{ kN}\cdot\text{m} \tag{2}$$

计算结果表明，剪力 F_{SC} 和弯矩 M_C 均为负值，即其指向和转向与图中相反。

(2) 横截面 B 上的剪力和弯矩

同理，由截面法取截面左侧的梁段(图 c)。由平衡方程

$$\sum F_y = 0, \quad -F_{SB} - \frac{q_0 l}{2} = 0$$

得

$$F_{SB} = -\frac{q_0 l}{2} = -\frac{(20\times 10^3 \text{ N/m})\times 2 \text{ m}}{2} = -20\times 10^3 \text{ N} = -20 \text{ kN} \tag{3}$$

$$\sum M_B = 0, \quad M_B + \frac{q_0 l}{2}\times \frac{l}{3} = 0$$

得

$$M_B = -\frac{q_0 l^2}{6} = -\frac{(20\times 10^3 \text{ N/m})\times (2 \text{ m})^2}{6}$$

$$= -13.33\times 10^3 \text{ N}\cdot\text{m} = -13.33 \text{ kN}\cdot\text{m} \tag{4}$$

计算结果表明，F_{SB}、M_B 亦均为负值。

为简化计算，梁某一横截面上的剪力和弯矩可直接从横截面任意一侧梁上的外力进行计算，即：

(1) 横截面上的剪力在数值上等于截面左侧(或右侧)梁段上横向力的代数和。在左侧梁段上向上(或右侧梁段上向下)的横向力将引起正值剪力，反之，则引起负值剪力。

(2) 横截面上的弯矩在数值上等于截面的左侧(或右侧)梁段上的外力对该截面形心的力矩之代数和。对于截面左侧梁段，外力对截面形心的力矩为顺时针转向的引起正值弯矩，逆时针转向的引起负值弯矩；而截面右侧梁段则与其相反。

Ⅱ．剪力方程和弯矩方程·剪力图和弯矩图

在一般情况下，梁横截面上的剪力和弯矩是随横截面的位置而变化的。设

横截面沿梁轴线的位置用坐标 x 表示,则梁各横截面上的剪力和弯矩可表示为坐标 x 的函数,即

$$F_S = F_S(x) \quad \text{和} \quad M = M(x)$$

以上两式表示沿梁轴线各横截面上剪力和弯矩的变化规律,分别称为梁的**剪力方程**和**弯矩方程**。

以横截面上的剪力或弯矩为纵坐标,以截面沿梁轴线的位置为横坐标,根据剪力方程或弯矩方程绘出 $F_S(x)$ 或 $M(x)$ 的图线,表示沿梁轴线各横截面上剪力或弯矩的变化情况,分别称为梁的**剪力图**或**弯矩图**。绘图时将正值的剪力画在 x 轴的上侧;至于正值的弯矩则画在梁的受拉侧,也就是画在 x 轴的下侧。

应用剪力图和弯矩图可以确定梁的剪力和弯矩的最大值,及其所在截面的位置。此外,在计算梁的位移时,也需利用弯矩方程或弯矩图。

例题 4-2 图 a 所示的简支梁,在全梁上受集度为 q 的均布荷载作用。试作梁的剪力图和弯矩图。

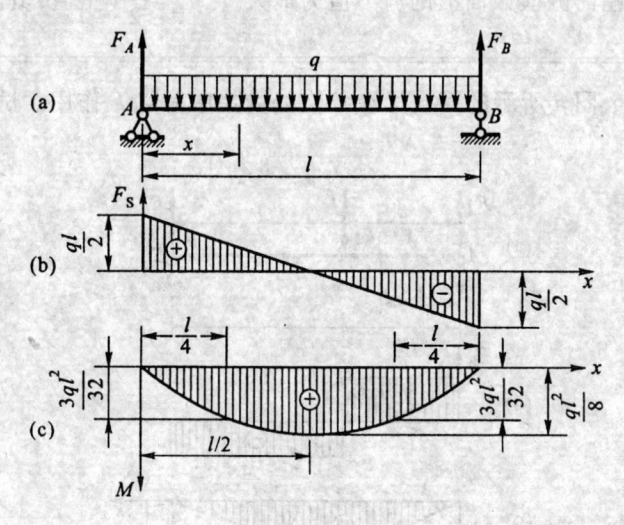

例题 4-2 图

解:(1) 计算支反力

由于荷载及支反力均对称于梁跨的中点,因此,两支反力(图 a)相等,由平衡方程 $\Sigma F_y = 0$,得

$$F_A = F_B = \frac{ql}{2}$$

(2) 列剪力、弯矩方程

取距左端(坐标原点)为 x 的任意横截面(图 a),则梁的剪力和弯矩方程为

$$F_S(x) = F_A - qx = \frac{ql}{2} - qx \qquad (0 < x < l)① \qquad (1)$$

$$M(x) = F_A x - qx \times \frac{x}{2} = \frac{qlx}{2} - \frac{qx^2}{2} \qquad (0 \leq x \leq l) \qquad (2)$$

(3) 作剪力、弯矩图

由式(1)可知,剪力图为在 $0 < x < l$ 范围内的斜直线,只需确定线上两点,例如,$x = 0$ 处 $F_S = \frac{ql}{2}$,$x = l$ 处 $F_S = -\frac{ql}{2}$,即可绘出其剪力图(图 b)。由式(2)可知,弯矩图为在 $0 \leq x \leq l$ 范围内的二次抛物线。因此,至少需确定其上的三个点,例如 $x = 0$ 处 $M = 0$,由 $\frac{\mathrm{d}M(x)}{\mathrm{d}x} = 0$,$x = \frac{l}{2}$ 处 $M = \frac{ql^2}{8}$,$x = l$ 处 $M = 0$,才能绘出其弯矩图 (图 c)。

由图可见,梁在梁跨中点横截面上的弯矩值为最大,$M_{\max} = \frac{ql^2}{8}$,该截面上 $F_S = 0$;而两支座内侧横截面上的剪力值为最大,$F_{S,\max} = \frac{ql}{2}$(正值,负值)。

例题 4-3 图 a 所示的简支梁在 C 点处受集中荷载 F 作用。试作梁的剪力图和弯矩图。

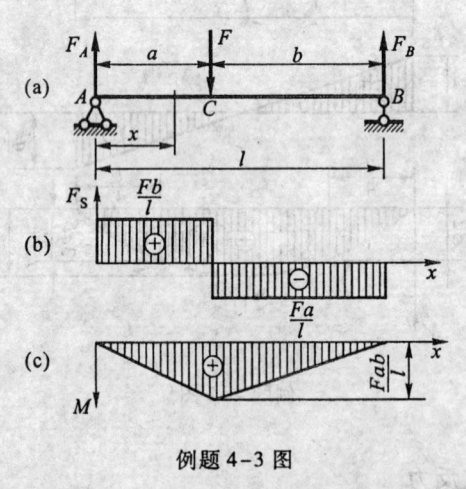

例题 4-3 图

解:(1) 计算支反力

由平衡方程 $\sum M_B = 0$ 和 $\sum M_A = 0$ 分别算得支反力(图 a)为

---

① 这里的 $x = 0$ 或 l 实际上指的是 x 略大于 0 或略小于 l 处的横截面,因为在 $x = 0$ 或 l 截面处,F_S 为不定值,其值与实际约束情况有关。以后类似的情况也应作相同的理解。

$$F_A = \frac{Fb}{l}, \qquad F_B = \frac{Fa}{l}$$

(2) 列剪力、弯矩方程

由于梁在 C 点处有集中荷载 F 作用，显然，在集中荷载两侧的梁段，其剪力和弯矩方程均不相同，故需将梁分为 AC 和 CB 两段，分别写出其剪力和弯矩方程。

对于 AC 段梁，其剪力和弯矩方程分别为

$$F_S(x) = \frac{Fb}{l} \qquad (0 < x < a) \tag{1}$$

$$M(x) = \frac{Fb}{l} x \qquad (0 \leq x \leq a) \tag{2}$$

对于 BC 段梁，剪力和弯矩方程为

$$F_S(x) = \frac{Fb}{l} - F = -\frac{F(l-b)}{l} = -\frac{Fa}{l} \qquad (a < x < l) \tag{3}$$

$$M(x) = \frac{Fb}{l} x - F(x-a) = \frac{Fa}{l}(l-x) \qquad (a \leq x \leq l) \tag{4}$$

(3) 作剪力、弯矩图

由(1)、(3)两式可知，左、右两梁段的剪力图各为一条平行于 x 轴的直线。由(2)、(4)两式可知，左、右两梁段的弯矩图各为一条斜直线。根据这些方程绘出的剪力图和弯矩图分别如图 b、c 所示。

由图可见，在 $b > a$ 的情况下，AC 段梁任一横截面上的剪力值为最大，$F_{S,\max} = \frac{Fb}{l}$；而集中荷载作用处横截面上的弯矩值为最大，$M_{\max} = \frac{Fab}{l}$；在集中荷载作用处左、右两侧截面上的剪力值有突变。

例题 4-4 图 a 所示的简支梁在 C 点处受矩为 M_e 的集中力偶作用。试作梁的剪力图和弯矩图。

解：(1) 计算支反力

由平衡方程 $\sum M_B = 0$ 和 $\sum M_A = 0$，分别算得支反力（图 a）为

$$F_A = \frac{M_e}{l}, \qquad F_B = \frac{M_e}{l}$$

(2) 列剪力、弯矩方程

由于简支梁上仅有一力偶作用，故全梁只有一个剪力方程，而 AC 和 CB 两段梁的弯矩方程则不同。剪力和弯矩方程分别为

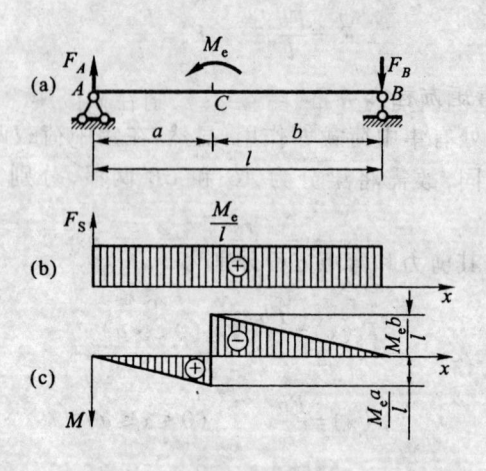

例题 4-4 图

$$F_S(x) = \frac{M_e}{l} \qquad (0<x<l) \qquad (1)$$

AC 段： $$M(x) = \frac{M_e}{l}x \qquad (0 \leqslant x<a) \qquad (2)$$

CB 段： $$M(x) = \frac{M_e}{l}x - M_e = -\frac{M_e}{l}(l-x) \qquad (a<x \leqslant l) \qquad (3)$$

(3) 作剪力、弯矩图

由式(1)可知，整个梁的剪力图是一平行于 x 轴的直线。由(2)、(3)两式可知，左、右两梁段的弯矩图各为一斜直线。根据各方程的适用范围，就可分别绘出梁的剪力图和弯矩图(图 b、c)。由图可见，在集中力偶作用处左、右两侧截面上的弯矩值有突变。若 $b>a$，则最大弯矩发生在集中力偶作用处的右侧横截面上，$M_{max} = \frac{M_e b}{l}$(负值)。

由以上各例所求得的剪力图和弯矩图，可归纳如下规律：

(1) 在集中力或集中力偶作用处，梁的弯矩方程应分段列出。推广而言，在梁上外力不连续处(即在集中力、集中力偶作用处和分布荷载开始或结束处)，梁的弯矩方程和弯矩图应该分段。对于剪力方程和剪力图，除去集中力偶作用处以外，也应分段列出或绘制。

(2) 在梁上集中力作用处，剪力图有突变，其左、右两侧横截面上剪力的代数差，即等于集中力值。而在弯矩图上的相应处则形成一个尖角。与此相仿，梁上受集中力偶作用处，弯矩图有突变，其左、右两侧横截面上弯矩的代数差，即等于集中力偶值。但在剪力图上的相应处并无变化。实际上,集中力是作用在很短的一段梁 Δx 上分布力的简化,若将分布力视为 Δx 范围内均匀分布(图4-8a),则在该段梁上的剪力图将按直线规律连续变化(图4-8b)。同理,集中力偶也是简化的结果,若按其实际分布情况,绘出的弯矩图也是连续变化的。

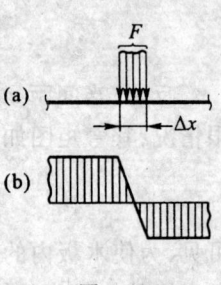

(3) 全梁的最大剪力和最大弯矩可能发生在全梁或各段梁的边界截面,或极值点的截面处。

图 4-8

例题 4-5 长度为 l 的书架横梁由一块对称地放置在两个支架上的木板构成,如图 a 所示。设书的重量可视为均布荷载 q,为使木板内的最大弯矩为最小,试求两支架的间距 a。

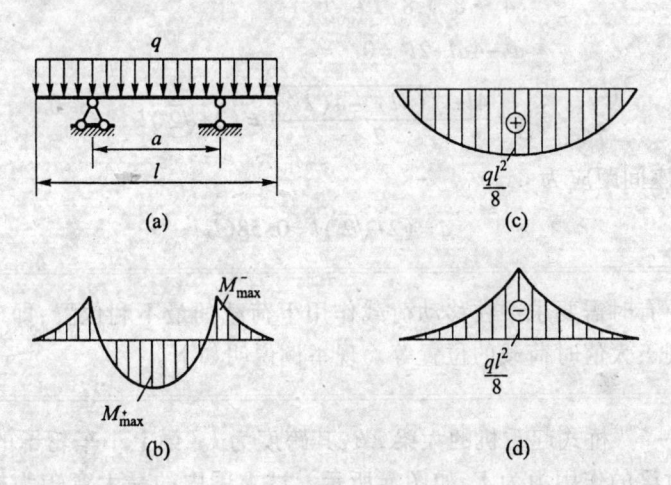

例题 4-5 图

解:(1) 最大弯矩为最小的条件

设两支座的间距为 a,则木板的弯矩图如图 b 所示。木板内的最大正弯矩和最大负弯矩分别为

$$M^+_{max} = \frac{ql}{2} \times \frac{a}{2} - \frac{ql^2}{8} \tag{1}$$

$$M^-_{max} = -\frac{q}{2}\left(\frac{l-a}{2}\right)^2 \tag{2}$$

当间距 a 逐渐增大,则 M^+_{max} 随之增大,而 M^-_{max} 随之减小。在 $a \to l$ 的极限情况,其弯矩图如图 c,即

$$M^+_{max} \to \frac{ql^2}{8}; \quad M^-_{max} \to 0$$

反之,当间距 a 逐渐减小,则 M^+_{max} 随之减小,而 M^-_{max} 随之增大。在 $a \to 0$ 的极限情况,其弯矩图如图 d,即

$$M^+_{max} \to 0; \quad M^-_{max} \to -\frac{ql^2}{8}$$

可见,为使木板内的最大弯矩为最小,应有式(1)的最大正弯矩与式(2)的最大负弯矩的绝对值相等,即

$$M^+_{max} = |M^-_{max}| \tag{3}$$

(2) 最大弯矩为最小时的间距

由式(3)得

$$\frac{qla}{4} - \frac{ql^2}{8} = \frac{q}{8}(l-a)^2$$

$$a^2 - 4al + 2l^2 = 0$$

$$a = \frac{4l \pm \sqrt{(4l)^2 - 4(2l^2)}}{2} = (2 \pm \sqrt{2})l$$

所以,两支座间距应为

$$a = (2 - \sqrt{2})l = 0.586l$$

工程中有时需要求梁在移动荷载作用下荷载的最不利位置,即确定梁内最大弯矩达到极大值时荷载的位置等。现举例说明如下。

例题 4-6 桥式起重机的大梁 AB,其跨度为 l。梁上小车轮子的轮距为 d,每一轮子对梁的作用力为 F,如图 a 所示。试求梁内的最大弯矩为极大时小车的位置,以及该极大弯矩值。

解:当简支梁承受两个集中力时,梁的弯矩图将由三段直线组成(图 b),因此,最大弯矩必发生在集中力作用处的截面。由于两轮的作用力相等,故两轮处截面内可能产生的最大弯矩的极大值相同,其位置将对称于梁的跨度中点。假设左轮 C 的最大弯矩达到极大值。

(1) 左轮 C 最大弯矩为极大时的位置

左轮 C 距左端 A 为任一距离 x 时,由平衡方程 $\sum M_B = 0$,可得左支座反力 F_A 为

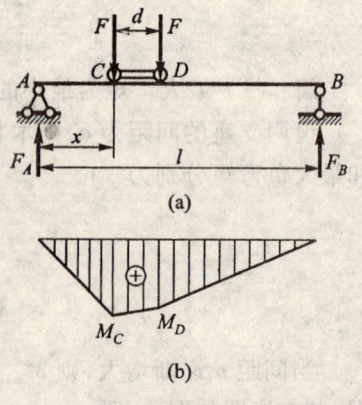

例题 4-6 图

$$F_A = \frac{F(l-x)+F(l-x-d)}{l} = \frac{F(2l-2x-d)}{l}$$

左轮 C 处截面上的弯矩 M_C 为

$$M_C = F_A x = \frac{F(2l-2x-d)}{l} x$$

由 $\dfrac{dM_C}{dx}=0$,得 M_C 为极大值时轮 C 的位置为

$$x = \frac{l}{2} - \frac{d}{4}$$

(2) 梁内最大弯矩的极大值

$$(M_C)_{\max} = \frac{F(2l-d)}{l}\left(\frac{l}{2}-\frac{d}{4}\right) - \frac{2F}{l}\left(\frac{l}{2}-\frac{d}{4}\right)^2 = \frac{F}{8l}(2l-d)^2$$

Ⅲ. 弯矩、剪力与分布荷载集度间的微分关系及其应用

在例题 4-2 中,若将弯矩函数 $M(x)$ 对 x 求导数,即得剪力函数 $F_S(x)$;将剪力函数 $F_S(x)$ 对 x 求导数,则得均布荷载的集度 q[①]。事实上,这些关系在直梁中是普遍存在的。

设梁上作用有任意分布荷载(图4-9a),其集度

$$q = q(x)$$

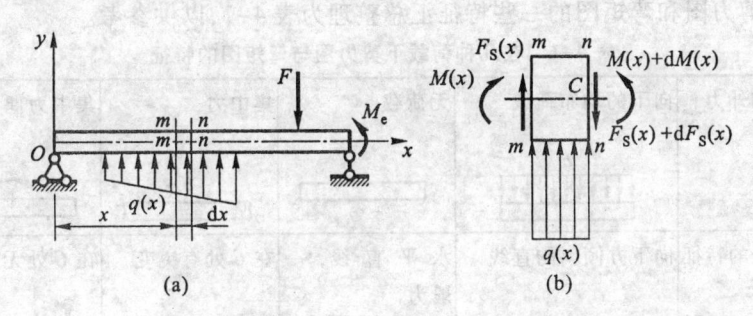

图 4-9

是 x 的连续函数,并规定以向上为正。取梁的左端为 x 轴的坐标原点。用坐标为 x 和 $x+dx$ 的两横截面截取长为 dx 的梁段(图 4-9b)。设坐标为 x 处横截面上的剪力和弯矩分别为 $F_S(x)$ 和 $M(x)$,该处的荷载集度为 $q(x)$,并均设为正值,则在坐标为 $x+dx$ 处横截面上的剪力和弯矩将分别为 $F_S(x)+dF_S(x)$ 和

---

① 在该例中所得结果为 $-q$,这是因为均布荷载是向下的。

$M(x)+\mathrm{d}M(x)$。梁段在以上所有外力作用下处于平衡。由于 $\mathrm{d}x$ 很小,可略去荷载集度沿 $\mathrm{d}x$ 长度的变化,于是,由梁段的平衡方程

$$\sum F_y = 0, \quad F_S(x) - [F_S(x) + \mathrm{d}F_S(x)] + q(x)\mathrm{d}x = 0$$

从而得到

$$\frac{\mathrm{d}F_S(x)}{\mathrm{d}x} = q(x) \tag{4-1}$$

以及

$$\sum M_C = 0, \quad [M(x) + \mathrm{d}M(x)] - M(x) - F_S(x)\mathrm{d}x - q(x)\mathrm{d}x \times \frac{\mathrm{d}x}{2} = 0$$

略去二阶微量,即得

$$\frac{\mathrm{d}M(x)}{\mathrm{d}x} = F_S(x) \tag{4-2}$$

从(4-1)和(4-2)两式又可得

$$\frac{\mathrm{d}^2 M(x)}{\mathrm{d}x^2} = q(x) \tag{4-3}$$

以上三式就是弯矩 $M(x)$、剪力 $F_S(x)$ 和荷载集度 $q(x)$ 三函数间的微分关系式。

式(4-1)和(4-2)的几何意义分别为:剪力图上某点处的切线斜率等于该点处荷载集度的大小;弯矩图上某点处的切线斜率等于该点处剪力的大小。

应用这些关系,以及有关剪力图和弯矩图的规律,可检验所作剪力图或弯矩图的正确性,或直接作梁的剪力图和弯矩图。现将有关弯矩、剪力与荷载间的关系以及剪力图和弯矩图的一些特征汇总整理为表4-1,以供参考。

表4-1 在几种荷载下剪力图与弯矩图的特征

梁段上的外力情况	向下的均布荷载	无荷载	集中力	集中力偶
剪力图上的特征	向下方倾斜的直线	水平直线,一般为	在 C 处有突变	在 C 处无变化
弯矩图上的特征	下凸的二次抛物线	一般为斜直线	在 C 处有尖角	在 C 处有突变
最大弯矩所在截面的可能位置	在 $F_S = 0$ 的截面		在剪力突变的截面	在紧靠 C 点的某一侧的截面
举例	例题4-2	例题4-3、4-4	例题4-3	例题4-4

下面举例说明上述各种关系的应用。

例题 4-7 一简支梁受集度为 $q = 100 \text{ kN/m}$ 的均布荷载作用如图 a 所示。试利用荷载集度、剪力和弯矩间的微分关系作梁的剪力图和弯矩图。

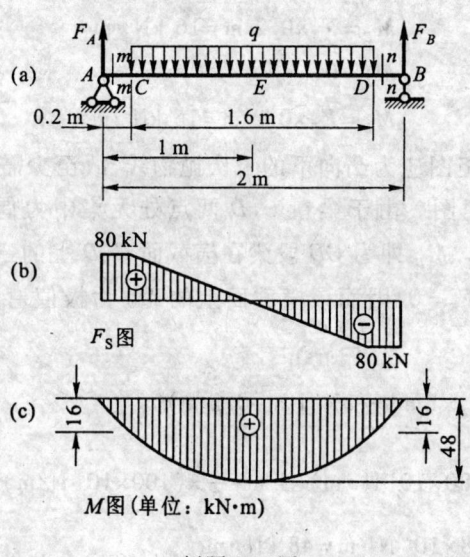

例题 4-7 图

解：(1) 求支反力

由荷载及支反力的对称性(图 a)及平衡方程 $\sum F_y = 0$，可得支反力 F_A、F_B 为

$$F_A = F_B = \frac{1}{2} \times (100 \times 10^3 \text{ N/m}) \times (1.6 \text{ m}) = 80 \times 10^3 \text{ N} = 80 \text{ kN}$$

(2) 作剪力图

支反力 F_A、F_B 及均布荷载将梁分为 AC、CD 和 DB 三段（图 a）。AC 和 DB 段上均无荷载，故两段梁上的剪力图为水平直线。在 CD 段上有向下的均布荷载，其剪力图为向右下方倾斜的直线。

对于剪力图为水平直线的 AC 和 DB 段梁，仅须计算每一段中任一横截面上的剪力。直接从外力计算剪力，可得横截面 m–m 和 n–n（图 a）上的剪力分别为

$$F_{S1} = F_A = 80 \text{ kN}$$

$$F_{S2} = -F_B = -80 \text{ kN}$$

由于梁上在点 C、D 处无集中力作用，剪力图无突变，故 CD 段梁在 C 和 D 两点处横截面上的剪力就分别等于 F_{S1} 和 F_{S2}。

根据以上的定性分析及算得的剪力，即可作出全梁的剪力图（图 b）。由图可见 $F_{S,\max} = 80 \text{ kN}$（正值，负值），分别发生在 AC 和 DB 段的任一横截面上。

(3) 作弯矩图

在 AC 和 DB 段内,弯矩图应为斜直线。为此,分别计算横截面 A、C、B、D 上的弯矩,直接从外力计算弯矩,得

$$M_A = 0$$
$$M_C = F_A \times 0.2 \text{ m} = 16 \text{ kN} \cdot \text{m}$$
$$M_B = 0$$
$$M_D = F_B \times 0.2 \text{ m} = 16 \text{ kN} \cdot \text{m}$$

在 CB 段内,弯矩图应为凸向下的二次抛物线,故至少需定出三个点才能粗略地绘出该段的弯矩图。由于梁在 C、D 两点处无集中力偶作用,弯矩图无突变,故上面算得的 M_C、M_D 即为 CD 段梁在横截面 C、D 上的弯矩。由于在中点 E 处横截面上的剪力 $F_S = 0$,因而该横截面上的 M_E 为极值弯矩。直接从外力计算得

$$M_E = F_A \times 1 \text{ m} - \frac{1}{2}q \times (1 \text{ m} - 0.2 \text{ m})^2$$
$$= (80 \times 10^3 \text{ N} \cdot \text{m}) \times 1 \text{ m} - \frac{1}{2} \times (100 \times 10^3 \text{ N/m}) \times (0.8 \text{ m})^2$$
$$= 48 \times 10^3 \text{ N} \cdot \text{m} = 48 \text{ kN} \cdot \text{m}$$

根据以上的定性分析及算得的弯矩,即可作出全梁的弯矩图(图 c)。由图可见,$M_{max} = 48$ kN·m 发生在梁跨中的横截面 E 上。

例题 4-8 试从式(4-1)和(4-2)的积分,计算例题 4-7 中梁在 C、E 两横截面上的剪力和弯矩。

解:(1) 弯矩、剪力与分布荷载集度间的积分关系

若在 $x = a$ 和 $x = b$ 处两横截面间无集中力作用,则式(4-1)的积分为

$$\int_a^b dF_S(x) = \int_a^b q(x) dx$$

得

$$F_S(b) - F_S(a) = \int_a^b q(x) dx$$

或

$$F_{SB} = F_{SA} + \int_a^b q(x) dx \tag{1}$$

式中,F_{SA}、F_{SB} 分别为 $x = a$、$x = b$ 处两横截面 A 及 B 上的剪力。等号右边积分的几何意义是上述两横截面间分布荷载图的面积。

同理,若横截面 A 和 B 间无集中力偶作用,则由式(4-2)的积分可得

$$M_B = M_A + \int_a^b F_S(x)\,dx \qquad (2)$$

式中,M_A、M_B 分别为 $x=a$、$x=b$ 处两个横截面 A 及 B 上的弯矩。等号右边积分的几何意义是 A、B 两个横截面间剪力图的面积。

在应用式(1)和(2)时,注意式中的面积是有正负号的,因为荷载集度和剪力是有正负的。

(2) 梁横截面 C、E 上的剪力和弯矩

从例题 4-7 图 a 可知,在 AC 段中 $q=0$,故荷载图的面积为零,且 $F_{SA}=F_A$。于是,由式(1)得

$$F_{SC} = F_{SA} + \int_a^c q(x)\,dx = F_{SA} + 0 = F_{SA} = F_A = 80 \text{ kN}$$

在 CE 段中,$q = -100$ kN/m,且 $F_{SC} = 80$ kN。由式(1)得

$$F_{SE} = F_{SC} + \int_c^e q(x)\,dx = F_{SC} + q \times \overline{CE}$$
$$= 80 \times 10^3 \text{ N} - (100 \times 10^3 \text{ N/m}) \times (1 \text{ m} - 0.2 \text{ m}) = 0$$

从例题 4-7 图 b 可知,在 AC 段中 $F_S = 80$ kN,且 $M_A = 0$。由式(2)得

$$M_C = M_A + \int_a^c F_S(x)\,dx = M_A + F_S \times \overline{AC}$$
$$= 0 + (80 \times 10^3 \text{ N})(0.2 \text{ m}) = 16 \times 10^3 \text{ N} \cdot \text{m} = 16 \text{ kN} \cdot \text{m}$$

在 CE 段中,从例题 4-7 图 b 可知,剪力图为斜直线和 $F_{SC} = 80$ kN,$M_C = 16$ kN·m。由式(2)得

$$M_E = M_C + \int_c^e F_S(x)\,dx = M_C + \frac{1}{2} F_{SC} \times \overline{CE}$$
$$= 16 \times 10^3 \text{ N} \cdot \text{m} + \frac{1}{2} \times (80 \times 10^3 \text{ N}) \times (1 \text{ m} - 0.2 \text{ m})$$
$$= 48 \times 10^3 \text{ N} \cdot \text{m} = 48 \text{ kN} \cdot \text{m}$$

由以上运算可知,利用式(4-1)、(4-2)和表 4-1 所示特征,可定性地判定剪力图和弯矩图的图形。再利用起始横截面上的剪力、弯矩值和两积分关系式(1)、(2),即可定出梁各有关横截面上的剪力、弯矩值,从而作出全梁的剪力图和弯矩图。建议读者自行练习。

例题 4-9 图 a 所示具有中间铰 C 的静定梁,试利用弯矩、剪力与分布荷载集度间的微分关系作梁的剪力图和弯矩图。

解:(1) 求支反力

求支反力时,假想将梁在中间铰 C 处拆开(图 b)。先由副梁 CB 的平衡方程求得

第四章 弯曲应力

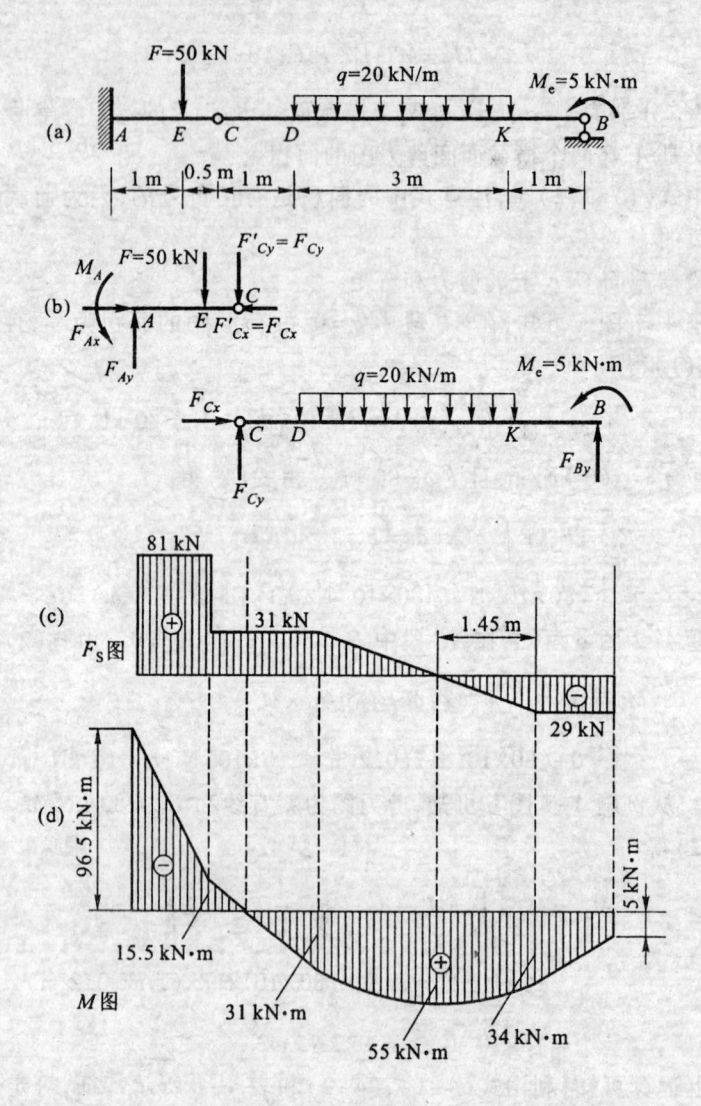

例题 4-9 图

$$\sum F_x = 0, \quad F_{Ax} = F_{Cx} = 0$$

$$\sum M_B = 0, \quad -F_{Cy} \times 5 \text{ m} + (20 \times 10^3 \text{ N/m} \times 3 \text{ m} \times 2.5 \text{ m}) + 5 \times 10^3 \text{ N} \cdot \text{m} = 0$$

$$F_{Cy} = 31 \times 10^3 \text{ N} = 31 \text{ kN}$$

$$\sum F_y = 0, \quad F_{By} = (20 \times 10^3 \text{ N/m} \times 3 \text{ m}) - 31 \times 10^3 \text{ N} = 29 \times 10^3 \text{ N} = 29 \text{ kN}$$

然后，由主梁 AC 的平衡方程，得

$$\sum F_x = 0, \quad F_{Ax} = 0$$

$\sum F_y = 0$, $F_{Ay} = 50 \text{ kN} + 31 \text{ kN} = 81 \text{ kN}$

$\sum M_A = 0$,

$M_A = 31 \times 10^3 \text{ N} \times 1.5 \text{ m} + 50 \times 10^3 \text{ N} \times 1 \text{ m} = 96.5 \times 10^3 \text{ N} \cdot \text{m} = 96.5 \text{ kN} \cdot \text{m}$

(2) 作剪力图

由于 AE、ED、KB 三段梁上无分布荷载，即 $q(x) = 0$，该三段梁上的 F_S 图为水平直线。注意在支座 A 及截面 E 处有集中力作用，F_S 图有突变，要分别计算集中力作用处的左、右两侧截面上的剪力值。各段分界处的剪力值为

AE 段：$F_{SA右} = F_{SE左} = F_A = 81 \text{ kN}$

ED 段：$F_{SE右} = F_{SD} = F_A - F = 81 \text{ kN} - 50 \text{ kN} = 31 \text{ kN}$

DK 段：$q(x)$ 等于负常量，F_S 图应为向右下方倾斜的直线，因截面 K 上无集中力，则可取右侧梁段来研究，截面 K 上的剪力为

$$F_{SK} = -F_B = -29 \text{ kN}$$

KB 段：$F_{SB左} = -F_B = -29 \text{ kN}$

还需求出 $F_S = 0$ 的截面位置。设该截面距截面 K 为 x，令在截面 x 上的剪力为零，即

$$F_{Sx} = -F_B + qx = 0$$

$$x = \frac{F_B}{q} = \frac{29 \times 10^3 \text{ N}}{20 \times 10^3 \text{ N/m}} = 1.45 \text{ m}$$

由以上各段的剪力值并结合微分关系，即可绘出剪力图如图 c 所示。

(3) 作弯矩图

由于 AE、ED、KB 三段梁上 $q(x) = 0$，故三段梁上的 M 图为斜直线。各段分界处的弯矩值为

$M_A = -M_{RA} = -96.5 \text{ kN} \cdot \text{m}$

$M_E = -M_{RA} + F_A \times 1 \text{ m} = -96.5 \times 10^3 \text{ N} \cdot \text{m} + (81 \times 10^3 \text{ N}) \times 1 \text{ m}$

$\quad = -15.5 \times 10^3 \text{ N} \cdot \text{m} = -15.5 \text{ kN} \cdot \text{m}$

$M_D = -96.5 \times 10^3 \text{ N} \cdot \text{m} + (81 \times 10^3 \text{ N}) \times 2.5 \text{ m} - (50 \times 10^3 \text{ N}) \times 1.5 \text{ m}$

$\quad = 31 \times 10^3 \text{ N} \cdot \text{m} = 31 \text{ kN} \cdot \text{m}$

$M_{B左} = M_e = 5 \text{ kN} \cdot \text{m}$

$M_K = F_B \times 1 \text{ m} + M_e = (29 \times 10^3 \text{ N}) \times 1 \text{ m} + 5 \times 10^3 \text{ N}$

$\quad = 34 \times 10^3 \text{ N} \cdot \text{m} = 34 \text{ kN} \cdot \text{m}$

显然，在 ED 段的中间铰 C 处的弯矩 $M_C = 0$

DK 段：该段梁上 $q(x)$ 为负常量，M 图为向下凸的二次抛物线。在 $F_S = 0$ 的截面上弯矩有极限值，其值为

$$M_{极值} = F_B \times 2.45 \text{ m} + M_e - \frac{q}{2} \times (1.45 \text{ m})^2$$

$$= (29 \times 10^3 \text{ N}) \times 2.45 \text{ m} + 5 \times 10^3 \text{ N} \cdot \text{m} - \frac{20 \times 10^3 \text{ N/m}}{2} \times (1.45 \text{ m})^2$$

$$= 55 \times 10^3 \text{ N} \cdot \text{m} = 55 \text{ kN} \cdot \text{m}$$

根据以上各段分界处的弯矩值和在 $F_S = 0$ 处的 $M_{极值}$，并根据微分关系，即可绘出梁的弯矩图如图 d 所示。

Ⅳ. 按叠加原理作弯矩图

当梁在荷载作用下为微小变形时，其跨长的改变可略去不计，因而在求梁的支反力、剪力和弯矩时，均可按其原始尺寸进行计算，而所得到的结果均与梁上荷载成线性关系。在这种情况下，当梁上受几项荷载共同作用时，某一横截面上的弯矩就等于梁在各项荷载单独作用下同一横截面上弯矩的叠加。例如图4-10a 所示悬臂梁受集中荷载 F 和均布荷载 q 共同作用，在距左端为 x 的任意横截面上的弯矩

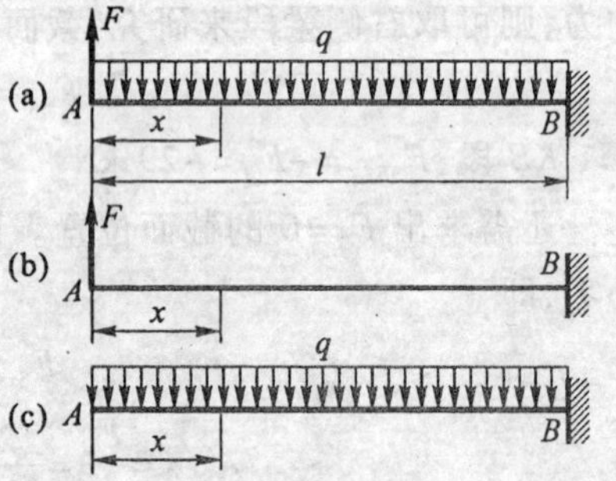

$$M(x) = Fx - \frac{qx^2}{2}$$

图 4-10

等于集中荷载 F 和均布荷载 q 单独作用（图4-10b、c）时，该截面上的弯矩 Fx 和 $-\frac{qx^2}{2}$ 的叠加。由于两弯矩作用在同一平面内，则叠加即为代数和。

这是一个普遍性的原理，即**叠加原理**：当所求参数（内力、应力或位移）与梁上荷载为线性关系时，由几项荷载共同作用时所引起的某一参数，就等于每项荷载单独作用时所引起的该参数值的叠加。当该参数处于同一平面内同一方向时，叠加即为代数和。若处于不同平面或不同方向，则为几何和。

由于弯矩可以叠加，故相应的弯矩图也可以叠加，即可分别作出各项荷载单独作用下梁的弯矩图，然后将其相应的坐标叠加，即得梁在所有荷载共同作用下的弯矩图。对梁在简单荷载作用下的弯矩图可参见本书附录Ⅳ。

例题 4-10 试按叠加原理作图 a 所示简支梁的弯矩图，设 $M_e = \frac{ql^2}{8}$，并求梁的最大弯矩。

解：(1) 作弯矩图

将梁的每项荷载单独作用(图b、c),分别作出其相应的弯矩图(图e、f)。两图的纵坐标具有不同的正负号,在叠加时可将其画在 x 轴的同一侧,如图d所示。于是,两图共同的部分(图d中无阴影线部分),其正值和负值的纵坐标互相抵消。剩下的纵距(图d中阴影线部分)即代表叠加后的弯矩值。叠加后的弯矩图仍为抛物线。若将其改画为以水平直线为基线的图,即得通常形式的弯矩图(图g)。

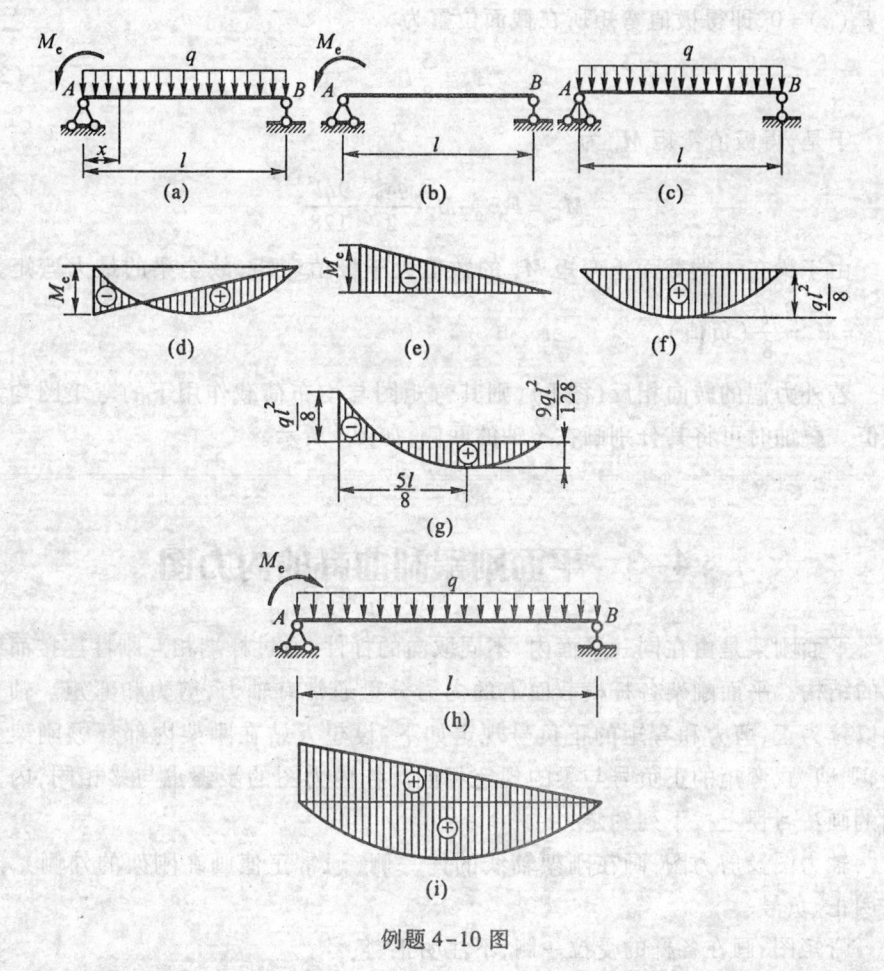

例题 4-10 图

（2）求梁的最大弯矩

为求梁的最大弯矩,先计算其极值弯矩。由 $\dfrac{\mathrm{d}M(x)}{\mathrm{d}x}=F_\mathrm{S}(x)=0$,确定极值弯矩的截面位置。

由梁的平衡方程 $\sum M_B=0$,求得支反力 F_A(图a)为

$$F_A = \frac{M_e}{l} + \frac{ql}{2} \qquad (1)$$

于是，得剪力方程

$$\begin{aligned}F_S(x) &= F_A - qx \\ &= \frac{5}{8}ql - qx \quad (0<x<l)\end{aligned} \qquad (2)$$

令 $F_S(x) = 0$，即得极值弯矩所在截面位置为

$$x_0 = \frac{5}{8}l \qquad (3)$$

于是，得极值弯矩 M_{x_0} 为

$$M_{x_0} = F_A x_0 - M_e - \frac{qx_0^2}{2} = \frac{9ql^2}{128} \qquad (4)$$

由于梁在 A 端截面上弯矩 M_A 的数值大于极值弯矩，故全梁的最大弯矩为 $M_{\max} = M_A = \frac{ql^2}{8}$（负值）。

若外力偶的转向相反（图 h），则其弯矩图与均布荷载作用下的弯矩图均为正值。叠加时可将其分别画在 x 轴的两侧，如图 i 所示。

§4-3 平面刚架和曲杆的内力图

平面刚架是由在同一平面内、不同取向的杆件，通过杆端相互刚性连接而组成的结构。平面刚架各杆横截面上的内力分量通常有轴力、剪力和弯矩。轴力仍以拉为正，剪力和弯矩的正负号规定如下：设想人站在刚架内部环顾刚架各杆，则剪力、弯矩的正负号与梁的规定相同。作内力图的步骤也与梁相同，内力图的画法习惯上按下列约定：

轴力图及剪力图：画在刚架轴线的任一侧（通常正值画在刚架的外侧），须注明正、负号。

弯矩图：画在各杆的受拉一侧，不注明正、负号。

曲杆横截面上的内力情况及其内力图的绘制方法，与刚架的相类似。

例题 4-11 图 a 所示刚架下端固定，在其轴线平面内承受集中荷载 F_1 和 F_2 作用。试作刚架的内力图。

解：(1) 内力方程

计算内力时，一般应先求刚架的支反力。本题中刚架的 C 点为自由端，若

(a)　　　　　(b) F_N 图　　　(c) F_S 图　　　(d) M 图

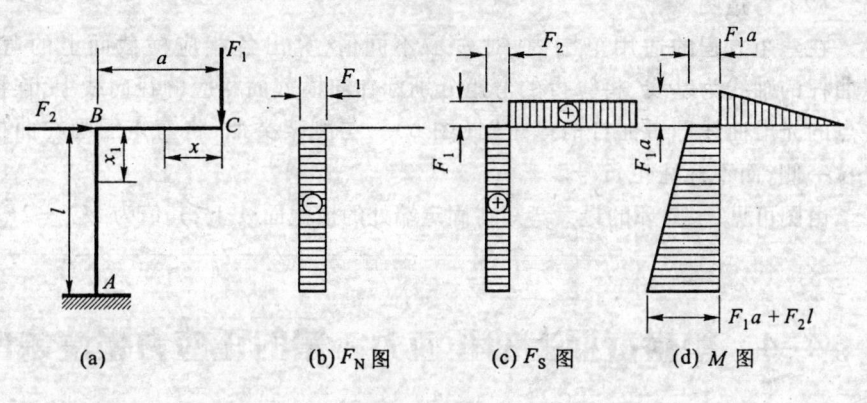

例题 4-11 图

取包含自由端部分为研究对象（图 a），就可不求支反力。下面分别列出各杆的内力方程为

CB 段：
$$F_N(x) = 0$$
$$F_S(x) = F_1$$
$$M(x) = -F_1 x \quad (0 \leqslant x \leqslant a)$$

BA 段：
$$F_N(x_1) = -F_1$$
$$F_S(x_1) = F_2$$
$$M(x_1) = -F_1 a - F_2 x_1 \quad (0 \leqslant x_1 < l)$$

（2）内力图

根据各段杆的内力方程，即可绘出轴力、剪力和弯矩图，分别如图 b、c、d 所示。

例题 4-12 一端固定的半圆环在其轴线平面内承受集中荷载 F 作用，如图 a 所示。试作曲杆的弯矩图。

解：（1）弯矩方程

对于环状曲杆，应用极坐标，取环的中心 O 为极点，以 OB 为极轴，并用 φ 表示横截面的位置（图 a）。对于曲杆通常规定使曲杆的曲率增加（即外侧受拉）的弯矩为正。由此，求得曲杆的弯矩方程（图 a）为
$$M(\varphi) = Fx = FR(1 - \cos\varphi)$$
$$(0 \leqslant \varphi \leqslant \pi)$$

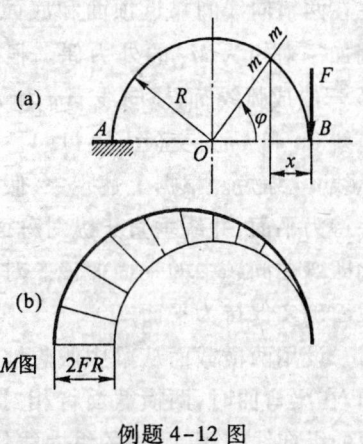

例题 4-12 图

(2) 弯矩图

在弯矩方程的适用范围内,对 φ 取不同值,算出各相应横截面上的弯矩。以曲杆的轴线为基线,将算得的弯矩分别标在与横截面相应的径向线上,连接这些点的光滑曲线即得曲杆的弯矩图(图 b)。与刚架类似,将弯矩图画在曲杆的受拉一侧,而不标注正负号。

由图可见,半圆环的最大弯矩在固定端处的横截面 A 上,其值为 $M_{max}=2FR$。

§4–4 梁横截面上的正应力·梁的正应力强度条件

在一般情况下,梁的横截面上有弯矩 M 和剪力 F_S。由截面上分布内力系的合成关系可知,横截面上与正应力有关的法向内力元素 $dF_N=\sigma dA$ 才可能合成为弯矩;而与切应力有关的切向内力元素 $dF_S=\tau dA$ 才可能合成为剪力。所以,在梁的横截面上一般是既有正应力,又有切应力。

首先研究梁在对称弯曲时,横截面上的正应力。若梁在某段内各横截面上的剪力为零,弯矩为常量,则该段梁的弯曲称为**纯弯曲**。例如,梁在对称面内仅受一对外力偶作用(图 4–11a)时,则梁的弯曲即为对称弯曲中的纯弯曲。

I. 纯弯曲时梁横截面上的正应力

取图 4–11a 所示纯弯曲梁,由截面法可知,梁的任一横截面上剪力为零,弯矩 M 为常量,其值等于外力偶矩 M_e。为推导梁在横截面上正应力的计算公式,需综合考虑几何、物理和静力学三方面。

几何方面 在梁加力以前,先在其侧面上画两条相邻的横向线 mm 和 nn,并在两横向线间靠近顶面和底面处分别画纵线 aa 和 bb(图 4–11b),然后在梁端加一对矩为 M_e 的外力偶。根据实验观察,在梁变形后,侧面上的纵线 aa 和 bb 弯曲成弧线,而横向线 mm 和 nn 在相对旋转了一角度后保持为直线,且仍与弧线 aa 和 bb 正交(图 4–11a)。这时,靠近底面的纵线 bb 伸长,而靠近顶面的纵线 aa 缩短。根据上述现象,假设:梁在受力而发生纯弯曲后,其原来的横截面保持为平面,并绕垂直于纵对称面的某一轴旋转,且仍垂直于梁变形后的轴线,此即弯曲问题中的平面假设。对于纯弯曲梁,按弹性理论分析的结果,证明其横截面确实保持为平面。

设用两横截面从梁中假想地截取长为 dx 的微段(图 4–11c),由平面假设可知,在梁弯曲时,两横截面将相对旋转一微小角度 $d\theta$。横截面的转动将使梁凹边的纵向线缩短,凸边的纵向线伸长。由于变形的连续性,中间必有一层纵向线

图 4-11

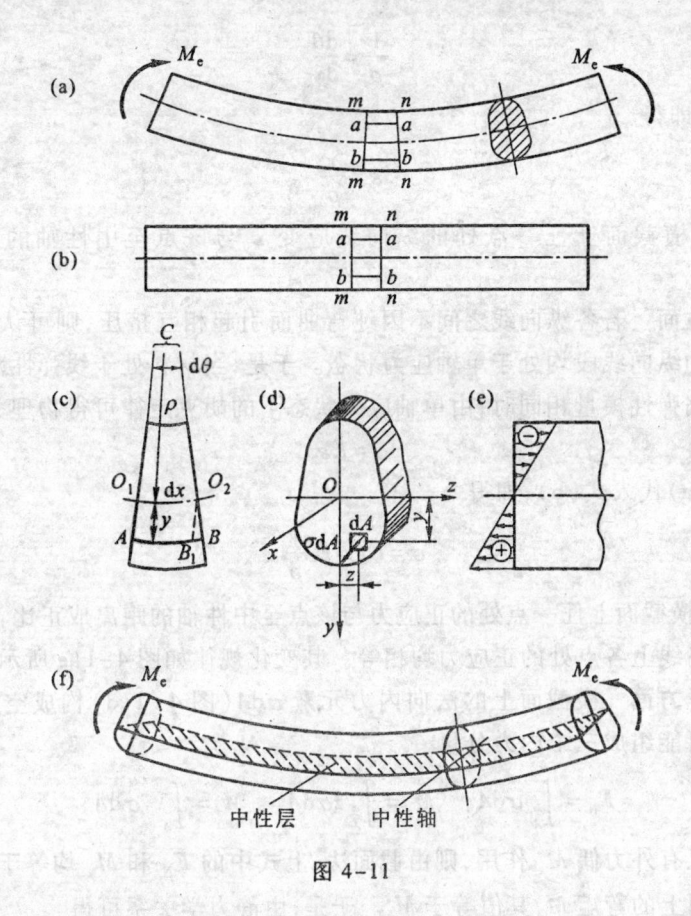

$\widehat{O_1O_2}$ 无长度改变,称为**中性层**。中性层与横截面的交线称为**中性轴**(图4-11f)。梁在弯曲时,相邻横截面就是绕中性轴作相对转动的。由于外力、横截面形状及梁的物性均对称于梁的纵对称面,故梁变形后的形状也必对称于该平面,因此,中性轴应与横截面的对称轴成正交。若将梁的轴线取为 x 轴,横截面的对称轴取为 y 轴,中性轴取为 z 轴(图4-11d)①。至于中性轴在横截面上的具体位置,目前尚不能确定。现研究在横截面上距中性轴为 y 处的纵向线应变。作 O_2B_1 与 O_1A 平行(图4-11c),则可得该点处的纵向线应变为

$$\varepsilon = \frac{\Delta \widehat{AB_1}}{\widehat{AB_1}} = \frac{\widehat{B_1B}}{\widehat{O_1O_2}} = \frac{y\mathrm{d}\theta}{\mathrm{d}x}$$

式中, $\widehat{O_1O_2} = \mathrm{d}x$ 为中性层上纵向线段的长度,而中性层的曲率为

---

① 这里取 y 轴向下为正,因为这样在正值弯矩下可使横截面上任一点处的线应变及正应力(拉伸时为正,压缩时为负)与该点的 y 坐标在正负号上取得一致。

$$\frac{1}{\rho} = \frac{d\theta}{dx}$$

代入上式,即得

$$\varepsilon = \frac{y}{\rho} \tag{a}$$

式(a)表明横截面上任一点处的纵向线应变 ε 与该点至中性轴的距离 y 成正比。

物理方面 若各纵向线之间不因纯弯曲而引起相互挤压,则可认为横截面上各点处的纵向线段均处于单轴应力状态。于是,当材料处于线弹性范围内,且拉伸和压缩弹性模量相同时,由单轴应力状态下的胡克定律可得物理关系

$$\sigma = E\varepsilon \tag{b}$$

将式(a)代入式(b),即得

$$\sigma = E\varepsilon = E\frac{y}{\rho} \tag{c}$$

上式表明,横截面上任一点处的正应力与该点至中性轴的距离成正比,距中性轴为 y 的等高线上各点处的正应力均相等。其变化规律如图 4-11e 所示。

静力学方面 横截面上的法向内力元素 σdA(图 4-11d)构成空间平行力系,因此,可能组成三个内力分量

$$F_N = \int_A \sigma dA, \quad M_y = \int_A z\sigma dA, \quad M_z = \int_A y\sigma dA$$

由于梁上仅有外力偶 M_e 作用,则由截面法,上式中的 F_N 和 M_y 均等于零,而 M_z 即为横截面上的弯矩 M,其值等于 M_e。于是,由静力学关系可得

$$F_N = \int_A \sigma dA = 0 \tag{d}$$

$$M_y = \int_A z\sigma dA = 0 \tag{e}$$

$$M_z = \int_A y\sigma dA = M \tag{f}$$

将式(c)代入以上三式,并根据 §Ⅰ-2[①] 中有关的截面几何参数的定义,可得

$$F_N = \frac{E}{\rho}\int_A y dA = \frac{ES_z}{\rho} = 0 \tag{g}$$

$$M_y = \frac{E}{\rho}\int_A zy dA = \frac{EI_{yz}}{\rho} = 0 \tag{h}$$

---

① 注意附录Ⅰ中的坐标系与这里所用的不同。

$$M_z = \frac{E}{\rho}\int_A y^2 \mathrm{d}A = \frac{EI_z}{\rho} = M \tag{i}$$

为满足式(g)，由于 $\frac{E}{\rho}$ 不可能为零，故必有 $S_z = 0$。于是，z 轴必通过横截面形心(参见§Ⅰ-2)，从而确定了中性轴的位置。

式(h)是自动满足的，因为 y 轴是横截面的对称轴，所以 I_{yz} 必等于零(参见§Ⅰ-2)。实际上，由于 y 轴为对称轴，其左、右两侧对称位置处的法向内力元素 $\sigma \mathrm{d}A$ 对 y 轴的矩必等值而反向，故横截面上 $\sigma \mathrm{d}A$ 所组成的力矩 M_y 必等于零。

最后，由式(i)得中性层曲率 $\frac{1}{\rho}$ 的表达式

$$\frac{1}{\rho} = \frac{M}{EI_z} \tag{4-4}$$

上式表明，在相同弯矩下，EI_z 值越大，梁的弯曲变形$\left(\text{曲率}\frac{1}{\rho}\right)$就越小，$EI_z$ 称为梁的弯曲刚度。

将式(4-4)代入式(c)，即得等直梁在纯弯曲时横截面上任一点处正应力为

$$\sigma = \frac{My}{I_z} \tag{4-5}$$

式中，M 为横截面上的弯矩；I_z 为横截面对中性轴 z 的惯性矩；y 为所求应力点的纵坐标。

由以上分析可见，问题的几何方面为平面假设；物理方面有各纵向线段间互不挤压，材料在线弹性范围内且拉伸和压缩时的弹性模量相等。这些是推导式(4-4)和(4-5)的依据，也是应用这些公式的限制条件。

在式(4-5)中，将弯矩 M 和坐标 y 按规定的正负号代入，所得到的正应力 σ 若为正值，即为拉应力，负值则为压应力。在具体计算中，也可不考虑弯矩和坐标的正负号，而直接根据梁变形的情况来判断，即以中性层为界，梁变形后凸出边的应力为拉应力，而凹入边的应力则为压应力。

从式(4-5)可知，在横截面上离中性轴最远的各点处，正应力值最大。当中性轴 z 为截面的对称轴时，则横截面上的最大正应力为

$$\sigma_{\max} = \frac{My_{\max}}{I_z} \tag{j}$$

若令

$$W_z = \frac{I_z}{y_{\max}} \tag{4-6}$$

则

$$\sigma_{\max} = \frac{M}{W_z} \tag{4-7a}$$

式中，W_z 称为弯曲截面系数，其值与横截面的形状和尺寸有关，其单位为 m^3。矩形和圆形截面的弯曲截面系数可从附录Ⅱ的表①中查出 I_z 值，按式(4-6)分别求得为

矩形截面（图 4-12a）

$$W_z = \frac{I_z}{h/2} = \frac{bh^3/12}{h/2} = \frac{bh^2}{6} \tag{k}$$

圆形截面（图 4-12b）

$$W_z = \frac{I_z}{d/2} = \frac{\pi d^4/64}{d/2} = \frac{\pi d^3}{32} \tag{l}$$

至于型钢截面的弯曲截面系数，则可从型钢规格表中查到。

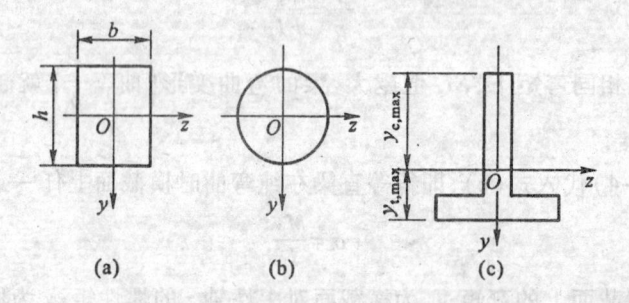

图 4-12

显然，对于中性轴为对称轴的横截面，例如矩形、圆形和工字形等截面，其最大拉应力和最大压应力的数值相等，可按式(4-7a)求得。对于中性轴为非对称轴的横截面，如 T 字形截面（图 4-12c），则其最大拉应力和最大压应力的数值不等，应分别以横截面上受拉和受压部分距中性轴最远的距离 $y_{t,max}$ 和 $y_{c,max}$ 直接代入式(4-5)进行计算。

Ⅱ. 纯弯曲理论的推广

当梁上有横向力作用时，横截面上一般既有弯矩又有剪力，梁的弯曲称为**横力弯曲**。这时，梁的横截面上不仅有正应力，而且有切应力。由于切应力的存在，梁的横截面将发生翘曲。此外，在与中性层平行的纵截面上，还有由横向力引起的挤压应力。因此，梁在纯弯曲时所作的平面假设和各纵向线段间互不挤压的假设均不能成立。然而，弹性理论的分析结果②指出，在均布荷载作用下的矩形截面简支梁，当其跨长与截面高度之比 l/h 大于 5 时，若按纯弯曲时的式(4

---

① 附录Ⅱ及附录Ⅲ表中的坐标系与此处所用的不同，在使用时应予注意。
② 参见铁摩辛柯等著，《弹性理论》，徐芝纶等译，43 页，人民教育出版社，1964 年。

-5)计算其正应力,所得的结果虽略为偏低,但其误差不超过 1%。对于工程实际中常用的梁,足以满足工程中的精度要求。且梁的跨高比 l/h 越大,其误差越小。

于是,式(4-7a)仍可用来计算横力弯曲时等直梁横截面上的最大正应力,但式中的弯矩 M 应用相应截面上的弯矩 $M(x)$ 代替,即

$$\sigma_{max} = \frac{M(x)}{W_z} \qquad (4-7b)$$

例题 4-13 图 a 所示简支梁由 56a 号工字钢制成,其截面简化后的尺寸如图 b 所示,$F=150$ kN。试求梁危险截面上的最大正应力 σ_{max} 和同一截面上翼缘与腹板交界处 a 点(图 b)的正应力 σ_a。

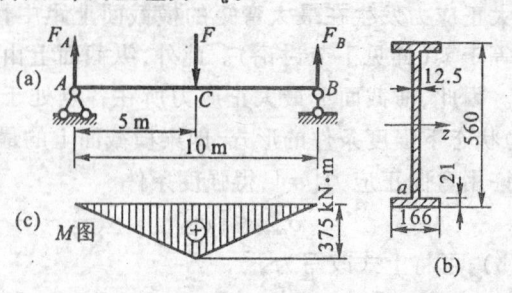

例题 4-13 图

解:(1)梁的最大正应力

作梁的弯矩图(图 c)。可见,截面 C 为危险截面,相应的最大弯矩值为

$$M_{max} = 375 \text{ kN} \cdot \text{m}$$

由型钢规格表查得,56a 号工字钢截面的 $W_z = 2\,342 \times 10^3$ mm^3 和 $I_z = 65\,586 \times 10^4$ mm^4。

可得危险截面上的最大正应力 σ_{max} 为

$$\sigma_{max} = \frac{M_{max}}{W_z} = \frac{375 \times 10^3 \text{ N} \cdot \text{m}}{2\,342 \times 10^{-6} \text{ m}^3} = 160 \times 10^6 \text{ Pa} = 160 \text{ MPa}$$

(2)危险截面上点 a 处的正应力

利用式(4-5)代入 M_{max}、I_z 和有关尺寸(图 b),得

$$\sigma_a = \frac{M_{max} y_a}{I_z} = \frac{(375 \times 10^3 \text{ N} \cdot \text{m}) \times \left(\frac{0.56 \text{ m}}{2} - 0.021 \text{ m}\right)}{65\,586 \times 10^{-8} \text{ m}^4}$$

$$= 148 \times 10^6 \text{ Pa} = 148 \text{ MPa}$$

注意到直梁横截面上的正应力与中性轴的距离成正比,因此,当求得横截面上的

$\sigma_{\max}$ 时,同一横截面上的正应力 σ_a 亦可按比例求得:

$$\sigma_a = \frac{y_a}{y_{\max}}\sigma_{\max} = \frac{\frac{0.56 \text{ m}}{2} - 0.021 \text{ m}}{\frac{0.56 \text{ m}}{2}} \times 160 \text{ MPa} = 148 \text{ MPa}$$

在上述计算中并未考虑钢梁的自重,因由自重引起的正应力与由荷载引起的相比极小(如本题中,由梁自重引起的最大正应力约为 5.4 MPa)。在一般情况下,钢梁的自重可略去不计。

Ⅲ. 梁的正应力强度条件

等直梁的最大正应力发生在最大弯矩的横截面上距中性轴最远的各点处,而该处的切应力等于零(详见下节讨论)。此外,纵截面上由横向力引起的挤压应力可略去不计。因此,横截面上最大正应力所在各点处于单轴应力状态。于是,按照单轴应力状态下强度条件的形式,即梁横截面上的最大工作正应力 $\sigma_{\max}$ 不得超过材料的许用弯曲正应力 $[\sigma]$,得强度条件

$$\sigma_{\max} \leqslant [\sigma] \tag{4-8}$$

利用式(4-7b),可将上式改写为

$$\frac{M_{\max}}{W_z} \leqslant [\sigma] \tag{4-9}$$

根据强度条件式(4-8)或(4-9),即可对梁按正应力进行强度计算,即校核强度、选择梁的截面或确定梁的许可荷载。

关于材料许用弯曲正应力的确定,一般就以材料的许用拉应力作为其许用弯曲正应力。事实上,由于弯曲与轴向拉伸时杆横截面上正应力的变化规律不同,材料在弯曲与轴向拉伸时的强度并不相同,因而在某些设计规范中所规定的许用弯曲正应力略高于许用拉应力。关于许用弯曲正应力的数值,在有关的设计规范中均有具体规定。

对于用铸铁等脆性材料制成的梁,由于材料的许用拉应力和许用压应力不同,而梁横截面的中性轴往往也不是对称轴,因此,梁的最大工作拉应力和最大工作压应力(注意两者往往并不发生在同一横截面上)要求分别不超过材料的许用拉应力和许用压应力。

例题 4-14 跨长 $l=2$ m 的铸铁梁受力如图 a 所示。已知材料的拉、压许用应力分别为 $[\sigma_t]=30$ MPa 和 $[\sigma_c]=90$ MPa。试根据截面最为合理的要求,确定 T 字形截面梁横截面的尺寸 δ(图 b),并校核梁的强度。

解:(1) 确定尺寸 δ

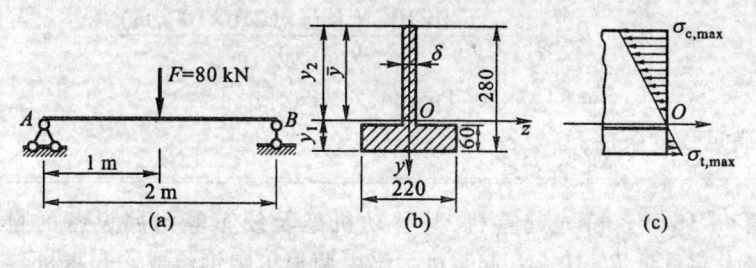

§4-4 梁横截面上的正应力·梁的正应力强度条件

例题 4-14 图

为使截面最为合理,应使梁的同一危险截面上的最大拉应力与最大压应力(图 c)之比 $\sigma_{t,max}/\sigma_{c,max}$ 与相应的许用应力之比 $[\sigma_t]/[\sigma_c]$ 相等。由于 $\sigma_{t,max} = \dfrac{My_1}{I_z}$ 和 $\sigma_{c,max} = \dfrac{My_2}{I_z}$,并已知 $\dfrac{[\sigma_t]}{[\sigma_c]} = \dfrac{30 \text{ MPa}}{90 \text{ MPa}} = \dfrac{1}{3}$,所以

$$\frac{\sigma_{t,max}}{\sigma_{c,max}} = \frac{y_1}{y_2} = \frac{1}{3} \tag{1}$$

式(1)为确定中性轴即形心轴位置 $\bar{y}$(图 b)的条件。联立式(1)及 $y_1 + y_2 = 280$ mm(图 b),即得

$$\bar{y} = y_2 = 210 \text{ mm} \tag{2}$$

显然,$\bar{y}$ 值与横截面尺寸有关,根据形心坐标公式[参见附录 Ⅰ 中的式(Ⅰ-2a)]及图 b 中所示尺寸,并利用式(2)可列出

$$\bar{y} = \frac{(280 \text{ mm} - 60 \text{ mm}) \times \delta \times \left(\dfrac{280 \text{ mm} - 60 \text{ mm}}{2}\right) + 60 \text{ mm} \times 220 \text{ mm} \times \left(280 \text{ mm} - \dfrac{60 \text{ mm}}{2}\right)}{(280 \text{ mm} - 60 \text{ mm}) \times \delta + 60 \text{ mm} \times 220 \text{ mm}}$$

$= 210 \text{ mm}$

由此求得 $\delta = 24$ mm (3)

(2)强度校核

由平行移轴公式(Ⅰ-10)计算截面对中性轴的惯性矩 I_z 为

$$I_z = \frac{24 \text{ mm} \times (220 \text{ mm})^3}{12} + 24 \text{ mm} \times 220 \text{ mm} \times (210 \text{ mm} - 110 \text{ mm})^2 +$$

$$\frac{220 \text{ mm} \times (60 \text{ mm})^3}{12} + 220 \text{ mm} \times 60 \text{ mm} \times \left(280 \text{ mm} - 210 \text{ mm} - \frac{60 \text{ mm}}{2}\right)^2$$

$= 99.2 \times 10^6 \text{ mm}^4 = 99.2 \times 10^{-6} \text{ m}^4$

梁的最大弯矩为

$$M_{max} = \frac{Fl}{4} = \frac{(80 \times 10^3 \text{ N}) \times 2 \text{ m}}{4} = 40 \times 10^3 \text{ N} \cdot \text{m} = 40 \text{ kN} \cdot \text{m}$$

于是,由式(4-5)即得梁的最大压应力,并据此校核强度

$$\sigma_{c,\max} = \frac{M_{\max}y_2}{I_z} = \frac{(40\times 10^3 \text{ N}\cdot\text{m})\times(210\times 10^{-3} \text{ m})}{99.2\times 10^{-6} \text{ m}^4}$$
$$= 84.7\times 10^6 \text{ Pa} = 84.7 \text{ MPa} < [\sigma_c]$$

可见,梁满足强度条件。

例题 4-15 一桥式起重机,其移动机架及绞车等附属设备的自重 $P = 50$ kN,最大起重量 $F = 10$ kN,起重机大梁由两根工字钢组成。起重机各部分尺寸如图 a 所示,若不计梁的自重,且两根工字钢的受力相同,材料的许用正应力 $[\sigma] = 160$ MPa,试按正应力强度条件选取工字钢型号。

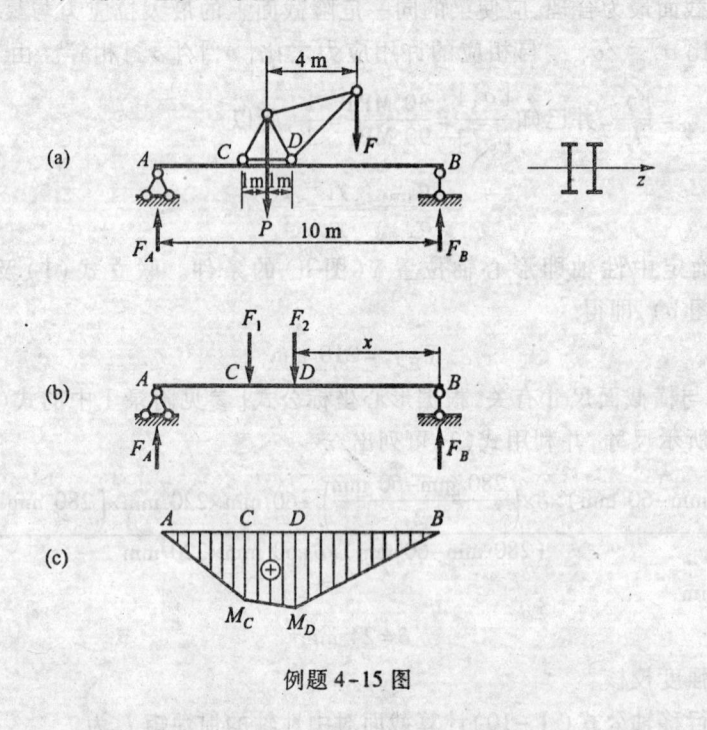

例题 4-15 图

解:(1) 梁的计算简图

起重机架对梁的作用力,由静力平衡方程可得
$$F_1 = 10 \text{ kN}, \quad F_2 = 50 \text{ kN}$$
于是,得梁的计算简图如图 b 所示。

(2) 梁内最大弯矩为最大时的截面位置及其数值

梁承受两个集中力作用时,弯矩图由三段斜直线组成(图 c)。由于 $F_2 > F_1$,显然,最大弯矩的最大值将发生在 F_2 作用处的截面 D。

设最大弯矩为最大时,截面 D 距右支座 B 的距离为 x。则截面 D 的弯矩为

$$M_D = F_B x = \frac{F_2(l-x)+F_1(l-x-2m)}{l}x$$

$$= (58x-6x^2)\,\text{kN}\cdot\text{m}$$

由 $\dfrac{\text{d}M_D}{\text{d}x}=0$，得起重机架的最不利位置为

$$x=\frac{58}{12}\,\text{m}=\frac{29}{6}\,\text{m}$$

得梁内最大弯矩的最大值为

$$M_{D,\max}=140.2\,\text{kN}\cdot\text{m}$$

(3) 选择截面

由强度条件

$$W_z \geqslant \frac{M_{D,\max}}{[\sigma]}$$

$$W_{z_1}=\frac{W_z}{2} \geqslant \frac{M_{D,\max}}{2[\sigma]}=\frac{140.2\times10^3\,\text{N}\cdot\text{m}}{2\times(160\times10^6\,\text{Pa})}$$

$$=438\times10^{-6}\,\text{m}^3=438\times10^3\,\text{mm}^3$$

由型钢表，选取两根 28a 号工字钢（$W=508.15\,\text{mm}^3$）。

例题 4-16 一槽形截面铸铁梁如图 a 所示。已知 $b=2\,\text{m}$，$I_z=5\,493\times10^4\,\text{mm}^4$，铸铁的许用拉应力 $[\sigma_t]=30\,\text{MPa}$，许用压应力 $[\sigma_c]=90\,\text{MPa}$。试求梁的许可荷载 $[F]$。

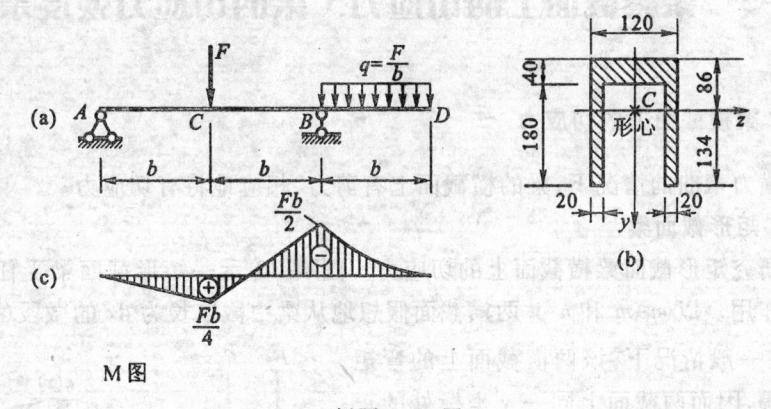

例题 4-16 图

解：(1) 确定危险截面、危险点

作梁的弯矩图如图 c 所示，最大负弯矩在截面 B 上，最大正弯矩在截面 C 上，其值分别为

$$M_B = -\frac{Fb}{2}, \quad M_C = \frac{Fb}{4}$$

对于最大正弯矩的截面 C,显然,梁的强度由最大拉应力控制。而对于最大负弯矩的截面 B,虽然最大拉应力值小于最大压应力值,其比值为 $86:134$,而许用拉应力与许用压应力的比值为 $1:3$,故梁的强度仍由最大拉应力控制。为此,以截面 C 和 B 上的最大拉应力所在处作为可能的危险点,同时进行强度计算。

(2) 计算许可荷载

分别由截面 C 和截面 B 上的最大拉应力,按正应力强度条件确定许可荷载 $[F]$ 值:

截面 C: $\sigma_{t,max} = \frac{M_C y_1}{I_z} = \frac{\left(\frac{F}{4} \times 2 \text{ m}\right) \times 0.134 \text{ m}}{5\ 493 \times 10^{-8} \text{ m}^4} \leq 30 \times 10^6 \text{ Pa}$

$$F \leq 24.6 \text{ kN}$$

截面 B: $\sigma_{t,max} = \frac{M_B y_2}{I_z} = \frac{\left(\frac{F}{2} \times 2 \text{ m}\right) \times 0.086 \text{ m}}{5\ 493 \times 10^{-8} \text{ m}^4} \leq 30 \times 10^6 \text{ Pa}$

$$F \leq 19.2 \text{ kN}$$

取其中较小者,即得该梁的许可荷载为 $[F] = 19.2$ kN。

§4-5 梁横截面上的切应力·梁的切应力强度条件

Ⅰ. 梁横截面上的切应力

在横力弯曲的情况下,梁的横截面上有剪力,相应地将有切应力。

一、矩形截面梁

先研究矩形截面梁横截面上的切应力。图 4-13 示一矩形截面梁受任意横向荷载作用。以 m-m 和 n-n 两横截面假想地从梁中截取长为 $\mathrm{d}x$ 的微段(图 4-14a),在一般情况下,该两横截面上的弯矩并不相等,因而两截面上同一 y 坐标处的正应力也不相等。再用平行于中性层的纵截面 AA_1B_1B 假想地从微段上截取体积元素 mA_1B_1n(图 4-14b),则在端面 mA_1 和 nB_1 上,与正应力对应的法向内力 F_{N1}^* 与 F_{N2}^* 也不

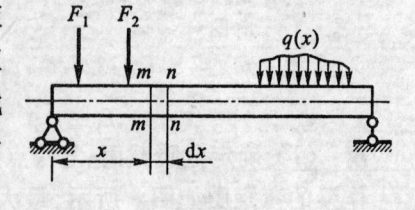

图 4-13

相等。于是，为维持体积元素 mA_1B_1n 的平衡，在纵面 AB_1 上必有沿 x 方向的切向内力 dF'_S，故在纵面上就存在相应的切应力 τ'（图 4-14a）。

为推导切应力的表达式，还需确定切应力沿截面宽度的变化规律以及切应力的方向。对于狭长矩形截面，由于梁的侧面上无切应力，故横截面上侧边各点处的切应力必与侧边平行，而在对称弯曲情况下，对称轴 y 处的切应力必沿 y 方向，且狭长矩形截面上切应力沿截面宽度的变化不可能大。于是，可作如下两个假设：

（1）横截面上各点处的切应力均与侧边平行；

（2）横截面上距中性轴等远各点处的切应力大小相等。根据上述假设所得到的解与弹性理论的解相比较，可以发现，对高宽比 $\dfrac{h}{b} \geqslant 2$ 的矩形截面梁，两者所得的最大切应力值非常接近[①]，故上述假设在工程计算中是完全适用的。

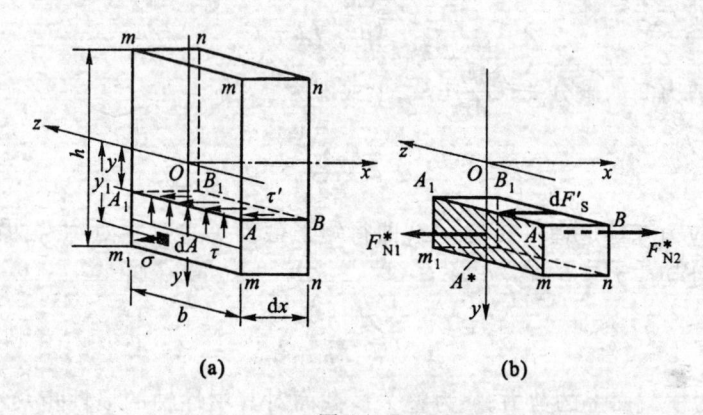

图 4-14

确定横截面上切应力的变化规律后，即可由静力学关系导出切应力的计算公式。设在图 4-13 中距左端为 x 和 $x+dx$ 处横截面 m-m 和 n-n 上的弯矩分别为 M 和 $M+dM$，两截面上距中性轴为 y_1 处的正应力分别为 σ_1 和 σ_2，于是，可得两端面上的法向内力 F^*_{N1} 和 F^*_{N2}（图 4-14b）分别为

$$F^*_{N1} = \int_{A^*} \sigma_1 dA = \int_{A^*} \frac{My_1}{I_z} dA = \frac{M}{I_z} \int_{A^*} y_1 dA = \frac{M}{I_z} S^*_z \qquad (a)$$

$$F^*_{N2} = \int_{A^*} \sigma_2 dA = \int_{A^*} \frac{(M+dM)}{I_z} y_1 dA = \frac{M+dM}{I_z} S^*_z \qquad (b)$$

---

① 例如，参见 S. P. Timoshen & J. N. Goodier "Theory of Elasticity" § 124, McGraw-Hill Book Company, 1970.

式中,$S_z^* = \int_{A^*} y_1 dA$ 为横截面上距中性轴为 y 的横线以外部分的面积 A^*(即图 4-14b 中阴影面积)对中性轴的静矩。

纵截面 AB_1 上由 $\tau' dA$ 所组成的是切向内力 dF'_S(图 4-14b)。由假设(2)及切应力互等定理可知,在纵截面上横线 AA_1 各处的切应力 τ' 的大小相等。而在微段 dx 长度上,τ' 的变化为高阶微量可略去不计,从而认为 τ' 在纵截面 AB_1 上为一常量。于是得

$$dF'_S = \tau' b dx \tag{c}$$

将式(a)、(b)和(c)代入平衡方程

$$\sum F_x = 0, \quad F^*_{N2} - F^*_{N1} - dF'_S = 0$$

经化简后即得

$$\tau' = \frac{dM}{dx} \times \frac{S_z^*}{I_z b}$$

由弯矩与剪力间的微分关系 $\frac{dM}{dx} = F_S$,上式即为

$$\tau' = \frac{F_S S_z^*}{I_z b}$$

由切应力互等定理可知,$\tau = \tau'$,即得矩形截面等直梁在对称弯曲时横截面上任一点处切应力

$$\tau = \frac{F_S S_z^*}{I_z b} \tag{4-10}$$

式中,F_S 为横截面上的剪力;I_z 为整个横截面对其中性轴的惯性矩;b 为矩形截面的宽度;S_z^* 为横截面上距中性轴为 y 的横线以外部分的面积对中性轴的静矩。τ 的方向与剪力 F_S 的方向相同。

式(4-10)中的 F_S、I_z 和 b 对某一横截面而言均为常量,因此,横截面上的切应力 τ 沿截面高度(即随坐标 y)的变化情况,由部分面积的静矩 S_z^* 与坐标 y 之间的关系所反映。若取 $b dy_1$ 为面积元素 dA(图 4-14a),可得

$$S_z^* = \int_y^{\frac{h}{2}} y_1 b dy_1 = \frac{b}{2}\left(\frac{h^2}{4} - y^2\right)$$

代入式(4-10),即得

$$\tau = \frac{F_S}{2 I_z}\left(\frac{h^2}{4} - y^2\right) \tag{d}$$

可见,τ 沿截面高度按二次抛物线规律变化(图4-15)。当 $y = \pm \frac{h}{2}$ 时,即在横截面上距中性轴最远处,切应力 $\tau = 0$;当 $y = 0$ 时,即在中性轴上各点处,切应力达到

最大值 τ_{max}，将 $y=0$ 代入式(d)，得

$$\tau_{max} = \frac{F_s h^2}{8I_z} = \frac{F_s h^2}{8 \times bh^3/12} = \frac{3}{2} \times \frac{F_s}{bh}$$

或

$$\tau_{max} = \frac{3}{2} \times \frac{F_s}{A} \quad (4-11)$$

式中，$A=bh$，为矩形截面的面积。

对于其他形状的对称截面，均可按上述的推导方法，求得切应力的近似解。但对于侧边与对称轴不平行的截面（例如梯形截面），前面所作的假设就须作相应的变动。此外，还应指出，对于矩形截面，在式(4-10)中截面宽度 b 为常数，而中性轴一侧的半个横截面面积对中性轴的静矩 S_z^* 为最大，所以中性轴上各点处的切应力为最大。对于其他形状的对称截面，横截面上的最大切应力通常也均发生在中性轴上的各点处，只有宽度在中性轴处显著增大的截面（如十字形截面），或某些变宽度的截面（如等腰三角形截面）等除外。因此，下面对于工字形、环形和圆形截面梁，主要讨论其中性轴上各点处的最大切应力 τ_{max}。

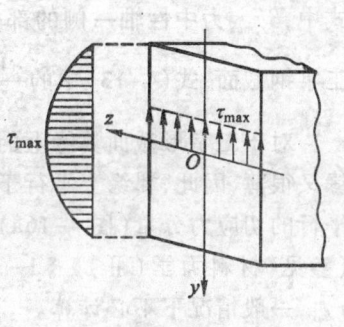

图 4-15

二、工字形截面梁

对于工字形截面梁腹板上任一点处的切应力 τ（图 4-16a），由于腹板是狭长矩形，前述两假设依然适用。于是，可直接由式(4-10)求得

$$\tau = \frac{F_s S_z^*}{I_z d} \quad (4-12)$$

图 4-16

式中，d 为腹板厚度；S_z^* 为距中性轴为 y 的横线以外部分的面积（图 4-16b 中阴影线面积）对中性轴的静矩。对 S_z^* 的计算结果给出，在腹板范围内，S_z^* 是 y 的

二次函数,故腹板部分的切应力 τ 沿腹板高度同样按二次抛物线规律变化(图4-16c),其最大切应力也发生在中性轴上,其值为

$$\tau_{max}=\frac{F_S S^*_{z,max}}{I_z d} \tag{4-13}$$

式中,$S^*_{z,max}$ 为中性轴一侧的部分面积对中性轴的**静矩**。**在具体计算时**,对轧制工字钢截面,式(4-13)中的 $\dfrac{I_z}{S^*_{z,max}}$ 就是型钢规格表中给出的比值 I_x/S_x。

对于工字形截面翼缘上的切应力,由于翼缘的上、下表面上无切应力,而翼缘又很薄,因此,翼缘上平行于 y 轴的切应力分量是次要的,主要是与翼缘长边平行的切应力分量(图4-16a)。后者也可仿照在矩形截面中所用的方法来求得(参见《材料力学(Ⅱ)》§1-3)。由于翼缘上的最大切应力远小于腹板上的 τ_{max},一般情况下不必计算。

三、薄壁环形截面梁

图4-17a 示一段薄壁环形截面梁。环壁厚度为 δ,环的平均半径为 r_0。由于 δ 与 r_0 相比很小,故可假设:

(1) 横截面上切应力的大小沿壁厚无变化;

(2) 切应力的方向与圆周相切,如图4-17a所示。**由于假设**(1)与矩形截面的假设相似,因此,通过类似的推导,可得横截面上任一点处切应力计算式的形式与式(4-10)相同。由对称关系可知,横截面与 y 轴相交的各点处的切应力为零,且 y 轴两侧各点处的切应力对称于 y 轴。因此,在求式(4-10)中的 S^*_z 时,可自 y 轴向一侧量取 φ 角,并以 φ 角所包的一段圆环作为部分面积。下面只讨论横截面上的 τ_{max}。

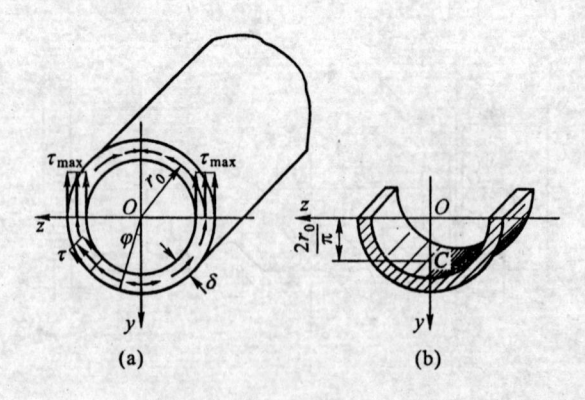

图 4-17

对于圆环形截面,其 τ_{max} 仍发生在中性轴上。而在求中性轴上的切应力时,

以半圆环截面为研究对象(图4-17b),式(4-10)中的 b 应为 2δ,S_z^* 为半圆环面积对中性轴的静矩,即

$$S_z^* = \pi r_0 \delta \times \frac{2r_0}{\pi} = 2r_0^2\delta$$

由附录Ⅱ的表中查得环形截面对中性轴的惯性矩为

$$I_z = \pi r_0^3 \delta$$

于是,得

$$\tau_{max} = \frac{F_S S_z^*}{I_z b} = \frac{F_S \times 2r_0^2 \delta}{\pi r_0^3 \delta \times 2\delta} = 2\frac{F_S}{A} \tag{4-14}$$

式中,$A = \frac{\pi}{4}[(2r_0+\delta)^2 - (2r_0-\delta)^2] = 2\pi r_0 \delta$,代表环形截面的面积。

上述对薄壁环形截面所作的两个假设,同样适用于其他形式具有纵向对称轴的薄壁截面。因此,也可以仿照上述方法来计算其横截面上的最大切应力。

四、圆截面梁

对于圆截面梁(图4-18a),由切应力互等定理可知,在截面边缘上各点处切应力 τ 的方向必与圆周相切,而在与对称轴 y 相交的各点处,由于剪力、截面图形和材料物性均对称于 y 轴,因此,其切应力必沿 y 方向。为此,可以假设:

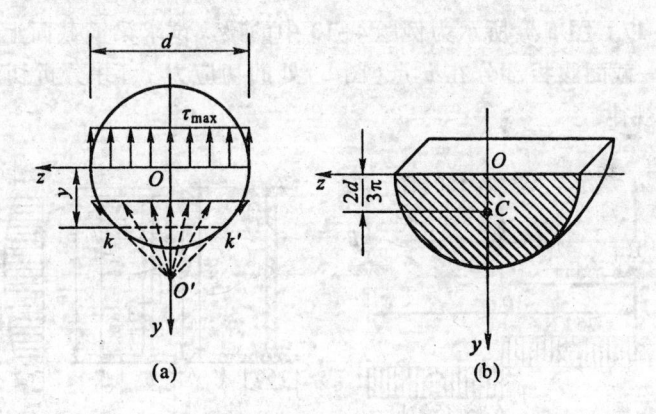

图 4-18

(1)沿距中性轴为 y 的宽度 kk' 上各点处的切应力均汇交于 O' 点;

(2)沿宽度各点处切应力沿 y 方向的分量相等。根据上述假设,即可应用式(4-10)求出截面上距中性轴为 y 的各点处切应力沿 y 方向的分量,然后按所在点处切应力方向与 y 轴间的夹角,求出该点处的切应力。圆截面的最大切应力 τ_{max} 仍在中性轴上各点处。由于在中性轴两端处切应力的方向均与圆周相切,且与外力作用方向平行,故中性轴上各点处的切应力方向均与外力平行,且

数值相等。于是,利用矩形截面的切应力公式(4-10),即可求得圆截面上 τ_{max} 的近似结果。对于圆截面,该式中的 b 应为圆的直径,圆截面的惯性矩 $I_z = \pi d^4 / 64$,而 S_z^* 则为半圆面积(图 4-18b)对中性轴 z 的静矩,即

$$S_z^* = \frac{1}{2} \times \frac{\pi d^2}{4} \times \frac{2d}{3\pi} = \frac{\pi d^3}{12}$$

于是,可得圆截面上的最大弯曲切应力为

$$\tau_{max} = \frac{F_S S_z^*}{I_z b} = \frac{F_S d^3/12}{(\pi d^4/64) d} = \frac{4}{3} \times \frac{F_S}{A} \tag{4-15}$$

式中,$A = \pi d^2/4$ 为圆截面的面积。

对于等直梁,其最大切应力 τ_{max} 发生在最大剪力 $F_{S,max}$ 所在的横截面上,而且一般地说是位于该截面的中性轴上。由以上各种形状的横截面上的最大切应力计算公式可知,全梁各横截面中最大切应力 τ_{max} 可统一表达为

$$\tau_{max} = \frac{F_{S,max} S_{z,max}^*}{I_z b} \tag{4-16}$$

式中,$F_{S,max}$ 为全梁的最大剪力;$S_{z,max}^*$ 为横截面上中性轴一侧的面积对中性轴的静矩;b 为横截面在中性轴处的宽度;I_z 是整个横截面对中性轴的惯性矩。

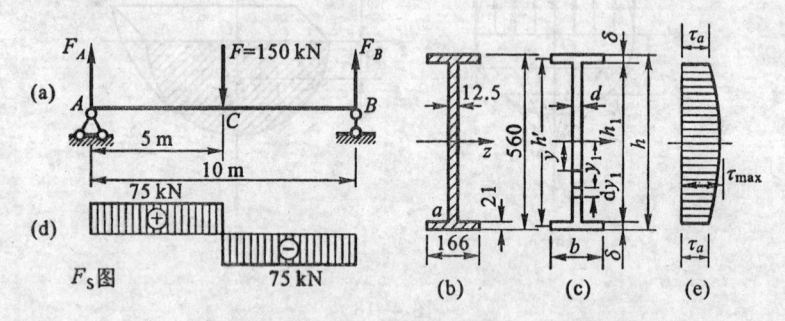

例题 4-17 图 a、b 所示为例题 4-13 中的梁。试求梁横截面上的最大切应力 τ_{max} 和同一截面腹板部分在 a 点(图 b)处的切应力 τ_a,并分析切应力沿腹板高度的变化规律。

例题 4-17 图

解:(1) 最大切应力

作梁的剪力图,如图 d 所示。由图可知,最大剪力为

$$F_{S,max} = 75 \text{ kN}$$

利用型钢规格表,查得 56a 号工字钢截面的 $\dfrac{I_z}{S_{z,max}^*} = 477.3 \text{ mm}$。

将 $F_{S,max}$，$\dfrac{I_z}{S_{z,max}^*}$ 的值和 $d=12.5$ mm（图 b）代入式（4-13），得

$$\tau_{max} = \dfrac{F_{S,max} S_{z,max}^*}{I_z d} = \dfrac{F_{S,max}}{\left(\dfrac{I_z}{S_{z,max}^*}\right) d}$$

$$= \dfrac{75 \times 10^3 \text{ N}}{(47.73 \times 10^{-2} \text{ m}) \times (12.5 \times 10^{-3} \text{ m})} = 12.6 \times 10^6 \text{ Pa} = 12.6 \text{ MPa}$$

（2）a 点处切应力

根据图 b 所示尺寸，可得 a 点横线一侧（即下翼缘截面）面积对中性轴的静矩为

$$S_{za}^* = 166 \text{ mm} \times 21 \text{ mm} \times \left(\dfrac{560 \text{ mm}}{2} - \dfrac{21 \text{ mm}}{2}\right) = 940 \times 10^3 \text{ mm}^3$$

由式（4-12）及已知值，得 a 点处的切应力为

$$\tau_a = \dfrac{F_{S,max} S_{za}^*}{I_z d} = \dfrac{(75 \times 10^3 \text{ N}) \times (940 \times 10^{-6} \text{ m}^3)}{(65\,586 \times 10^{-8} \text{ m}^4) \times (12.5 \times 10^{-3} \text{ m})}$$

$$= 8.6 \times 10^6 \text{ Pa} = 8.6 \text{ MPa}$$

（3）切应力 τ 沿腹板高度的变化规律

由于腹板壁厚 d 为常量，故切应力 τ 与 S_z^* 的变化规律相同。取 $d dy_1$（图 c）为腹板部分的面积元素 dA，可得 S_z^* 为

$$S_z^* = \dfrac{b\delta h'}{2} + \int_y^{h_1/2} y_1 d dy_1 = \dfrac{b\delta h'}{2} + \dfrac{d}{2}\left(\dfrac{h_1^2}{4} - y^2\right)$$

代入式（4-12），即得

$$\tau = \dfrac{F_S}{I_z d}\left[\dfrac{b\delta h'}{2} + \dfrac{d}{2}\left(\dfrac{h_1^2}{4} - y^2\right)\right]$$

上式表明，τ 沿腹板高度按二次抛物线规律变化（图 e）。

II. 梁的切应力强度条件

对于横力弯曲下的等直梁，其横截面上一般既有正应力又有切应力。梁需同时保证正应力和切应力的强度要求。

等直梁的最大切应力一般发生在最大剪力所在横截面的中性轴上各点处，这些点处的正应力 $\sigma=0$，在略去纵截面上的挤压应力后，最大切应力所在点处于纯剪切应力状态。例如对全梁承受均布荷载的矩形截面简支梁（图 4-19a），在最大弯矩截面上，距中性轴最远的 C 和 D 点处于单轴应力状态（图 4-19d、e）；而在最大剪力截面上，中性轴上的 E 和 F 点处于纯剪切应力状态（图 4-19f、 g)。于是,可按纯剪切应力状态下的强度条件

$$\tau_{\max} \leq [\tau]$$

建立梁的切应力强度条件。将弯曲最大切应力的表达式(4-16)代入上式,即得

$$\frac{F_{S,\max} S^*_{z,\max}}{I_z b} \leq [\tau] \qquad (4-17)$$

式中,$[\tau]$为材料在横力弯曲时的许用切应力,其值在有关设计规范中有具体规定。

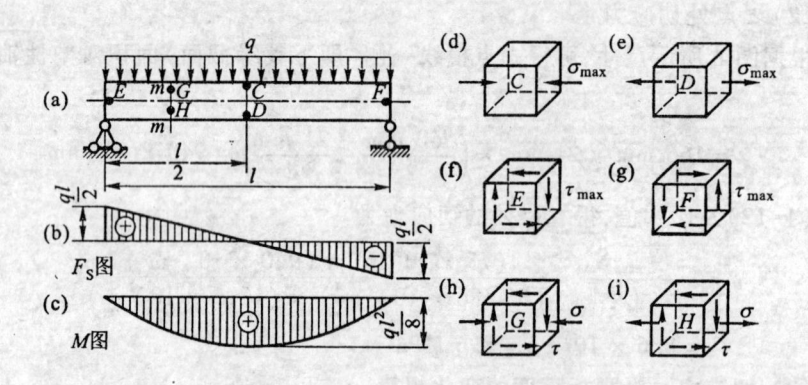

图 4-19

梁在荷载作用下,须同时满足正应力和切应力强度条件。在进行强度计算时,通常是先按正应力强度进行计算,再按切应力强度进行校核。一般地说,梁的强度大多数由正应力控制,并不需要再按切应力进行强度校核。但在以下几种情况下,需校核梁的切应力:

(1) 梁的最大弯矩较小,而最大剪力却很大;

(2) 在焊接或铆接的组合截面(例如工字形)钢梁中,当其横截面腹板部分的厚度与梁高之比小于型钢截面的相应比值;

(3) 由于木材在其顺纹方向的剪切强度较差,木梁在横力弯曲时可能因中性层上的切应力过大而使梁沿中性层发生剪切破坏。

如前所述,按正应力强度条件进行梁的强度计算时,最大弯矩所在横截面上距中性轴最远的危险点处于单轴应力状态。而按切应力强度条件进行强度校核时,最大剪力所在横截面的中性轴上的危险点处于纯剪切应力状态。因此,可分别按正应力和切应力建立强度条件,进行强度计算。但是,在梁横截面上的其他各点处既有正应力,又有切应力,例如梁在截面 $m-m$ 上 G 和 H 点处取出的单元体(图 4-19h、i)。应该注意,这时不能分别按正应力和切应力的强度条件进行强度校核,而必须同时考虑正应力和切应力对强度的影响。对于这些点的强度

校核,将在第七章中讨论。

例题 4-18 一薄壁箱形截面简支钢梁 AB,承受移动荷载 F 作用,如图所示。已知梁的长度 $l = 2$ m,横截面宽度 $b = 150$ mm、高度 $h = 300$ mm、壁厚 $\delta = 3$ mm,钢的许用正应力 $[\sigma] = 160$ MPa,许用切应力 $[\tau] = 100$ MPa,试求梁的许可荷载。

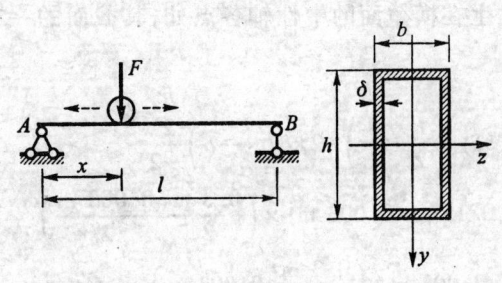

例题 4-18 图

解:(1) 按正应力强度确定许可荷载

由正应力强度条件,确定梁的许可荷载。对于移动荷载,须确定荷载的最不利位置,即梁的最大弯矩为极大值时的荷载位置。由

$$\frac{dM}{dx} = \frac{\dfrac{F(l-x)}{l}x}{dx} = 0$$

$$x = \frac{l}{2}$$

于是,得最大弯矩的极大值为

$$M_{max} = \frac{Fl}{4}$$

截面的几何性质为

$$I_z = \frac{bh^3}{12} - \frac{(b-2\delta)(h-2\delta)^3}{12} = \frac{0.15 \text{ m} \times (0.3 \text{ m})^3}{12}$$
$$- \frac{(0.15 \text{ m} - 2 \times 0.003 \text{ m}) \times (0.3 \text{ m} - 2 \times 0.003 \text{ m})^3}{12}$$
$$= 3\ 260 \times 10^{-8} \text{ m}^4$$

$$W_z = \frac{I_z}{h/2} = \frac{3\ 260 \times 10^{-8} \text{ m}^4}{0.3 \text{ m}/2} = 217 \times 10^{-6} \text{ m}^3$$

由正应力强度条件,得梁的许可荷载为

$$M_{max} = \frac{Fl}{4} \leq W_z[\sigma]$$

所以 $[F] = W_z[\sigma]\dfrac{4}{l} = (217\times 10^{-6}\ \text{m}^3)\times(160\times 10^6\ \text{Pa})\times\dfrac{4}{2\text{m}} = 69.4\ \text{kN}$

(2) 校核切应力强度

校核切应力强度的荷载最不利位置为荷载 F 紧靠支座 A(或 B)。相应的最大剪力为

$$F_{\text{S,max}} = F_A \approx F = 69.4\ \text{kN}$$

最大切应力发生在横截面的中性轴各点处，其截面的一半面积对中性轴的静矩为

$$\begin{aligned}
S_z^* &= (b\delta)\left(\dfrac{h}{2}-\dfrac{\delta}{2}\right) + 2\times\delta\left(\dfrac{h}{2}-\delta\right)\dfrac{\dfrac{h}{2}-\delta}{2} \\
&= (0.15\ \text{m}\times 0.003\ \text{m})\times\left(\dfrac{0.3\ \text{m}}{2}-\dfrac{0.003\ \text{m}}{2}\right) \\
&\quad + 0.003\ \text{m}\times\left(\dfrac{0.3\ \text{m}}{2}-0.003\ \text{m}\right)^2 \\
&= 131.7\times 10^{-6}\ \text{m}^3
\end{aligned}$$

于是，得最大切应力为

$$\tau_{\max} = \dfrac{F_{\text{S,max}}S_z^*}{(2\delta)I_z} = \dfrac{(69.4\times 10^3\ \text{N})\times(131.7\times 10^{-6}\ \text{m}^3)}{(2\times 0.003\ \text{m})\times(3\,260\times 10^{-8}\ \text{m}^4)} = 46.7\ \text{MPa} < [\tau]$$

可见满足切应力强度要求。

§4-6 梁的合理设计

按强度要求设计梁时，主要是依据梁的正应力强度条件

$$\sigma_{\max} = \dfrac{M_{\max}}{W_z} \leqslant [\sigma] \tag{a}$$

由上式可见，降低最大弯矩、提高弯曲截面系数，或局部加强弯矩较大的梁段，都能降低梁的最大正应力，从而提高梁的承载能力，使梁的设计更为合理。现将工程中常用的几种措施分述如下。

一、合理配置梁的荷载和支座

合理地配置梁的荷载，可降低梁的最大弯矩值。例如，简支梁在跨中承受集中荷载 F 时(图 4-20a)，梁的最大弯矩为 $M_{\max} = \dfrac{Fl}{4}$。若使集中荷载 F 通过辅梁再作用到梁上(图 4-20b)，则梁的最大弯矩就下降为 $M_{\max} = \dfrac{Fl}{8}$。

同理，合理地设置支座位置，也可降低梁内的最大弯矩值。如例题 4-5 中，

§4-6 梁的合理设计

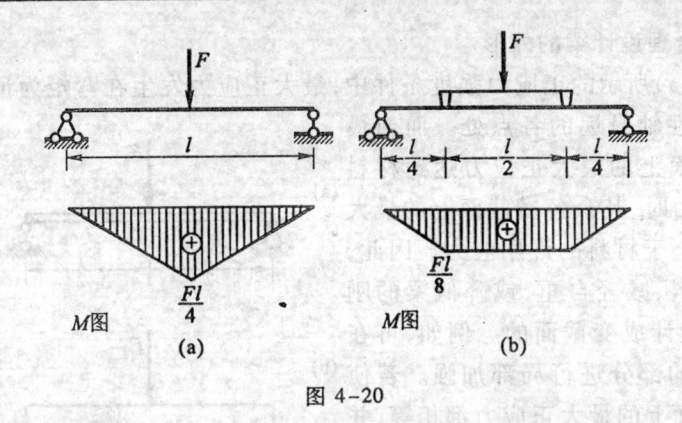

图 4-20

若将承受均布荷载的简支梁两端的支座分别向跨中移动 $\frac{l-a}{2}=0.207l$,则梁内的最大弯矩值,就由简支梁的 $M_{max}=\frac{ql^2}{8}=0.125ql^2$ 下降为 $M_{max}=0.0215ql^2$,仅为原简支梁最大弯矩值的17.2%。图 4-21 所示门式起重机的立柱位置就考虑了降低由梁荷载和自重所产生的最大弯矩。

二、合理选取截面形状

当弯矩确定时,横截面上的最大正应力与弯曲截面系数成反比。因此,应尽可能增大横截面的弯曲截面系数 W 与其面积 A 之比值。由于在一般截面中,W 与其高度的平方成正比,所以,尽可能使横截面面积分布在距中性轴较远的地方,以满足上述要求。

在梁横截面上距中性轴最远的各点处,分别有最大拉应力和最大压应力。为充分发挥材料的潜力,应使两者同时达到材料的许用应力。对于由拉伸和压缩许用应力值相等的建筑钢等塑性材料制成的梁,其横截面应以中性轴为其对称轴。例如,工字形、矩形、圆形和环形截面等。而这些截面的合理程度并不相同。例如环形比圆形合理;矩形截面立放比扁放合理;而工字形又比立放的矩形更为合理。对于由压缩强度远高于拉伸强度的铸铁等脆性材料制成的梁,宜采用 T 形等对中性轴不对称的截面,并将其翼缘部分置于受拉侧(参见例题 4-14)。对于用木材制成的梁,虽然材料的拉、压强度不等,但由于制造工艺的要求仍多采用矩形截面。若从圆木中锯出矩形截面的木梁,则为使所得矩形截面木梁的弯曲截面系数 W_z 为最大,其高宽比有一定的要求,参见习题 4-20。总之,在选择梁截面的合理形状时,应综合考虑横截面上的应力情况、材料的力学性能、梁的使用条件以及制造工艺等因素。

图 4-21

三、合理设计梁的外形

在式(a)所示的正应力强度条件中,最大正应力发生在弯矩为最大的横截面上距中性轴最远的各点处。而当最大弯矩截面上的最大正应力达到材料的许用应力时,其余各横截面上的最大正应力均小于材料的许用应力。因此,为节约材料、减轻自重,或降低梁的刚度,将梁设计成变截面的。例如,可在弯矩较大的部分进行局部加强。若使梁各横截面上的最大正应力都相等,并均达到材料的许用应力,则称为**等强度梁**。例如,宽度不变而高度变化的矩形截面简支梁(图 4-22a)若设计成等强度梁,则其高度随截面位置的变化规律 $h(x)$,可按正应力强度条件

$$\sigma_{max} = \frac{M(x)}{W(x)} = \frac{(F/2)x}{bh^2(x)/6} \leq [\sigma]$$

求得为

$$h(x) = \sqrt{\frac{3Fx}{b[\sigma]}} \tag{b}$$

但在靠近支座处,应按切应力强度条件确定截面的最小高度为

$$\tau_{max} = \frac{3}{2}\frac{F_S}{A} = \frac{3}{2} \times \frac{F/2}{bh_{min}} = [\tau]$$

$$h_{min} = \frac{3F}{4b[\tau]} \tag{c}$$

按式(b)和(c)确定的梁的外形,也就是厂房建筑中常用的鱼腹梁(图 4-22b)。

另外,支承载重汽车及铁路列车车厢,且起减振作用的叠板弹簧(图 4-23a),实质上是高度不变、宽度变化的矩形截面简支梁(图 4-23b)沿宽度切割下来,然后

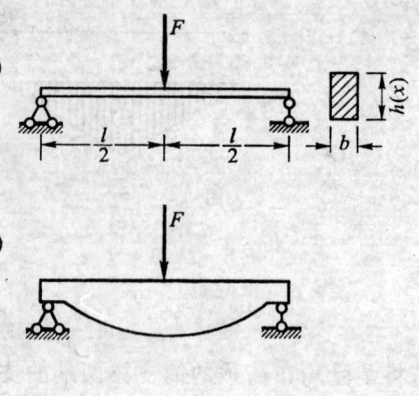

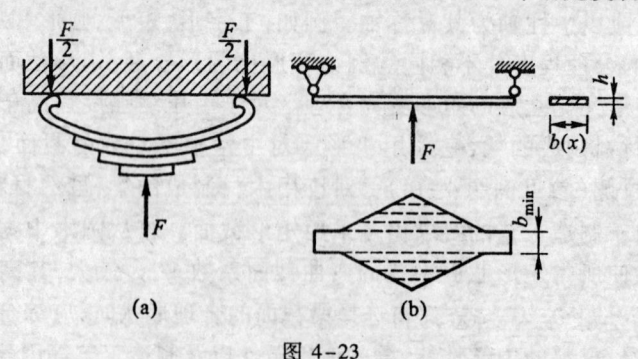

图 4-22

图 4-23

叠合并给以预曲率而制成的等强度梁,而叠合的板条之间应保持能相对滑动,以保证每一板条的独立作用。截面的最小宽度也应按切应力强度条件来确定。

思 考 题

4-1 梁及其承载情况分别如图所示,试分别判断各梁属于静定梁、超静定梁、还是瞬时几何可变机构。

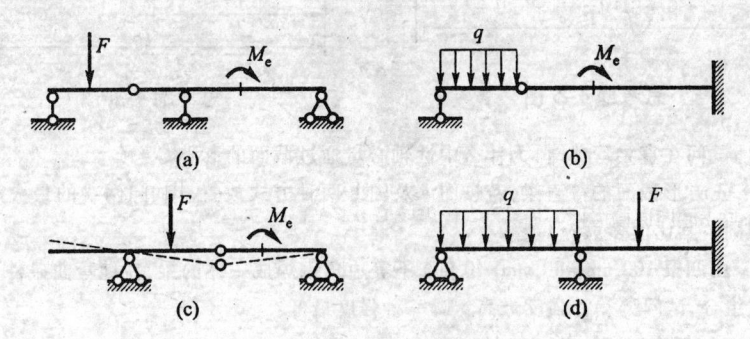

思考题 4-1 图

4-2 试问:(1) 在图 a 所示梁中,AC 段和 CB 段剪力图图线的斜率是否相同? 为什么?
(2) 在图 b 所示梁的集中力偶作用处,左、右两段弯矩图图线的切线斜率是否相同?

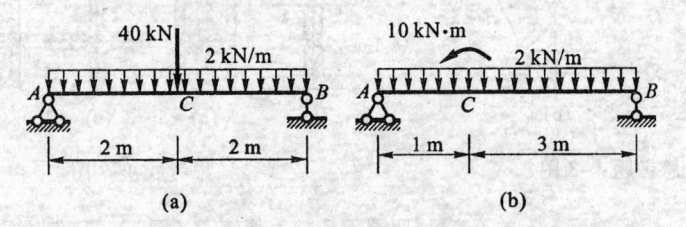

思考题 4-2 图

4-3 在图 4-9a 所示梁中,若将坐标 x 的原点取在梁的右端,且 x 坐标以指向左为正,试问关系式(4-1)和(4-2)有无变化?

4-4 有体重均为 800 N 的两人,需借助跳板从沟的左端到右端。已知该跳板的许可弯

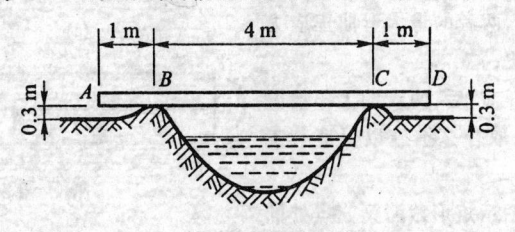

思考题 4-4 图

矩 $[M]=600$ N·m。若跳板重量略去不计，试问两人采用什么办法可安全过沟？

4-5 具有中间铰的矩形截面梁上有一活动荷载 F 可沿全梁 l 移动，如图所示。试问如何布置中间铰 C 和可动铰支座 B，才能充分利用材料的强度？

4-6 简支梁的半跨长度上承受集度为 m 的均布外力偶作用，如图所示。试作梁的 F_s、M 图。

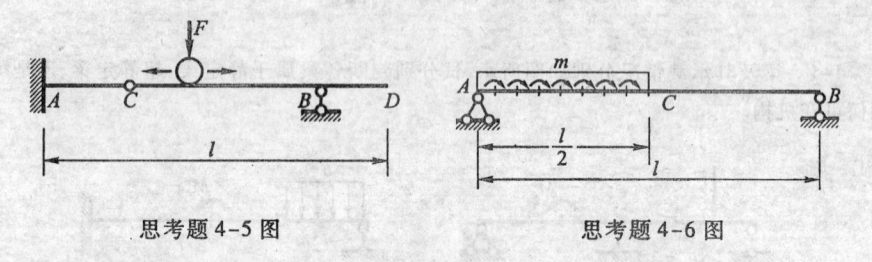

思考题 4-5 图

思考题 4-6 图

4-7 试问在直梁弯曲时，为什么中性轴必定通过截面的形心？

4-8 正方形截面的等直梁，若按图 a 及图 b 两种方式放置。试问两梁的最大弯曲正应力是否相同？其比值多大？

4-9 由四根 100 mm×80 mm×10 mm 不等边角钢焊成一体的梁，在纯弯曲条件下按图示四种形式组合，试问哪一种强度最高？哪一种强度最低？

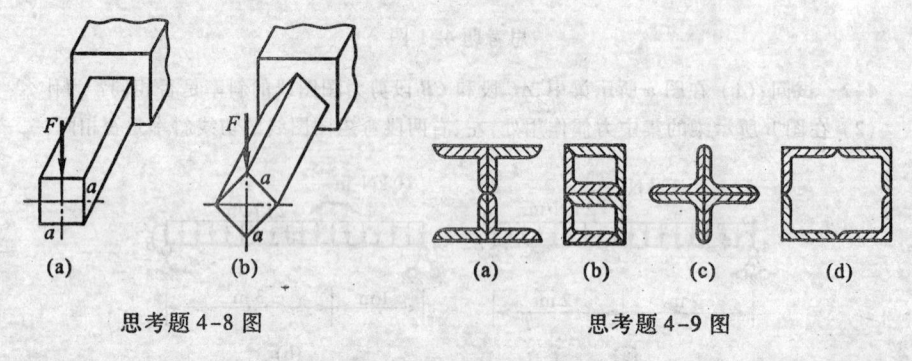

思考题 4-8 图

思考题 4-9 图

4-10 一矩形截面 $b×h$ 的等直梁，两端承受外力偶矩 M_e（图 a）。已知梁的中性层上无应力，若将梁沿中性层锯开而成两根截面为 $b×\dfrac{h}{2}$ 的梁，而将两梁仍叠合在一起，并承受相同的外力偶矩 M_e（图 b）。试问：

（1）锯开前、后，两者的最大弯曲正应力之比和弯曲刚度之比；

（2）为什么锯开前、后，两者的工作情况不同？锯开后，可采取什么措施以保证其工作状态不变。

4-11 在计算图示矩形截面梁 a 点处的弯曲切应力时，其中的静矩 S_z^* 若取通过 a 点

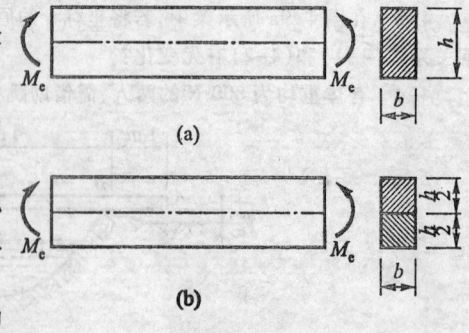

思考题 4-10 图

横线以上或以下部分的面积来计算,试问结果是否相同?为什么?

4-12 跨度为 l 的悬臂梁在自由端受集中力 F 作用。该梁的横截面由四块木板胶合而成。若按图 a、b 两种方式胶合,考虑胶合缝的切应力强度,试问两者的强度是否相同?

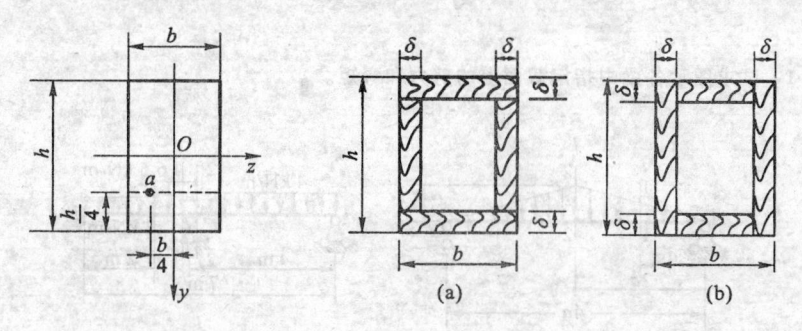

思考题 4-11 图

思考题 4-12 图

4-13 矩形截面 $b \times h$ 的悬臂梁 AB,承受集度为 q 的均布荷载,如图所示。假设沿中性层及任一横截面截取脱离体 AC,试画出脱离体上的应力分布图,并证明其满足静力平衡条件。

4-14 混凝土为拉伸强度远小于压缩强度的脆性材料。工程设计中假设混凝土仅承受压应力,而拉应力均由钢筋承受。今有矩形截面的钢筋混凝土梁,宽度为 b,钢筋至上、下边缘的距离分别为 d 和 e,钢筋截面的总面积为 A_s,截面上的弯矩为 M,如图所示。设混凝土和钢筋的弹性模量分别为 E_c 和 E_s。若平面假设依然成立,且材料处于弹性范围内,试仿照弯曲正应力的推导方法,证明:

(1) 截面的中性轴距梁上边缘的距离为 kd,而因数 k 由下式确定:

$$E_s(d-kd)A_s - E_c \frac{b(kd)^2}{2} = 0$$

(2) 钢筋的拉应力和混凝土的最大压应力分别为

$$\sigma_s = \frac{M}{A_s d\left(1-\dfrac{k}{3}\right)}; \quad (\sigma_c)_{max} = \frac{2M}{kbd^2\left(1-\dfrac{k}{3}\right)}$$

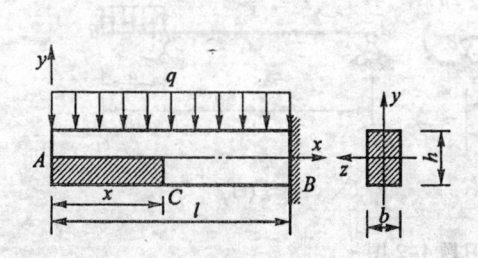

思考题 4-13 图

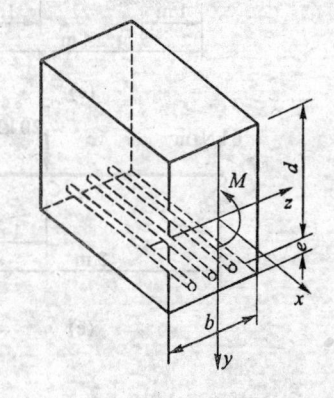

思考题 4-14 图

· 146 ·　　　　　第四章　弯曲应力

习　题

4-1 试求图示各梁中指定截面上的剪力和弯矩。

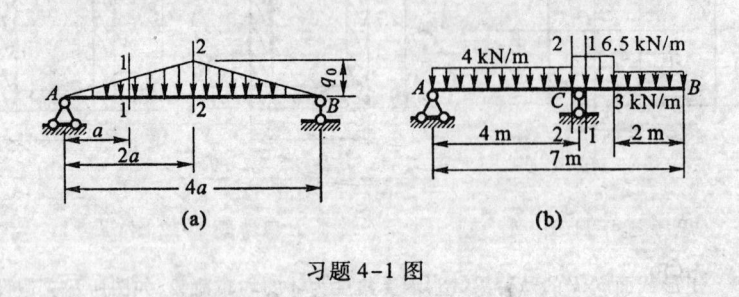

习题 4-1 图

4-2 试写出下列各梁的剪力方程和弯矩方程，并作剪力图和弯矩图。

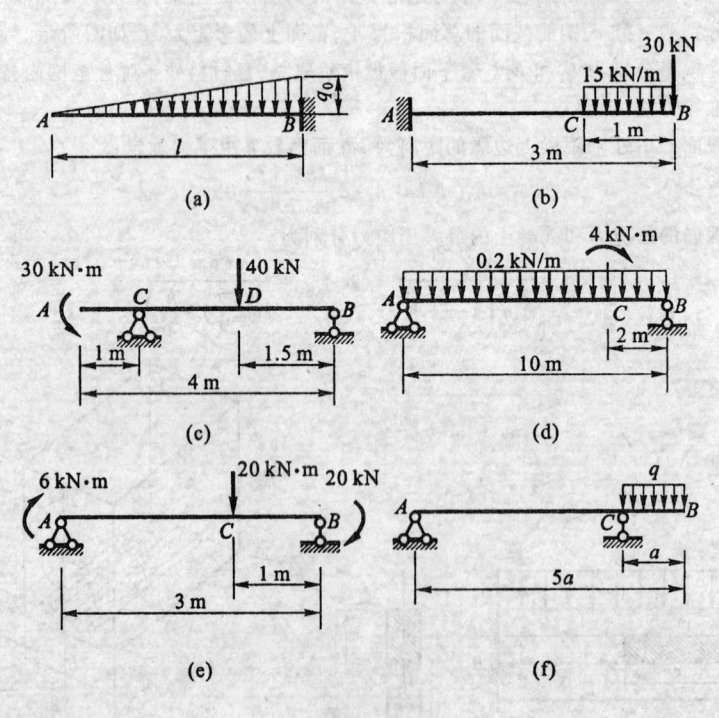

习题 4-2 图

4-3 试利用荷载集度、剪力和弯矩间的微分关系作下列各梁的剪力图和弯矩图。

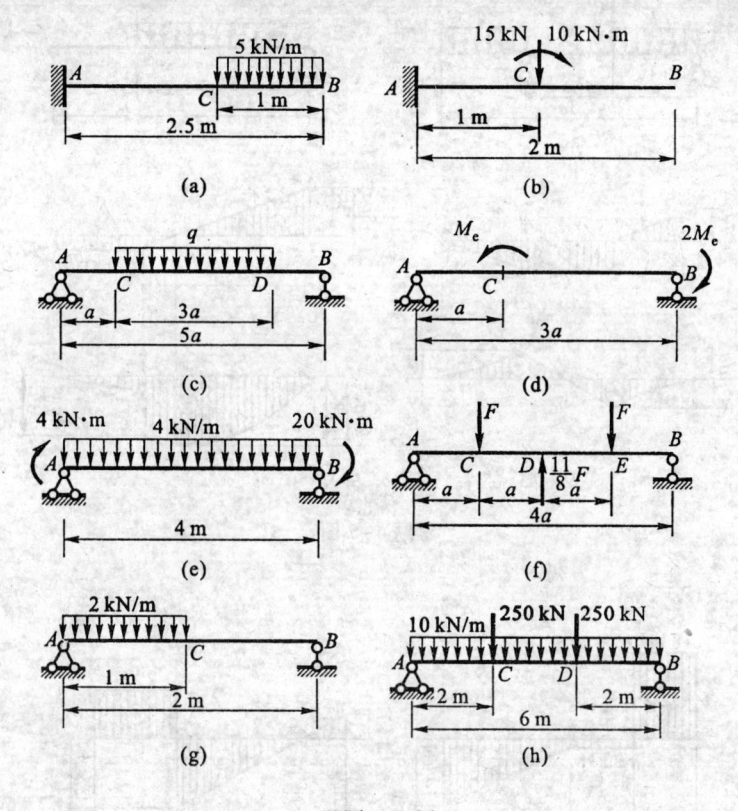

习题 4-3 图

4-4 试作下列具有中间铰的梁的剪力图和弯矩图。

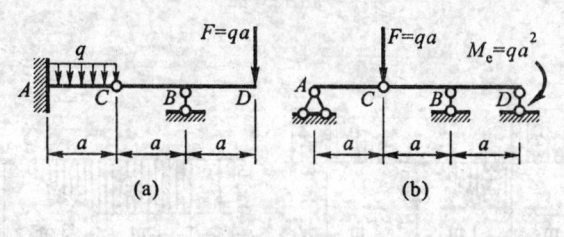

习题 4-4 图

4-5 试根据弯矩、剪力与荷载集度之间的微分关系指出图示剪力图和弯矩图的错误。

4-6 已知简支梁的剪力图如图所示。试作梁的弯矩图和荷载图。已知梁上无集中力偶作用。

4-7 试根据图示简支梁的弯矩图作出梁的剪力图与荷载图。

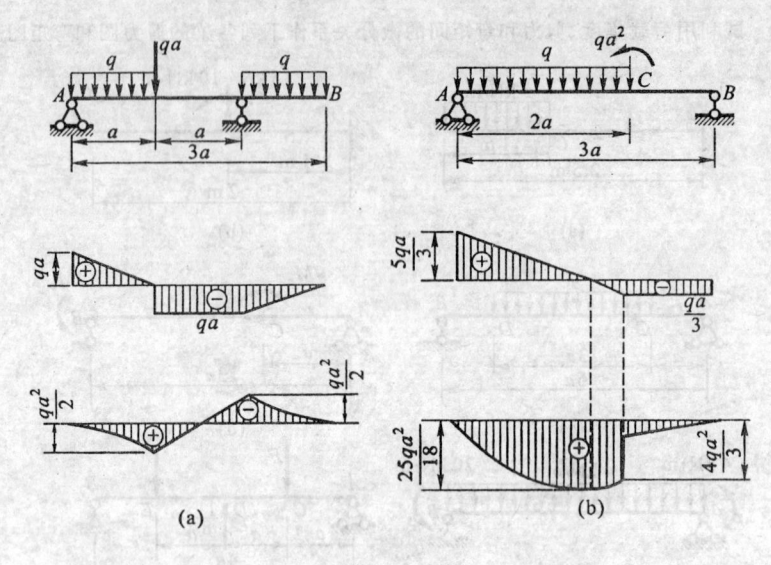

习题 4-5 图

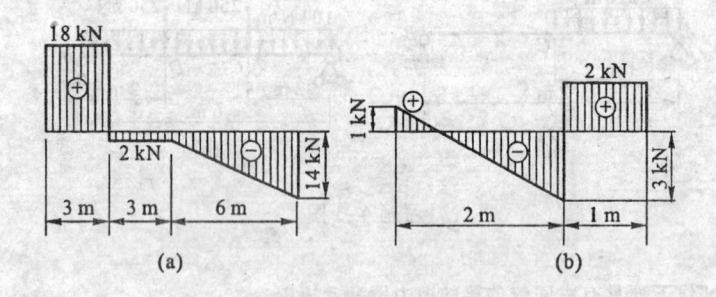

习题 4-6 图

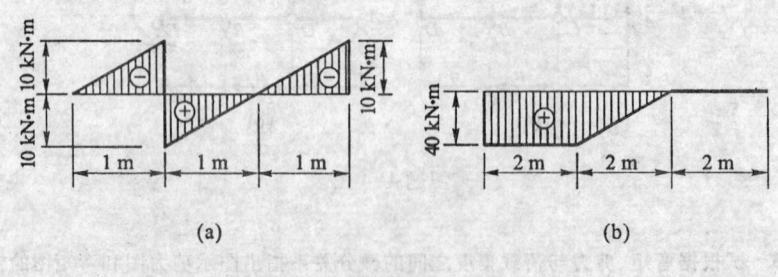

习题 4-7 图

4-8 试用叠加法作图示各梁的弯矩图。

4-9 试选择适当的方法,作图示各梁的剪力图和弯矩图。

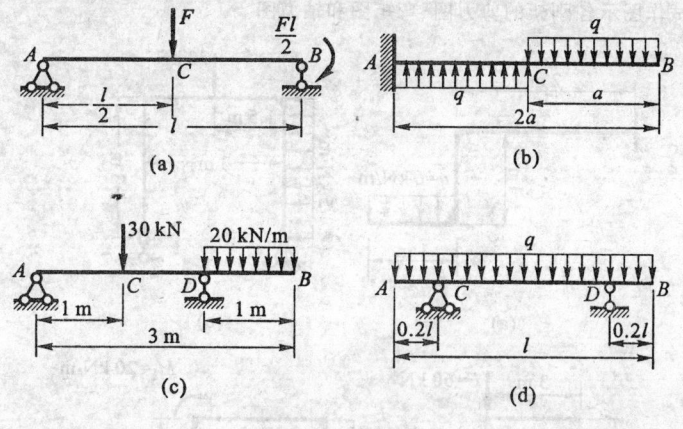

习题 4-8 图

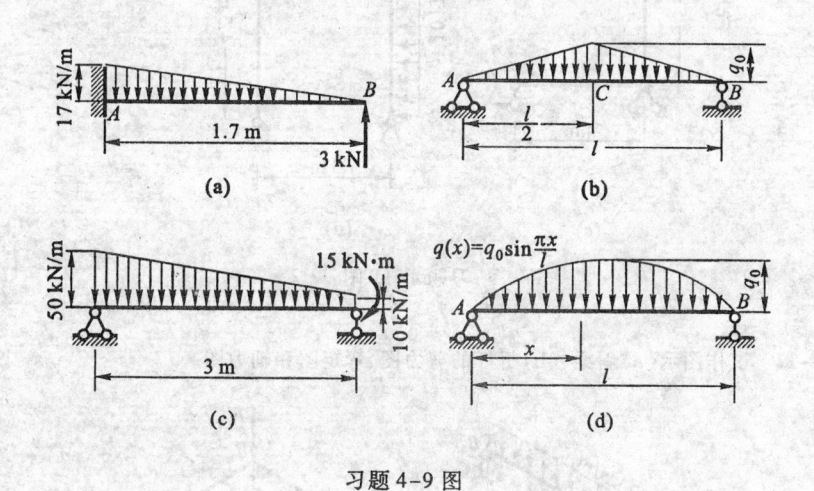

习题 4-9 图

4-10 一根搁在地基上的梁承受荷载如图 a 和 b 所示。假设地基的反力是均匀分布的。试分别求地基反力的集度 q_R，并作梁的剪力图和弯矩图。

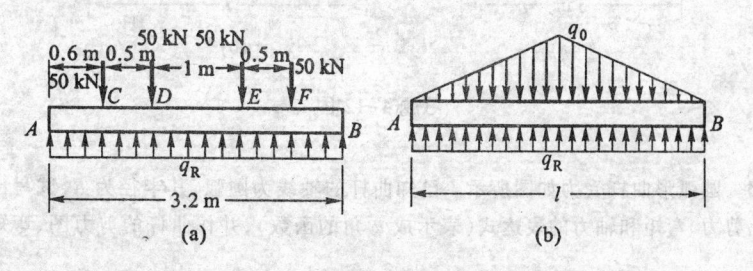

习题 4-10 图

4-11 试作图示各刚架的剪力图、弯矩图和轴力图。

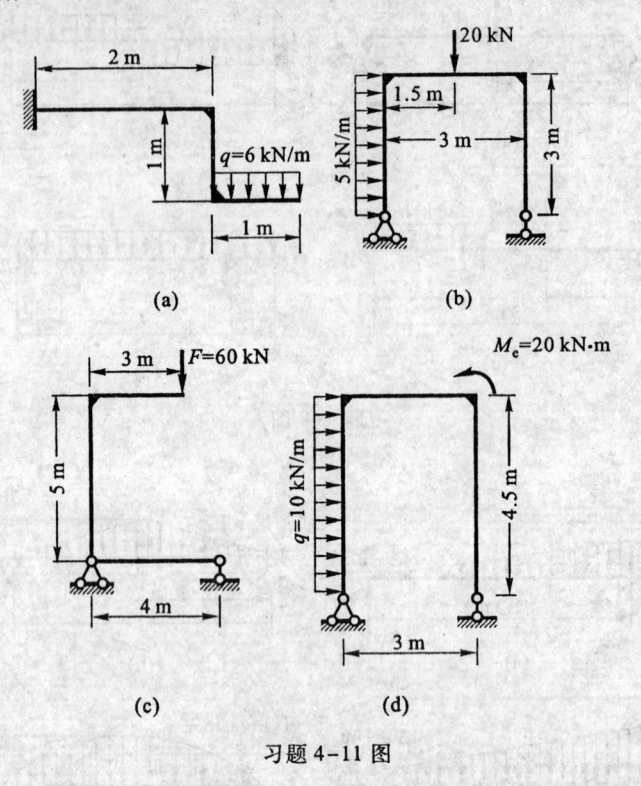

习题 4-11 图

4-12 试作图示(a)斜梁、(b)折杆的剪力图、弯矩图和轴力图。

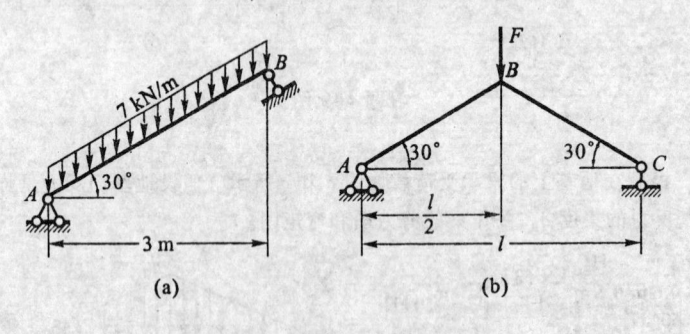

习题 4-12 图

4-13 圆弧形曲杆受力如图所示。已知曲杆的轴线为圆弧,其半径为 R,试写出任意横截面 C 上剪力、弯矩和轴力的表达式(表示成 φ 角的函数),并作曲杆的剪力图、弯矩图和轴力图。

习 题

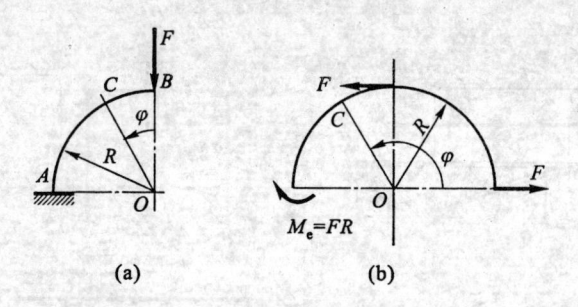

(a)　(b)

习题 4-13 图

4-14 长度 $l=2$ m 的均匀圆木，欲锯下 $a=0.6$ m 的一段。为使锯口处两端面的开裂最小，应使锯口处的弯矩为零。现将圆木放置在两只锯木架上，一只锯木架放置在圆木的一端，试求另一只锯木架应放置的位置。

4-15 装在飞机机身上的无线电天线 AB 的高度为 $h=0.5$ m，为抵抗飞行时天线所受的阻力，在天线顶拴一金属拉线 AC，如图所示。假设空气阻力沿天线可视为均匀分布，其合力为 F。为使天线中的最大弯矩为最小，试求拉线中的拉力。

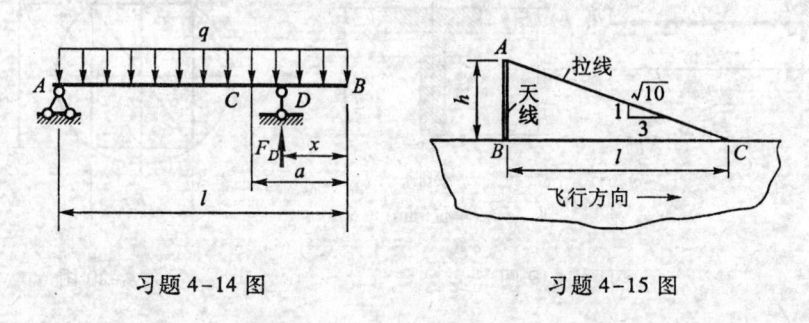

习题 4-14 图　　习题 4-15 图

4-16 长度为 250 mm、截面尺寸为 $h\times b=0.8\text{ mm}\times 25$ mm 的薄钢尺，由于两端外力偶的作用而弯成中心角为 $60°$ 的圆弧。已知弹性模量 $E=210$ GPa。试求钢尺横截面上的最大正应力。

4-17 一厚度为 δ、宽度为 b 的薄直钢条 AB，钢条的长度为 l，A 端夹在半径为 R 的刚性座上，如图所示。设钢条的弹性模量为 E，密度为 ρ，且壁厚 $\delta\ll R$，设钢条的变形处于线弹性、小变形范围，试求钢条与刚性座贴合的长度。

4-18 一外径为 250 mm、壁厚为 10 mm、长度 $l=12$ m 的铸铁水管，两端搁在支座上，管中充满着水，如图所示。铸铁的密度 $\rho_1=7.70\times 10^3$ kg/m³，水的密度 $\rho_2=1\times 10^3$ kg/m³。试求管内最大拉、压正应力的数值。

4-19 一 T 字形截面的悬臂梁的尺寸及其承载如图所示。为使梁内最大拉应力与最大压应力之比为 $1/2$，试求：

(1) 水平翼缘的宽度 b 及梁横截面上的最大拉应力。

(2) 最大正应力截面上法向拉伸内力大小与作用点、法向压缩内力大小与作用点、及两者的合力矩大小。

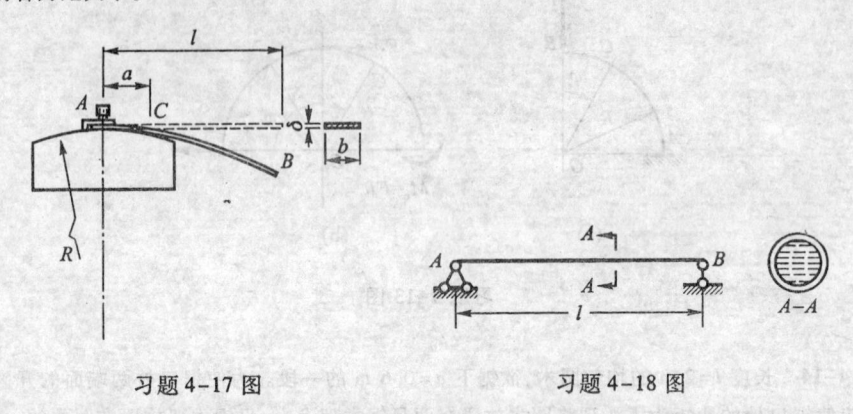

习题 4-17 图

习题 4-18 图

4-20 我国宋朝李诚所著《营造法式》中,规定木梁截面的高宽比 $h/b=3/2$（如图），试从弯曲强度的观点,证明该规定近似于由直径为 d 的圆木中锯出矩形截面梁的合理比值。

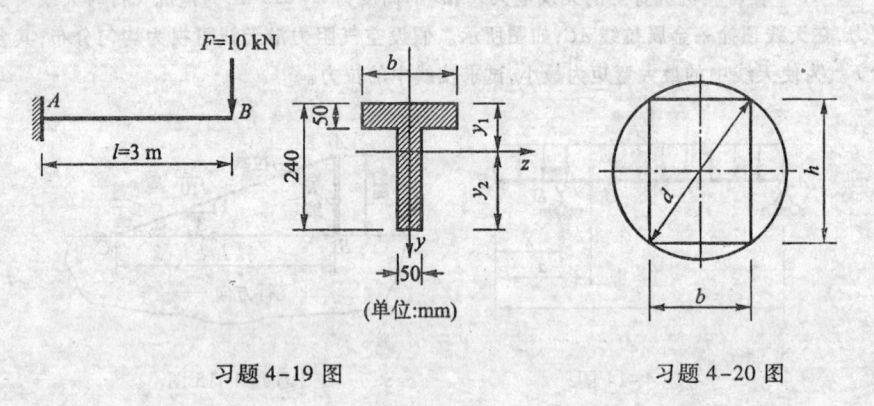

习题 4-19 图

习题 4-20 图

4-21 有一圆形截面梁,直径为 d。为增大其弯曲截面系数 W_z,可将圆形截面切去高度为 δ 的一小部分,如图所示。试求使弯曲截面系数 W_z 为最大的 δ 值。

4-22 图示一由 16 号工字钢制成的简支梁承受集中荷载 F。在梁的截面 $C-C$ 处下边缘上,用标距 $s=20$ mm 的应变仪量得纵向伸长 $\Delta s=0.008$ mm。已知梁的跨长 $l=1.5$ m, $a=1$ m,弹性模量 $E=210$ GPa。试求力 F 的大小。

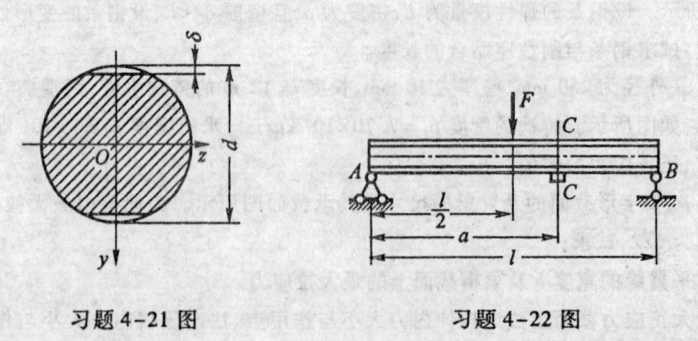

习题 4-21 图

习题 4-22 图

4-23 由两根36a号槽钢组成的梁如图所示。已知：$F=44$ kN，$q=1$ kN/m。钢的许用弯曲正应力 $[\sigma]=170$ MPa，试校核梁的正应力强度。

4-24 一简支木梁受力如图所示，荷载 $F=5$ kN，距离 $a=0.7$ m，材料的许用弯曲正应力 $[\sigma]=10$ MPa，横截面为 $\dfrac{h}{b}=3$ 的矩形。试按正应力强度条件确定梁横截面的尺寸。

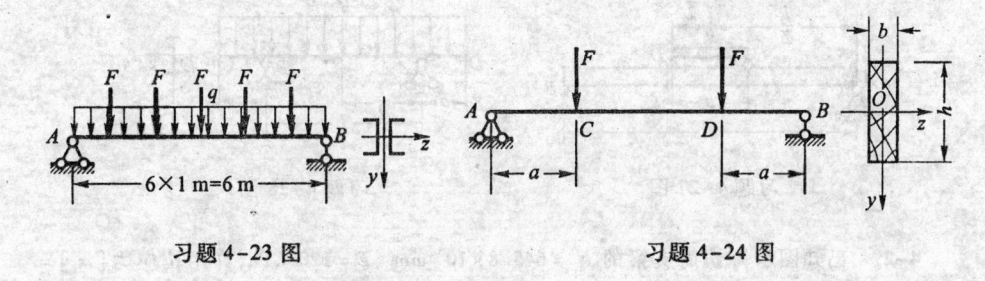

习题 4-23 图　　　　习题 4-24 图

4-25 由两根28a号槽钢组成的简支梁受三个集中力作用，如图所示。已知该梁材料为Q235钢，其许用弯曲正应力 $[\sigma]=170$ MPa。试求梁的许可荷载 $[F]$。

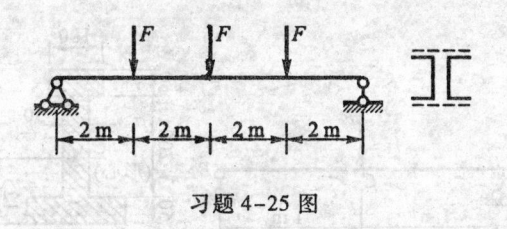

习题 4-25 图

4-26 图示一平顶凉台，其长度 $l=6$ m，宽度 $a=4$ m，顶面荷载集度 $f=2\,000$ Pa，由间距为 $s=1$ m 的木次梁 AB 支持。木梁的许用弯曲正应力 $[\sigma]=10$ MPa，并已知 $\dfrac{h}{b}=2$。试求：

（1）在次梁用料最经济的情况下，确定主梁位置的 x 值；

（2）选择矩形截面木次梁的尺寸。

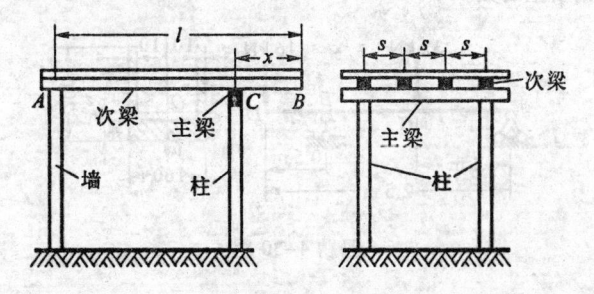

习题 4-26 图

4-27 当荷载 F 直接作用在跨长为 $l=6$ m 的简支梁 AB 之中点时，梁内最大正应力超过许可值 30%。为了消除过载现象,配置了如图所示的辅助梁 CD,试求辅助梁的最小跨长 a。

4-28 图示的外伸梁由 25a 号工字钢制成,其跨长 $l=6$ m,且在全梁上受集度为 q 的均布荷载作用。当支座处截面 A、B 上及跨中截面 C 上的最大正应力均为 $\sigma=140$ MPa 时,试问外伸部分的长度 a 及荷载集度 q 各等于多少?

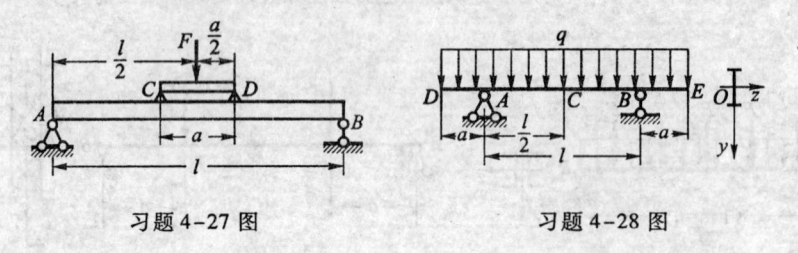

习题 4-27 图

习题 4-28 图

4-29 已知图示铸铁简支梁的 $I_{z_1}=645.8\times10^6$ mm^4,$E=120$ GPa,许用拉应力 $[\sigma_t]=30$ MPa,许用压应力 $[\sigma_c]=90$ MPa。试求:

(1) 许可荷载 $[F]$;

(2) 在许可荷载作用下,梁下边缘的总伸长量。

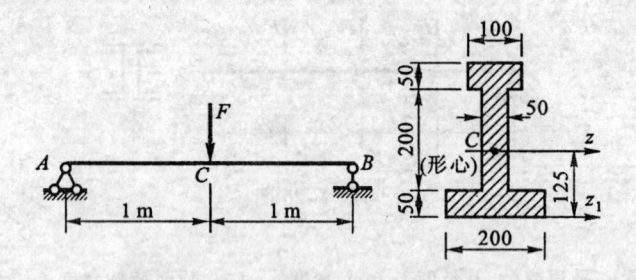

习题 4-29 图

4-30 一铸铁梁如图所示。已知材料的拉伸强度极限 $\sigma_b=150$ MPa,压缩强度极限 $\sigma_{bc}=630$ MPa。试求梁的安全因数。

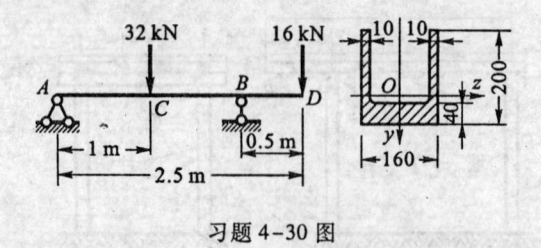

习题 4-30 图

4-31 一悬臂梁长为 900 mm,在自由端受一集中力 F 的作用。梁由三块 50 mm×100 mm 的木板胶合而成,如图所示,图中 z 轴为中性轴。胶合缝的许用切应力 $[\tau]=0.35$ MPa。试按胶合缝的切应力强度求许可荷载 $[F]$,并求在此荷载作用下,梁的最大弯曲正应力。

4-32 一矩形截面木梁，其截面尺寸及荷载如图，$q = 1.3$ kN/m。已知许用弯曲正应力 $[\sigma] = 10$ MPa，许用切应力 $[\tau] = 2$ MPa。试校核梁的正应力和切应力强度。

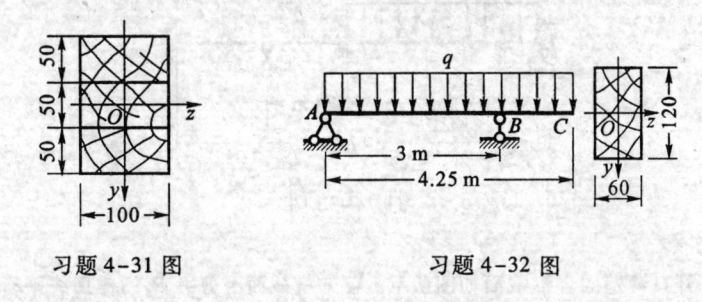

习题 4-31 图   习题 4-32 图

4-33 简支梁 AB 承受如图所示的均布荷载，其集度 $q = 407$ kN/m（图 a）。梁横截面的形状及尺寸如图 b 所示。梁的材料的许用弯曲正应力 $[\sigma] = 210$ MPa，许用切应力 $[\tau] = 130$ MPa。试校核梁的正应力和切应力强度。

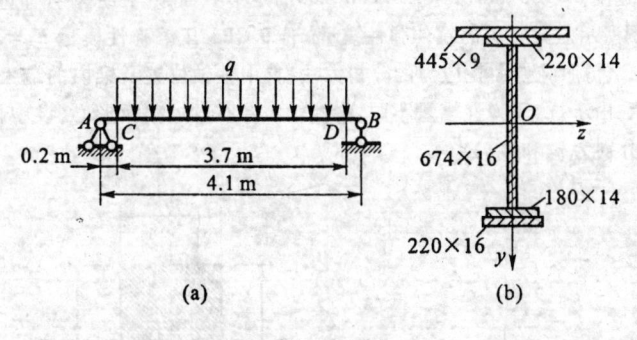

习题 4-33 图

4-34 图示木梁受一可移动的荷载 $F = 40$ kN 作用。已知许用弯曲正应力 $[\sigma] = 10$ MPa，许用切应力 $[\tau] = 3$ MPa。木梁的横截面为矩形，其高宽比 $\dfrac{h}{b} = \dfrac{3}{2}$。试选择梁的截面尺寸。

4-35 由工字钢制成的简支梁受力如图所示。已知材料的许用弯曲正应力 $[\sigma] = 170$ MPa，许用切应力 $[\tau] = 100$ MPa。试选择工字钢号码。

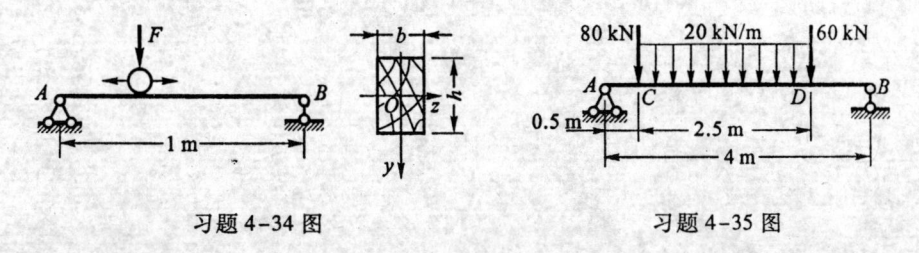

习题 4-34 图   习题 4-35 图

4-36 外伸梁 AC 承受荷载如图所示，$M_e = 40\text{ kN}\cdot\text{m}$，$q = 20\text{ kN/m}$。材料的许用弯曲正应力 $[\sigma] = 170\text{ MPa}$，许用切应力 $[\tau] = 100\text{ MPa}$。试选择工字钢的号码。

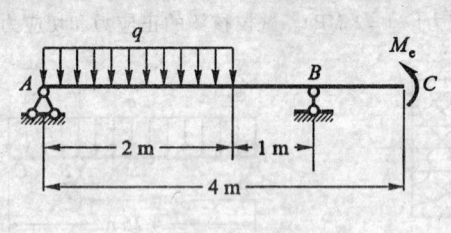

习题 4-36 图

*4-37 开口薄壁圆环形截面如图所示。已知横截面上剪力 F_S 的作用线平行于截面的 y 轴，试仿照矩形截面梁弯切应力的分析方法，推导此截面上弯曲切应力的计算公式。（提示：对薄壁圆环截面，切应力沿壁厚可视为均匀分布。对于微段 dx，用夹角为 $d\theta$ 的两纵截面截取体积单元。）

*4-38 一宽度 $b = 100\text{ mm}$、高度 $h = 200\text{ mm}$ 的矩形截面梁，在纵对称面内承受弯矩 $M = 10\text{ kN}\cdot\text{m}$，如图所示。梁材料的拉伸弹性模量 $E_t = 9\text{ GPa}$，压缩弹性模量 $E_c = 25\text{ GPa}$，若平面假设依然成立，试仿照纯弯曲正应力的分析方法，求中性轴位置及梁内的最大拉应力和最大压应力。（提示：由于拉、压弹性模量不同，中性轴 z 将不通过截面形心，设中性轴距截面上、下边缘的距离分别为 h_c 和 h_t。）

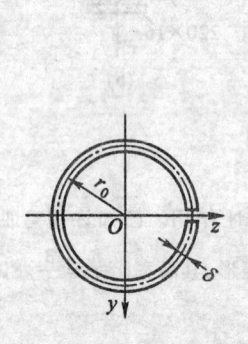

习题 4-37 图 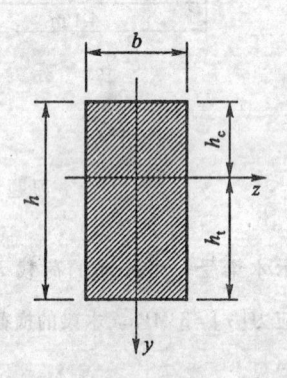   习题 4-38 图

第五章 梁弯曲时的位移

§5-1 梁的位移——挠度及转角

为研究等直梁在对称弯曲时的位移,取梁在变形前的轴线为 x 轴,梁横截面的铅垂对称轴为 y 轴,而 xy 平面即为梁上荷载作用的纵向对称平面(图5-1)。梁发生对称弯曲变形后,其轴线将变成在 xy 平面内的曲线 AC_1B,如图 5-1 所示。度量梁变形后横截面位移的两个基本量是:横截面形心(即轴线上的点)在垂直于 x 轴方向的线位移 w,称为该截面的**挠度**;横截面对其原来位置的角位移 θ,称为该截面的**转角**。由于梁变形后的轴线是一条光滑的连续曲线 AC_1B,且横截面仍与曲线保持垂直,因此,横截面的转角 θ 也就是曲线在该点处的切线与 x 轴之间的夹角。

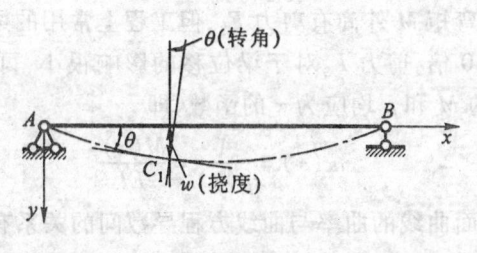

图 5-1

在第四章中已知,度量等直梁弯曲变形程度的是曲线 AC_1B 的曲率。但由于曲率难以度量,且在工程实际中,梁的变形还受到支座约束的影响,而横截面的位移量 w 和 θ 不仅与曲率的大小有关,同时还与梁的支座约束有关,因此,通常就用这两个位移量来反映梁的变形情况。应当指出,梁轴线弯曲成曲线后,在 x 轴方向也将发生线位移。但在小变形情况下,梁的挠度远小于跨长,梁变形后的轴线是一条平坦的曲线,横截面形心沿 x 轴方向的线位移与挠度相比属于高阶微量,可略去不计,因此,在选定坐标系,梁变形后的轴线(即曲线 AC_1B)可表达为

$$w = f(x) \tag{a}$$

式中,x 为梁在变形前轴线上任一点的横坐标;w 为该点的挠度。梁变形后的轴线称为**挠曲线**,在线弹性范围内的挠曲线,也称为**弹性曲线**。上述表达式(a)则

称为**挠曲线**（或**弹性曲线**）**方程**。

由于挠曲线为一平坦曲线，故转角 θ 可表达为

$$\theta \approx \tan\theta = w' = f'(x) \qquad (b)$$

即挠曲线上任一点处的切线斜率 w' 可足够精确地代表该点处横截面的转角 θ。表达式(b)称为**转角方程**。

由此可见，求得挠曲线方程(a)后，就能确定梁任一横截面挠度的大小、指向及转角的数值、转向。在图 5-1 所示的坐标系中，正值的挠度向下，负值向上；正值的转角为顺时针转向，负值为逆时针转向。

§5-2 梁的挠曲线近似微分方程及其积分

为求得梁的挠曲线方程，利用曲率 κ 与弯矩 M 间的物理关系，即式(4-4)

$$\kappa = \frac{1}{\rho} = \frac{M}{EI}$$

应该指出，式中的曲率 κ 为度量挠曲线弯曲程度的量，因而是非负值的。

式(4-4)为梁在线弹性范围内纯弯曲情况下的曲率表达式。在横力弯曲时，梁横截面上除弯矩 M 外尚有剪力 F_S，但工程上常用的梁，其跨长 l 一般均大于横截面高度的 10 倍，剪力 F_S 对于梁位移的影响很小，可略去不计，故该式仍然适用。但式中的 M 和 ρ 均应为 x 的函数，即

$$\kappa(x) = \frac{1}{\rho(x)} = \frac{M(x)}{EI} \qquad (a)$$

在数学中，平面曲线的曲率与曲线方程导数间的关系有

$$\frac{1}{\rho(x)} = \pm\frac{w''}{(1+w'^2)^{3/2}} \qquad (b)$$

当取 x 轴向右为正、y 轴向下为正（图 5-1、图 5-2）时，曲线凸向上时 w'' 为正，凸向下时为负。而按弯矩的正、负号规定，梁弯曲后凸向下时为正，凸向上时为负，如图 5-2 所示。于是，将式(b)代入式(a)，得

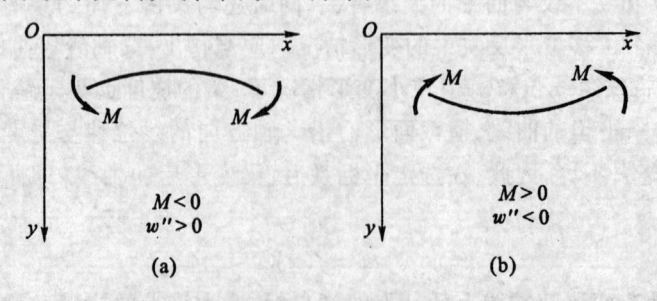

图 5-2

$$\frac{w''}{(1+w'^2)^{3/2}} = -\frac{M(x)}{EI} \text{①} \tag{5-1}$$

由于梁的挠曲线为一平坦的曲线，因此，w'^2 与 1 相比十分微小而可略去不计，故上式可近似地写为

$$w'' = -\frac{M(x)}{EI} \tag{5-2a}$$

上式由于略去了剪力 F_S 的影响，并在 $(1+w'^2)^{3/2}$ 中略去了 w'^2 项，故称为梁的**挠曲线近似微分方程**。

若为等截面直梁，其弯曲刚度 EI 为一常量，上式可改写为

$$EIw'' = -M(x) \tag{5-2b}$$

对于等直梁，按式(5-2b)进行积分，并通过由梁的变形相容条件给出的边界条件确定积分常数，即可得梁的挠曲线方程。

当全梁各横截面上的弯矩可用单一的弯矩方程表示时（如在图 5-3 中所示各梁），梁的挠曲线近似微分方程仅有一个。于是，将式(5-2b)的两端各乘以 dx，经积分一次，得

$$EIw' = -\int M(x)dx + C_1 \tag{5-3a}$$

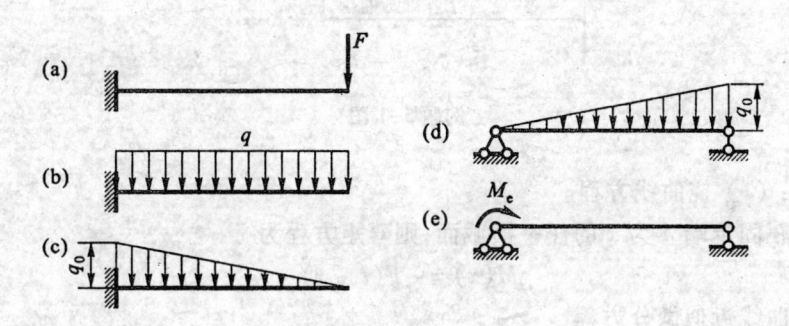

图 5-3

再积分一次，即得

$$EIw = -\int\left[\int M(x)dx\right]dx + C_1 x + C_2 \tag{5-3b}$$

两式中积分常数 C_1、C_2 可通过梁挠曲线的边界条件确定。例如，在简支梁（图 5-4a）中，左、右两铰支座处的挠度 w_A 和 w_B 均等于零；在悬臂梁（图 5-4b）中，固

---

① 该式有时也写作 $\frac{d\theta}{ds} = -\frac{M}{EI}$ 的形式，称之为梁的挠曲线精确微分方程，式中 $d\theta$ 是长度为 ds 的微段梁两端面间的相对转角。

定端处的挠度 w_A 和转角 θ_A 均等于零等。

确定积分常数 C_1 和 C_2 后,代入式(5-3a)和(5-3b),就分别得到梁的转角方程和挠曲线方程,从而可确定任一横截面的转角和挠度。

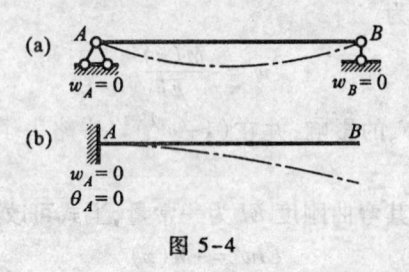

图 5-4

例题 5-1 图示一弯曲刚度为 EI 的悬臂梁,在自由端受一集中力 F 作用。试求梁的挠曲线方程和转角方程,并确定其最大挠度 w_{max} 和最大转角 θ_{max}。

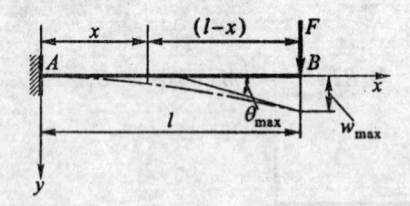

例题 5-1 图

解:(1)挠曲线方程

取距固定端 A 为 x 的任一横截面,则弯矩方程为

$$M(x) = -F(l-x) \tag{1}$$

即得挠曲线近似微分方程

$$EIw'' = -M(x) = Fl - Fx \tag{2}$$

通过两次积分,得

$$EIw' = Flx - \frac{Fx^2}{2} + C_1 \tag{3}$$

$$EIw = \frac{Flx^2}{2} - \frac{Fx^3}{6} + C_1 x + C_2 \tag{4}$$

由悬臂梁的边界条件,得积分常数为

在 $x=0$ 处,$w=0$; $C_2 = 0$

在 $x=0$ 处,$w'=0$; $C_1 = 0$

将确定的积分常数代入(3)、(4)两式,即得梁的转角方程和挠曲线方程分别为

$$\theta = w' = \frac{Flx}{EI} - \frac{Fx^2}{2EI} \qquad (5)$$

和

$$w = \frac{Flx^2}{2EI} - \frac{Fx^3}{6EI} \qquad (6)$$

（2）最大挠度、转角

根据梁的受力情况及边界条件，画出梁挠曲线的示意图（如图）后可知，梁的最大转角 θ_{max} 和最大挠度 w_{max} 均发生在 $x=l$ 的自由端截面处。由式（5）、（6）分别求得其值为

$$\theta_{max} = \theta\mid_{x=l} = \frac{Fl^2}{EI} - \frac{Fl^2}{2EI} = \frac{Fl^2}{2EI}$$

和

$$w_{max} = w\mid_{x=l} = \frac{Fl^3}{2EI} - \frac{Fl^3}{6EI} = \frac{Fl^3}{3EI}$$

所得结果，挠度为正值，表明截面 B 为向下移动；转角为正值，表明截面 B 沿顺时针转动。

例题 5-2 图示一弯曲刚度为 EI 的简支梁，在全梁上受集度为 q 的均布荷载作用。试求梁的挠曲线方程和转角方程，并确定其最大挠度 w_{max} 和最大转角 θ_{max}。

解：（1）挠曲线方程

由对称关系得梁的两支反力（如图）为

$$F_A = F_B = \frac{ql}{2}$$

例题 5-2 图

梁的弯矩方程为

$$M(x) = \frac{ql}{2}x - \frac{1}{2}qx^2 = \frac{q}{2}(lx - x^2) \qquad (1)$$

将式（1）中的 $M(x)$ 代入式（5-2b），通过两次积分，可得

$$EIw' = -\frac{q}{2}\left(\frac{lx^2}{2} - \frac{x^3}{3}\right) + C_1 \qquad (2)$$

$$EIw = -\frac{q}{2}\left(\frac{lx^3}{6} - \frac{x^4}{12}\right) + C_1 x + C_2 \qquad (3)$$

由简支梁的边界条件，得积分常数为

在 $x=0$ 处，$w=0$： $C_2 = 0$

在 $x=l$ 处，$w=0$： $C_1 = \frac{ql^3}{24}$

于是,得梁的转角方程和挠曲线方程分别为

$$\theta = w' = \frac{q}{24EI}(l^3 - 6lx^2 + 4x^3) \tag{4}$$

和

$$w = \frac{qx}{24EI}(l^3 - 2lx^2 + x^3) \tag{5}$$

(2) 最大挠度、转角

由于梁上外力及边界条件均对称于梁跨中点,因此,梁的挠曲线也应是对称的。由图可见,两支座处的转角绝对值相等,且均为最大值。分别以 $x=0$ 及 $x=l$ 代入式(4)即得最大转角值为

$$\theta_{\max} = \theta_A = \theta_B = \pm \frac{ql^3}{24EI}$$

由挠曲线为一光滑的对称曲线,故其最大挠度必在梁跨中点 $x=l/2$ 处。其最大挠度值为

$$w_{\max} = w \big|_{x=\frac{l}{2}} = \frac{ql/2}{24EI}\left(l^3 - 2l \times \frac{l^2}{4} + \frac{l^3}{8}\right) = \frac{5ql^4}{384EI}$$

在以上两例题中,积分常数 C_1 和 C_2 的几何意义,可从式(5-3a)和(5-3b)中直接看出。由于以 x 为自变量,在坐标原点即 $x=0$ 处的定积分 $\int_0^0 M(x)\mathrm{d}x$ 和 $\int_0^0 \left[\int_0^0 M(x)\mathrm{d}x\right]\mathrm{d}x$ 恒等于零,因此积分常数

$$C_1 = EIw' \big|_{x=0} = EI\theta_0, \quad C_2 = EIw_0 \tag{c}$$

式中,θ_0 和 w_0 分别表示坐标原点处截面的转角和挠度。在例题 5-1 中,坐标原点即固定端处截面的 θ_0 和 w_0 均等于零,因此 C_1 和 C_2 也均等于零。在例题 5-2 中坐标原点即左铰支座处截面的 $w_0=0$ 而 $\theta_0 = \frac{ql^3}{24EI}$,因此 $C_2 = 0$,而 $C_1 = \frac{ql^3}{24}$。

若梁上的荷载不连续,即分布荷载在跨度中间的某点处开始或结束,以及集中荷载或集中力偶作用处,则梁的弯矩方程须分段写出,各段梁的挠曲线近似微分方程也随之不同。而在对各段梁的近似微分方程积分时,均将出现两个积分常数。为确定这些积分常数,除需利用支座处的**约束条件**外,还需利用相邻两段梁在交界处位移的**连续条件**,例如左、右两段梁在交界处的截面应具有相等的挠度和转角等。而不论是约束条件和连续条件,均发生在各段挠曲线的边界处,故均称为**边界条件**,也即弯曲位移中的变形相容条件。

例题 5-3 图示一弯曲刚度为 EI 的简支梁,在 D 点处受一集中荷载 F 作

用。试求梁的挠曲线方程和转角方程,并确定其最大挠度和最大转角。

解:(1)挠曲线方程

由平衡方程可得梁的两个支反力(如图)为

$$F_A = F\frac{b}{l} \quad 和 \quad F_B = F\frac{a}{l} \quad (1)$$

对于梁段Ⅰ和Ⅱ,其弯矩方程分别为

$$M_1 = F_A x = F\frac{b}{l}x \quad (0 \leqslant x \leqslant a) \quad (2')$$

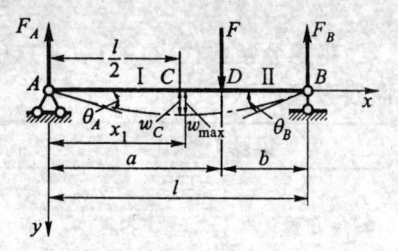

例题 5-3 图

$$M_2 = F\frac{b}{l}x - F(x-a) \quad (a \leqslant x \leqslant l) \quad (2'')$$

梁段Ⅰ、Ⅱ的挠曲线微分方程及其积分分别求得如下:

梁段Ⅰ $(0 \leqslant x \leqslant a)$	梁段Ⅱ $(a \leqslant x \leqslant l)$
挠曲线微分方程: $EIw_1'' = -M_1 = -F\frac{b}{l}x \quad (3')$	$EIw_2'' = -M_2 = -F\frac{b}{l}x + F(x-a) \quad (3'')$
积分一次: $EIw_1' = -F\frac{b}{l} \times \frac{x^2}{2} + C_1 \quad (4')$	$EIw_2' = -F\frac{b}{l} \times \frac{x^2}{2} + \frac{F(x-a)^2}{2} + C_2 \quad (4'')$
再积分一次: $EIw_1 = -F\frac{b}{l} \times \frac{x^3}{6} + C_1 x + D_1 \quad (5')$	$EIw_2 = -F\frac{b}{l} \times \frac{x^3}{6} + \frac{F(x-a)^3}{6} + C_2 x + D_2 \quad (5'')$

在对梁段Ⅱ进行积分运算时,对含有$(x-a)$的弯矩项不要展开,而以$(x-a)$作为自变量进行积分,这样可使确定积分常数的运算得到简化。

由 D 点处的连续条件:

在 $x=a$ 处,$w_1' = w_2'$; 在 $x=a$ 处,$w_1 = w_2$

将式(4′)、(4″)和(5′)、(5″)代入上述边界条件可得

$$C_1 = C_2, \quad D_1 = D_2$$

如前所述,积分常数 C_1 和 D_1 分别等于 $EI\theta_0$ 和 EIw_0,因此有

$$C_1 = C_2 = EI\theta_0, \quad D_1 = D_2 = EIw_0$$

由于图中简支梁在坐标原点处是铰支座,因此,$w_0 = 0$,故 $D_1 = D_2 = 0$。另一积分常数 $C_1 = C_2 = EI\theta_0$,则可由右支座处的约束条件求得,即在 $x=l$ 处,有

$$EIw_2 \big|_{x=l} = -F\frac{b}{l} \times \frac{l^3}{6} + \frac{F(l-a)^3}{6} + C_2 l = 0$$

$$C_1 = C_2 = EI\theta_0 = \frac{Fb}{6l}(l^2 - b^2)$$

将积分常数代入(4′)、(4″)、(5′)和(5″)四式,即得两段梁的转角方程和挠曲线方程如下:

梁段 I　(0 ≤ x ≤ a)	梁段 II　(a ≤ x ≤ l)
转角方程: $\theta_1 = w_1' = \dfrac{Fb}{2lEI}\left[\dfrac{1}{3}(l^2 - b^2) - x^2\right]$　(6′)	$\theta_2 = w_2' = \dfrac{Fb}{2lEI}\left[\dfrac{l}{b}(x-a)^2 - x^2 + \dfrac{1}{3}(l^2 - b^2)\right]$　(6″)
挠曲线方程: $w_1 = \dfrac{Fbx}{6lEI}[l^2 - b^2 - x^2]$　(7′)	$w_2 = \dfrac{Fb}{6lEI}\left[\dfrac{l}{b}(x-a)^3 - x^3 + (l^2 - b^2)x\right]$　(7″)

(2) 最大挠度、转角

显然,最大转角可能发生在左、右两支座处的截面,其值分别为

$$\theta_A = \theta_1\big|_{x=0} = \theta_0 = \frac{Fb(l^2 - b^2)}{6lEI} = \frac{Fab(l+b)}{6lEI}$$

$$\theta_B = \theta_2\big|_{x=l} = -\frac{Fab(l+a)}{6lEI}$$

当 $a > b$ 时,右支座处截面的转角绝对值为最大,其值为

$$\theta_{\max} = \theta_B = -\frac{Fab(l+a)}{6lEI}$$

简支梁的最大挠度应在 $w' = 0$ 处。先研究梁段 I,令 $w_1' = 0$,由式(6)解得

$$x_1 = \sqrt{\frac{l^2 - b^2}{3}} = \sqrt{\frac{a(a + 2b)}{3}} \tag{8}$$

由式(8)可见,当 $a > b$ 时,x_1 值将小于 a。即最大挠度确在梁段 I 中。将 x_1 值代入式(7′),经简化后即得最大挠度为

$$w_{\max} = w_1\big|_{x=x_1} = \frac{Fb}{9\sqrt{3}\, lEI}\sqrt{(l^2 - b^2)^3} \tag{9}$$

由式(8)可见,b 值越小,则 x_1 值越大。即荷载越靠近右支座,梁的最大挠度点离中点就越远,而且梁的最大挠度与梁跨中点挠度的差值也随之增加。在极端情况下,当 b 值甚小,以致 b^2 与 l^2 项相比可略去不计时,则由式(9)可得

$$w_{\max} \approx \frac{Fbl^2}{9\sqrt{3}\, EI} = 0.064\,2\,\frac{Fbl^2}{EI}$$

而梁跨中点 C 处截面的挠度为

$$w_C = w_1 \big|_{x=\frac{l}{2}} = \frac{Fb}{48EI}(3l^2-4b^2) \tag{10}$$

略去 b^2 项,得

$$w_C \approx \frac{Fbl^2}{16EI} = 0.0625 \frac{Fbl^2}{EI}$$

即两者相差不超过梁跨中点挠度的 3%。由此可知,当简支梁承受指向相同的横向荷载(分布荷载或集中荷载)作用时,梁的挠曲线上无拐点,其最大挠度值均可近似地用梁跨中点处的挠度值来代替,其精确度能满足工程计算的要求。

当集中荷载 F 作用在简支梁的中点处,即 $a=b=\frac{l}{2}$ 时,则

$$\theta_{\max} = \pm \frac{Fl^2}{16EI}$$

$$w_{\max} = w_C = \frac{Fl^3}{48EI}$$

在上例的求解过程中,遵循了两个规则:

(1) 对各段梁,都是从同一坐标原点到截面之间的梁段上的外力列出弯矩方程,所以后一梁段的弯矩方程中包括前一梁段的弯矩方程和新增的 $(x-a)$ 项;

(2) 对 $(x-a)$ 项的积分,以 $(x-a)$ 作为自变量。于是,由挠曲线在 $x=a$ 处的连续条件,就能得到两段梁上相应的积分常数分别相等的结果。对于弯矩方程需分为任意几段的情况,只要遵循上述规则,同样可以得到各梁段上相应的积分常数分别相等的结果,从而简化确定积分常数的运算。

§5-3 按叠加原理计算梁的挠度和转角

梁在微小变形条件下,其弯矩与荷载成线性关系。而在线弹性范围内,挠曲线的曲率与弯矩成正比(式(4-4)),当挠度很小时,曲率与挠度间呈线性关系(式(5-2a))。因而,梁的挠度和转角均与作用在梁上的荷载成线性关系。在这种情况下,梁在几项荷载(如集中力、集中力偶或分布力)同时作用下某一横截面的挠度或转角,就分别等于每项荷载单独作用下该截面的挠度或转角的叠加。此即为叠加原理。

在工程实际中,通常需计算梁在几项荷载同时作用下的最大挠度和最大转角。若已知梁在每项荷载单独作用下的挠度和转角表(参见附录Ⅳ),则按叠加原理来计算梁的最大挠度和最大转角将较为简便。

例题 5-4 试按叠加原理,求图 a 所示弯曲刚度为 EI 的简支梁的跨中截面挠度 w_C 和两端截面的转角 θ_A、θ_B。

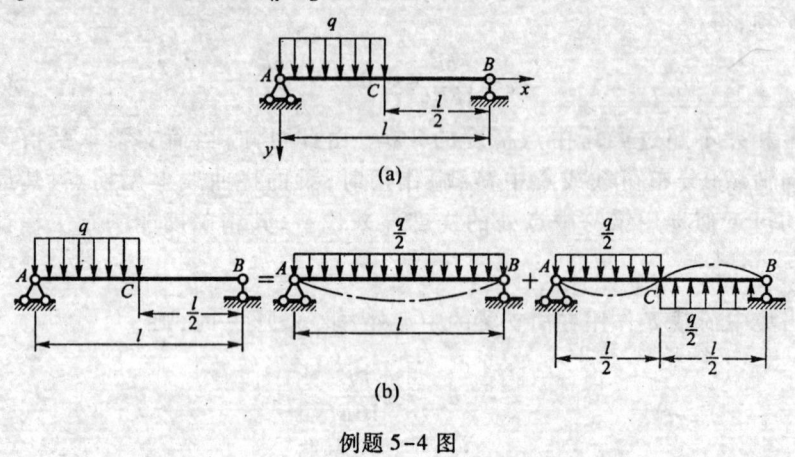

例题 5-4 图

解：(1) 分析简化

将图 a 所示荷载视为对跨中截面 C 为正对称荷载与反对称荷载两种情况的叠加,如图 b 所示。

在正对称荷载作用下,梁的挠度和转角可直接由附录Ⅳ表中查得。而在反对称荷载作用下,梁的挠曲线对于跨中截面 C 也应是反对称的,因而跨中截面 C 的挠度为零,且该截面上的弯矩又等于零,故可将 AC 段和 CB 段分别视为受均布荷载作用且长度为 $\dfrac{l}{2}$ 的简支梁,于是,其挠度和转角就可由附录Ⅳ表中查得。

(2) 挠度和转角

在正对称荷载作用下,梁跨中截面 C 的挠度和两端截面 A、B 的转角由附录Ⅳ序号 8 查得分别为

$$w_{C1} = \frac{5(q/2)l^4}{384EI} = \frac{5ql^4}{768EI}$$

$$\theta_{A1} = -\theta_{B1} = \frac{(q/2)l^3}{24EI} = \frac{ql^3}{48EI}$$

在反对称荷载作用下,截面 C 的挠度为零,截面 A、B 的转角查得为

$$w_{C2} = 0$$

$$\theta_{A2} = \theta_{B2} = \frac{(q/2)(l/2)^3}{24EI} = \frac{ql^3}{384EI}$$

将相应的位移值叠加,即得所求的挠度和转角为

$$w_C = w_{C1} + w_{C2} = \frac{5ql^4}{768EI}(\downarrow)$$

$$\theta_A = \theta_{A1} + \theta_{A2} = \frac{ql^3}{48EI} + \frac{ql^3}{384EI} = \frac{3ql^3}{128EI}(\curvearrowright)$$

$$\theta_B = \theta_{B1} + \theta_{B2} = -\frac{ql^3}{48EI} + \frac{ql^3}{384EI} = -\frac{7ql^3}{384EI}(\curvearrowleft)$$

例题 5-5 一弯曲刚度为 EI 的外伸梁受荷载如图 a 所示，试按叠加原理，求截面 B 的转角 θ_B 以及 A 端和 BC 段中点 D 的挠度 w_A 和 w_D。

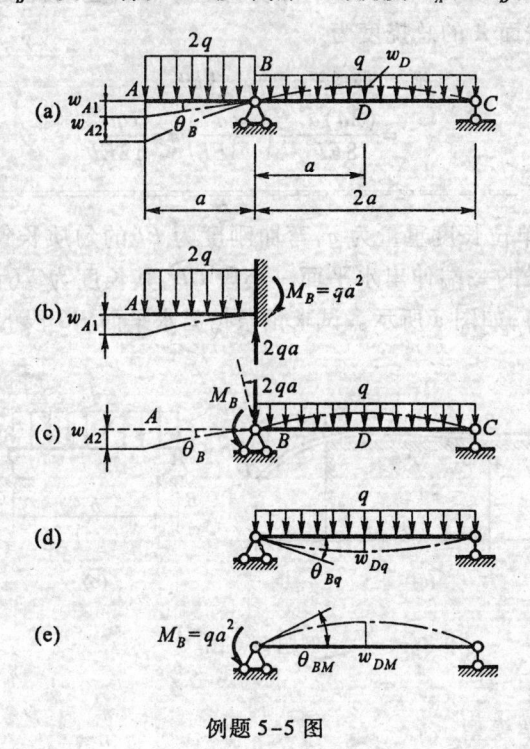

例题 5-5 图

解：(1) 外伸梁简化

附录Ⅳ中仅给出了简支梁或悬臂梁的挠度和转角，为此，将外伸梁假想沿 B 截面截开，视作一简支梁和一悬臂梁。显然，在两段梁的截面 B 上应加上互相作用的力 $2qa$ 和力偶矩 $M_B = qa^2$，即截面 B 的剪力和弯矩值。

(2) 截面 B 的转角和截面 C 的挠度

由图 a 及 c（两图中梁的挠曲线是假定的）可见，图 c 中简支梁 BC 的受力情况与原外伸梁的 BC 段受力情况相同，因此，简支梁 BC 的 θ_B 及 w_D，即是原外伸梁 AC 的 θ_B 及 w_D。简支梁 BC 上的集中力 $2qa$ 作用在支座处，不产生弯曲变形。

于是，按叠加原理及附录Ⅳ，由力偶矩 M_B 和均布荷载 q 所引起的 θ_B 和 w_D（图 d 及 e），得

$$\theta_B = \theta_{Bq} + \theta_{BM} = \frac{q(2a)^3}{24EI} - \frac{(qa^2)(2a)}{3EI} = -\frac{1}{3}\frac{qa^3}{EI}$$

$$w_D = w_{Dq} + w_{DM} = \frac{5}{384} \times \frac{q(2a)^4}{EI} - \frac{(qa^2)(2a)^2}{16EI} = -\frac{1}{24}\frac{qa^4}{EI}$$

（3）端截面 A 挠度

原外伸梁 AC 端截面 A 的挠度 w_A，除悬臂梁（图 b）的挠度 w_{A1} 外，还需考虑由截面 B 的转动，带动 AB 段作刚体转动（图 c）而引起的挠度 w_{A2}。于是，按叠加原理，可得端截面 A 的总挠度为

$$w_A = w_{A1} + w_{A2} = w_{A1} - \theta_B a$$

$$= \frac{(2q)a^4}{8EI} - \left(-\frac{qa^3}{3EI}\right)a = \frac{7qa^4}{12EI}$$

例题 5-6　单位长度重量为 q，弯曲刚度为 EI 的匀质长钢条 AD 放置在刚性水平面上，钢条的一端伸出水平面一小段 CD，其长度为 a（设 a 足够小，保证不引起钢条倾覆），如图 a 所示。试求钢条抬离水平面 BC 段的长度 b。

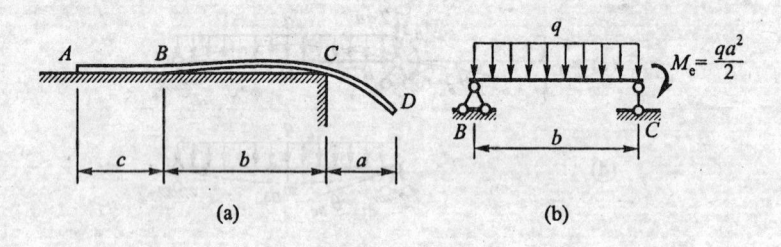

例题 5-6 图

解：（1）力学模型

钢条的 AB 段紧贴在水平面上，其曲率为零，故 AB 段内钢条各横截面上的弯矩为零。又钢条在截面 B 处并无阻止转动的外部约束，仅有水平面阻止其铅垂方向的位移，故截面 B 处可视为铰链约束。而钢条 BC 段可简化为承受均布荷载 q 和由外伸段 CD 的重量所引起的外力偶矩 $M_e = \frac{1}{2}qa^2$ 作用下的简支梁，如图 b 所示。

（2）抬离水平面的长度

由截面 B 处转角为零的变形相容条件，按叠加原理得

$$\theta_B = \theta_{BM} - \theta_{Bq} = 0$$

由附录Ⅳ,得

$$\frac{\left(\frac{qa^2}{2}\right)b}{6EI}-\frac{qb^3}{24EI}=0$$

即可解得抬离水平面的长度为

$$b=\sqrt{2}\,a$$

*§5-4 奇异函数·梁挠曲线的初参数方程

在工程实际中,梁往往同时承受几种(或几个)荷载的作用,这时挠曲线的近似微分方程需分段建立,计算颇为繁冗。本节讨论引用奇异函数的初参数法,在这一方法中,不论荷载如何复杂,梁的弯矩和挠曲线方程都能用一个统一的方程表达,以适应使用计算机来计算梁的位移。

Ⅰ.奇异函数

设一函数簇 $f_n(x)$,其定义式为

$$f_n(x)=\langle x-a\rangle^n=\begin{cases}(x-a)^n, & x\geqslant a\\ 0, & x<a\end{cases} \tag{5-4}$$

为区别于一般函数,上式中使用了尖括号,这种形式的函数称为**奇异函数**。当 $n=0,1,2$ 时,其图像如图5-5所示。

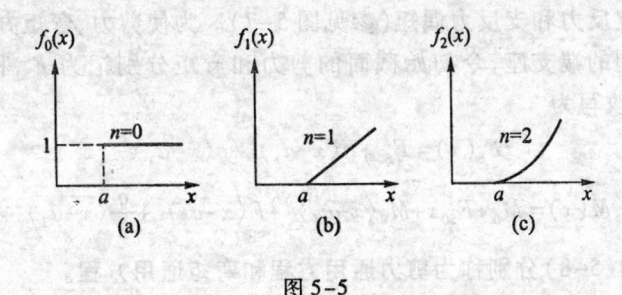

图 5-5

奇异函数的积分和求导法则为

$$\int\langle x-a\rangle^n\,\mathrm{d}x=\frac{1}{n+1}\langle x-a\rangle^{n+1}+C,\qquad n\geqslant 0 \tag{5-5}$$

$$\frac{\mathrm{d}}{\mathrm{d}x}\langle x-a\rangle^n=\begin{cases}0, & n=0\\ n\langle x-a\rangle^{n-1}, & n\geqslant 1\end{cases} \tag{5-6}$$

利用奇异函数,可以写出适用于全梁的弯矩或剪力的通用方程。

设一弯曲刚度为 EI 的等直梁 AB，承受集中力偶 M_e、集中力 F 及均布荷载 q 的作用，如图 5-6 所示。

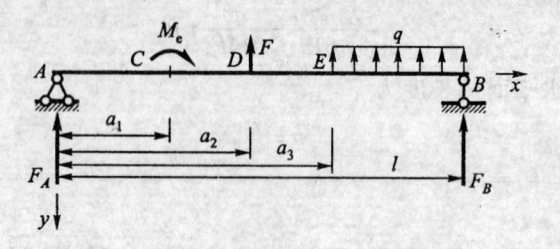

图 5-6

取坐标原点为梁的左端 A，应用奇异函数，对梁的 EB 段建立剪力、弯矩方程

$$F_S = F_A\langle x-0\rangle^0 + F\langle x-a_2\rangle^0 + q\langle x-a_3\rangle^1$$
$$= F_A + F\langle x-a_2\rangle^0 + q\langle x-a_3\rangle^1 \qquad (a)$$

$$M = F_A\langle x-0\rangle^1 + M_e\langle x-a_1\rangle^0 + F\langle x-a_2\rangle^1 + \frac{q}{2}\langle x-a_3\rangle^2$$
$$= F_A x + M_e\langle x-a_1\rangle^0 + F\langle x-a_2\rangle^1 + \frac{q}{2}\langle x-a_3\rangle^2 \qquad (b)$$

按奇异函数的定义式(5-4)，显然，剪力方程(a)和弯矩方程(b)同样适用于梁的 AC、CD 和 DE 各段。

图 5-6 所示梁的左端 A 为固定铰支座，其坐标原点 $x=0$ 处初始截面上的剪力等于 F_A，弯矩为零。若梁左端为固定端，则初始截面上的剪力和弯矩分别等于固定端的支反力和支反力偶矩(参见图 5-7)。为使剪力、弯矩方程(a)和(b)能适用于不同的端支座，令初始截面的剪力和弯矩分别记为 F_{S0} 和 M_0，则方程(a)和(b)可改写为

$$F_S(x) = F_{S0} + F\langle x-a_2\rangle^0 + q\langle x-a_3\rangle^1 \qquad (5-7)$$

$$M(x) = M_0 + F_{S0}x + M_e\langle x-a_1\rangle^0 + F\langle x-a_2\rangle^1 + \frac{q}{2}\langle x-a_3\rangle^2 \qquad (5-8)$$

方程(5-7)和(5-8)分别称为**剪力通用方程**和**弯矩通用方程**。

Ⅱ. 挠曲线的初参数方程

弯曲刚度为 EI 的等直梁挠曲线的近似微分方程为

$$EIw'' = -M(x) \qquad (c)$$

将弯矩通用方程(5-8)代入上式，并按积分规则式(5-5)，经二次积分，得

$$EI\theta = -M_0 x - \frac{F_{S0}}{2}x^2 - M_e\langle x-a_1\rangle^1 - \frac{F}{2}\langle x-a_2\rangle^2 - \frac{q}{6}\langle x-a_3\rangle^3 + C_1 \qquad (d)$$

$$EIw = -\frac{M_0}{2}x^2 - \frac{F_{S0}}{6}x^3 - \frac{M_e}{2}\langle x-a_1\rangle^2 - \frac{F}{6}\langle x-a_2\rangle^3 - \frac{q}{24}\langle x-a_3\rangle^4 + C_1 x + C_2 \qquad (e)$$

以 $x=0$ 代入上两式，得积分常数

$$C_1 = EI\theta_0, \quad C_2 = EIw_0 \qquad (f)$$

式中 θ_0 和 w_0 分别表示坐标原点处初始截面的转角和挠度。于是，式(d)和(e)可改写为

$$EI\theta = EI\theta_0 - M_0 x - \frac{F_{S0}}{2!}x^2 - M_e\langle x-a_1\rangle^1 - \frac{F}{2!}\langle x-a_2\rangle^2 - \frac{q}{3!}\langle x-a_3\rangle^3 \qquad (5-9)$$

$$EIw = EIw_0 + EI\theta_0 x - \frac{M_0}{2!}x^2 - \frac{F_{S0}}{3!}x^3 - \frac{M_e}{2!}\langle x-a_1\rangle^2 - \frac{F}{3!}\langle x-a_2\rangle^3 - \frac{q}{4!}\langle x-a_3\rangle^4$$

$$(5-10)$$

式中，F_{S0}、M_0、θ_0 和 w_0 分别为初始截面上剪力、弯矩、转角和挠度，统称为**初参数**，其值由边界条件确定。对于常用的几种支座形式，初参数的特征如图 5-7 所示。

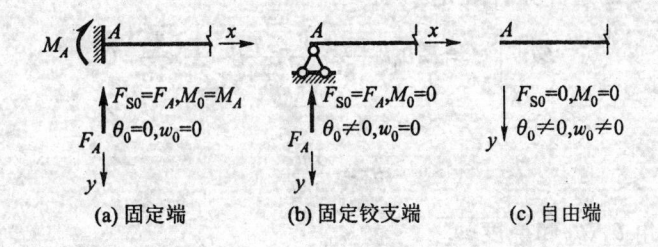

(a) 固定端　　　(b) 固定铰支端　　　(c) 自由端

图 5-7

方程(5-9)和(5-10)即为等直梁**挠曲线的初参数方程**。应当注意，梁上的均布荷载一旦开始出现，就应延续至梁的末端（即右端）。若均布荷载在某处结束，则按叠加原理，先将其延续至梁的末端，再在延续部分施加等值反向的均布荷载。对于线性分布荷载，也可用类似的分析方法，导出其弯矩通用方程或挠曲线的初参数方程，建议读者自行推导。应用挠曲线的初参数方程，并在计算机上编写程序进行计算，有其独到的优点。

例题 5-7　试用初参数方程求解例题 5-4 所示简支梁的跨中截面挠度 w_C 和两端截面转角 θ_A、θ_B。

解：(1) 初参数方程

将作用在梁 AC 段上的均布荷载 q 延续至右端 B，同时，在 CB 段施加等值反向的均布荷载。由式(5-9)和(5-10)写出梁的初参数方程

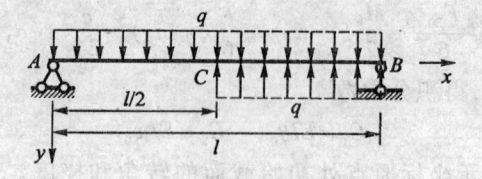

例题 5-7 图

$$EI\theta = EI\theta_0 - M_0 x - \frac{F_{S0}}{2!}x^2 + \frac{q}{3!}x^3 - \frac{q}{3!}\left\langle x - \frac{l}{2}\right\rangle^3 \quad (1)$$

$$EIw = EIw_0 + EI\theta_0 x - \frac{M_0}{2!}x^2 - \frac{F_{S0}}{3!}x^3 + \frac{q}{4!}x^4 - \frac{q}{4!}\left\langle x - \frac{l}{2}\right\rangle^4 \quad (2)$$

确定初参数值,对于固定铰支座(参见图5-7)有

$$F_{S0} = F_A = \frac{3}{8}ql, \ M_0 = 0, \ w_0 = 0$$

θ_0值,由 $w_B = 0$ 的边界条件确定

$$EIw\bigg|_{x=l} = EI\theta_0 l - \frac{3ql}{8} \times \frac{l^3}{6} + \frac{q}{24}l^4 - \frac{q}{24} \times \frac{l^4}{16} = 0$$

得

$$\theta_0 = \frac{3ql^3}{128EI}$$

(2) 转角 θ_A、θ_B 和挠度 w_C

将初参数值代入式(1)、(2),即得梁的转角和挠度方程为

$$EI\theta = \frac{3ql^3}{128} - \frac{3ql}{8} \times \frac{x^2}{2} + \frac{q}{6}x^3 - \frac{q}{6}\left\langle x - \frac{l}{2}\right\rangle^3 \quad (3)$$

$$EIw = \frac{3ql^3 x}{128} - \frac{3ql}{8} \times \frac{x^3}{6} + \frac{q}{24}x^4 - \frac{q}{24}\left\langle x - \frac{l}{2}\right\rangle^4 \quad (4)$$

由方程(3)和(4),即可得需求位移

$$\theta_A = \theta_0 = \frac{3ql^3}{128EI}(\curvearrowleft)$$

$$\theta_B = \theta\bigg|_{x=l} = \frac{ql^3}{EI}\left(\frac{3}{128} - \frac{3}{16} + \frac{1}{6} - \frac{1}{6 \times 8}\right) = -\frac{7ql^3}{384EI}(\curvearrowright)$$

$$w_C = w\bigg|_{x=\frac{l}{2}} = \frac{ql^4}{EI}\left(\frac{3}{128 \times 2} - \frac{3}{48 \times 8} + \frac{1}{24 \times 16}\right)$$

$$= \frac{5ql^4}{768EI}(\downarrow)$$

§5-5 梁的刚度校核·提高梁的刚度的措施

I. 梁的刚度校核

设计梁除需满足强度条件外,往往还需满足刚度条件。若梁的位移过大,则可能影响其正常工作。在土建结构中,通常对梁的挠度加以限制,例如桥梁的挠度过大,则在机车通过时将发生较大的振动。在机械制造中,往往对挠度和转角都有一定的限制,例如机床主轴的挠度过大,将影响其加工精度;传动轴在支座处转角过大,将使轴承发生严重的磨损等。

在各类工程设计中,对构件弯曲位移的许可值有不同的规定。对于梁的挠度,其许可值通常用许可的挠度与跨长之比值 $\left[\dfrac{w}{l}\right]$ 作为标准。例如,在土建工程中,$\left[\dfrac{w}{l}\right]$ 值常限制在 $\dfrac{1}{250} \sim \dfrac{1}{1\,000}$ 范围内;在机械制造中,对主要的轴,$\left[\dfrac{w}{l}\right]$ 值则限制在 $\dfrac{1}{5\,000} \sim \dfrac{1}{10\,000}$ 范围内;对传动轴在支座处的许可转角 $[\theta]$ 一般限制在 $0.001 \sim 0.005$ rad 范围内。

梁的刚度条件可表达为

$$\left.\begin{aligned}\dfrac{w_{\max}}{l} &\leqslant \left[\dfrac{w}{l}\right] \\ \theta_{\max} &\leqslant [\theta]\end{aligned}\right\} \tag{5-11}$$

应当指出,一般土建工程中的构件,强度要求是主要的,刚度要求一般处于从属地位。但当对构件的位移限制很严,或按强度条件所选用的构件截面过于单薄时,刚度条件也可能起控制作用。

例题 5-8 一简支梁承受四个集中荷载,如图 a 所示。该梁由两根槽钢组成(图 b)。已知钢的许用弯曲正应力 $[\sigma] = 170$ MPa,许用切应力 $[\tau] = 100$ MPa,弹性模量 $E = 210$ GPa,梁的许可挠度与跨长之比值为 $\left[\dfrac{w}{l}\right] = \dfrac{1}{400}$。试按强度条件选择槽钢的型号,并校核梁的刚度。

解:(1) 按正应力强度选择槽钢型号

作梁的弯矩图如图 e,最大弯矩值为

$$M_{\max} = 62.4 \text{ kN} \cdot \text{m}$$

按正应力强度条件,梁所需的弯曲截面系数为

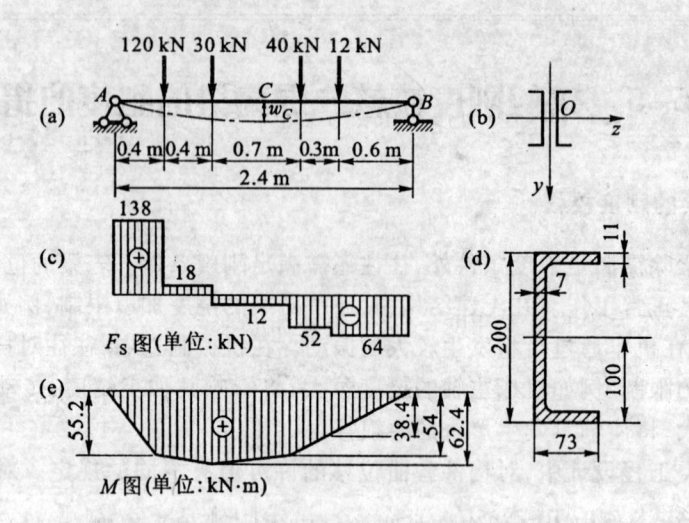

例题 5-8 图

$$W_z \geqslant \frac{M_{\max}}{[\sigma]} = \frac{62.4 \times 10^3 \text{ N} \cdot \text{m}}{170 \times 10^6 \text{ Pa}} = 367 \times 10^{-6} \text{ m}^3$$

每一槽钢所需的弯曲截面系数 $W_z = \dfrac{367 \times 10^{-4} \text{ m}^3}{2} = 183.5 \times 10^{-6} \text{ m}^3$。由型钢规格表选用 20a 号槽钢,其弯曲截面系数为

$$W_z = 178 \times 10^3 \text{ mm}^3$$

当选用两根 20a 号槽钢时,梁内的最大正应力为

$$\sigma_{\max} = \frac{62.4 \times 10^3 \text{ N} \cdot \text{m}}{2 \times (178 \times 10^{-6} \text{ m}^3)} = 175 \times 10^6 \text{ Pa} = 175 \text{ MPa}$$

超过许用弯曲正应力约 3%,其差值在一般规定的 5% 范围内,是允许的。

(2)校核梁的切应力强度

每一槽钢承受的最大剪力(图 c)为

$$F'_{S,\max} = \frac{F_{S,\max}}{2} = \frac{138 \times 10^3 \text{ N}}{2} = 69 \times 10^3 \text{ N}$$

根据 20a 号槽钢截面简化后的尺寸(图 d),计算其中性轴一侧的面积对中性轴的静矩

$$\begin{aligned}
S^*_{z,\max} &= (73 \text{ mm} \times 100 \text{ mm} \times 50 \text{ mm}) - (100-11) \text{ mm} \times \\
&\quad (73-7) \text{ mm} \times \frac{(100-11) \text{ mm}}{2} \\
&= 104\,000 \text{ mm}^3
\end{aligned}$$

由型钢规格表查得 20a 号槽钢的 $I_z = 1\,780 \times 10^4 \text{ mm}^4$，及 $d = 7$ mm。于是，按切应力强度条件(4-17)，有

$$\tau_{max} = \frac{F'_{S,max} S^*_{z,max}}{I_z d} = \frac{(69 \times 10^3 \text{ N}) \times (104 \times 10^{-6} \text{ m}^3)}{(1\,780 \times 10^{-8} \text{ m}^4) \times (7 \times 10^{-3} \text{ m})} = 57.6 \times 10^6 \text{ Pa} = 57.6 \text{ MPa} < [\tau]$$

可见，20a 号槽钢满足切应力强度条件。

(3) 校核梁的刚度

由于梁上各集中荷载的指向相同，其挠曲线无拐点，故可将梁跨中截面 C 处的挠度 w_C 作为梁的最大挠度 w_{max}，并由叠加原理可得

$$w_{max} \approx w_C = \sum_{i=1}^{4} \frac{F_i b_i}{48EI}(3l^2 - 4b_i^2)$$

$$= \frac{1}{48EI} \times \big[(120 \times 10^3 \text{ N}) \times (0.4 \text{ m}) \times (3 \times 2.4^2 \text{ m}^2 - 4 \times 0.4^2 \text{ m}^2) +$$
$$(30 \times 10^3 \text{ N}) \times (0.8 \text{ m}) \times (3 \times 2.4^2 \text{ m}^2 - 4 \times 0.8^2 \text{ m}^2) +$$
$$(40 \times 10^3 \text{ N}) \times (0.9 \text{ m}) \times (3 \times 2.4^2 \text{ m}^2 - 4 \times 0.9^2 \text{ m}^2) +$$
$$(12 \times 10^3 \text{ N}) \times (0.6 \text{ m}) \times (3 \times 2.4^2 \text{ m}^2 - 4 \times 0.6^2 \text{ m}^2) \big]$$

$$= \frac{1\,671 \times 10^3 \text{ N} \cdot \text{m}^3}{48 \times (210 \times 10^9 \text{ Pa}) \times (2 \times 1\,780 \times 10^{-8} \text{ m}^4)} = 4.66 \times 10^{-3} \text{ m}$$

注意，在计算 120 kN 和 30 kN 两荷载所引起的挠度时，取支座 A 到荷载作用点的距离作为附录Ⅳ中第 11 种情况中的 b 值，即实质上是将坐标原点取在 B 点来应用上述公式的。

梁的许可挠度为

$$[w] = \left[\frac{w}{l}\right] \times l = \frac{1}{400} \times 2.4 \text{ m} = 6 \times 10^{-3} \text{ m} = 6 \text{ mm}$$

由于

$$w_{max} = 4.66 \text{ mm} < [w]$$

所选槽钢满足刚度条件。

Ⅱ．提高梁的刚度的措施

由梁的位移表(附录Ⅳ)可见，梁的位移(挠度和转角)除了与梁的支承和荷载情况有关外，还与其弯曲刚度 EI 成反比，而与跨长 l 的 n 次幂成正比。

因此，为减小梁的位移，可采取下列措施：

1. 增大梁的弯曲刚度 EI 对于钢材而言，采用高强度钢可以显著提高梁的强度，但对刚度的改善并不明显，因高强度钢与普通低碳钢的 E 值是相近的。因此，为提高梁的刚度，应设法增大 I 值。在截面面积不变的情况下，宜采用面

积分布远离中性轴的截面形状,以增大截面的惯性矩 I,从而降低应力、提高弯曲刚度。所以工程上常采用工字形、箱形等截面。

2. 调整跨长和改变结构 由于梁的挠度和转角值与其跨长的 n 次幂成正比,因此,设法缩短梁的跨长,将能显著地减小其位移值。工程实际中的钢梁通常采用两端外伸的结构(图 5-8a),既缩短其跨长,同时,梁的外伸部分的自重又将使梁的 AB 跨产生向上的挠度(图 5-8b),从而减小 AB 跨的向下挠度。此外,增加梁的支座也可减小其挠度,例如,在车削细长工件时,工件尾部增设顶杆;跨度较大的桥梁,在其跨中增设桥墩支承(相当于在悬臂梁的自由端或者简支梁的跨中增加支座),使工件或桥梁的变形显著减小。但采取这种措施后,原来的静定梁就变成为超静定梁。关于超静定梁的解法将在第六章中介绍。

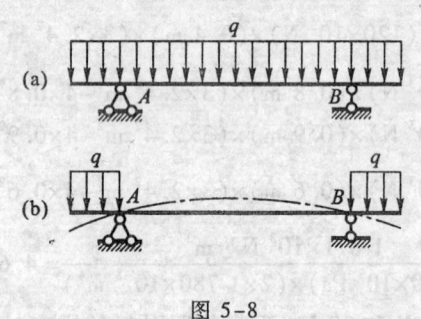

图 5-8

§5-6 梁内的弯曲应变能

当梁弯曲时,梁内将积蓄应变能。梁在线弹性变形过程中,其弯曲应变能 V_ε 在数值上等于作用在梁上的外力所作的功 W。

梁在纯弯曲(图 5-9a)时各横截面上的弯矩 M 为常数,并等于外力偶矩

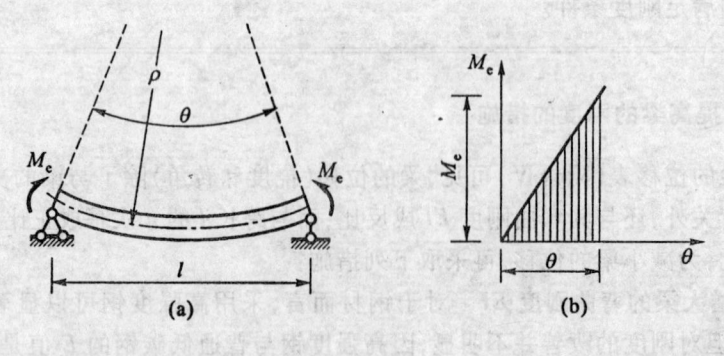

图 5-9

M_e。当梁处于线弹性范围内,由式(4-4)可知,梁轴线在弯曲后将成一曲率为 $\kappa = \frac{1}{\rho} = \frac{M}{EI}$ 的圆弧,其所对的圆心角为

$$\theta = \frac{l}{\rho} = \frac{Ml}{EI} \tag{a}$$

或

$$\theta = \frac{M_e l}{EI} \tag{b}$$

θ 与 M_e 间呈线性关系,如图5-9b所示。直线下的三角形面积就代表外力偶所作的功 W,即

$$W = \frac{1}{2} M_e \theta$$

从而得纯弯曲时梁的弯曲应变能为

$$V_\varepsilon = \frac{1}{2} M_e \theta \tag{c}$$

即得

$$V_\varepsilon = \frac{M_e^2 l}{2EI} \tag{5-12a}$$

由于 $M = M_e$,故上式可改写为

$$V_\varepsilon = \frac{M^2 l}{2EI} \tag{5-12b}$$

在横力弯曲时,梁内应变能包含两个部分:与弯曲变形相应的弯曲应变能和与剪切变形相应的剪切应变能。对于弯曲应变能,取长为 dx 的梁段(图5-10),其相邻两横截面上的弯矩应分别为 $M(x)$ 和 $M(x) + dM(x)$,在计算微段的应变能时,弯矩的增量为一阶无穷小,可略去不计,于是可按式(5-12b)计算其弯曲应变能为

$$dV_\varepsilon = \frac{M^2(x)}{2EI} dx$$

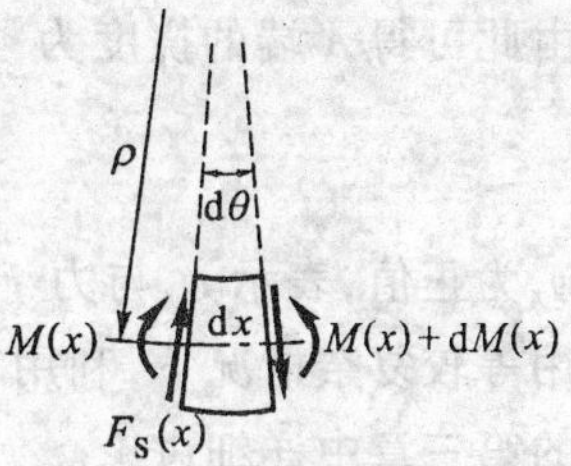

全梁的弯曲应变能则可通过积分求得为

图 5-10

$$V_\varepsilon = \int_l \frac{M^2(x)}{2EI} dx \tag{5-13}$$

式中,$M(x)$ 为梁任一横截面上的弯矩表达式。当各段梁的弯矩表达式不同时,积分须分段进行。至于剪切应变能,则将在《材料力学(Ⅱ)》的第三章中讨论。由于工程中常用的梁的跨长往往大于横截面高度的10倍,因而梁的剪切应变能远小于弯曲应变能,可略去不计。

根据式(5-2b)，$EIw''=-M(x)$，于是，式(5-13)可写为

$$V_\varepsilon = \int_l \frac{(-EIw'')^2}{2EI}dx = \frac{EI}{2}\int_l (w'')^2 dx \qquad (5-14)$$

显然，以上各式仅适用于梁在线弹性范围内，小变形的条件下。

例题 5-9 弯曲刚度为 EI 的悬臂梁受一集中荷载 F 作用，如图所示。试求梁内积蓄的弯曲应变能 V_ε，并利用功能原理求 A 端的挠度 w_A。

解：(1) 弯曲应变能

梁任一横截面上的弯矩为

$$M(x) = Fx$$

代入式(5-13)，经过积分即得梁内的应变能为

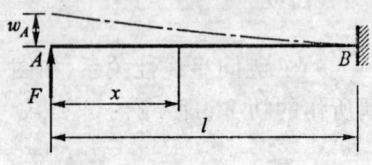

例题 5-9 图

$$V_\varepsilon = \int_0^l \frac{F^2 x^2}{2EI}dx = \frac{F^2 l^3}{6EI}$$

(2) 自由端挠度

荷载 F 所作的功为

$$W = \frac{1}{2}Fw_A$$

由功能原理，有

$$\frac{1}{2}Fw_A = \frac{F^2 l^3}{6EI}$$

由此可得 A 端的挠度为

$$w_A = \frac{Fl^3}{3EI}$$

w_A 为正值，表示 w_A 与力 F 的指向相同（即向上）。当所求位移处无相应外力作用等较复杂情况下，利用功能原理计算杆件位移的方法，将在《材料力学（Ⅱ）》的第三章中详细讨论。

思 考 题

5-1 由弯矩-曲率间物理关系（§5-1 式(a)）可知，曲率与弯矩成正比。试问横截面的挠度和转角是否也与弯矩成正比？并举例说明。

5-2 各等截面梁及其承载情况分别如图所示，试绘出各梁挠曲线的大致形状，并注明挠曲线曲率的拐点、不光滑连续或突变处的位置。

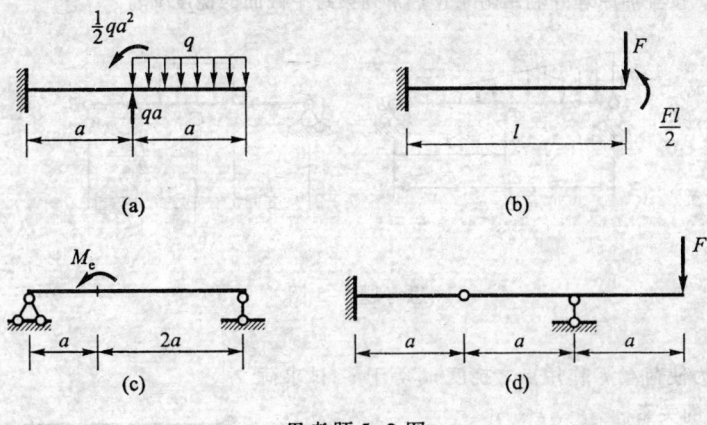

思考题 5-2 图

5-3 外径 $D=500$ mm、壁厚 $\delta=10$ mm 的钢管自由放在地面上,设管子为无限长而地基是刚性的。已知钢管材料的弹性模量 $E=200$ GPa,密度 $\rho=8.0\times10^3$ kg/m³。若起吊高度 $h=100$ mm,试问起吊部分的长度 l 及起吊力 F 应为多大?

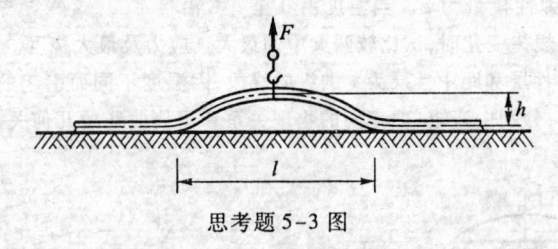

思考题 5-3 图

5-4 一直径为 d 的钢杆和一由 n 根直径为 d_1 的细钢丝缠绕而成的钢丝绳,若钢丝绳与钢杆的材料相同(弹性模量相同)、横截面面积相等,分别环绕在半径为 R 的圆柱体上,且 $d<<R$,如图所示。试求钢丝绳与钢杆的弯曲刚度之比,以及最大正应力之比。

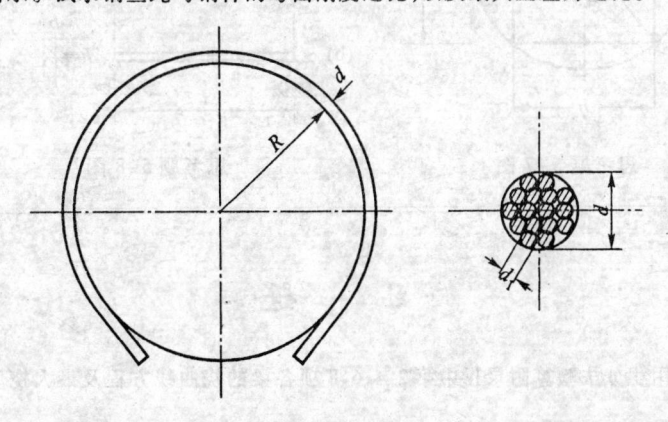

思考题 5-4 图

5-5 试按叠加原理并利用附录Ⅳ求下列梁跨中截面的挠度 w_C。

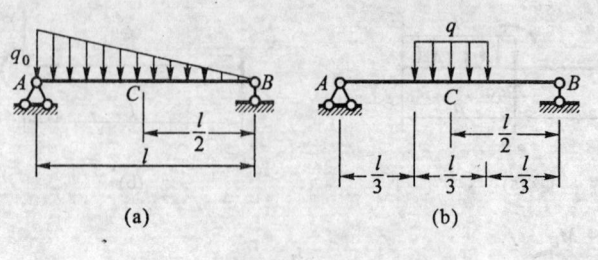

思考题 5-5 图

5-6 为使荷载 F 作用点之挠度 w_C 等于零,试求荷载 F 与 q 间的关系。

5-7 欲在直径为 d 的圆木中锯出弯曲刚度为最大的矩形截面梁(如图),试求截面高度 h 与宽度 b 的合理比值。

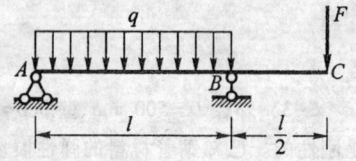

5-8 图示两梁的尺寸、材料均分别相同。材料的线膨胀系数为 α_l,弹性模量为 E。当温度由 0 至 t ℃沿横截面高度按直线规律变化时,试比较两梁中的最大正应力及最大挠度。

(提示:先由中性层和距中性层为 y 的纵向线段,因温度不同而引起的应变差,计算其中性层的曲率。然后,分别由弯矩-曲率间的物理关系和梁挠曲线的几何关系计算其正应力和挠度。)

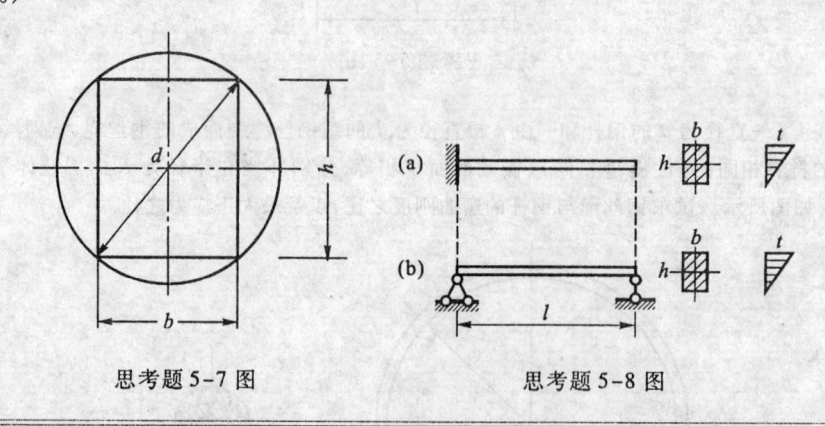

思考题 5-6 图

思考题 5-7 图 思考题 5-8 图

习 题

5-1 试用积分法验算附录Ⅳ中第 2、4、6、8 项各梁的挠曲线方程及最大挠度、梁端转角的表达式。

5-2 简支梁承受荷载如图所示,试用积分法求 θ_A、θ_B,并求 w_{max} 所在截面的位置及该挠

5-3 试用积分法求图示外伸梁的 θ_A、θ_B 及 w_A、w_D。

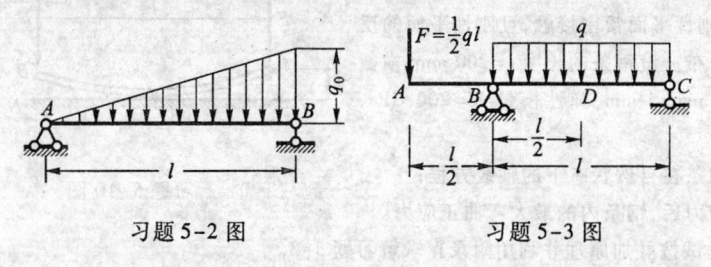

习题 5-2 图

习题 5-3 图

5-4 外伸梁如图所示,试用积分法求 w_A、w_C 和 w_E。

5-5 试用积分法求图示悬臂梁 B 端的挠度 w_B。

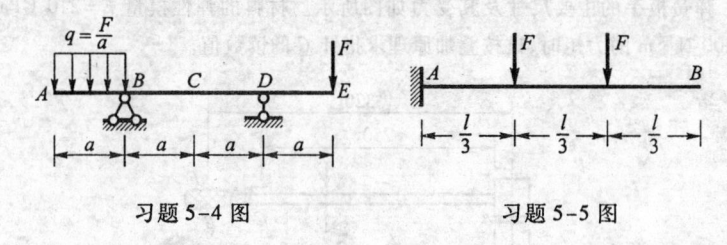

习题 5-4 图

习题 5-5 图

5-6 试用积分法求图示外伸梁的 θ_A 和 w_C。

5-7 简支梁承受荷载如图所示,试用积分法求 θ_A、θ_B 和 $w_{\max}$。

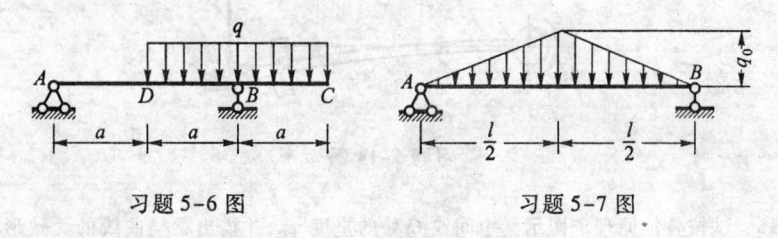

习题 5-6 图

习题 5-7 图

5-8 在简支梁的左、右支座上,分别有力偶 M_A 和 M_B 作用,如图所示。为使该梁挠曲线的拐点位于距左端 $\dfrac{l}{3}$ 处,试求 M_A 与 M_B 间的关系。

5-9 变截面简支梁及其荷载如图所示,试用积分法求跨中挠度 w_C。

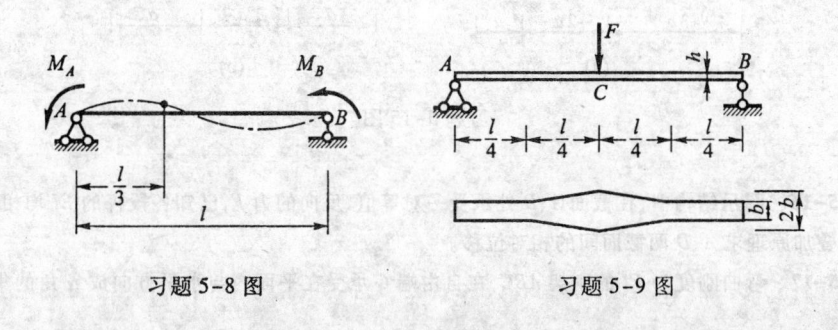

习题 5-8 图

习题 5-9 图

5-10 一具有初曲率的等厚度钢条 AB，放置在刚性平面 MN 上，两端距刚性平面的距离 $\Delta=1$ mm，如图所示。若在钢条两端施加力 F 后，钢条与刚性平面紧密接触，且刚性平面的反力为均匀分布。设钢条的长度 $l=200$ mm，横截面 $b\times\delta=20$ mm$\times 5$ mm，弹性模量 $E=200$ GPa，试求：

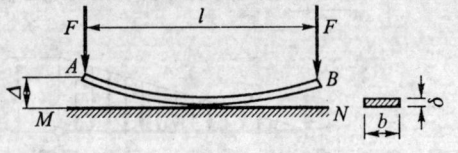

（1）钢条在自然状态下的轴线方程；

（2）加力后，钢条内的最大弯曲正应力。

习题 5-10 图

5-11 试按叠加原理并利用附录Ⅳ求解习题 5-3。

5-12 试按叠加原理并利用附录Ⅳ求解习题 5-4。

5-13 试按叠加原理并利用附录Ⅳ求解习题 5-6 中的 w_C。

5-14 弹簧扳手的主要尺寸及其受力如图所示。材料的弹性模量 $E=210$ GPa，当扳手产生 $M_0=200$ N·m 的力矩时，试按叠加原理求指针 C 的读数值。

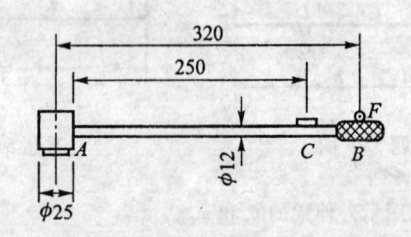

习题 5-14 图

5-15 试按叠加原理求图示梁中间铰 C 处的挠度 w_C，并描出梁挠曲线的大致形状。已知 EI 为常量。

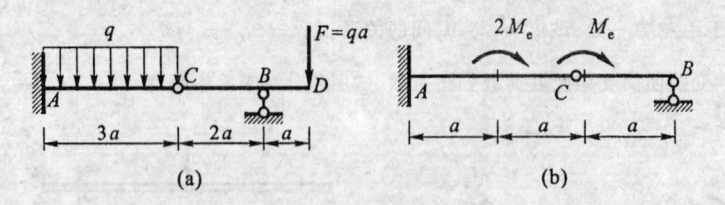

习题 5-15 图

5-16 图示结构中，在截面 A、D 处承受一对等值、反向的力 F，已知各段杆的 EI 均相等。试按叠加原理求 A、D 两截面间的相对位移。

5-17 弯曲刚度为 EI 的刚架 ABC，在自由端 C 承受在平面内与水平方向成 α 角的集中

力 F，如图所示。若不考虑轴力和剪力对变形的影响，试按叠加原理求当自由端截面 C 的总位移与集中力作用线方向一致时，集中力 F 作用线的倾角 α。

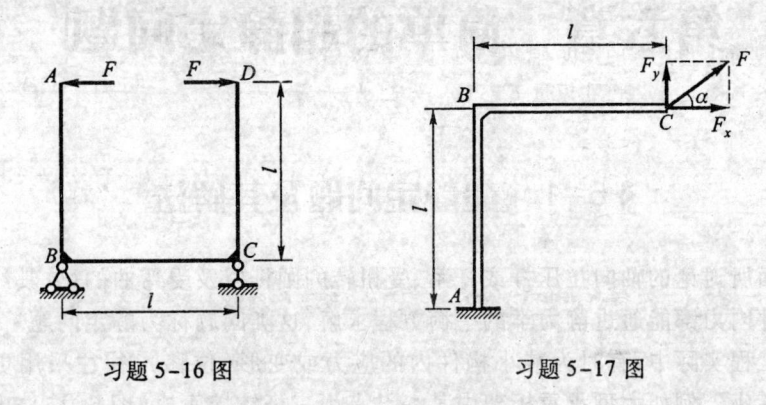

习题 5-16 图　　　习题 5-17 图

*5-18　试用初参数方程验算附录Ⅳ中第 2 项中梁的最大挠度及梁端转角的表达式。

*5-19　试用初参数方程验算附录Ⅳ中第 9 项中梁跨中截面的挠度及支座处截面的转角表达式。

*5-20　在简支梁的两支座截面上分别承受外力偶矩 M_A 和 M_B，如习题 5-8 图所示。已知该梁的弯曲刚度为 EI，试用初参数方程求 θ_A。

*5-21　试用初参数方程求解习题 5-3。

5-22　松木桁条的横截面为圆形，跨长为 4 m，两端可视为简支，全跨上作用有集度为 $q = 1.82$ kN/m 的均布荷载。已知松木的许用应力 $[\sigma] = 10$ MPa，弹性模量 $E = 10$ GPa。桁条的许可相对挠度为 $\left[\dfrac{w}{l}\right] = \dfrac{1}{200}$。试求桁条横截面所需的直径。（桁条可视为等直圆木梁计算，直径以跨中为准。）

5-23　悬臂梁 AB 承受半梁的均布荷载作用，如图所示。已知均布荷载 $q = 15$ kN/m，长度 $a = 1$ m，钢材的弹性模量 $E = 200$ GPa，许用弯曲正应力 $[\sigma] = 160$ MPa，许用切应力 $[\tau] = 100$ MPa，许可挠度 $[w] = \dfrac{l}{500}$ $(l = 2a)$，试选取工字钢的型号。

5-24　图示木梁的右端由钢拉杆支承。已知梁的横截面为边长等于 0.20 m 的正方形，$q = 40$ kN/m，$E_1 = 10$ GPa；钢拉杆的横截面面积 $A_2 = 250$ mm²，$E_2 = 210$ GPa。试求拉杆的伸长 Δl 及梁中点沿铅垂方向的位移 Δ。

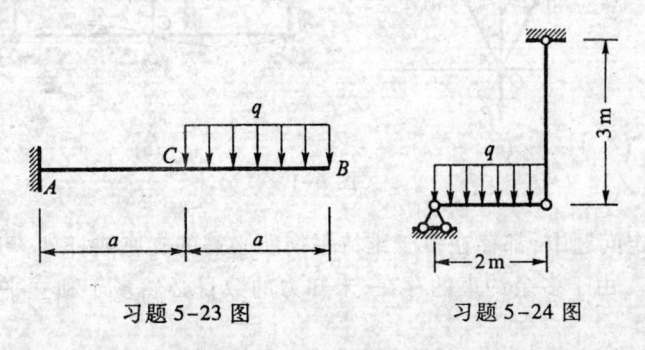

习题 5-23 图　　　习题 5-24 图

第六章 简单的超静定问题

§6-1 超静定问题及其解法

前面所讨论的轴向拉压杆或杆系、受扭转的圆杆以及受弯曲的梁,其约束反力或构件内力都能通过静力学的平衡方程求解,这类问题称为**静定问题**。

在工程实际中,有时为减小构件内的应力或变形(位移),往往采用更多的构件或支座。例如大型承重桁架中某一结点由三杆铰接而成(图6-1a),由于平面汇交力系仅有2个独立的平衡方程,显然,仅由静力学平衡方程不可能求出3个未知轴力;又如一个长跨度的简支梁,为降低其最大弯矩和最大挠度,在跨中增加一个支座(图6-1b),由于平面平行力系仅有两个独立的平衡方程,故梁的三个支反力也不可能仅由静力平衡方程确定。这类不能单凭静力学平衡方程求解的问题,称为**超静定问题**。

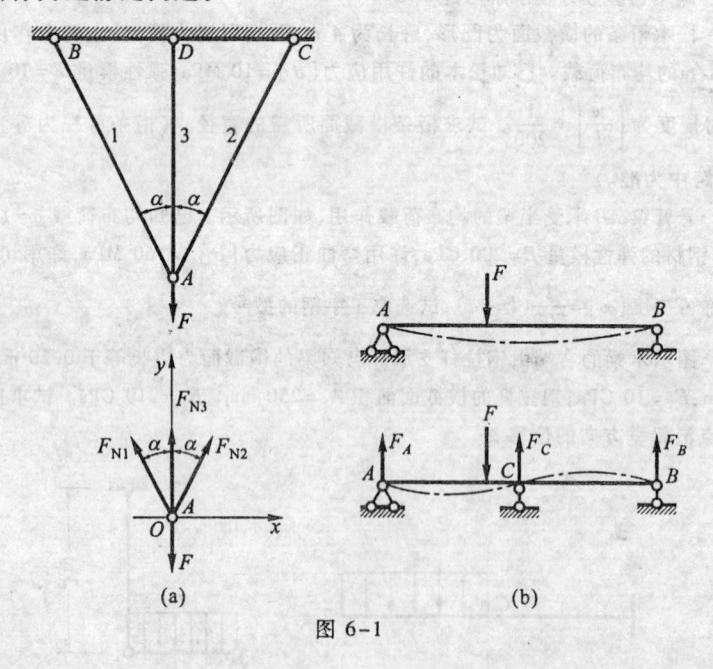

图 6-1

在超静定问题中,都存在多于维持平衡所必需的支座或杆件,习惯上称其为"**多余**"**约束**。由于多余约束的存在,未知力的数目必然多于独立平衡方程的数目。未知力数超过独立平衡方程数的数目,称为**超静定次数**。与多余约束相应的支反力或内力,习惯上称为**多余未知力**。因此,超静定的次数就等于多余约束或多余未知力的数目。

由于多余未知力的存在,未知力数超过独立的静力平衡方程数,因此,除了静力平衡方程外,还必须寻求补充方程。但是,也正是有"多余"约束的存在,杆件(或结构)的变形受到了多于静定结构的附加限制。于是,根据变形的几何相容条件,可建立附加的**变形几何相容方程**,而变形(或位移)与力(或其他产生变形的因素)间具有一定的物理关系,将物理关系代入变形几何相容方程,即可得补充方程。将静力平衡方程与补充方程联立求解,就可解出全部未知力。这就是综合运用变形的几何相容条件、物理关系和静力学平衡条件三方面,求解超静定问题的方法。实际上,在前面推导杆受轴向拉压、圆杆扭转和梁在对称弯曲下横截面上的应力时,就综合考虑了几何、物理和静力学三个方面,这是因为已知横截面上的内力求其应力的问题具有超静定的性质。

在求解由于约束多于维持平衡所必需的数目而形成的超静定结构时,可设想将某一处的约束当作"多余"约束予以解除,并在该处施加与所解除的约束相对应的支反力(多余未知力),从而得到一个作用有荷载和多余未知力的静定结构,称为原超静定结构的**基本静定系**或**相当系统**。为使基本静定系等同于原超静定结构,基本静定系在多余未知力作用处相应的位移应满足原超静定结构的约束条件,即变形相容条件。将力与位移间的物理关系代入变形相容方程,即可解得多余未知力。求得多余未知力后,基本静定系就等同于原超静定结构,其余的支反力,以及构件的内力、应力或变形(位移)均可按基本静定系进行计算。

下面分别以轴向拉压、扭转和弯曲的超静定问题来说明超静定问题的解法。

§6-2 拉压超静定问题

Ⅰ. 拉压超静定问题解法

如上节所述,对于拉压超静定问题,可综合运用变形的几何相容条件、力-变形间的物理关系和静力学的平衡条件三方面来求解。下面通过例题来说明其解法。

例题 6-1 设 1、2、3 三杆用铰连接如图 a 所示。已知 1、2 两杆的长度、横截面面积及材料均相同,即 $l_1 = l_2 = l, A_1 = A_2 = A, E_1 = E_2 = E$;杆 3 的长度为 l_3,横截面面积为 A_3,其材料的弹性模量为 E_3。试求在沿铅垂方向的外力 F 作用下各杆的轴力。

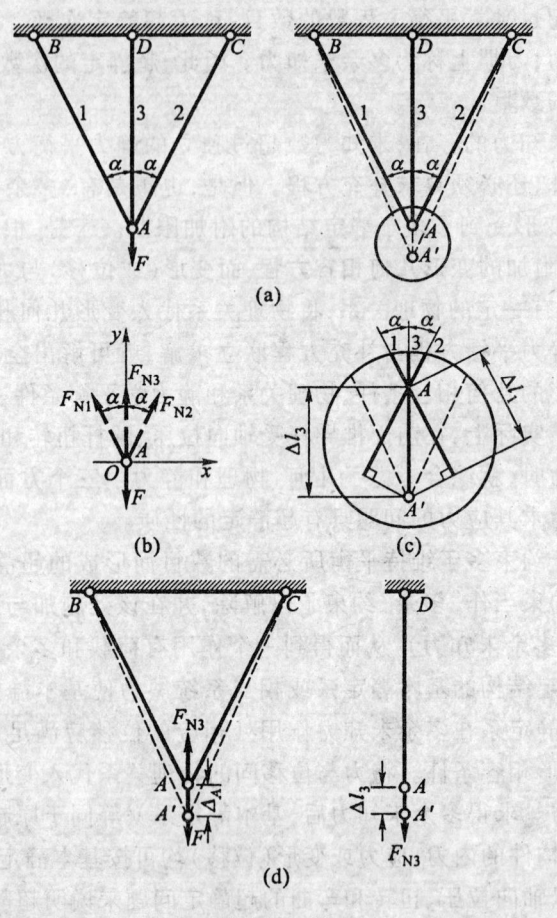

例题 6-1 图

解：(1) 静力平衡方程

取结点 A，设三杆的轴力均为拉力，作受力图如图 b。由平衡方程，得

$$\sum F_x = 0, \quad F_{N1} = F_{N2} \tag{1}$$

$$\sum F_y = 0, \quad F_{N1}\cos\alpha + F_{N2}\cos\alpha + F_{N3} - F = 0 \tag{2}$$

(2) 补充方程

杆系共有三个汇交于 A 点的未知轴力，但平面汇交力系仅有 2 个独立的平衡方程，故为一次超静定，需寻求一个补充方程。

根据变形相容条件建立变形几何方程。由于三杆在下端连接于 A 点，故三杆在受力变形后，其下端仍应连接在一起，如 A' 点。由于问题在几何、物性及受力方面的对称性，且已假设三杆轴力均为拉力，故 A 点位移应铅垂向下。1、2 两杆的伸长量 Δl_1 与杆 3 伸长量 Δl_3 之间的关系如图 c 所示。由此可得变形几何相

容方程为

$$\Delta l_1 = \Delta l_3 \cos\alpha \tag{3}$$

在线弹性范围内，变形 Δl_1、Δl_3 与所求轴力 F_{N1}、F_{N3} 之间的物理关系式为

$$\Delta l_1 = \frac{F_{N1} l}{EA} \tag{4}$$

和

$$\Delta l_3 = \frac{F_{N3} l \cos\alpha}{E_3 A_3} \tag{5}$$

将物理关系式(4)和(5)代入变形几何相容方程式(3)，得补充方程为

$$F_{N1} = F_{N3} \frac{EA}{E_3 A_3} \cos^2\alpha \tag{6}$$

(3) 各杆轴力

将补充方程(6)与静力平衡方程(1)、(2)联立求解，经整理后即得

$$F_{N1} = F_{N2} = \frac{F}{2\cos\alpha + \dfrac{E_3 A_3}{EA \cos^2\alpha}} \tag{7}$$

$$F_{N3} = \frac{F}{1 + 2 \dfrac{EA}{E_3 A_3} \cos^3\alpha} \tag{8}$$

所得结果均为正，说明原先假定三杆轴力均为拉力是正确的。上列结果表明，在超静定杆系问题中，各杆的轴力与该杆本身的刚度和其他杆的刚度之比有关。

本例中也可将杆3与杆1、2的结点 A 间的铰接视为多余约束，其多余未知力为一对分别作用于杆3和杆1、2结点 A 的力 F_{N3}，相应的基本静定系如图d所示，其变形相容方程为 $\Delta_A = \Delta l_3$。若已知 Δ_A 与杆系外力 $(F-F_{N3})$ 间的物理关系（参见例题2-5），则由补充方程即可解得多余未知力 F_{N3}。

例题6-1是一次超静定问题，仅有一个多余约束，若再添一杆 AG（图6-2），则又增加了一个多余约束而成为二次超静定问题。此时为满足四杆在受力变形后仍然连接于一点的变形相容条件，可列出两个变形几何相容方程。依此类推，对于高于一次的超静定问题，总可以找到必要的变形几何相容方程，从而得到相应的补充方程，其补充方程和静力学平衡方程联立，即可求解超静定问题中的全部未知力。

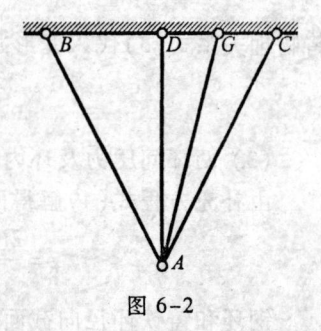

图 6-2

例题 6-2　一内直径 $d_s = 399.5$ mm 的钢圆环,在炽热的状态下套在外径为 $D_1 = 400$ mm 的铸铁圆环上,如图 a 所示。两环的宽度均为 $b = b_s = b_1 = 80$ mm,厚度分别为 $\delta_s = 12$ mm 和 $\delta_1 = 25$ mm,材料的弹性模量分别为 $E_s = 200$ GPa, $E_1 = 140$ GPa,试求冷却后两环之间的压力及两环径向截面上的应力。

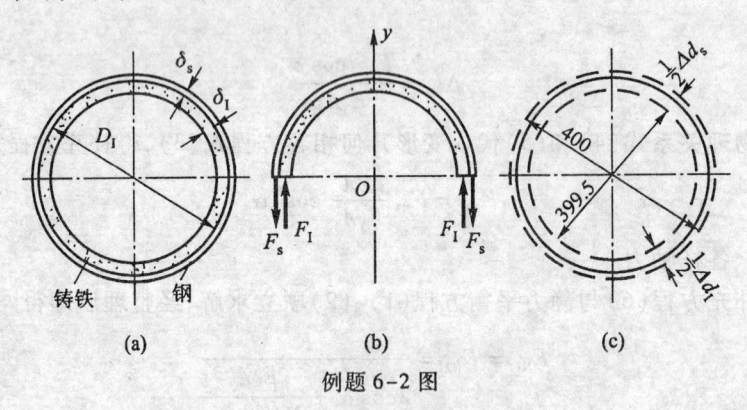

例题 6-2 图

解:(1) 静力平衡方程

由于冷却,钢环收缩,而铸铁环阻止其收缩,故钢环受拉,铸铁环受压(图 b),由平衡方程

$$\sum F_y = 0, \quad F_s = F_1 \tag{1}$$

(2) 补充方程

由于两环装配在一起,因此,钢环直径伸长与铸铁环直径缩短之和应等于两环原始直径之差。于是,得变形几何相容方程为

$$D_1 - d_s = \Delta d_s + \Delta d_1 \tag{2}$$

圆环的径向压力与径向变形间的物理关系(参见习题 2-9)为

$$\Delta d = \frac{pd^2}{2E\delta} \tag{3}$$

将物理关系式(3)代入变形几何相容方程(2),即得补充方程

$$D_1 - d_s = \frac{pd_s^2}{2E_s\delta_s} + \frac{pD_1^2}{2E_1\delta_1} \tag{4}$$

(3) 两环间压力及环内应力

由补充方程式(4)解得两环间的压力为

$$p = \frac{2(D_1 - d_s)\,E_s\delta_s \times E_1\delta_1}{d_s^2 E_1\delta_1 + D_1^2 E_s\delta_s} = 8.91 \text{ MPa}$$

钢环和铸铁环径向截面上的应力分别为

$$\sigma_s = \frac{pd_s}{2\delta_s} = 148.3 \text{ MPa} \quad (拉应力)$$

$$\sigma_1 = \frac{pD_1}{2\delta_1} = 71.3 \text{ MPa} \quad (\text{压应力})$$

Ⅱ. 装配应力 · 温度应力

一、装配应力

杆件在制成后,其尺寸有微小误差往往是难免的。在静定结构中,这种误差仅略为改变结构的几何形状,而不会引起附加的内力。但在超静定结构中,由于有了多余约束,就将产生附加的内力。例如在例题 6-1 图 a 所示杆系中,若杆 3 的尺寸较其应有的长度 DA 短了 Δe,如图 6-3 所示(图中的 Δe 是夸大了的),则在杆系装配后,各杆将处于如图中虚线所示的位置,并因而产生轴力(杆 3 为拉力,而杆 1、2 为压力)。这种附加的内力称为**装配内力**。与之相应的应力则称为**装配应力**。例题 6-2 中,由于热装配而引起的应力,也称为装配应力。装配应力是结构在荷载作用以前已经具有的应力,称为**初应力**。计算装配应力的关键仍然是根据变形相容条件列出变形相容方程。

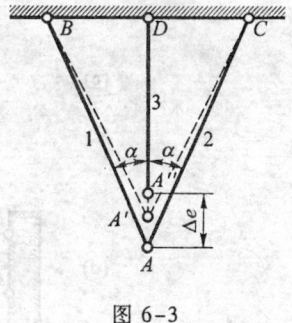

图 6-3

例题 6-3 两铸件用两钢杆 1、2 连接,其间距为 $l = 200 \text{ mm}$(图 a)。现需将制造得过长($\Delta e = 0.11 \text{ mm}$)的铜杆 3(图 b)装入铸件之间,并保持三杆的轴线平行且有等间距 a。已知:钢杆直径 $d = 10 \text{ mm}$,铜杆横截面为 $20 \text{ mm} \times 30 \text{ mm}$ 的矩形,钢的弹性模量 $E = 210 \text{ GPa}$,铜的弹性模量 $E_3 = 100 \text{ GPa}$。铸件很厚,其变形可略去不计。试计算各杆内的装配应力。

解:(1) 静力平衡方程

由于铸件可视作刚体,而铜杆 3 制造过长。故装配后,杆 1、2 的轴力为拉力,而杆 3 的轴力为压力。于是,铸件的受力如图 c 所示。由平衡方程,得

$$\sum M_c = 0, \quad F_{N1} = F_{N2} \tag{1}$$

$$\sum F_x = 0, \quad F_{N3} - F_{N1} - F_{N2} = 0 \tag{2}$$

(2) 补充方程

结构的变形相容条件为三杆变形后的端点须在同一铅垂线上。由于结构在几何和物性均对称于杆 3,故装配后的结构如图 d 所示。从而可得变形几何相容方程为

例题 6-3 图

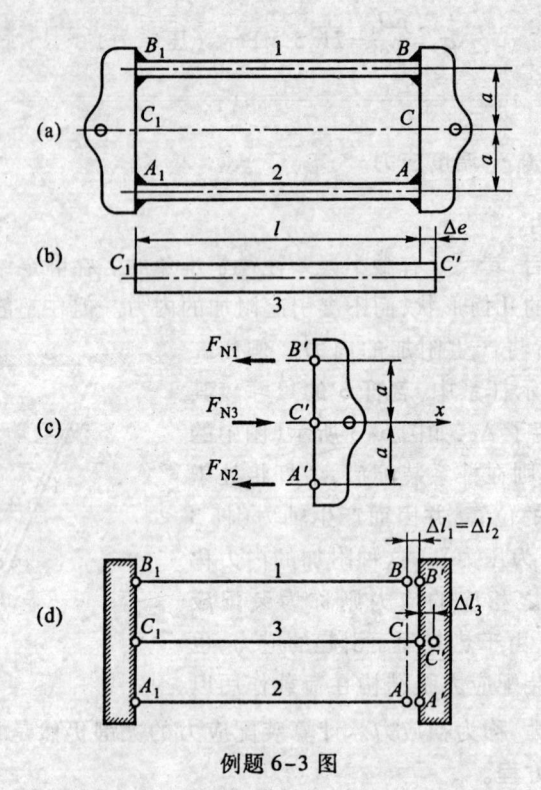

$$\Delta l_3 = \Delta e - \Delta l_1 \tag{3}$$

轴向拉（压）杆力-变形间的物理关系为

$$\Delta l_1 = \frac{F_{N1} l}{EA} \tag{4}$$

$$\Delta l_3 = \frac{F_{N3} l}{E_3 A_3} \tag{5}$$

将物理关系式(4)、(5)代入变形几何相容方程(3)，即得补充方程

$$\frac{F_{N3} l}{E_3 A_3} = \Delta e - \frac{F_{N1} l}{EA} \tag{6}$$

(3) 装配应力

联立求解式(1)、(2)及(6)，整理后即得装配内力为

$$F_{N1} = F_{N2} = \frac{\Delta e EA}{l}\left(\frac{1}{1 + 2\dfrac{EA}{E_3 A_3}}\right) \tag{7}$$

$$F_{N3} = \frac{\Delta e E_3 A_3}{l}\left(\frac{1}{1 + \dfrac{E_3 A_3}{2EA}}\right) \tag{8}$$

由应力公式(2-2),代入已知数据,即得杆件横截面上的装配应力为

$$\sigma_1 = \frac{F_{N1}}{A} = \frac{\Delta e E}{l}\left(\frac{1}{1+2\dfrac{EA}{E_3 A_3}}\right)$$

$$= \frac{(0.11\times 10^{-3}\text{ m})\times(210\times 10^9\text{ Pa})}{0.2\text{ m}}\times$$

$$\left[\frac{1}{1+\dfrac{2\times(210\times 10^9\text{ Pa})\times\dfrac{\pi}{4}\times(10\times 10^{-3}\text{ m})^2}{(100\times 10^9\text{ Pa})\times(20\times 10^{-3}\text{ m})\times(30\times 10^{-3}\text{ m})}}\right]$$

$$= 74.53\times 10^6\text{ Pa}$$
$$= 74.53\text{ MPa}(拉应力)$$

$$\sigma_3 = \frac{F_{N3}}{A_3} = \frac{\Delta e E_3}{l}\left(\frac{1}{1+\dfrac{E_3 A_3}{2EA}}\right) = 19.51\text{ MPa}(压应力)$$

由本例题可见,在超静定结构中,杆件尺寸的微小误差,将产生相当可观的装配应力。这种装配应力既可能引起不利的后果,也可能带来有利的影响。土建工程中的预应力钢筋混凝土构件,就是利用装配应力以提高构件的承载能力。其计算原理与本例题相同。

二、温度应力

在工程实际中,结构物或其部分杆件往往会遇到温度变化(例如工作环境的温度改变或季节的更替)。若杆的同一截面上各点处的温度变化相同,则杆将仅发生伸长或缩短变形。在静定结构中,由于杆能自由变形,由温度所引起的变形不会在杆中产生内力。但在超静定结构中,由于存在多余约束,杆由温度变化所引起的变形受到限制,从而将在杆中产生内力。这种内力称为**温度内力**。与之相应的应力则称为**温度应力**。计算温度应力的关键同样是根据问题的变形相容条件列出变形几何相容方程。所不同的是,杆的变形包括两部分,即由温度变化所引起的变形,以及与温度内力相应的弹性变形。

例题 6-4 一外直径 $D=45$ mm、厚度 $\delta=3$ mm 的钢管,与直径 $d=30$ mm 的实心铜杆同心地装配在一起,两端均固定在刚性平板上,如图 a 所示。已知钢和铜的弹性模量及线膨胀系数分别为 $E_s=210$ GPa,$\alpha_s=12\times 10^{-6}(\text{℃})^{-1}$;$E_c=110$ GPa,$\alpha_c=18\times 10^{-6}(\text{℃})^{-1}$。装配时的温度为 20 ℃,若工作环境的温度升高至 170 ℃,试求钢管和铜杆横截面上的应力以及组合筒的伸长。

解:(1) 钢管和铜杆的轴力

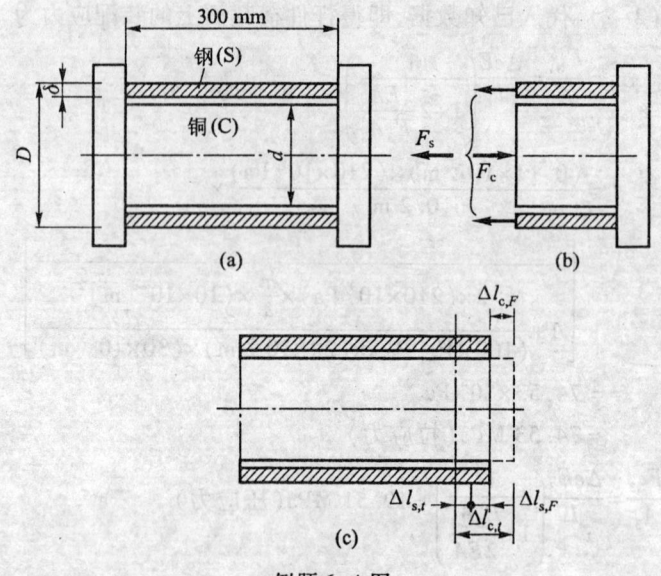

例题 6-4 图

由受力图(图 b)的平衡方程 $\sum F_x = 0$,可得
$$F_s = F_c = F$$
由组合筒的变形图(图 c),其变形几何相容方程为
$$\Delta l_{c,t} = \Delta l_{s,t} + \Delta l_{s,F} + \Delta l_{c,F}$$
将力(温度)与变形间的物理关系代入上式,得补充方程
$$\alpha_c \Delta t\, l = \alpha_s \Delta t\, l + \frac{Fl}{E_s A_s} + \frac{Fl}{E_c A_c}$$
由补充方程,即可解得钢管和铜杆的轴力为
$$F = F_s = F_c = \frac{(\alpha_c - \alpha_s)\Delta t E_s A_s E_c A_c}{E_s A_s + E_c A_c} = 36.2 \text{ kN}$$

(2) 应力

钢管横截面上的应力
$$\sigma_s = \frac{F_s}{A_s} = 91.5 \text{ MPa} \quad (\text{拉应力})$$

铜杆横截面上的应力
$$\sigma_c = \frac{F_c}{A_c} = 51.2 \text{ MPa} \quad (\text{压应力})$$

(3) 组合筒伸长
$$\Delta = \Delta l_{s,t} + \Delta l_{s,F} = \alpha_s \Delta t\, l + \frac{F_s l}{E_s A_s} = 0.67 \text{ mm}$$

上例表明,在超静定结构中,温度应力是个不容忽视的因素。在铁路钢轨接头处,以及混凝土路面中,通常均需预留空隙;高温管道隔一段距离要设一弯道,都是为考虑温度变化而产生的伸缩。否则,将会导致破坏或妨碍结构的正常工作。

§6-3 扭转超静定问题

扭转超静定问题的解法,同样是综合考虑静力、几何、物理三个方面。下面通过一些例题来说明其解法。

例题 6-5 两端固定的实心圆杆 AB,AC 段直径为 d_1、长度为 l_1;BC 段直径为 d_2、长度为 l_2。在截面 C 处承受扭转外力偶矩 M_e,如图 a 所示。试求杆两端的支反力偶矩。

解:(1) 选择基本静定系

圆杆有 2 个未知支反力偶矩,仅一个平衡方程 $\sum M_x = 0$,故为一次超静定。选取支座 B 为多余约束,解除多余约束,并加上相应的多余未知力 M_B,则得基本静定系如图 b 所示。

(2) 求解多余未知力

为使基本静定系等效于原来的超静定杆,则其自由端截面 B 的扭转角(即角位移)应为零,并应用力作用的叠加原理,计算截面 B 的扭转角(图 c)。即得变形几何相容方程为

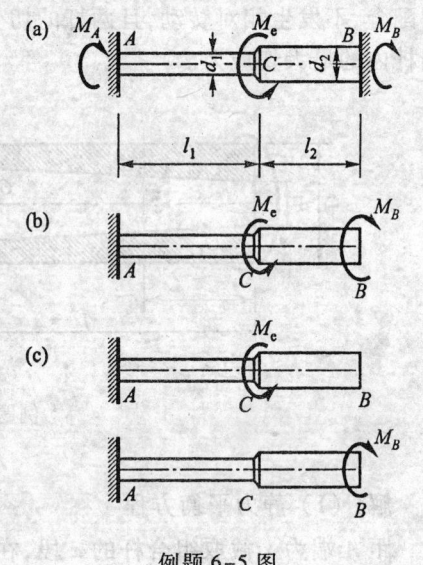

例题 6-5 图

$$\varphi_B = (\varphi_B)_{M_e} + (\varphi_B)_{M_B} = 0$$

由扭矩-扭转角间的物理关系

$$(\varphi_B)_{M_e} = \frac{M_e l_1}{G I_{p1}} = \frac{32 M_e l_1}{G \pi d_1^4}$$

$$(\varphi_B)_{M_B} = -\frac{32 M_B l_1}{G \pi d_1^4} - \frac{32 M_B l_2}{G \pi d_2^4}$$

代入变形相容方程,得补充方程

$$M_e \frac{l_1}{d_1^4} - M_B \left(\frac{l_1}{d_1^4} + \frac{l_2}{d_2^4} \right) = 0$$

从而解得多余未知力为

$$M_B = \frac{M_e}{1 + \frac{l_2}{l_1}\left(\frac{d_1}{d_2}\right)^4}$$

解得 M_B 后,基本静定系(图 b)就等效于原来的超静定系统(图 a)。也即,支反力偶矩 M_A、扭矩图、应力、变形及强度、刚度计算等,均可按图 b 所示的基本静定系进行。

例题 6-6 两端直径分别为 $d_1 = 40$ mm 和 $d_2 = 80$ mm,长度 $l = 1$ m 的锥形圆杆,与外直径 $D = 120$ mm,中心具有相同锥形圆孔的空心圆杆配合成组合杆,如图所示。组合杆在两端承受扭转外力偶矩 $M_e = 5$ kN·m。设两杆在接触面为紧密配合,不发生相对转动,且两杆的切变模量之比为 $G_1/G_2 = 1/2$,试求实心锥形圆杆内的最大切应力。

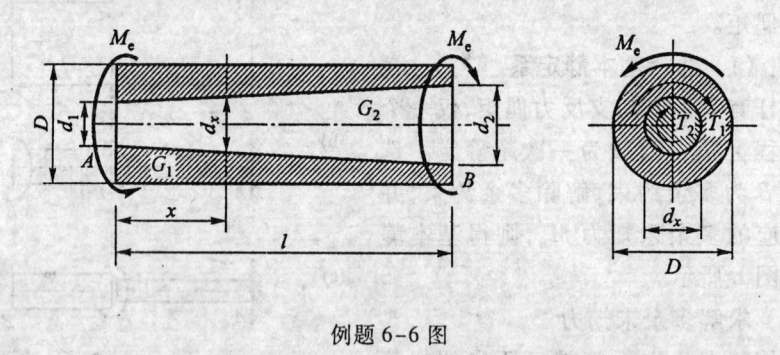

例题 6-6 图

解:(1)静力平衡方程

距 A 端为 x 截取组合杆的 x 段,在 x 截面上有扭矩 T_1 和 T_2,而其平衡方程只有一个,即

$$\sum M_x = 0, \quad M_e - T_1 - T_2 = 0 \tag{1}$$

(2)补充方程

由于两杆配合在一起,无相对转动,故变形几何相容条件为两杆的相对扭转角相等,得变形几何相容方程为

$$\varphi_1 = \varphi_2$$

由等截面圆杆的扭矩-相对扭转角间的物理关系

$$\varphi_1 = \frac{T_1 x}{G_1 I_{p1}}, \quad \varphi_2 = \frac{T_2 x}{G_2 I_{p2}}$$

代入变形几何相容方程,得补充方程

$$T_1 = T_2 \frac{G_1 I_{p1}}{G_2 I_{p2}} \tag{2}$$

（3）任意截面 x 的扭矩

补充方程（2）与静力平衡方程（1）联立，解得

$$T_1 = \frac{M_e G_1 I_{p1}}{G_1 I_{p1} + G_2 I_{p2}}, \quad T_2 = \frac{M_e G_2 I_{p2}}{G_1 I_{p1} + G_2 I_{p2}}$$

式中，I_{p1}、I_{p2} 分别为空心杆和锥形杆 x 截面的极惯性矩。锥形杆 x 截面的直径为

$$d_x = d_1 + \frac{d_2 - d_1}{l} x$$

（4）锥形圆杆的最大切应力

锥形杆 x 截面的最大切应力为

$$(\tau_{\max})_x = \frac{T_2}{I_{p2}} \times \frac{d_x}{2} = \frac{16 M_e G_2 d_x}{\pi [(G_2 - G_1) d_x^4 + G_1 D^4]}$$

由 $\mathrm{d}(\tau_{\max})_x / \mathrm{d}x = 0$，解得极值点 $x = 1.28\ \mathrm{m} > l$。可见，锥形圆杆的最大切应力发生在截面 $B(x = 1\ \mathrm{m})$ 的周边处，其值为

$$\tau_{\max} = \frac{16 M_e d_2}{\pi \left[\left(1 - \frac{G_1}{G_2}\right) d_2^4 + \frac{G_1}{G_2} D^4 \right]}$$

$$= \frac{16 \times (5 \times 10^3\ \mathrm{N \cdot m}) \times (80 \times 10^{-3}\ \mathrm{m})}{\pi \times \left[\left(1 - \frac{1}{2}\right) \times (80 \times 10^{-3}\ \mathrm{m})^4 + \frac{1}{2} \times (120 \times 10^{-3}\ \mathrm{m})^4 \right]}$$

$$= 16.4\ \mathrm{MPa}$$

§6-4　简单超静定梁

Ⅰ．超静定梁的解法

求解超静定梁，同样是综合运用静力、几何、物理三个方面。由例题 6-1 和 6-5 可见，对于由约束多于维持平衡所必需的数目而形成的超静定问题。根据选取的多余约束（基本静定系），由变形几何相容方程和力-变形（位移）物理关系所得的补充方程，即可解得多余未知力。解得多余未知力后，其余的支反力以及杆件的内力、应力和变形（位移）均可按基本静定系求解。大多数的超静定梁是由约束多于维持平衡所必需的数目而形成的，因此，按上述方法主要求解其多余未知力。如图 6-4a 所示弯曲刚度为 EI 的一次超静定梁，设想支座 B 为多余约束，相应的多余未知力为 F_B（假设指向向上），则基本静定系为一悬臂梁（图6-4b）。设悬臂梁

分别在均布荷载和多余未知力单独作用下，B 点的挠度为 w_{Bq} 和 w_{BF}（图 6-4c 和 d），按叠加原理，根据变形几何相容条件，可得变形几何相容方程为

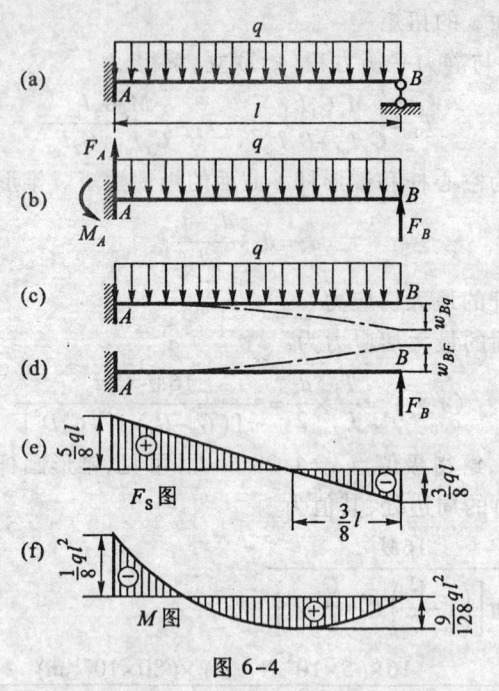

图 6-4

$$w_{Bq}+w_{BF}=0 \tag{a}$$

由附录Ⅳ可得力与挠度间的物理关系为

$$w_{Bq}=\frac{ql^4}{8EI} \tag{b}$$

$$w_{BF}=-\frac{F_B l^3}{3EI} \tag{c}$$

由于假设 F_B 向上，相应的 w_{BF} 也向上，故取负值。

将物理关系式(b)、(c)代入式(a)，即得补充方程

$$\frac{ql^4}{8EI}-\frac{F_B l^3}{3EI}=0 \tag{d}$$

并由此解得多余反力 F_B 为

$$F_B=\frac{3}{8}ql$$

所得 F_B 为正号，表明原来假设的指向是正确的。

求得多余反力 F_B 后，即可按基本静定系（图 6-4b），由静力平衡方程求出梁固定端的两个支反力为

$$F_A = \frac{5}{8}ql, \qquad M_A = \frac{1}{8}ql^2$$

并可绘出其剪力图和弯矩图,分别如图 6-4e、f 所示。也就是说,在均布荷载和多余反力作用下,基本静定系与原来的超静定梁两者是等价的。

以上是取支座 B 作为"多余"约束来求解的。同样,也可以取支座 A 处阻止梁端面转动的约束作为"多余"约束,将其解除并加上相应的多余反力偶矩 M_A 后,所得的基本静定系如图 6-5 所示的静定简支梁。根据原超静定梁端面 A 的转角应等于零的变形几何相容条件,即可写出其变形几何相容方程,从而建立一个补充方程,并由该方程解出 M_A。虽然所选的多余约束及其对应的基本静定系不同于上面的悬臂梁(图 6-4b),但两者所求得的全部支反力是相同的,建议读者自行验证。

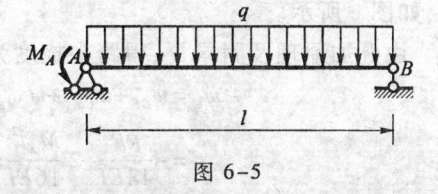

图 6-5

例题 6-7 长度为 l、弯曲刚度为 EI 的两端固定梁 AB,在跨度中点 C 处承受集中荷载 F,如图 a 所示。试求梁的弯矩图及跨中截面 C 的挠度。

解:(1) 选取基本静定系

两端固定梁共 6 个支座反力,平面一般力系有 3 个独立的静力平衡方程,故为三次超静定。由于梁无水平方向的荷载,在小变形条件下,忽略水平反力。于是余下 F_A、M_A 和 F_B、M_B 四个未知反力。又考虑梁的几何外形、物性及荷载均对称于中间截面 C。故其反力也将对称于截面 C。于是,有

$$F_A = F_B, \quad M_A = M_B$$

由静力平衡方程

$$\sum F_y = 0, \quad F_A = F_B = \frac{F}{2} \qquad (1)$$

余下一未知反力偶矩 M_A(或 M_B)作为多余反力偶矩,即选取基本静定系为简支梁,如图 b 所示。

(2) 求解多余反力偶矩

由变形几何相容方程

$$\theta_A = \theta_{AF} + \theta_{AM_A} + \theta_{AM_B} = 0 \qquad (2)$$

代入力-转角间的物理关系(见附录Ⅳ),得补充方程

$$-\frac{Fl^2}{16EI} + \frac{M_A l}{3EI} + \frac{M_B l}{6EI} = 0 \qquad (3)$$

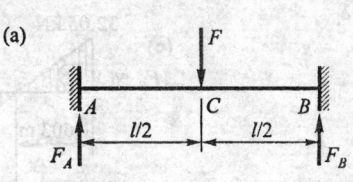

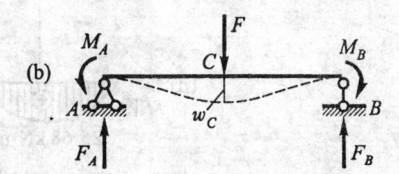

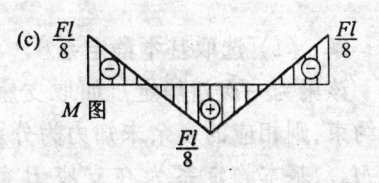

例题 6-7 图

解得多余反力偶矩为

$$M_A = M_B = \frac{Fl}{8}$$

(3) 梁的弯矩图及跨中挠度

解得多余反力偶矩 $M_A(M_B)$ 后，即可根据基本静定系（图 b），作梁的弯矩图，如图 c 所示。

由叠加原理及附录Ⅳ，得跨中挠度为

$$w_C = w_{CF} + w_{CM_A} + w_{CM_B}$$

$$= -\frac{Fl^3}{48EI} + 2\frac{M_A l^2}{16EI} = -\frac{Fl^3}{192EI} \quad (\downarrow)$$

例题 6-8 弯曲刚度 $EI = 5 \times 10^6 \text{ N} \cdot \text{m}^2$ 的梁及其承载情况如图 a 所示，试求梁的支反力，并绘梁的剪力图和弯矩图。

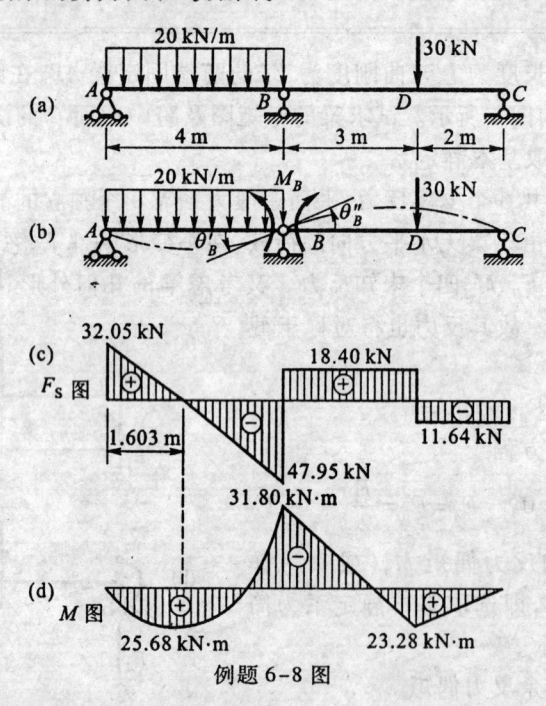

例题 6-8 图

解：(1) 选取基本静定系

该梁为一次超静定。如取支座 B 截面上的阻止截面相对转动的约束为多余约束，则相应的多余未知力为分别作用于简支梁 AB 和 BC 在 B 端处的一对弯矩 M_B。基本静定系为在支座 B 截面上安置铰的静定梁（即两简支梁 AB 和 BC），如图 b 所示。

(2) 求解多余未知力偶矩

梁的变形几何相容条件是简支梁 AB 的截面 B 转角和 BC 梁截面 B 的转角相等,得变形几何相容方程为

$$\theta_B' = \theta_B'' \tag{1}$$

由叠加原理及附录Ⅳ,得弯矩-转角间的物理关系为

$$\theta_B' = -\frac{(20\times 10^3 \text{ N/m})\times(4\text{ m})^3}{24EI} - \frac{M_B \times 4\text{ m}}{3EI}$$

$$= -\left(\frac{1\,280\times 10^3 \text{ N}\cdot\text{m}^2}{24EI} + \frac{M_B \times 4\text{ m}}{3EI}\right) \tag{2}$$

$$\theta_B'' = \frac{(30\times 10^3 \text{ N})\times(3\text{ m})\times(2\text{ m})\times(5\text{ m}+2\text{ m})}{6EI\times 5\text{ m}} + \frac{M_B \times 5\text{ m}}{3EI}$$

$$= \frac{42\times 10^3 \text{ N}\cdot\text{m}^2}{EI} + \frac{M_B \times 5\text{ m}}{3EI} \tag{3}$$

将物理关系式(2)、(3)代入变形几何相容方程(1),得补充方程

$$-\frac{1\,280\times 10^3 \text{ N}\cdot\text{m}^2}{24EI} - \frac{M_B \times 4\text{ m}}{3EI} = \frac{42\times 10^3 \text{ N}\cdot\text{m}^2}{EI} + \frac{M_B \times 5\text{ m}}{3EI}$$

解得多余未知力偶矩为

$$M_B = -31.80 \text{ kN}\cdot\text{m}$$

其中负号表明支座 B 处的弯矩与所假设的转向相反,即为负弯矩。求得多余未知力偶矩 M_B 后,可由基本静定系,根据平衡条件求得其余支反力为 $F_A = 32.05 \text{ kN}, F_B = 66.35 \text{ kN}, F_C = 11.64 \text{ kN}$。然后在基本静定系上绘出剪力图(图c)和弯矩图(图d)。

若梁具有一个或更多的中间支座,称为**连续梁**。对于连续梁,选取中间支座截面上阻止截面相对转动的约束为多余约束,所得基本静定系为一系列简支梁,可使求解大为简化。由此推得的每一补充方程中,仅包含相邻三支座处的弯矩,称为**三弯矩方程**。关于连续梁三弯矩方程的推导,可参阅有关教材。[①]

*Ⅱ. 支座沉陷和温度变化对超静定梁的影响

在工程中,有些梁由于地基下沉等原因,各支座可能发生不同程度的沉陷;有些梁由于受到周围环境的影响,使其上、下表面的温度变化有较大的差别。这些因素,对于静定梁将只影响其几何外形,一般情况下并不影响梁的内力和应

---

① 例如,单辉祖编著,《材料力学(Ⅱ)》,高等教育出版社,1999 年。

力。然而对超静定梁将不仅影响其几何外形,同时影响其内力和应力。

一、支座沉陷的影响

图 6-6a 所示弯曲刚度为 EI 的一次超静定梁,受集度为 q 的均布荷载作用。若梁的三个支座均发生了沉陷,沉陷后三个支座的顶部 A_1、B_1 和 C_1 不在同一直线上,三支座的沉陷量 Δ_A、Δ_B 和 Δ_C 均远小于梁的跨长 l,并设 $\Delta_B > \Delta_C > \Delta_A$,如图所示。现分析图 6-6a 中超静定梁的三个支反力 F_A、F_B 和 F_C。

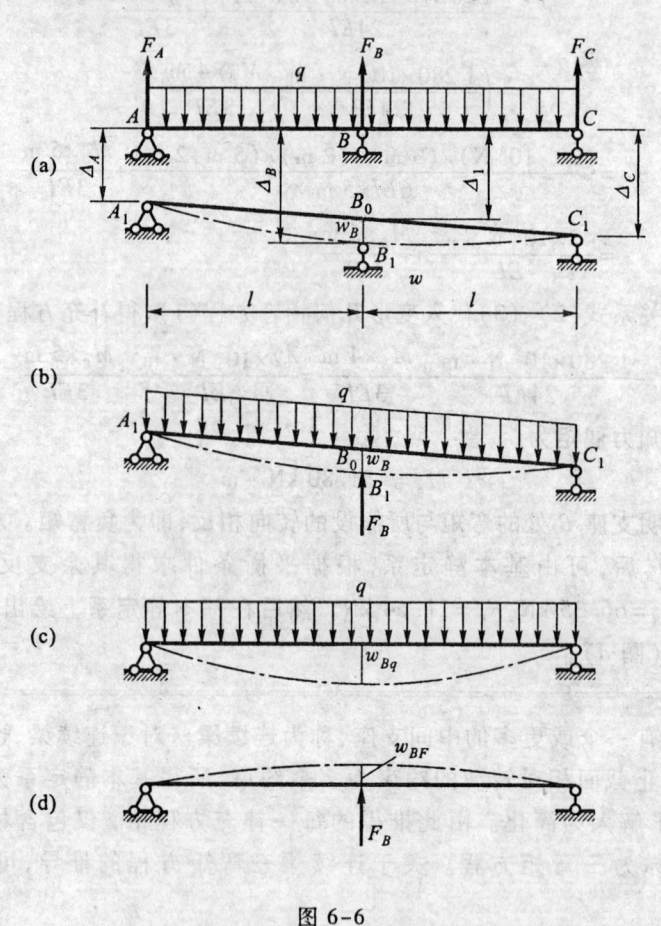

图 6-6

设想将支座 B_1 处的约束作为"多余"约束解除,并在 B_1 点处施加相应的多余未知力 F_B,即得基本静定系为图 6-6b 所示的静定简支梁 A_1C_1。基本静定系应满足的变形几何相容条件为梁在受力变形后仍与中间支座在 B_1 处相连。

值得注意的是,原超静定梁在 B 点处的位移由两部分所组成。第一部分是由于 A、C 两支座的沉陷而引起的刚体位移,而使 B 点移至 B_0 点。显然,这部分的位移并不引起支座反力。第二部分是简支梁 A_1C_1 在均布荷载和多余未知力

F_B 共同作用下，B_0 点的位移 $\overline{B_0B_1}$（图 6-6a），这部分的位移将引起超静定梁的支座反力。

以 Δ_1、w_B 分别表示上述两部分位移 $\overline{BB_0}$ 和 $\overline{B_0B_1}$。由图 6-6a、b 可见 $\Delta_1 = \dfrac{\Delta_A+\Delta_C}{2}$，而 $w_B = \Delta_B - \Delta_1$，于是，从已知的 Δ_A、Δ_B 和 Δ_C 可求得

$$w_B = \Delta_B - \frac{\Delta_A + \Delta_C}{2} \tag{a}$$

由于支座沉陷后斜线 A_1C_1 的斜度甚小，故基本静定系 A_1C_1 可近似地视为水平放置的梁。梁 A_1C_1 在均布荷载和力 F_B 的共同作用下，其 B_0 点的挠度为

$$w_B = w_{Bq} + w_{BF} \tag{b}$$

由变形几何相容条件可知，式（a）、（b）中的 w_B 值相等，于是，可得变形几何相容方程为

$$w_{Bq} + w_{BF} = \Delta_B - \frac{\Delta_A + \Delta_C}{2} \tag{c}$$

式中，w_{Bq} 及 w_{BF} 由附录Ⅳ可得力-位移间物理关系为

$$w_{Bq} = \frac{5}{384}\frac{q(2l)^4}{EI} = \frac{5}{24}\frac{ql^4}{EI}$$

$$w_{BF} = -\frac{F_B(2l)^3}{48EI} = -\frac{F_B l^3}{6EI}$$

将其代入式（c），即得补充方程

$$\frac{5ql^4}{24EI} - \frac{F_B l^3}{6EI} = \Delta_B - \frac{\Delta_A + \Delta_C}{2}$$

由此可解得

$$F_B = \frac{1}{4}\left[5ql - \frac{24EI}{l^3}\left(\Delta_B - \frac{\Delta_A+\Delta_C}{2}\right)\right] \tag{d}$$

然后，由静力平衡方程求得

$$F_A = F_C = \frac{3ql}{8} + \frac{3EI}{l^3}\left(\Delta_B - \frac{\Delta_A+\Delta_C}{2}\right) \tag{e}$$

（d）、（e）两式中含有 $\Delta_B - \dfrac{\Delta_A+\Delta_C}{2}$ 的项，反映了支座沉陷对支反力的影响。

二、梁上、下表面温度变化不同的影响

设图 6-7a 所示两端固定梁，在温度为 t_0 时安装在两固定墙体之间。安装以后，由于上、下表面工作条件不同，其顶面的温度上升为 t_1，而底面的温度上升为 t_2，设 $t_2 > t_1$，且温度沿截面高度成线性变化。已知材料的弹性模量为 E、线膨胀系数为 α_l 及截面惯性矩为 I，不计梁的自重。下面讨论上述温度变化对该梁的影响。

首先，选取基本静定系。两端固定梁共有 6 个未知支反力，而平面一般力系仅有 3 个独立的静力平衡方程，故为三次超静定梁，须建立 3 个补充方程。考虑到梁的结构、物性及温度改变均对称于其跨中截面，于是可得 $F_{Ay}=F_{By}$，$M_A=M_B$。当梁上无横向荷载作用时，由平衡方程 $\sum F_y=0$，可得

$$F_{Ay}=F_{By}=0$$

又因在微小变形条件下，梁的轴向支反力 F_{Ax} 和 F_{Bx} 对挠度的影响可略去不计，因此，可先不予考虑。于是，梁的多余未知力简化为一个，并取基本静定系如图 6-7b 所示的简支梁，其多余未知力为 M_A（或 M_B）。

为求解多余未知力，需寻求补充方程。为此，考察变形几何相容条件。由于温度变化后，梁底面的温度 t_2 大于其顶面温度 t_1，从而使梁的端面 A 发生转角 θ_{At}（图 c），而多余未知力 M_A 和 M_B 将引起端面 A 的转角 θ_{AM}（图 d）。于是，得变形几何相容方程

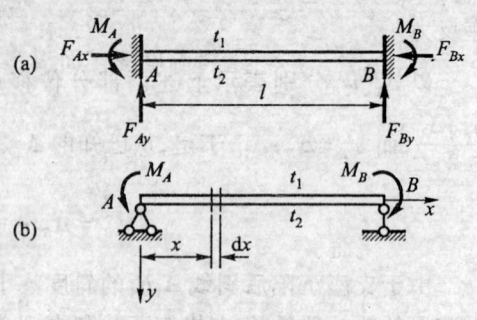

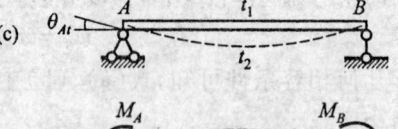

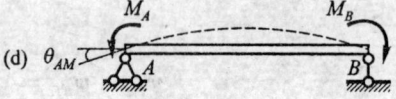

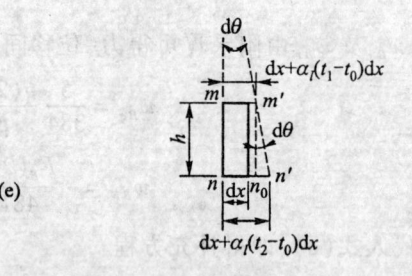

$$\theta_A=\theta_{At}+\theta_{AM}=0 \tag{f}$$

对于由温度变化引起的转角 θ_{At}，取长为 dx 的微段来分析（图 6-7e）。当微段的底面温度由 t_0 升至 t_2 时，其长度由 dx 增至 $dx+\alpha_l(t_2-t_0)dx$，而顶面温度由 t_0 升至 t_1 时，其长度将增至 $dx+\alpha_l(t_1-t_0)dx$。由于温度沿截面高度呈线性变化，因此，微段 dx 左、右两横截面将发生相对转角 $d\theta$（图 6-7e），作辅助线 $m'n_0$ 平行于 mn，可得相对转角为

$$d\theta=\frac{[dx+\alpha_l(t_2-t_0)dx]-[dx+\alpha_l(t_1-t_0)dx]}{h}$$

$$=\frac{\alpha_l(t_2-t_1)}{h}dx \tag{g}$$

应当注意，当 $t_2>t_1$ 时，上式右边为正值，而当取 y 轴向下为正时，图 6-7e 所示的转角 $d\theta$ 为负值。为此，应在式（g）的右边添加负号。于是，可得

$$\frac{d\theta}{dx} = -\frac{\alpha_l(t_2-t_1)}{h} \tag{h}$$

由 $\frac{d\theta}{dx} = \frac{d^2w}{dx^2}$，即得梁由温度变化而引起的挠曲线近似微分方程为

$$\frac{d^2w}{dx^2} = -\frac{\alpha_l(t_2-t_1)}{h} \tag{i}$$

将式(i)积分两次，并应用边界条件 $x=0, w=0$ 及 $x=l, w=0$ 确定积分常数，即得由温度变化而引起弯曲变形的转角和挠度方程分别为

$$\theta = \frac{dw}{dx} = -\frac{\alpha_l(t_2-t_1)}{h}x + \frac{\alpha_l(t_2-t_1)}{h} \times \frac{l}{2} \tag{j}$$

$$w = -\frac{\alpha_l(t_2-t_1)}{h} \times \frac{x^2}{2} + \frac{\alpha_l(t_2-t_1)}{h} \times \frac{l}{2}x \tag{k}$$

由转角方程(j)，即得基本静定系端面 A 由温度引起的转角为

$$\theta_{At} = \theta\bigg|_{x=0} = \frac{\alpha_l(t_2-t_1)}{h} \times \frac{l}{2} \tag{l}$$

在多余未知力 M_A 和 M_B 作用下，基本静定系端面 A 的转角 θ_{AM}，由叠加原理及附录Ⅳ，可得

$$\theta_{AM} = -\frac{M_A l}{3EI} - \frac{M_B l}{6EI} = -\frac{M_A l}{2EI} \tag{m}$$

将物理关系式(l)和(m)代入变形相容方程(f)，即得补充方程

$$\frac{\alpha_l(t_2-t_1)}{h} \times \frac{l}{2} - \frac{M_A l}{2EI} = 0 \tag{n}$$

于是，解得多余未知力偶矩

$$M_A = M_B = \frac{\alpha_l EI(t_2-t_1)}{h}$$

式中，$M_A(M_B)$ 为正号，表明原来假设的转向(图6-7b)正确。

关于轴向支反力 F_{Ax}、F_{Bx}，可根据梁的平均温度 $t_m = \frac{1}{2}(t_1+t_2)$ 与安装时的温度 t_0 之差，按轴向拉压的超静定问题求解，建议读者自行验算。

思 考 题

6-1 试判别图示各结构是静定的，还是超静定的？若是超静定，则为几次超静定？

6-2 试问超静定结构的基本静定系和变形几何相容方程是不是唯一的？其解答是不是唯一的？如图示两端固定的超静定杆，试给出其三个不同形式的基本静定系及其相应的变

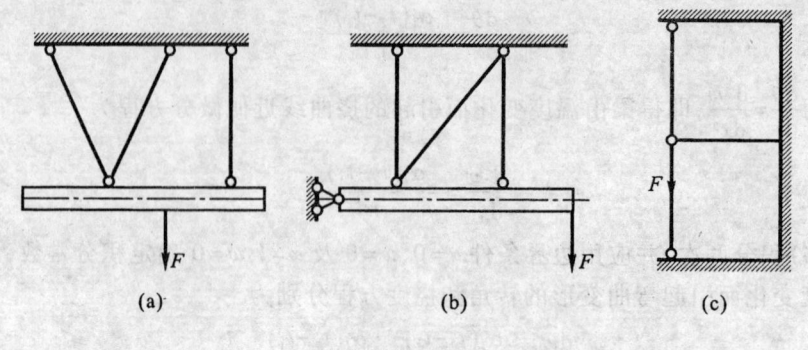

思考题 6-1 图

形几何相容方程。

6-3 在例题 6-1 中，若 1、2、3 三杆的材料及横截面面积均相同，试问有何办法可使各杆同时达到材料的许用应力 $[\sigma]$？

6-4 长度为 l 的钢螺旋，螺距为 Δ，外面套一铜导管。在使螺母与导管正好密合（无间隙也无应力）后，再将螺母旋紧 1/4 圈，为求螺栓和导管内的应力，试列出其变形几何相容方程。

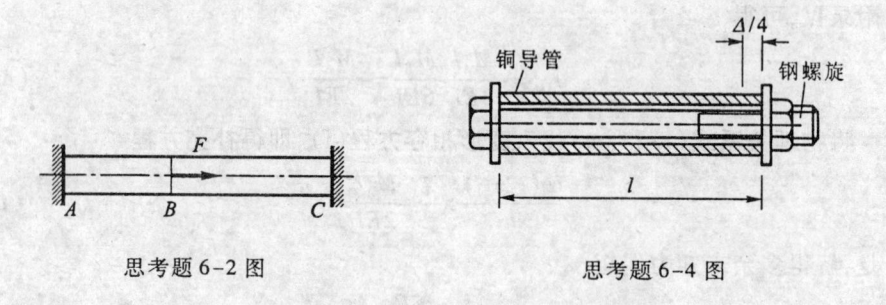

思考题 6-2 图

思考题 6-4 图

6-5 一扭转刚度为 GI_{p1} 的钢轴，承受扭转力偶矩 M_e，轴在受扭情况下，在 AB 段内与一扭转刚度为 GI_{p2} 的钢管焊接如图。焊牢后，卸除扭转力偶矩 M_e，为求 AB 段内轴和钢管横截面上的切应力，试分别列出静力平衡方程、变形几何相容方程和物理关系式。

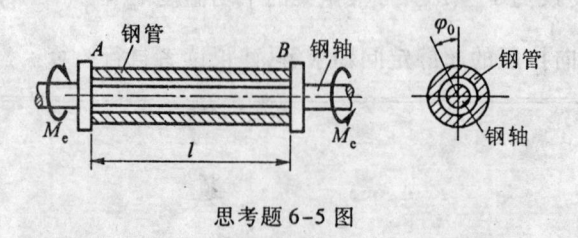

思考题 6-5 图

6-6 长度为 l、直径为 D 的实心圆轴，一端固定，另一端与长度为 $2a$ 的刚性臂 AB 焊成一体，而刚臂的 A 和 B 端又与长度均为 b 的 AC 与 BD 两相同的杆铰接，如图所示。若使杆

AC、BD 的温度下降 Δt，并使轴内的最大切应力值与杆内的正应力值相等，已知圆轴的切变模量为 G，杆 AC 和 BD 的弹性模量为 E，线膨胀系数 α_l。试求杆的横截面面积。

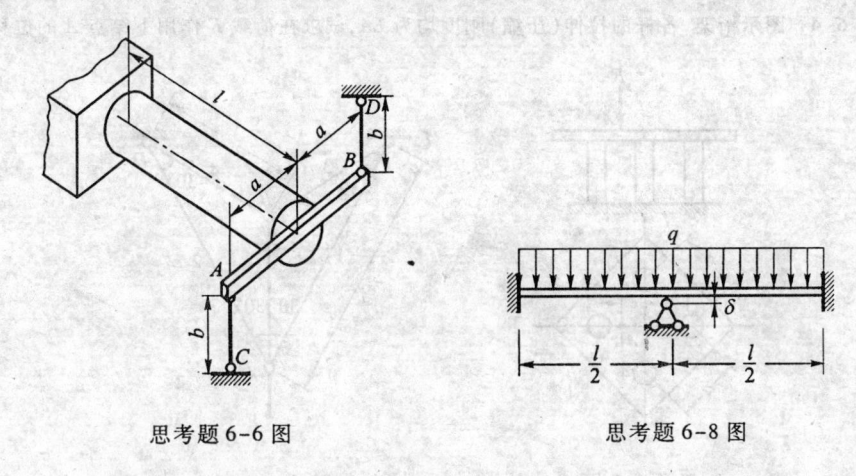

思考题 6-6 图　　　　　　思考题 6-8 图

6-7 例题 6-8 中的超静定梁，试再选取两种不同形式的基本静定系，并列出其相应的变形几何相容方程。比较所选基本静定系与例题 6-8 中的基本静定系的优缺点。

6-8 弯曲刚度为 EI 的两端固定梁，在梁跨中点下有一支座，但与梁底边相距 δ，如图所示。当梁承受均布荷载 q 后，梁与中间支座接触。试问该梁为几次超静定，并列出其变形几何相容方程和物理关系式。

习　题

6-1 试作图示等直杆的轴力图。

6-2 图示支架承受荷载 $F = 10$ kN，1、2、3 各杆由同一材料制成，其横截面面积分别为 $A_1 = 100$ mm^2，$A_2 = 150$ mm^2 和 $A_3 = 200$ mm^2。试求各杆的轴力。

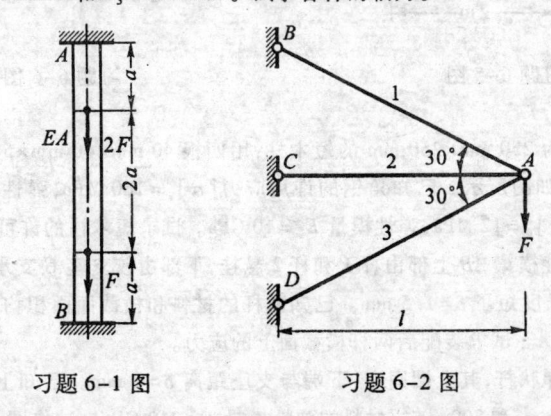

习题 6-1 图　　　　　　习题 6-2 图

6-3 一刚性板由四根支柱支撑,四根支柱的长度和截面都相同,如图所示。如果荷载 F 作用在 A 点,试求四根支柱的轴力。

6-4 图示桁架,各杆的拉伸(压缩)刚度均为 EA,试求在荷载 F 作用下结点 A 的位移。

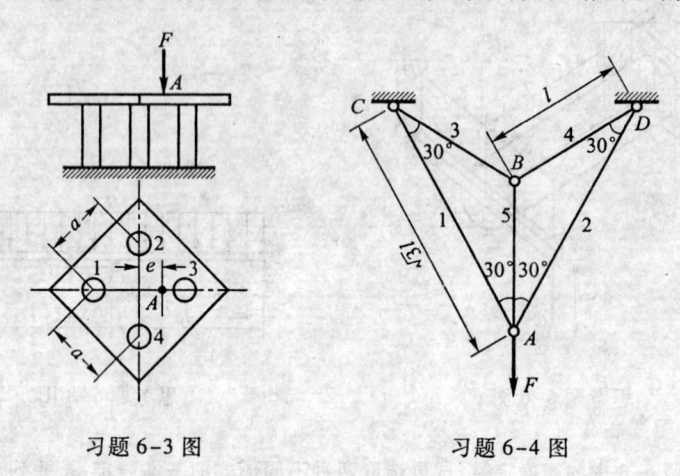

习题 6-3 图　　习题 6-4 图

6-5 图示刚性梁受均布荷载作用,梁在 A 端铰支,在 B 点和 C 点由两根钢杆 BD 和 CE 支承。已知钢杆 BD 和 CE 的横截面面积 $A_2 = 200 \text{ mm}^2$ 和 $A_1 = 400 \text{ mm}^2$,钢的许用应力 $[\sigma] = 170 \text{ MPa}$,试校核钢杆的强度。

6-6 图示结构,已知杆 AD、CE、BF 的横截面面积均为 A,杆材料的弹性模量为 E,许用应力为 $[\sigma]$,梁 AB 可视为刚体。试求结构的许可荷载 $[F]$。

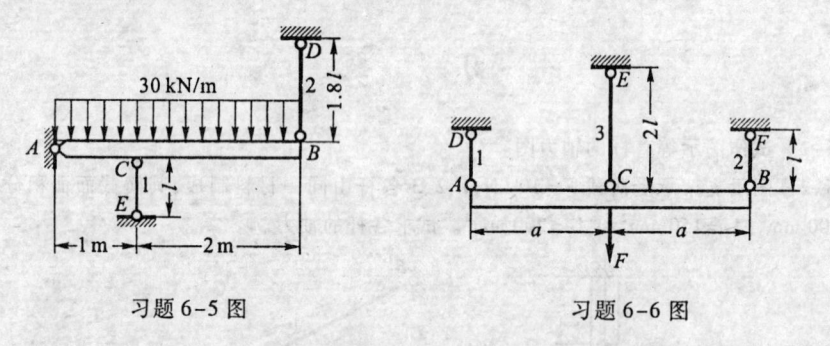

习题 6-5 图　　习题 6-6 图

6-7 横截面为 250 mm×250 mm 的短木柱,用四根 40 mm×40 mm×5 mm 的等边角钢加固,并承受压力 F,如图所示。已知角钢的许用应力 $[\sigma]_a = 160 \text{ MPa}$,弹性模量 $E_a = 200 \text{ GPa}$;木材的许用应力 $[\sigma]_w = 12 \text{ MPa}$,弹性模量 $E_w = 10 \text{ GPa}$。试求短木柱的许可荷载 $[F]$。

6-8 水平刚性横梁 AB 上部由杆 1 和杆 2 悬挂,下部由铰支座 C 支承,如图所示。由于制造误差,杆 1 的长度短了 $\delta = 1.5 \text{ mm}$。已知两杆的材料和横截面面积均相同,且 $E_1 = E_2 = E = 200 \text{ GPa}$,$A_1 = A_2 = A$。试求装配后两杆横截面上的应力。

6-9 图示阶梯状杆,其上端固定,下端与支座距离 $\delta = 1 \text{ mm}$。已知上、下两段杆的横截面面积分别为 600 mm² 和 300 mm²,材料的弹性模量 $E = 210 \text{ GPa}$。试作图示荷载作用下杆的轴力图。

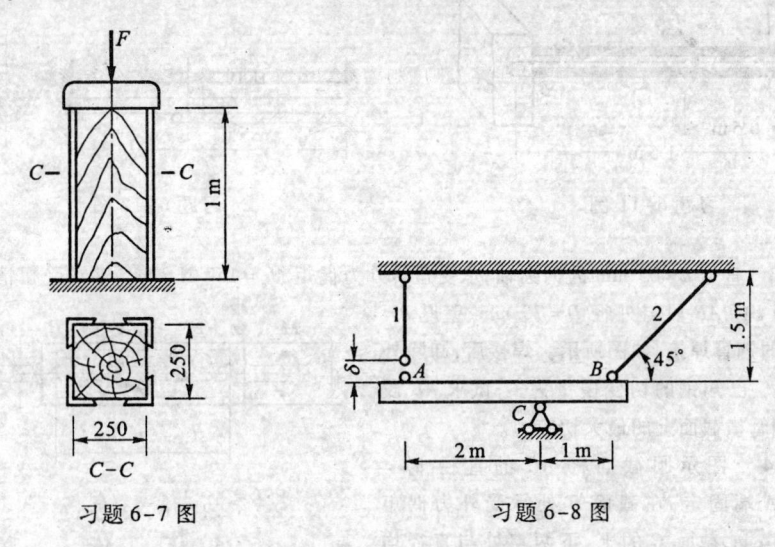

习题 6-7 图

习题 6-8 图

6-10 两端固定的阶梯状杆如图所示。已知 AC 段和 BD 段的横截面面积为 A，CD 段的横截面面积为 $2A$；杆材料的弹性模量为 $E = 210$ GPa，线膨胀系数 $\alpha_l = 12 \times 10^{-6} (\text{℃})^{-1}$。试求当温度升高 30 ℃ 后，该杆各部分横截面上的应力。

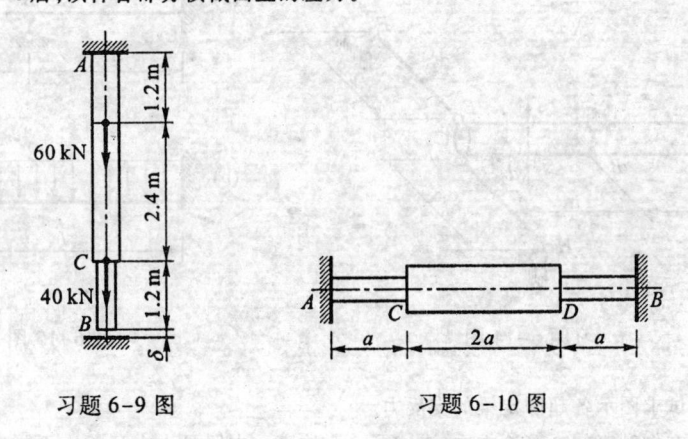

习题 6-9 图

习题 6-10 图

6-11 图示一两端固定的钢圆轴，其直径 $d = 60$ mm。轴在截面 C 处承受一外力偶矩 $M_e = 3.8$ kN·m。已知钢的切变模量 $G = 80$ GPa。试求截面 C 两侧横截面上的最大切应力和截面 C 的扭转角。

6-12 一空心圆管 A 套在实心圆杆 B 的一端，如图所示。两杆在同一横截面处各有一直径相同的贯穿孔，但两孔的中心线构成一个 β 角。现在杆 B 上施加外力偶使杆 B 扭转，以使两孔对准，并穿过孔装上销钉。在装上销钉后卸除施加在杆 B 上的外力偶。已知 A 和杆 B 的极惯性矩分别为 I_{pA} 和 I_{pB}；两杆的材料相同，其切变模量为 G。试求管 A 和杆 B 横截面上的扭矩。

习题 6-11 图

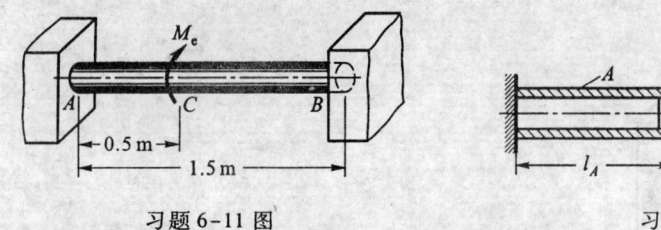

习题 6-12 图

6-13 直径 $d=25$ mm 的钢圆轴，承受扭转外力偶矩 $M_e=150$ N·m。轴在受扭情况下，在长度为 l 的 AB 段与外径 $D=75$ mm、壁厚 $\delta=2.5$ mm 的钢管焊接，如图所示。焊接后，卸除外力偶矩 M_e，已知钢的切变模量为 G，试求 AB 段内轴和钢管横截面上的最大切应力。

6-14 图示圆截面杆 AC 的直径 $d_1=100$ mm，A 端固定，在截面 B 处承受外力偶矩 $M_e=7$ kN·m，截面 C 的上、下两点处与直径均为 $d_2=20$ mm 的圆杆 EF、GH 铰接。已知各杆材料相同，弹性常数间的关系为 $G=0.4E$。试求杆 AC 中的最大切应力。

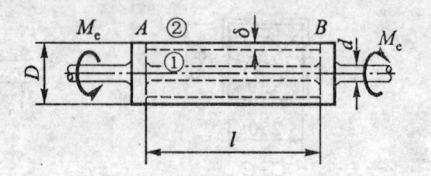

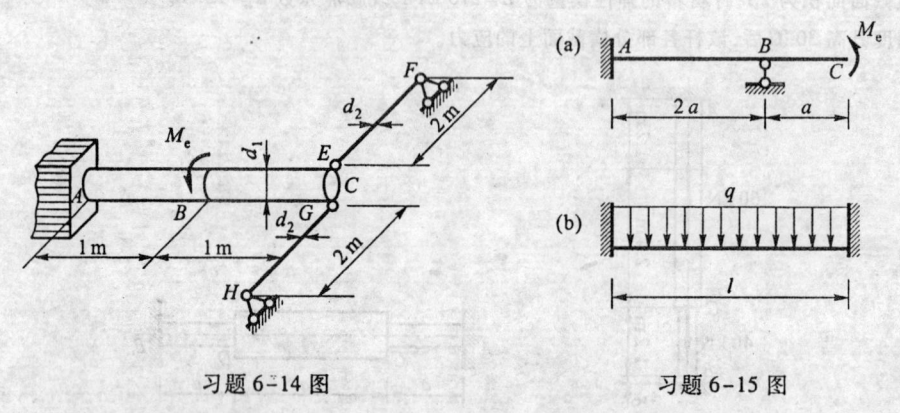

习题 6-13 图

习题 6-14 图

习题 6-15 图

6-15 试求图示各超静定梁的支反力。

6-16 在伽利略的一篇论文中，讲述了一个故事。古罗马人在运输大石柱时，先前是把

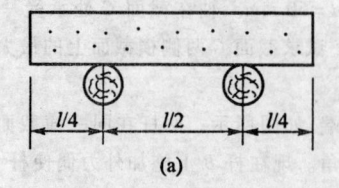

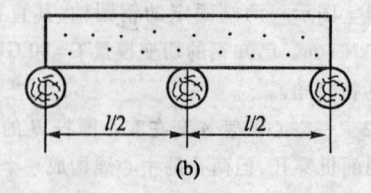

习题 6-16 图

石柱对称地支承在两根圆木上(如图 a)，结果石柱往往在其中一个滚子的上方破坏。后来，为避免发生破坏，古罗马人增加了第三根圆木(如图 b)。伽利略指出：石柱将在中间支承处破坏。试证明伽利略论述的正确性。

6-17 梁 AB 因强度和刚度不足，用同一材料和同样截面的短梁 AC 加固，如图所示。试求：

（1）二梁接触处的压力 F_C；

（2）加固后梁 AB 的最大弯矩和 B 点的挠度减小的百分数。

6-18 弯曲刚度为 EI 的刚架 ABCD，A 端固定，D 端装有滑轮，可沿刚性水平面滑动，其摩擦因数为 f，在刚架的结点 C 处作用有水平集中力 F，如图所示。试求刚架的弯矩图。

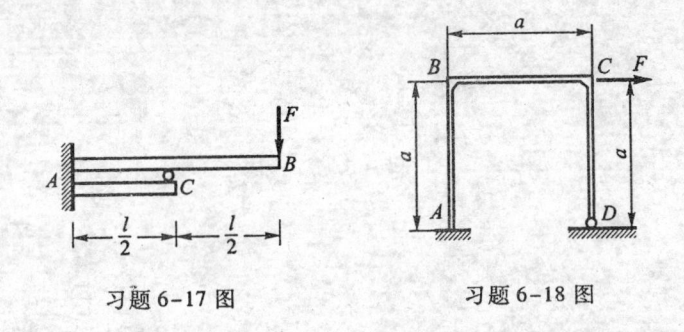

习题 6-17 图

习题 6-18 图

*6-19** 沿一直线打入 n 个半径为 r 的圆桩，桩的间距均为 l。将厚度为 δ 的平钢板按图示方式插入圆桩之间，钢板的弹性模量为 E，试求钢板内产生的最大弯曲正应力。

*6-20** 直梁 ABC 在承受荷载前搁置在支座 A 和 C 上，梁与支座 B 间有一间隙 Δ。当加上均布荷载后，梁在中点处与支座 B 接触，因而三个支座都产生约束力。为使这三个约束力相等，试求其 Δ 值。

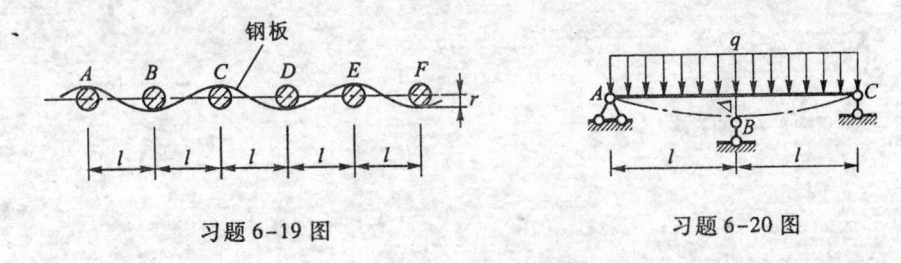

习题 6-19 图

习题 6-20 图

*6-21** 梁 AB 的两端均为固定端，当其左端转动了一个微小角度 θ 时，试确定梁的支反力 M_A、F_A、M_B 和 F_B。

*6-22** 用作温控元件的双金属片，由两条截面相同、材料不同的金属片粘合而成，如图所示。设两种金属的弹性模量和线膨胀系数分别为 E_1、α_1 和 E_2、α_2（且 $\alpha_1 > \alpha_2$），当温度升高 $\Delta t\ ℃$ 时，试求双金属片顶端 B 的挠度。

（提示：假设双金属片在变形后，其横截面仍保持为平面，故其变形相容条件为上、下金属片在其粘合面处的应变相等，以及两金属片在其端面 B 的转角相等。）

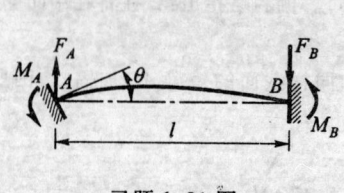

习题 6-21 图

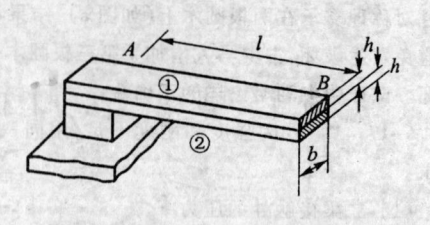

习题 6-22 图

第七章 应力状态和强度理论

§7-1 概 述

在轴向拉压、圆杆扭转和对称弯曲各章中,构件的强度条件为

$$\sigma_{\max} \leqslant [\sigma] \quad \text{或} \quad \tau_{\max} \leqslant [\tau]$$

式中,工作应力 $\sigma_{\max}$ 或 $\tau_{\max}$ 由相关的应力公式计算;材料的许用应力 $[\sigma]$ 或 $[\tau]$,是通过直接试验(如拉伸试验或扭转试验),测得材料相应的极限应力,并除以安全因数获得的,没有也无须考虑材料失效(断裂或屈服)的原因。此外,由构件的应力分析可知,在受力构件的同一截面上,各点处的应力一般是不同的。而通过受力构件内的同一点处,不同方位截面上的应力一般也是不同的(参见§2-3中拉压杆斜截面上应力和§3-4中受扭圆杆斜截面上应力的分析)。对于轴向拉压和对称弯曲中的正应力,由于杆件危险点处横截面上的正应力是通过该点各方位截面上正应力的最大值,且处于单轴应力状态,故可将其与材料在单轴拉伸(压缩)时的许用应力相比较来建立强度条件。同样,对于圆杆扭转和对称弯曲中的切应力,由于杆件危险点处横截面上的切应力是通过该点各方位截面上切应力的最大值,且处于纯剪切应力状态,故可将其与材料在纯剪切下的许用应力相比较来建立强度条件。但是,在一般情况下,受力构件内截面上的一点处既有正应力,又有切应力(如对称弯曲中,构件横截面上距中性轴为某一距离的任一点处)。若需对这类点的应力进行强度计算,则不能分别按正应力和切应力来建立强度条件,而需综合考虑正应力和切应力的影响。这时,一方面要研究通过该点各不同方位截面上应力的变化规律,从而确定该点处的最大正应力和最大切应力及其所在截面的方位。受力构件内一点处不同方位截面上应力的集合(也即通过一点所有不同方位截面上应力的全部情况),称为**一点处的应力状态**。也就是说,需研究受力构件内一点处的应力状态。另一方面,由于该点处的应力状态较为复杂,而应力的组合形式又有无限多的可能性,因此,不可能用直接试验的方法来确定每一种应力组合情况下材料的极限应力。于是,就需探求材料破坏(断裂或屈服)的规律。若能确定引起材料破坏的共同因素,则就可通过简单的应力状态(如单轴应力状态或纯剪切应力状态)下的试验结果,来确定该共同因素的极限值,从而建立相应的强度条件。关于材料破坏规律的假设,称为**强度理论**。也就是说,需研究材料破坏规律的强度理论。

第七章 应力状态和强度理论

本章先讨论受力构件内一点处的应力状态,然后研究关于材料破坏规律的强度理论。从而为在各种应力状态下的强度计算提供必要的基础。

§7-2 平面应力状态的应力分析 · 主应力

为研究受力构件内一点处的应力状态,可围绕该点截取一单元体(参见§2-3,Ⅲ)。例如,研究图7-1a所示矩形截面悬臂梁内A点处的应力状态,可用三对相互垂直的平面,围绕A点截取一单元体,如图7-1b所示。由于单元体各边长均为无穷小量,故单元体各表面上的应力可视为均匀分布,且任一对平行平面(例如图7-1b中的两侧面ab'和dc'或前、后面ac和$a'c'$)上的应力相等。梁横截面上A点处的应力,可按梁的应力计算公式求得。单元体上、下表面(即梁纵截面)上的切应力,由切应力互等定理确定。由于单元体前、后两表面上的应力为零,故可用平面图形表示,如图7-1c所示。

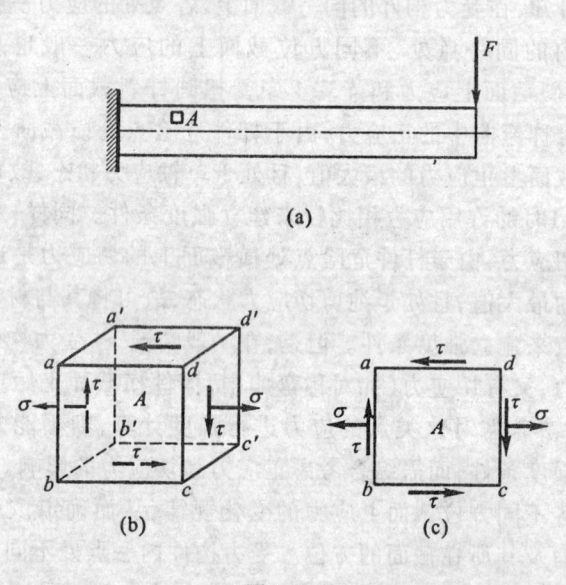

图 7-1

若单元体有一对平面上的应力等于零,即不等于零的应力分量均处于同一坐标平面内,则称为**平面应力状态**。当其他两对平面上的正应力和切应力(σ_x、τ_x和σ_y、τ_y)均不等于零时,为平面应力状态的普遍形式,如图7-2a所示。现研究在普遍形式的平面应力状态下的应力分析,即由单元体各面上的已知应力分量来确定其任一斜截面上的未知应力分量,并从而确定该点处的最大正应力及其所在截面的方位。

一、斜截面上的应力

设一平面应力状态单元体上的应力为 σ_x、τ_x 和 σ_y、τ_y，如图 7-2a 所示。如前所述，由于其前、后两平面上的应力为零，可将该单元体用平面图形表示（图 7-2b）。为求该单元体与前、后两平面垂直的任一斜截面上的应力，可应用截面法。设斜截面 ef 的外法线 n 与 x 轴间的夹角（方位角）为 α（图 7-2b），简称为 α 截面，并规定从 x 轴到外法线 n 逆时针转向的方位角 α 为正。α 截面上的应力分量用 σ_α 和 τ_α 表示。对应力正负号的规定仍与以前相同，即正应力 σ_α 以拉应力为正，压应力为负；切应力 τ_α 以其对单元体内任一点的矩为顺时针转向者为正，反之为负。

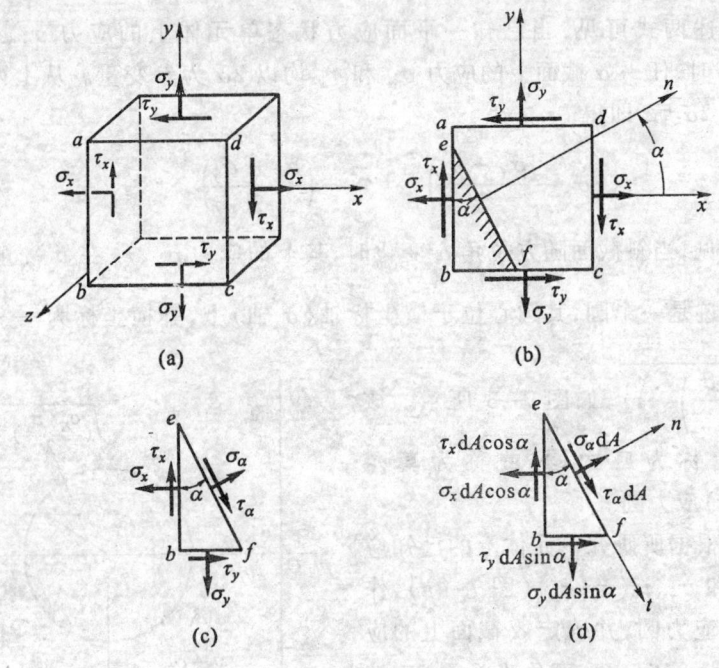

图 7-2

假想地沿斜截面 ef 将单元体截分为二，取左边部分的体元 ebf 为研究对象（图 7-2c）。设斜截面 ef 的面积为 dA，斜截面上的应力 σ_α 和 τ_α 均为正值。考虑体元的平衡，以斜截面的法线 n 和切线 t 为参考轴（图 7-2d），由平衡方程，得

$$\sum F_n = 0, \quad \sigma_\alpha dA + (\tau_x dA \cos\alpha)\sin\alpha - (\sigma_x dA \cos\alpha)\cos\alpha +$$
$$(\tau_y dA \sin\alpha)\cos\alpha - (\sigma_y dA \sin\alpha)\sin\alpha = 0$$

$$\sum F_t = 0, \quad \tau_\alpha dA - (\tau_x dA \cos\alpha)\cos\alpha - (\sigma_x dA \cos\alpha)\sin\alpha +$$
$$(\tau_y dA \sin\alpha)\sin\alpha + (\sigma_y dA \sin\alpha)\cos\alpha = 0$$

由切应力互等定理可知，τ_x 和 τ_y 的数值相等（其指向如图 7-2c 所示）。据此，即

可得平面应力状态(图 7-2d)下任一斜截面(α 截面)上的应力分量为

$$\sigma_\alpha = \frac{\sigma_x + \sigma_y}{2} + \frac{\sigma_x - \sigma_y}{2}\cos 2\alpha - \tau_x \sin 2\alpha \tag{7-1}$$

$$\tau_\alpha = \frac{\sigma_x - \sigma_y}{2}\sin 2\alpha + \tau_x \cos 2\alpha \tag{7-2}$$

上列两式就是平面应力状态(图 7-2a)下，任一 α 截面上应力 σ_α 和 τ_α 的计算公式。反映了在平面应力状态下，一点不同方位斜截面上的应力(σ_α 和 τ_α)随 α 角而变化的规律，也即一点处的应力状态。

二、应力圆

由上述两式可见，当已知一平面应力状态单元体上的应力 σ_x、τ_x 和 σ_y、$\tau_y (= -\tau_x)$ 时，任一 α 截面上的应力 σ_α 和 τ_α 均以 2α 为参变量。从上两式中消去参变量 2α 后，即得

$$\left(\sigma_\alpha - \frac{\sigma_x + \sigma_y}{2}\right)^2 + \tau_\alpha^2 = \left(\frac{\sigma_x - \sigma_y}{2}\right)^2 + \tau_x^2$$

由上式可见，当斜截面随方位角 α 变化时，其上的应力 σ_α、τ_α 在 σ-τ 直角坐标系内的轨迹是一个圆，其圆心位于横坐标轴(σ 轴)上，其横坐标为 $\frac{\sigma_x + \sigma_y}{2}$，半径为 $\sqrt{\left(\frac{\sigma_x - \sigma_y}{2}\right)^2 + \tau_x^2}$，如图 7-3 所示。该圆习惯上称为**应力圆**，或称为莫尔(O. Mohr)应力圆。

下面根据所研究单元体上的已知应力 σ_x、τ_x 和 σ_y、$\tau_y (= -\tau_x)$(图 7-4a)，作出相应的应力圆，并确定 α 截面上的应力 σ_α 和 τ_α。在 σ-τ 直角坐标系内，按选定的比例尺，量取 $\overline{OB_1} = \sigma_x$，$\overline{B_1 D_1} = \tau_x$ 得 D_1 点；量取 $\overline{OB_2} = \sigma_y$，$\overline{B_2 D_2} = \tau_y$ 得 D_2 点(图 7-4b)。连接 D_1 和 D_2 两点的直线与 σ 轴相交于 C 点，以 C 点为圆心，$\overline{CD_1}$ 或 $\overline{CD_2}$ 为半径作圆。显然，该圆的圆心 C 点的横坐标为 $\frac{\sigma_x + \sigma_y}{2}$，半径 $\overline{CD_1}$ 或 $\overline{CD_2}$ 等于 $\sqrt{\left(\frac{\sigma_x - \sigma_y}{2}\right)^2 + \tau_x^2}$，因而，该圆就是相应于该单元体应力状态的应力圆。由于 D_1 点的坐标为 (σ_x, τ_x)，因而，D_1 点代表单元体 x 平面上的应力。若要求单元体某

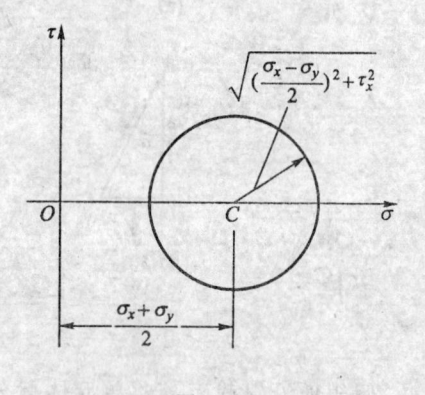

图 7-3

§7-2 平面应力状态的应力分析·主应力

一 α 截面上的应力 σ_α 和 τ_α，可从应力圆的半径 $\overline{CD_1}$ 按方位角 α 的转向转动 2α 角，得到半径 $\overline{CE}$，圆周上 E 点的 σ、τ 坐标分别满足(7-1)和(7-2)两式，就分别代表 α 截面上的 σ_α 和 τ_α。现证明如下。

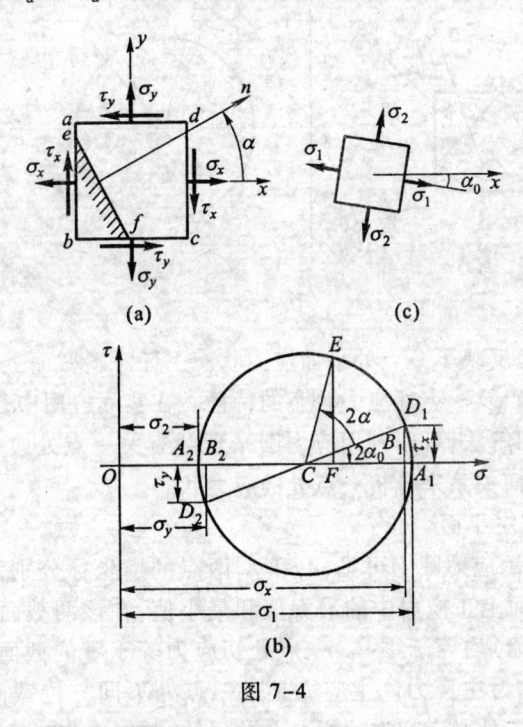

图 7-4

从图 7-4b 可见，E 点的横坐标为

$$\overline{OF} = \overline{OC} + \overline{CF}$$
$$= \overline{OC} + \overline{CE}\cos(2\alpha_0 + 2\alpha)$$
$$= \overline{OC} + \overline{CE}\cos 2\alpha_0 \cos 2\alpha - \overline{CE}\sin 2\alpha_0 \sin 2\alpha$$

式中，$\overline{OC} = \dfrac{1}{2}(\sigma_x + \sigma_y)$；$\overline{CE}\cos 2\alpha_0 = \overline{CD_1}\cos 2\alpha_0 = \dfrac{1}{2}(\sigma_x - \sigma_y)$；$\overline{CE}\sin 2\alpha_0 = \overline{CD_1}\sin 2\alpha_0 = \tau_x$。于是，得

$$\overline{OF} = \frac{\sigma_x + \sigma_y}{2} + \frac{\sigma_x - \sigma_y}{2}\cos 2\alpha - \tau_x \sin 2\alpha = \sigma_\alpha$$

上式即为式(7-1)。按类似方法可证明 E 点的纵坐标为

$$\overline{EF} = \frac{\sigma_x - \sigma_y}{2}\sin 2\alpha + \tau_x \cos 2\alpha = \tau_\alpha$$

即为式(7-2)。

从以上作图及证明可以看出，应力圆上的点与单元体上的面之间的对应关

系:单元体某一面上的应力,必对应于应力圆上某一点的坐标;单元体上任意 A、B 两个面的外法线之间的夹角若为 β,则在应力圆上代表该两个面上应力的两点之间的圆弧段所对的圆心角必为 2β,且两者的转向一致(图 7-5)。

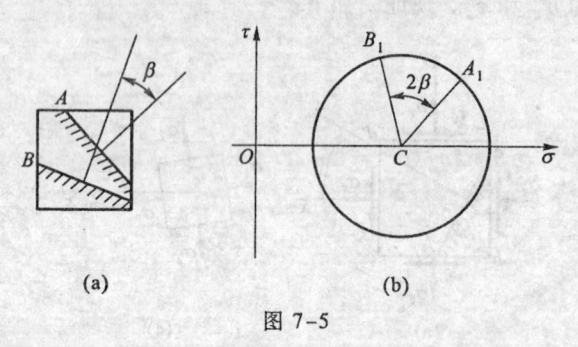

图 7-5

应力圆直观地反映了一点处平面应力状态下任意斜截面上应力随截面方位角而变化的规律,以及一点处应力状态的特征。在实际应用中,并不一定把应力圆看作为纯粹的图解法,可以利用应力圆来理解有关一点处应力状态的一些特征,或从图上的几何关系来分析一点处的应力状态。

三、主应力与主平面

由图 7-4b 所示应力圆上可见,A_1 和 A_2 两点的横坐标分别为该单元体垂直于 xy 平面的各截面上正应力中的最大值和最小值,在该两截面上的切应力(即 A_1、A_2 两点的纵坐标)均等于零①。一点处切应力等于零的截面称为**主平面**,主平面上的正应力称为**主应力**。主应力是过一点处不同方位截面上正应力的极值。可以证明,一点处必定存在这样一个单元体,其三个相互垂直的面均为主平面。三个相互垂直的主应力分别记为 σ_1、σ_2 和 σ_3,且规定按代数值大小的顺序排列,即 $\sigma_1 \geq \sigma_2 \geq \sigma_3$(参见 §7-3)。

下面研究如何确定该单元体的主平面位置和主应力数值。在图 7-4b 所示的应力圆上,A_1 和 A_2 两点的纵坐标均等于零,而横坐标分别为主应力 σ_1 和 $\sigma_2$②。由图可见,A_1 和 A_2 两点的横坐标分别为

$$\overline{OA_1} = \overline{OC} + \overline{CA_1}, \qquad \overline{OA_2} = \overline{OC} - \overline{CA_1}$$

---

① 在切应力等于零的截面上正应力为极值,这可从式(7-1)和(7-2)中得到证明。因为 $\dfrac{d\sigma_\alpha}{d(2\alpha)}$ 和 τ_α 两表达式只差一个负号,因此,在 $\tau_\alpha = 0$ 时 $\dfrac{d\sigma_\alpha}{d(2\alpha)} = 0$,这就是 σ_α 为极值的条件。

② 在平面应力状态中有一个主应力为零(如图 7-4a 所示的单元体中,与纸面平行的平面是主平面,其相应的主应力为零)。暂假设其他两个主应力均大于零,故记为 σ_1、σ_2($\sigma_3 = 0$),即三个主应力按代数值大小的顺序排列。若求得的两个主应力一为拉应力而另一为压应力,则前者应为 σ_1 而后者为 σ_3,另一主应力 $\sigma_2 = 0$。同理,若求得的两主应力都是压应力,则它们应分别为 σ_2 及 σ_3,而 $\sigma_1 = 0$。

式中，$\overline{OC}$ 为应力圆圆心的横坐标，$\overline{CA_1}$ 为应力圆半径。于是，可得两主应力值为

$$\sigma_1 = \frac{1}{2}(\sigma_x + \sigma_y) + \frac{1}{2}\sqrt{(\sigma_x - \sigma_y)^2 + 4\tau_x^2} \tag{7-3}$$

$$\sigma_2 = \frac{1}{2}(\sigma_x + \sigma_y) - \frac{1}{2}\sqrt{(\sigma_x - \sigma_y)^2 + 4\tau_x^2} \tag{7-4}$$

由于圆上 D_1 点和 A_1 点分别对应于单元体上的 x 平面和 σ_1 主平面，$\angle D_1 CA_1 = 2\alpha_0$ 为上述两平面间夹角 α_0 的两倍，所示单元体上从 x 平面转到 σ_1 主平面的转角为顺时针转向，按规定应为负值。因此，由应力圆可得

$$\tan(-2\alpha_0) = \frac{\overline{B_1 D_1}}{\overline{CB_1}} = \frac{\tau_x}{\frac{1}{2}(\sigma_x - \sigma_y)}$$

从而解得表示主应力 σ_1 所在主平面位置的方位角为

$$2\alpha_0 = \arctan\left(\frac{-2\tau_x}{\sigma_x - \sigma_y}\right) \tag{7-5}$$

由于 $\overline{A_1 A_2}$ 为应力圆的直径，因而，σ_2 主平面与 σ_1 主平面相垂直。

例题 7-1 一两端密封的圆柱形压力容器，圆筒部分由壁厚为 δ，宽度为 b 的塑条滚压成螺旋状并熔接而成。圆筒的内直径为 D，且 $\delta \ll D$，如图 a 所示。容器承受的内压的压强为 p，若熔接部分承受的拉应力不得超过塑条中最大拉应力的 80%，试求塑条的许可宽度 b。

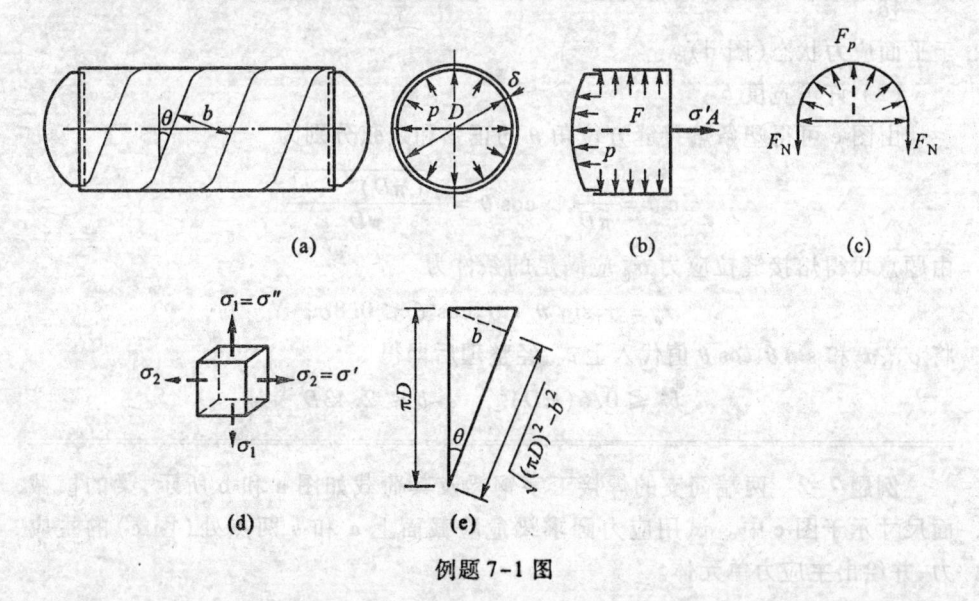

例题 7-1 图

解：（1）圆筒任一点的应力状态

由圆筒及其受力的极对称性可知，圆筒横截面上各点处的正应力 σ' 相等，即可按轴向拉伸计算其正应力 σ'，于是，由图 b 即得

$$\sigma' = \frac{F}{A} \approx \frac{p \times \dfrac{\pi D^2}{4}}{\pi D \delta} = \frac{pD}{4\delta} \tag{1}$$

由于 $\delta \ll D$，故计算中采用了近似公式 $A \approx \pi D \delta$。

为计算圆筒纵截面上的正应力 σ''，假想地截取一段单位长的圆筒，沿纵截面将其截开，并研究上半部分（图 c）。由于圆筒上、下部分的对称性，所以纵截面上没有切应力。对于 $\delta \ll D$ 的薄壁圆筒，可认为纵截面上各点处的正应力 σ'' 相等。而该段圆筒内表面上压力的合力 $F_p = pD$，于是，由上半部分圆筒的平衡方程

$$\sum F_y = 0, \quad F_p - 2F_N = 0 \quad \text{或} \quad pD - 2\sigma'' \times \delta \times 1 = 0$$

即得

$$\sigma'' = \frac{pD}{2\delta} \tag{2}$$

容器内表面上任一点处沿径向的正应力为

$$\sigma''' = -p$$

于是，可得圆筒内表面上各点的应力分别为

$$\sigma_1 = \sigma'' = \frac{pD}{2\delta}, \quad \sigma_2 = \sigma' = \frac{pD}{4\delta}, \quad \sigma_3 = \sigma''' = -p$$

由于 $\dfrac{D}{4\delta}$ 远大于 1，即 σ_3 的绝对值远小于 σ_1 和 σ_2，故可视为 $\sigma_3 = 0$，即圆筒各点处于平面应力状态（图 d）。

（2）许可宽度 b

由图 e 可得塑条熔接缝方位角 θ 的正弦和余弦分别为

$$\sin\theta = \frac{b}{\pi D}, \quad \cos\theta = \frac{\sqrt{(\pi D)^2 - b^2}}{\pi D}$$

由题意可得熔接缝拉应力 σ_θ 应满足的条件为

$$\sigma_\theta = \sigma_1 \sin^2\theta + \sigma_2 \cos^2\theta \leq 0.8\sigma_1$$

将 σ_1、σ_2 和 $\sin\theta$、$\cos\theta$ 值代入上式，经整理后即得

$$b^2 \leq 0.6(\pi D)^2, \quad b \leq 2.43D$$

例题 7-2 两端简支的焊接工字钢梁及其荷载如图 a 和 b 所示，梁的横截面尺寸示于图 c 中。试用应力圆求梁危险截面上 a 和 b 两点处（图 c）的主应力，并绘出主应力单元体。

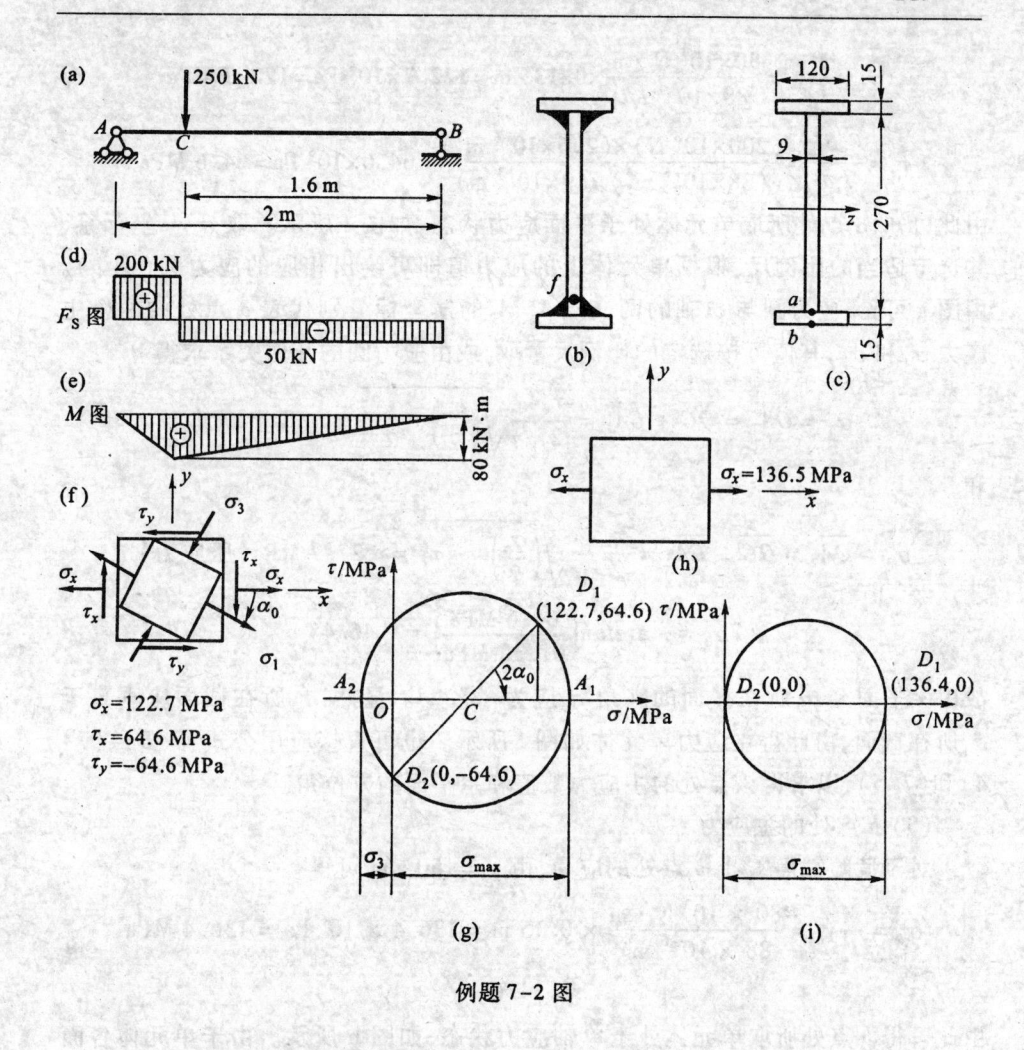

§7–2　平面应力状态的应力分析·主应力　　　·219·

例题 7-2 图

解：(1) 确定梁的危险截面

作梁的剪力图和弯矩图如图 d 和 e 所示。危险截面为梁 C 点左侧的截面，其弯矩 $M_C = 80$ kN·m，剪力 $F_{SC} = 200$ kN。

(2) a 点处的主应力

为计算危险截面上 a 点处的应力，先计算横截面(图 c)的惯性矩 I_z 和静矩 S_{za}^* 等：

$$I_z = \frac{120 \text{ mm} \times (300 \text{ mm})^3}{12} - \frac{111 \text{ mm} \times (270 \text{ mm})^3}{12} = 88 \times 10^6 \text{ mm}^4$$

$$S_{za}^* = (120 \text{ mm} \times 15 \text{ mm}) \times (150 \text{ mm} - 7.5 \text{ mm}) = 256\,000 \text{ mm}^3$$

$$y_a = 135 \text{ mm}$$

由以上各数据可得危险截面 C 上 a 点处的应力为

$$\sigma_a = \frac{M}{I_z}y_a = \frac{80\times10^3\ \text{N}\cdot\text{m}}{88\times10^{-6}\ \text{m}^4}\times 0.135\ \text{m} = 122.7\times10^6\ \text{Pa} = 122.7\ \text{MPa}$$

$$\tau_a = \frac{F_S S_{za}^*}{I_z d} = \frac{(200\times10^3\ \text{N})\times(256\times10^{-6}\ \text{m}^3)}{(88\times10^{-6}\ \text{m}^4)\times(9\times10^{-3}\ \text{m})} = 64.6\times10^6\ \text{Pa} = 64.6\ \text{MPa}$$

由此可知，a 点处所取单元体处于平面应力状态，如图 f 所示。取 σ-τ 坐标系，并选定适当的比例尺，根据单元体上的应力值即可绘出相应的应力圆（图 g）。由图 g 可见，应力圆与 σ 轴的两交点 A_1、A_2 的横坐标分别代表 a 点处的两个主应力 σ_1 和 σ_3，其值可按选定的比例尺量取，或由应力圆的几何关系求得①

$$\sigma_1 = \overline{OA_1} = \overline{OC} + \overline{CA_1} = \frac{\sigma_x}{2} + \sqrt{\left(\frac{\sigma_x}{2}\right)^2 + \tau_x^2} = 150.4\ \text{MPa}$$

和

$$\sigma_3 = \overline{OA_2} = \overline{OC} - \overline{CA_2} = \frac{\sigma_x}{2} - \sqrt{\left(\frac{\sigma_x}{2}\right)^2 - \tau_x^2} = -27.7\ \text{MPa（压应力）}$$

$$2\alpha_0 = -\arctan\left(\frac{64.6\ \text{MPa}}{61.35\ \text{MPa}}\right) = -46.4°$$

故由 x 平面至 σ_1 所在截面的夹角 α_0 应为 $-23.2°$。显然，σ_3 所在截面应垂直于 σ_1 所在截面，由此得主应力单元体如图 f 所示。也可直接应用公式（7-3）、（7-4）和（7-5），以求得该点处的主应力数值和主平面的方位角。

（3）b 点处的主应力

对于危险截面 C 上 b 点处的应力，由 $y_b = 150$ mm 可得

$$\sigma_b = \frac{M}{I_z}y_b = \frac{80\times10^3\ \text{N}\cdot\text{m}}{88\times10^{-6}\ \text{m}^4}\times 0.15\ \text{m} = 136.4\times10^6\ \text{Pa} = 136.4\ \text{MPa}$$

$$\tau_b = 0$$

由此可得 b 点处所取单元体处于单轴应力状态，如图 h 所示。由于单元体各面上的切应力均等于零，该单元体即为主应力单元体，其相应的应力圆如图 i 所示。b 点处的三个主应力分别为 $\sigma_1 = \sigma_x = 136.4$ MPa，$\sigma_2 = \sigma_3 = 0$。

§7-3 空间应力状态的概念

对于受力物体内一点处的应力状态，最普遍的情况是所取单元体三对平面

---

① 此处是按图 c 中的 a 点作应力计算的，实际上梁由钢板焊接而成，a 点处不连续，因而并无切应力 τ_a。对于这种梁，在全面强度校核中，真正要计算切应力的应该是图 b 中的 f 点。但在工程计算中为了简便并偏于安全，往往就计算图 c 中 a 点处的应力以代替图 b 中 f 点处的应力。

上都有正应力和切应力,而且切应力可分解为沿坐标轴方向的两个分量,如图 7-6所示。图中 x 平面上有正应力 σ_x、切应力 τ_{xy} 和 τ_{xz}。切应力的两个下标中,第一个下标表示切应力所在平面,第二个下标表示切应力的方向。同理,在 y 平面上有应力 σ_y、τ_{yx} 和 τ_{yz};在 z 平面上有应力 σ_z、τ_{zx} 和 τ_{zy}。这种应力状态,称为一般的空间应力状态。

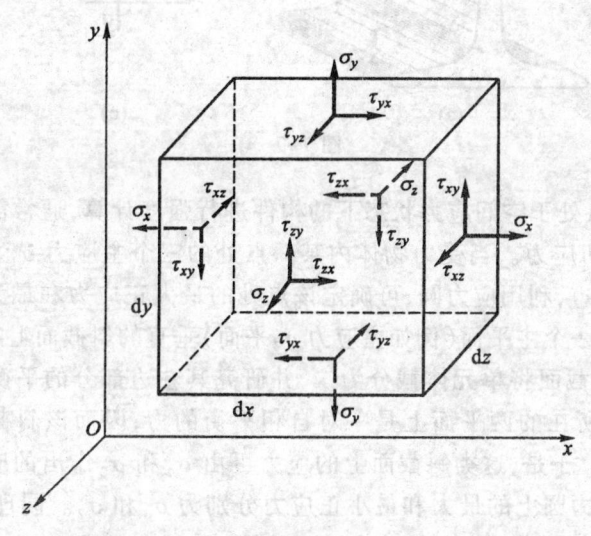

图 7-6

在一般的空间应力状态的 9 个应力分量中,根据切应力互等定理,在数值上有 $\tau_{xy}=\tau_{yx}$、$\tau_{yz}=\tau_{zy}$ 和 $\tau_{zx}=\tau_{xz}$,因而,独立的应力分量是 6 个,即 σ_x、σ_y、σ_z、τ_{xy}、τ_{yz}、τ_{zx}。

可以证明[1],在受力物体内的任一点处一定可以找到一个主应力单元体,其三对相互垂直的平面均为主平面,三对主平面上的主应力分别为 σ_1、σ_2、σ_3。

图 7-7a 所示为钢轨的轨头部分受车轮的静荷载作用时,围绕接触点用横截面、与接触面平行的面和铅垂纵截面截取的一个单元体,其三个相互垂直的平面均为主平面,在表面上有接触压应力 σ_3,在横截面和铅垂纵截面上分别有压应力 σ_2 和 σ_1(图 7-7b)。这是三个主应力均为压应力的空间应力状态。螺钉在拉伸时,其螺纹根部内的单元体则处于三个主应力均为拉应力的空间应力状态。

空间应力状态是一点处应力状态中最为一般的情况,§7-2 中所讨论的平面应力状态可看作是空间应力状态的特例,即有一个主应力等于零。仅一个主应力不等于零的应力状态,称为单轴应力状态。空间应力状态所得的某些结论,也同样适用于平面或单轴应力状态。

---

[1] 例如,参见刘鸿文主编,《高等材料力学》,上册,§7-3,高等教育出版社,1985 年。

图 7-7

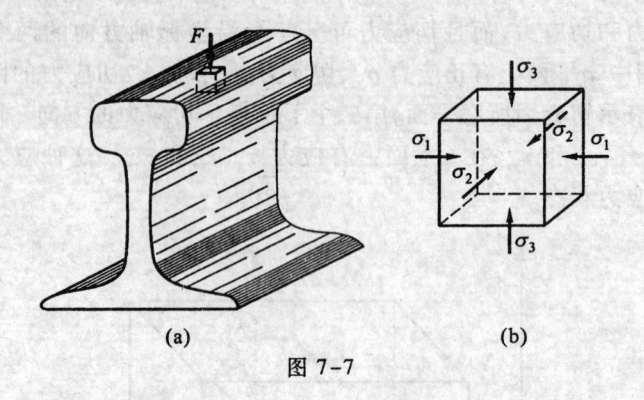

对于危险点处于空间应力状态下的构件进行强度计算,通常需确定其最大正应力和最大切应力。当受力物体内某一点处的三个主应力 σ_1、σ_2 和 σ_3 均为已知时(图 7-8a),利用应力圆,可确定该点处的最大正应力和最大切应力。首先,研究与其中一个主平面(例如主应力 σ_3 平面)垂直的斜截面上的应力。应用截面法,沿该斜截面将单元体截分为二,并研究其左边部分的平衡(图 7-8b)。由于主应力 σ_3 所在的两平面上是一对自相平衡的力,因而该斜截面上的应力 σ、τ 与 σ_3 无关。于是,这类斜截面上的应力可由 σ_1 和 σ_2 作出的应力圆上的点来表示,而该应力圆上的最大和最小正应力分别为 σ_1 和 σ_2。同理,在与 σ_2(或 σ_1)主平面垂直的斜截面上的应力 σ 和 τ,可用由 σ_1、σ_3(或 σ_2、σ_3)作出的应力圆上的点来表示。进一步的研究证明①,表示与三个主平面斜交的任意斜截面

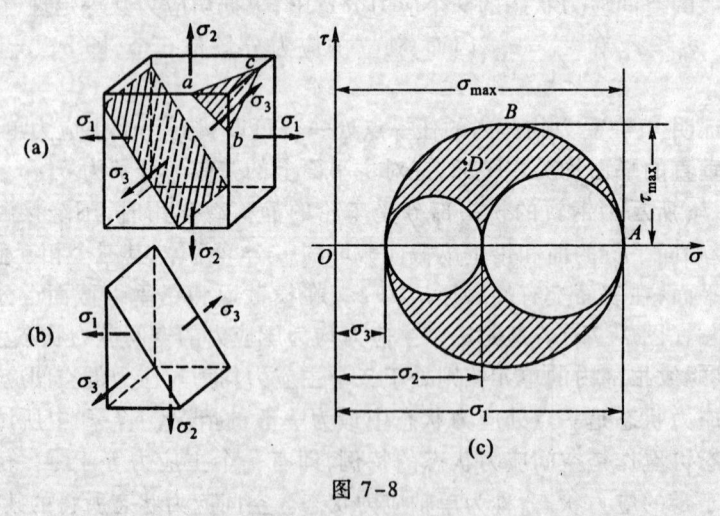

图 7-8

---

① 参见 F. B. Seely, J. O. Smith, Advanced Mechanics of Materials, Chap 3, §1, John Wiley & Sons, Inc. 1955.

(图7-8a中的 abc 截面)上应力 σ 和 τ 的 D 点,必位于上述三个应力圆所围成的阴影范围(图7-8c)以内。

由上述分析可知,在图 7-8a 所示的空间应力状态下,该点处的最大正应力(代数值)等于最大的应力圆上 A 点的横坐标(图 7-8c),即

$$\sigma_{max} = \sigma_1 \qquad (7-6)$$

而最大切应力则等于最大的应力圆上 B 点的纵坐标(图7-8c),为

$$\tau_{max} = \frac{1}{2}(\sigma_1 - \sigma_3) \qquad (7-7)$$

由 B 点的位置可知,最大切应力所在的截面与 σ_2 主平面相垂直,并与 σ_1 和 σ_3 主平面互成 45°角。

上述两公式同样适用于平面应力状态(其中有一个主应力等于零)或单轴应力状态(其中有两个主应力等于零),只需将具体问题中的主应力求出,并按代数值 $\sigma_1 \geq \sigma_2 \geq \sigma_3$ 的顺序排列。

例题 7-3 单元体各面上的应力如图 a 所示。试用应力圆,求其主应力和最大切应力及其作用面方位。

解:该单元体 z 平面上的应力 $\sigma_z = 20$ MPa 即为主应力。因此,与 z 平面正

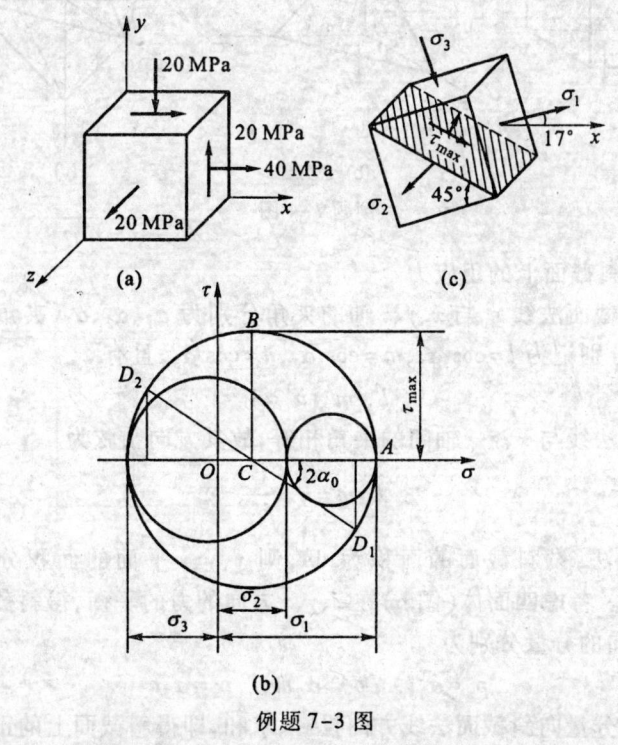

例题 7-3 图

交的各截面上的应力与主应力 σ_z 无关,于是,可依据 x 平面和 y 平面上的应力作应力圆(图 b)。由应力圆可得其余两个主应力为 46 MPa 和 -26 MPa。将该单元体的三个主应力按其代数值的顺序排列为

$$\sigma_1 = 46 \text{ MPa}, \quad \sigma_2 = 20 \text{ MPa}, \quad \sigma_3 = -26 \text{ MPa}$$

且 $2\alpha_0 = 34°$,据此便可确定 σ_1 与 σ_3 两主平面的方位。

依据三个主应力值,便可作出三个应力圆如图 b 所示。在其中最大的应力圆上,B 点的纵坐标(该圆的半径)即为该单元体的最大切应力,其值为

$$\tau_{\max} = \overline{BC} = 36 \text{ MPa}$$

最大切应力所在截面与 σ_2 的主平面相垂直,而与 σ_1 和 σ_3 的主平面各成 $45°$ 夹角,如图 c 所示。

例题 7-4 空间主应力状态如图 a 所示。试求分别与 x、y、z 轴成等角度的斜截面上的正应力和切应力。

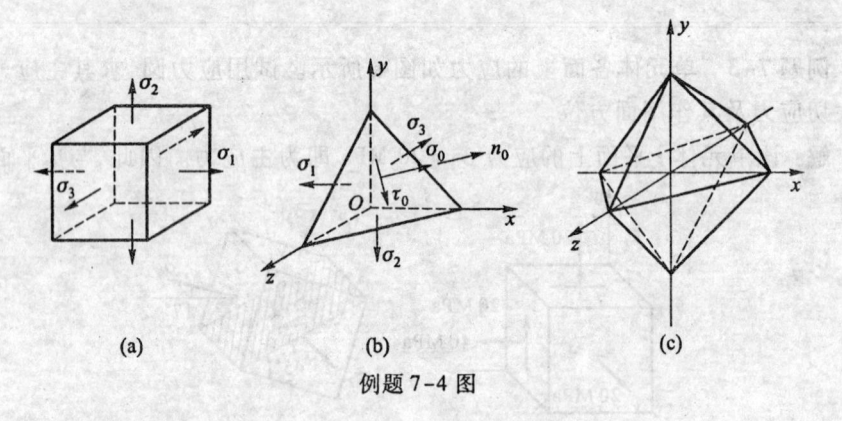

例题 7-4 图

解:(1) 斜截面上的正应力

设任意斜截面法线 n_0 与 x、y、z 轴的夹角分别为 α_1、α_2、α_3,夹角的余弦称为方向余弦,并分别记为 $l = \cos\alpha_1$,$m = \cos\alpha_2$,$n = \cos\alpha_3$,且有

$$l^2 + m^2 + n^2 = 1$$

由于斜截面的法线与 x、y、z 轴间的夹角相等,故其方向余弦为

$$l = m = n = \frac{1}{\sqrt{3}}$$

应用截面法,设斜截面的面积为 dA,则 x、y、z 平面的面积分别为 $dA \times l$、$dA \times m$ 和 $dA \times n$。考虑四面体(图 b)在 x、y、z 方向的力的平衡,得斜截面上全应力 p 在 x、y、z 方向的分量分别为

$$p_x = \sigma_1 l, \quad p_y = \sigma_2 m, \quad p_z = \sigma_3 n$$

将全应力的各分量向斜截面法线方向投影、求和,即得斜截面上的正应力为

$$\sigma_0 = p_x l + p_y m + p_z n = \sigma_1 l^2 + \sigma_2 m^2 + \sigma_3 n^2$$
$$= \frac{1}{3}(\sigma_1 + \sigma_2 + \sigma_3)$$

可见,该斜截面上的正应力为三个主应力的平均值。

（2）斜截面上的切应力

斜截面上的全应力为
$$p^2 = p_x^2 + p_y^2 + p_z^2 = \sigma_1^2 l^2 + \sigma_2^2 m^2 + \sigma_3^2 n^2 = \sigma_0^2 + \tau_0^2$$

因而,斜截面上的切应力为
$$\tau_0 = \sqrt{p^2 - \sigma_0^2}$$
$$= \frac{1}{3}\sqrt{(\sigma_1 - \sigma_2)^2 + (\sigma_2 - \sigma_3)^2 + (\sigma_3 - \sigma_1)^2}$$

若取坐标平面与主平面重合（图 b）,则在坐标系 $Oxyz$ 中,与坐标平面成等角度的斜面（即其方向余弦相等 $l = m = n$）共有 8 个,这八个面形成一个正八面体,如图 c 所示。八面体上的应力分量称为八面体应力,并记为 σ_{oct} 和 τ_{oct}。

八面体切应力为
$$\tau_{oct} = \frac{1}{3}\sqrt{(\sigma_1 - \sigma_2)^2 + (\sigma_2 - \sigma_3)^2 + (\sigma_3 - \sigma_1)^2}$$

在考虑材料的塑性屈服中有其特定的意义。

§7-4 应力与应变间的关系

如上所述,在一般的空间应力状态下有 6 个独立的应力分量：σ_x、σ_y、σ_z、τ_{xy}、τ_{yz}、τ_{zx},与之相应的有 6 个独立的应变分量：ε_x、ε_y、ε_z、γ_{xy}、γ_{yz}、γ_{zx}。本节主要讨论在线弹性、小变形条件下,空间应力状态下应力分量与应变分量间的物理关系,通常称为广义胡克定律。

一、各向同性材料的广义胡克定律

一般空间应力状态下单元体（图 7-9a）的 6 个独立应力分量中,3 个正应力分量的正负号规定同前,即拉应力为正,压应力为负；而 3 个切应力分量的正负号则重新规定如下：若正面（外法线与坐标轴正向一致的平面）上切应力矢的指向与坐标轴正向一致,或负面（外法线与坐标轴负向一致的平面）上切应力矢的指向与坐标轴负向一致,则该切应力为正,反之为负。图 7-9a 中所表示的各应力分量均为正值。至于 6 个应变分量的正负号,规定线应变 ε_x、ε_y、ε_z 以伸长为正,缩短为负（即与以前相同）；切应变 γ_{xy}、γ_{yz} 和 γ_{zx}（依次表示直角 $\angle xOy$、$\angle yOz$ 和 $\angle zOx$ 的变化）均以使直角减小者为正,增大者为负。按这样的正负号规定,正值的切应力就对应于正值的切应变。

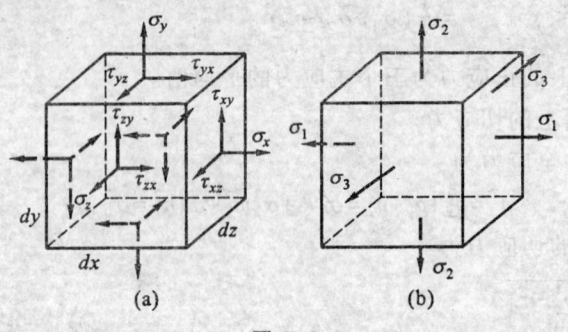

图 7-9

对于各向同性材料,沿各方向的弹性常数 E、G、ν 均分别相同。而且,由于各向同性材料沿任一方向对于其弹性常数都具有对称性(即绕该方向旋转 180°后,材料的弹性常数保持不变),因而,在线弹性、小变形条件下,沿坐标轴(或应力矢)方向,正应力只引起线应变,而切应力只引起同一平面内的切应变[①]。

线应变 ε_x、ε_y、ε_z 与正应力 σ_x、σ_y、σ_z 之间的关系,可应用叠加原理求得。在 σ_x、σ_y 和 σ_z 分别单独存在时,x 方向的线应变 ε_x 依次分别为

$$\varepsilon_x' = \frac{\sigma_x}{E}, \quad \varepsilon_x'' = -\nu\frac{\sigma_y}{E}, \quad \varepsilon_x''' = -\nu\frac{\sigma_z}{E}$$

于是,在 σ_x、σ_y、σ_z 同时存在时,可得 x 方向的线应变。同理,可得 y 和 z 方向的线应变,分别为

$$\left.\begin{aligned}\varepsilon_x &= \frac{1}{E}[\sigma_x - \nu(\sigma_y + \sigma_z)] \\ \varepsilon_y &= \frac{1}{E}[\sigma_y - \nu(\sigma_z + \sigma_x)] \\ \varepsilon_z &= \frac{1}{E}[\sigma_z - \nu(\sigma_x + \sigma_y)]\end{aligned}\right\} \quad (7-8a)$$

至于切应变 γ_{xy}、γ_{yz}、γ_{zx} 与切应力 τ_{xy}、τ_{yz}、τ_{zx} 之间的关系,则分别为

$$\left.\begin{aligned}\gamma_{xy} &= \frac{\tau_{xy}}{G} \\ \gamma_{yz} &= \frac{\tau_{yz}}{G} \\ \gamma_{zx} &= \frac{\tau_{zx}}{G}\end{aligned}\right\} \quad (7-8b)$$

---

① 其证明可参见王龙甫编,《弹性理论》,§4-5,科学出版社,1978 年。

式(7-8a、b)即为一般空间应力状态下,在线弹性、小变形条件下各向同性材料的广义胡克定律。

在平面应力状态下,设 $\sigma_z=0$、$\tau_{xz}=0$、$\tau_{yz}=0$,则由(7-8a)和(7-8b)两式可得

$$\left. \begin{aligned} \varepsilon_x &= \frac{1}{E}(\sigma_x - \nu\sigma_y) \\ \varepsilon_y &= \frac{1}{E}(\sigma_y - \nu\sigma_x) \\ \varepsilon_z &= -\frac{\nu}{E}(\sigma_x + \sigma_y) \\ \gamma_{xy} &= \frac{1}{G}\tau_{xy} \end{aligned} \right\} \tag{7-8c}$$

若已知空间应力状态下单元体的三个主应力 σ_1、σ_2、σ_3(图 7-9b),则沿主应力方向只有线应变,而无切应变。与主应力 σ_1、σ_2、σ_3 相应的线应变分别记为 ε_1、ε_2、ε_3,称为**主应变**。主应变为一点处各方位线应变中的最大与最小值,其证明将在《材料力学(Ⅱ)》的第五章中讨论。

广义胡克定律可用主应力与主应变表示为

$$\left. \begin{aligned} \varepsilon_1 &= \frac{1}{E}[\sigma_1 - \nu(\sigma_2 + \sigma_3)] \\ \varepsilon_2 &= \frac{1}{E}[\sigma_2 - \nu(\sigma_3 + \sigma_1)] \\ \varepsilon_3 &= \frac{1}{E}[\sigma_3 - \nu(\sigma_1 + \sigma_2)] \end{aligned} \right\} \tag{7-9a}$$

在已知主应力的平面应力状态下,设 $\sigma_3=0$,则由式(7-9a)可得

$$\left. \begin{aligned} \varepsilon_1 &= \frac{1}{E}(\sigma_1 - \nu\sigma_2) \\ \varepsilon_2 &= \frac{1}{E}(\sigma_2 - \nu\sigma_1) \\ \varepsilon_3 &= -\frac{\nu}{E}(\sigma_1 + \sigma_2) \end{aligned} \right\} \tag{7-9b}$$

由上式可见,平面应力状态的 $\sigma_3=0$,但其相应的主应变 $\varepsilon_3\neq 0$。值得注意的是,在线弹性范围内,由于各向同性材料的正应力只引起线应变,因此,任一点处的主应力指向与相应的主应变方向是一致的。可以证明,材料的三个弹性常数 E、G 和 ν 间存在着如下关系

$$G = \frac{E}{2(1+\nu)} \tag{7-10}$$

例题 7-5 已知一受力构件自由表面上某点处的两主应变值为 $\varepsilon_1 = 240 \times 10^{-6}$, $\varepsilon_3 = -160 \times 10^{-6}$, 且 $\sigma_2 = 0$。构件材料为 Q235 钢,其弹性模量 $E = 210 \text{ GPa}$,泊松比 $\nu = 0.3$。试求该点处的主应力数值,并求该点处另一主应变 ε_2 的数值和方向。

解:(1) 该点处的主应力

由于构件自由表面上无应力作用,故该点处于平面应力状态,且已知 $\sigma_2 = 0$。由平面应力状态下的广义胡克定律得

$$\varepsilon_1 = \frac{1}{E}(\sigma_1 - \nu\sigma_3)$$

$$\varepsilon_3 = \frac{1}{E}(\sigma_3 - \nu\sigma_1)$$

联立上列两式,即可解得其余两个主应力为

$$\sigma_1 = \frac{E}{1-\nu^2}(\varepsilon_1 + \nu\varepsilon_3) = \frac{210 \times 10^9 \text{ Pa}}{1 - 0.3^2} \times (240 - 0.3 \times 160) \times 10^{-6}$$
$$= 44.3 \times 10^6 \text{ Pa} = 44.3 \text{ MPa}$$

$$\sigma_3 = \frac{E}{1-\nu^2}(\varepsilon_3 + \nu\varepsilon_1) = \frac{210 \times 10^9 \text{ Pa}}{1 - 0.3^2} \times (-160 + 0.3 \times 240) \times 10^{-6}$$
$$= -20.3 \times 10^6 \text{ Pa} = -20.3 \text{ MPa}$$

(2) 另一主应变 ε_2

主应变 ε_2 的数值可由式(7-9a)求得

$$\varepsilon_2 = -\frac{\nu}{E}(\sigma_1 + \sigma_3) = -\frac{0.3}{210 \times 10^9 \text{ Pa}} \times (44.3 \times 10^6 \text{ Pa} - 20.3 \times 10^6 \text{ Pa})$$
$$= -34.3 \times 10^{-6}$$

由此可见,主应变 ε_2 是缩短,其方向必与 ε_1 及 ε_3 垂直,即沿构件表面的法线方向。

*二、各向异性材料的广义胡克定律

在§2-6中已经指出,木材、玻璃钢纤维增强复合材料的力学性能是与受力方向有关的,即是各向异性材料。

当各向异性材料的受力构件内一点处于一般空间应力状态时(图7-9a),由于这类材料不存在关于材料性能的弹性对称轴(或应力方向不与材料的弹性对称轴平行),因而每一个应力分量将引起所有的6个应变分量,即正应力不仅引起线应变,同时也引起三个切应变;切应力也将引起所有的切应变和线应变。但在线弹性、小变形条件下,应变与应力间仍为线性关系,因而,其应力分量与应变

分量间的关系可表达为

$$\left.\begin{array}{l}\varepsilon_x = C_{11}\sigma_x + C_{12}\sigma_y + C_{13}\sigma_z + C_{14}\tau_{yz} + C_{15}\tau_{zx} + C_{16}\tau_{xy} \\ \varepsilon_y = C_{21}\sigma_x + C_{22}\sigma_y + C_{23}\sigma_z + C_{24}\tau_{yz} + C_{25}\tau_{zx} + C_{26}\tau_{xy} \\ \varepsilon_z = C_{31}\sigma_x + C_{32}\sigma_y + C_{33}\sigma_z + C_{34}\tau_{yz} + C_{35}\tau_{zx} + C_{36}\tau_{xy} \\ \gamma_{yz} = C_{41}\sigma_x + C_{42}\sigma_y + C_{43}\sigma_z + C_{44}\tau_{yz} + C_{45}\tau_{zx} + C_{46}\tau_{xy} \\ \gamma_{zx} = C_{51}\sigma_x + C_{52}\sigma_y + C_{53}\sigma_z + C_{54}\tau_{yz} + C_{55}\tau_{zx} + C_{56}\tau_{xy} \\ \gamma_{xy} = C_{61}\sigma_x + C_{62}\sigma_y + C_{63}\sigma_z + C_{64}\tau_{yz} + C_{65}\tau_{zx} + C_{66}\tau_{xy}\end{array}\right\} \quad (7-11)$$

上式称为各向异性材料的广义胡克定律。式中，弹性常数 C_{ij} 用两个下标表示：第一个下标与应变分量有关（$i=1,2,\cdots,6$ 分别对应于 $\varepsilon_x,\varepsilon_y,\cdots,\gamma_{xy}$）；第二个下标与应力分量有关（$j=1,2,\cdots,6$ 分别对应于 $\sigma_x,\sigma_y,\cdots,\tau_{xy}$）。总共有36个弹性常数。可以证明①，当下标次序转置时，弹性常数是相等的，即 $C_{ij}=C_{ji}$，因此，各向异性材料独立的弹性常数是21个。值得注意的是，由于正应力也将引起切应变，因而，当单元体在3个主应力作用下，将同时引起线应变和切应变。这也就是说，一点处的主应力方向与主应变方向是不重合的。

在工程实际中，各向异性材料往往具有一些关于弹性性能的对称面，而弹性对称面的交线为弹性对称轴。若材料具有3个相互垂直的弹性对称轴，且沿3个正交的弹性对称轴方向的材料性能各不相同，则称为正交异性材料。例如，所有纤维都排列成同一方向的单向复合材料（图7-10a）就是正交异性材料，木材（图7-10b）也可近似地看作是正交异性材料。

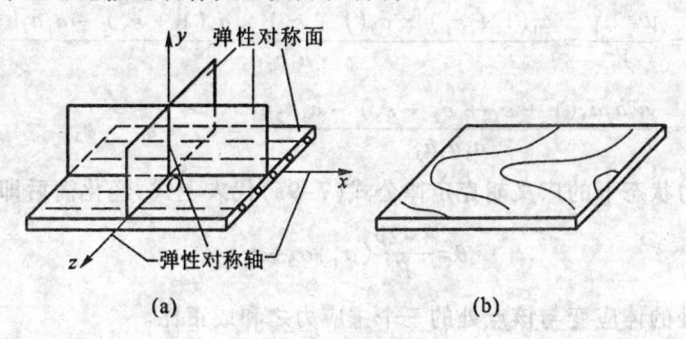

图 7-10

当正交异性材料的单元体上6个应力分量都平行于材料的弹性对称轴时，由对称性可知，对于与应力分量平行的棱边，正应力将只引起线应变，切应力也将只引起其自身平面内的切应变。于是，正交异性材料的广义胡克定律为

---

① 例如，参见钱伟长、叶开源编，《弹性力学》，§4-2，科学出版社，1980年。

$$\left.\begin{array}{l}\varepsilon_x = C_{11}\sigma_x + C_{12}\sigma_y + C_{13}\sigma_z \\ \varepsilon_y = C_{21}\sigma_x + C_{22}\sigma_y + C_{23}\sigma_z \\ \varepsilon_z = C_{31}\sigma_x + C_{32}\sigma_y + C_{33}\sigma_z \\ \gamma_{yz} = C_{44}\tau_{yz} \\ \gamma_{zx} = C_{55}\tau_{zx} \\ \gamma_{xy} = C_{66}\tau_{xy}\end{array}\right\} \quad (7-12)$$

考虑到 $C_{12} = C_{21}$、$C_{13} = C_{31}$、$C_{23} = C_{32}$，因而，正交异性材料独立的弹性常数是 9 个。

三、各向同性材料的体应变

构件在受力变形后，通常将引起体积变化。每单位体积的体积变化，称为**体应变**，用 θ 表示。现研究各向同性材料在空间应力状态下（图 7-11）的体应变。

设单元体的三对平面为主平面，其三个边长分别为 a_1、a_2、a_3，则变形后的边长分别为 $a_1(1+\varepsilon_1)$、$a_2(1+\varepsilon_2)$、$a_3(1+\varepsilon_3)$，因此，变形后单元体的体积为

$$V' = a_1(1+\varepsilon_1) \times a_2(1+\varepsilon_2) \times a_3(1+\varepsilon_3)$$

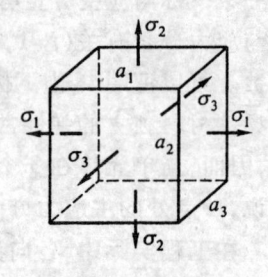

图 7-11

由体应变的定义，并在小变形条件下略去线应变乘积项的高阶微量，可得

$$\theta = \frac{V'-V}{V} = \frac{a_1(1+\varepsilon_1) \times a_2(1+\varepsilon_2) \times a_3(1+\varepsilon_3) - a_1a_2a_3}{a_1a_2a_3}$$

$$\approx \frac{a_1a_2a_3(1+\varepsilon_1+\varepsilon_2+\varepsilon_3) - a_1a_2a_3}{a_1a_2a_3} = \varepsilon_1 + \varepsilon_2 + \varepsilon_3$$

将空间应力状态下的广义胡克定律公式 (7-9a) 代入上式，经化简后即得

$$\theta = \frac{1-2\nu}{E}(\sigma_1 + \sigma_2 + \sigma_3) \quad (7-13a)$$

即任一点处的体应变与该点处的三个主应力之和成正比。

对于平面纯剪切应力状态，$\sigma_1 = -\sigma_3 = \tau_{xy}$，$\sigma_2 = 0$，由式 (7-13a) 可见，材料的体应变等于零，即在小变形条件下，切应力不引起各向同性材料的体积改变。因此，在图 7-9a 所示的一般空间应力状态下，材料的体应变只与三个线应变 ε_x、ε_y、ε_z 有关。于是，仿照上述推导可得

$$\theta = \frac{1-2\nu}{E}(\sigma_x + \sigma_y + \sigma_z) \quad (7-13b)$$

由此可知，在任意形式的应力状态下，各向同性材料内一点处的体应变与通过该点的任意三个相互垂直的平面上的正应力之和成正比，而与切应力无关。

§7-4 应力与应变间的关系

例题 7-6 一长度为 $l=3$ m、内直径 $d=1$ m、壁厚 $\delta=10$ mm 的圆柱形薄壁压力容器,承受内压 $p=1.5$ MPa,如图 a 所示。设容器材料为钢材,弹性模量 $E=210$ GPa,泊松比 $\nu=0.3$,不计容器两端的局部效应,试求

(1) 容器内直径、壁厚、长度及容积的改变;
(2) 器壁的最大切应力及其作用面。

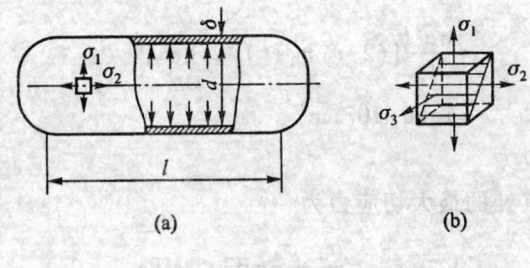

例题 7-6 图

解:(1) 容器内径、壁厚、长度及容积的改变

薄壁压力容器壁任一点处的应力状态为平面应力状态(图 b),其应力分量为

环向应力 $\quad \sigma_1 = \dfrac{pd}{2\delta} = \dfrac{(1.5\times 10^6 \text{Pa})\times(1 \text{ m})}{2\times(1\times 10^{-2} \text{ m})} = 75\times 10^6 \text{ Pa}$

轴向应力 $\quad \sigma_2 = \dfrac{pd}{4\delta} = 37.5\times 10^6 \text{ Pa}$

径向应力 $\quad (\sigma_3)_{\max} = -p \approx 0$

由于薄壁圆筒的径向应变 $\varepsilon_d = \dfrac{\Delta d}{d}$ 与环向应变 $\varepsilon_{\pi d} = \dfrac{\Delta \pi d}{\pi d}$ 相等,于是,应用平面应力状态下的广义胡克定律式(7-9),分别可得

内径增大为

$$\Delta d = d\times \varepsilon_d = d\times \varepsilon_{\pi d} = d\times \varepsilon_1 = d\times \dfrac{1}{E}(\sigma_1 - \nu \sigma_2)$$

$$= \dfrac{1 \text{ m}}{210\times 10^9 \text{ Pa}}\times(75\times 10^6 \text{ Pa} - 0.3\times 37.5\times 10^6 \text{ Pa})$$

$$= 0.304\times 10^{-3} \text{ m} = 0.304 \text{ mm}$$

壁厚减小为

$$\Delta \delta = \delta \times \varepsilon_3 = \dfrac{\delta}{E}(-\nu)(\sigma_1 + \sigma_2) = -1.61\times 10^{-3} \text{ mm}$$

长度增大为

$$\Delta l = l \times \varepsilon_2 = \frac{l}{E}(\sigma_2 - \nu\sigma_1) = 0.214 \text{ mm}$$

容积增大为

$$\Delta V = V' - V = \frac{\pi[d(1+\varepsilon_1)]^2}{4} \times l(1+\varepsilon_2) - \frac{\pi d^2}{4} \times l$$

$$= \frac{\pi d^2 l}{4}[(1+\varepsilon_1)^2(1+\varepsilon_2) - 1] \approx \frac{\pi d^2 l}{4}(2\varepsilon_1 + \varepsilon_2)$$

$$= \frac{\pi d^2 l}{E}[(2-\nu)\sigma_1 + (1-2\nu)\sigma_2]$$

$$= 1.60 \times 10^{-3} \text{ m}^3$$

(2) 最大切应力

容器壁任一点处的最大切应力为

$$\tau_{\max} = \frac{\sigma_1 - \sigma_3}{2} = 37.5 \text{ MPa}$$

最大切应力作用面垂直于横截面(σ_2主平面),并与径向截面(σ_1主平面)和容器表面(σ_3主平面)互成45°(图b)。

§7-5 空间应力状态下的应变能密度

物体受外力作用而产生弹性变形时,在物体内部将积蓄有应变能,每单位体积物体内所积蓄的应变能称为**应变能密度**。在单轴应力状态下,物体内所积蓄的应变能密度已在§2-5中给出,即

$$v_\varepsilon = \frac{1}{2}\sigma\varepsilon = \frac{\sigma^2}{2E} = \frac{E}{2}\varepsilon^2 \qquad (a)$$

对于在线弹性、小变形条件下受力的物体,所积蓄的应变能只取决于外力的最后数值,而与加力顺序无关[①]。为便于分析,假设物体上的外力按同一比例由零增至最终值,因此,物体内任一单元体各面上的应力也按同一比例由零增至其最终值。设一单元体处于空间应力状态,三个主应力按比例加载方式,同时由零增至最终值σ_1、σ_2、σ_3(图7-12a)。对应于每一主应力,其应变能密度可以视作该主应力在与之相应的主应变上所作的功,而其他两个主应力在该主应变上并不作功。因此,同时考虑三个主应力在与其相应的主应变上所作的功,单元体的应变能密度应为

---

① 关于这一点,将在《材料力学(Ⅱ)》的第三章中加以论证。

§7-5 空间应力状态下的应变能密度

$$v_\varepsilon = \frac{1}{2}(\sigma_1\varepsilon_1 + \sigma_2\varepsilon_2 + \sigma_3\varepsilon_3) \qquad (b)$$

将由主应力与主应变表达的广义胡克定律公式(7-9a)代入上式,经整理化简后得

$$v_\varepsilon = \frac{1}{2E}[\sigma_1^2 + \sigma_2^2 + \sigma_3^2 - 2\nu(\sigma_1\sigma_2 + \sigma_2\sigma_3 + \sigma_3\sigma_1)] \qquad (7-14)$$

在一般情况下,单元体将同时发生体积改变和形状改变。若将主应力单元体(图7-12a)分解为图7-12b、c所示两种单元体的叠加。其中,σ_m 称为平均应力,即

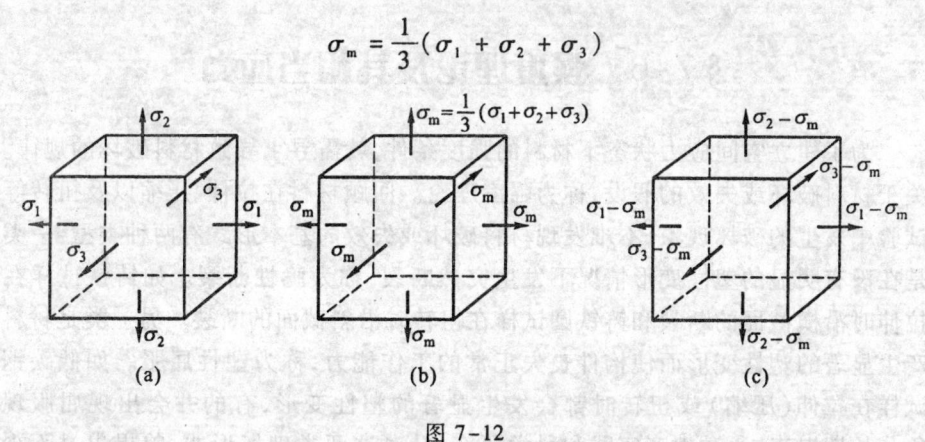

$$\sigma_m = \frac{1}{3}(\sigma_1 + \sigma_2 + \sigma_3)$$

图 7-12

在平均应力作用下(图7-12b),单元体的形状不变,仅发生体积改变,且其三个主应力之和与图7-12a所示单元体的三个主应力之和相等,故其应变能密度就等于图7-12a所示单元体的**体积改变能密度**,即

$$v_V = \frac{1}{2E}[\sigma_m^2 + \sigma_m^2 + \sigma_m^2 - 2\nu(\sigma_m^2 + \sigma_m^2 + \sigma_m^2)]$$
$$= \frac{3(1-2\nu)}{2E}\sigma_m^2 = \frac{1-2\nu}{6E}(\sigma_1+\sigma_2+\sigma_3)^2 \qquad (7-15)$$

图7-12c所示单元体的三个主应力之和为零,故其体积不变,仅发生形状改变。于是,其应变能密度就等于图7-12a所示单元体的**形状改变能密度**。其值由式(7-14),分别以 $(\sigma_1-\sigma_m)$、$(\sigma_2-\sigma_m)$、$(\sigma_3-\sigma_m)$ 代替式中的 σ_1、σ_2、σ_3,经整理化简后可得

$$v_d = \frac{1+\nu}{6E}[(\sigma_1-\sigma_2)^2 + (\sigma_2-\sigma_3)^2 + (\sigma_3-\sigma_1)^2] \qquad (7-16)$$

由式(7-14)、(7-15)与(7-16)可以证明

$$v_\varepsilon = v_V + v_d \quad (c)$$

即应变能密度 v_ε 等于体积改变能密度 v_V 与形状改变能密度 v_d 之和。

对于一般空间应力状态下的单元体(图 7-9a),其应变能密度可用 6 个应力分量 σ_x、σ_y、σ_z、τ_{xy}、τ_{yz}、τ_{zx} 来表达。由于在小变形条件下,对应于每个应力分量的应变能密度均等于该应力分量与相应的应变分量的乘积之半,故有

$$v_\varepsilon = \frac{1}{2}(\sigma_x \varepsilon_x + \sigma_y \varepsilon_y + \sigma_z \varepsilon_z + \tau_{xy} \gamma_{xy} + \tau_{yz} \gamma_{yz} + \tau_{zx} \gamma_{zx}) \quad (d)$$

将广义胡克定律公式(7-8a)及(7-8b)代入上式,即可得到用 6 个应力分量表达的应变能密度表达式,建议读者自行推导。

§7-6 强度理论及其相当应力

为了建立空间应力状态下材料的强度条件,就需寻求导致材料破坏的规律。关于材料破坏或失效的假设,称为**强度理论**。回顾材料在拉伸、压缩以及扭转等试验中发生的破坏现象,不难发现材料破坏或失效的基本形式有两种类型:一类是在没有明显的塑性变形情况下发生突然断裂,称为**脆性断裂**。如铸铁试样在拉伸时沿横截面的断裂和铸铁圆试样在扭转时沿斜截面的断裂。另一类是材料产生显著的塑性变形而使构件丧失正常的工作能力,称为**塑性屈服**。如低碳钢试样在拉伸(压缩)或扭转时都会发生显著的塑性变形,有的并会出现屈服现象。长期以来,通过生产实践和科学研究,针对这两类破坏形式,曾提出过不少关于材料破坏因素的假设,下面主要介绍经过实验和实践检验,在工程中常用的四个强度理论。

第一类强度理论是以脆性断裂作为破坏标志的,其中包括最大拉应力理论和最大伸长线应变理论。远在 17 世纪,就先后提出了这一类理论,由于当时的建筑材料主要是砖、石、铸铁等脆性材料,所以,观察到的破坏现象多为脆断。但最初提出这两个理论时,只认为破坏的原因是最大正应力(包括拉应力和压应力)或最大线应变(包括伸长和缩短)。后来才逐渐明确脆断只有在以拉伸为主的情况下才可能发生,于是,经过修正后就采取如下的表述形式。

最大拉应力理论 最大拉应力理论也称为**第一强度理论**。这一理论假设:最大拉应力 σ_t 是引起材料脆性断裂的因素,也即认为不论处于什么样的应力状态下,只要构件内一点处的最大拉应力 σ_t(即 σ_1)达到材料的极限应力 σ_u,材料就发生脆性断裂。至于材料的极限应力 σ_u,则可通过单轴拉伸试样发生脆性断裂的试验来确定。于是,按照这一强度理论,脆性断裂的判据是

$$\sigma_1 = \sigma_u \quad (a)$$

将式(a)右边的极限应力除以安全因数,就得到材料的许用拉应力 $[\sigma]$,因此,按

第一强度理论所建立的强度条件为

$$\sigma_1 \leq [\sigma] \tag{7-17}$$

应该指出,上式中的 σ_1 为拉应力。在没有拉应力的三轴压缩应力状态下,显然不能采用第一强度理论来建立强度条件。而式中的 $[\sigma]$ 为试样发生脆性断裂的许用拉应力,例如低碳钢或低合金高强度钢等,不可能通过拉伸试验测得材料发生脆性断裂的极限应力 σ_u。因此,不能单纯地理解为材料在单轴拉伸时的许用应力。

最大伸长线应变理论 最大伸长线应变理论也称为**第二强度理论**。这一理论假设:最大伸长线应变 ε_1 是引起材料脆性断裂的因素,也即认为不论处于什么样的应力状态下,只要构件内一点处的最大伸长线应变 ε_1(即 ε_1)达到了材料的极限值 ε_u,材料就发生脆性断裂。同理,材料的极限值同样可通过单轴拉伸试样发生脆性断裂的试验来确定。若材料直到发生脆性断裂都可近似地看作线弹性,即服从胡克定律,则

$$\varepsilon_u = \frac{\sigma_u}{E} \tag{b}$$

式中,σ_u 就是单轴拉伸试样在拉断时其横截面上的正应力。于是,按照这一强度理论,脆性断裂的判据是

$$\varepsilon_1 = \varepsilon_u = \frac{\sigma_u}{E} \tag{c}$$

而由广义胡克定律公式(7-9a)可知,在线弹性范围内工作的构件,处于空间应力状态下一点处的最大伸长线应变为

$$\varepsilon_1 = \frac{1}{E}[\sigma_1 - \nu(\sigma_2 + \sigma_3)]$$

于是,式(c)可改写为

$$\frac{1}{E}[\sigma_1 - \nu(\sigma_2 + \sigma_3)] = \frac{\sigma_u}{E}$$

或

$$\sigma_1 - \nu(\sigma_2 + \sigma_3) = \sigma_u \tag{d}$$

将上式右边的 σ_u 除以安全因数即得材料的许用拉应力 $[\sigma]$,故按第二强度理论所建立的强度条件为

$$\sigma_1 - \nu(\sigma_2 + \sigma_3) \leq [\sigma] \tag{7-18}$$

在以上分析中引用了广义胡克定律,所以,按照这一强度理论所建立的强度条件

应该只适用于构件直到脆断前都服从胡克定律的情况①。

必须注意,在式(7-18)中所用的$[\sigma]$是材料在单轴拉伸时发生脆性断裂的许用拉应力,而低碳钢一类的塑性材料,不可能通过单轴拉伸试验得到材料在脆断时的极限值ε_u。所以,对低碳钢等塑性材料在三轴拉伸应力状态下发生脆断时,该式右边的$[\sigma]$不能选用材料在单轴拉伸时的许用拉应力。

实验表明,这一理论与石料、混凝土等脆性材料在压缩时纵向开裂的现象是一致的。这一理论考虑了其余两个主应力σ_2和σ_3对材料强度的影响,在形式上较最大拉应力理论更为完善。但实际上并不一定总是合理的,如在二轴或三轴受拉情况下,按这一理论反比单轴受拉时不易断裂,显然与实际情况并不相符。一般地说,最大拉应力理论适用于脆性材料以拉应力为主的情况,而最大伸长线应变理论适用于以压应力为主的情况。由于这一理论在应用上不如最大拉应力理论简便,故在工程实践中应用较少,但在某些工业部门(如在炮筒设计中)应用较为广泛。

第二类强度理论是以出现塑性屈服或发生显著的塑性变形作为失效标志的,其中包括最大切应力理论和形状改变能密度理论。这些理论都是从19世纪末叶以来,随着工程中大量使用像低碳钢一类塑性材料,并对材料发生塑性变形的物理本质有了较多认识后,先后提出和推广应用的。

最大切应力理论　最大切应力理论又称为**第三强度理论**。这一理论假设:最大切应力τ_{max}是引起材料塑性屈服的因素,也即认为不论处于什么样的应力状态下,只要构件内一点处的最大切应力τ_{max}达到了材料屈服时的极限值τ_u,该点处的材料就发生屈服。至于材料屈服时切应力的极限值τ_u,同样可以通过单轴拉伸试样发生屈服的试验来确定。对于像低碳钢一类的塑性材料,在单轴拉伸试验时材料就是沿最大切应力所在的45°斜截面发生滑移而出现明显的屈服现象的。这时试样在横截面上的正应力就是材料的屈服极限σ_s,于是,对于这一类材料,可得材料屈服时切应力的极限值τ_u为

$$\tau_u = \frac{\sigma_s}{2} \tag{e}$$

所以,按照这一强度理论,屈服判据为

$$\tau_{max} = \tau_u = \frac{\sigma_s}{2} \tag{f}$$

在复杂应力状态下一点处的最大切应力为

$$\tau_{max} = \frac{1}{2}(\sigma_1 - \sigma_3)$$

---

① 对于大多数在拉伸时发生脆断的材料,在最终断裂前会出现少量的非线性变形。但由于这种非线性变形不大,因而,仍可近似地将其看作是服从胡克定律的。

式中，σ_1 和 σ_3 分别为该应力状态中的最大和最小主应力。于是，屈服判据可改写为

$$\frac{1}{2}(\sigma_1 - \sigma_3) = \frac{1}{2}\sigma_s$$

或

$$\sigma_1 - \sigma_3 = \sigma_s \tag{g}$$

将上式右边的 σ_s 除以安全因数即得材料的许用拉应力 $[\sigma]$，故按第三强度理论所建立的强度条件为

$$\sigma_1 - \sigma_3 \leqslant [\sigma] \tag{7-19}$$

应该指出，在上式右边采用了材料在单轴拉伸时的许用拉应力，这只对于在单轴拉伸时发生屈服的材料才适用。像铸铁、大理石一类脆性材料，不可能通过单轴拉伸试验得到材料屈服时的极限值 τ_u，因此，对于这类材料在三轴不等值压缩的应力状态下发生塑性变形时，式(7-19)右边的 $[\sigma]$ 就不能选用材料在单轴拉伸时的许用拉应力。

形状改变能密度理论 形状改变能密度理论通常也称为**第四强度理论**。这一理论假设：形状改变能密度 v_d 是引起材料屈服的因素，也即认为不论处于什么样的应力状态下，只要构件内一点处的形状改变能密度 v_d 达到了材料的极限值 v_{du}，该点处的材料就发生塑性屈服。对于像低碳钢一类的塑性材料，因为在拉伸试验时当正应力达到 σ_s 时就出现明显的屈服现象，故可通过拉伸试验来确定材料的 v_{du} 值。为此，可利用式(7-16)，

$$v_d = \frac{1+\nu}{6E}[(\sigma_1-\sigma_2)^2 + (\sigma_2-\sigma_3)^2 + (\sigma_3-\sigma_1)^2]$$

将 $\sigma_1 = \sigma_s, \sigma_2 = \sigma_3 = 0$ 代入上式，从而求得材料的极限值 v_{du} 为①

$$v_{du} = \frac{1+\nu}{6E} \times 2\sigma_s^2 \tag{h}$$

所以，按照这一强度理论的观点，屈服判据 $v_d = v_{du}$ 可改写为

$$\frac{1+\nu}{6E}[(\sigma_1-\sigma_2)^2 + (\sigma_2-\sigma_3)^2 + (\sigma_3-\sigma_1)^2] = \frac{1+\nu}{6E} \times 2\sigma_s^2$$

并化简为

$$\sqrt{\frac{1}{2}[(\sigma_1-\sigma_2)^2 + (\sigma_2-\sigma_3)^2 + (\sigma_3-\sigma_1)^2]} = \sigma_s \tag{i}$$

再将上式右边的 σ_s 除以安全因数得到材料的许用拉应力 $[\sigma]$，于是，按第四强

---

① 由于式(7-16)只当材料在线弹性范围内工作时才严格成立，故这里将该式应用到屈服应力是略有误差的，但在工程应用范围内，当开始发生屈服而塑性变形并不太大时，其误差可略去不计。

度理论所建立的强度条件为①

$$\sqrt{\frac{1}{2}[(\sigma_1-\sigma_2)^2+(\sigma_2-\sigma_3)^2+(\sigma_3-\sigma_1)^2]} \leq [\sigma] \tag{7-20}$$

式中，σ_1、σ_2 和 σ_3 是构件危险点处的三个主应力。

同理，式(7-20)右边采用材料在单轴拉伸时的许用拉应力，因而，只对于在单轴拉伸时发生屈服的材料才适用。

试验表明，在平面应力状态下，一般地说，形状改变能密度理论较最大切应力理论更符合试验结果。由于最大切应力理论是偏于安全的，且使用较为简便，故在工程实践中应用较为广泛。

从式(7-17)~(7-20)的形式来看，按照四个强度理论所建立的强度条件可统一写作

$$\sigma_r \leq [\sigma] \tag{7-21}$$

式中，σ_r 是根据不同强度理论所得到的构件危险点处三个主应力的某些组合。从式(7-21)的形式上来看，这种主应力的组合 σ_r 和单轴拉伸时的拉应力在安全程度上是相当的，因此，通常称 σ_r 为**相当应力**。根据式(7-17)~(7-20)，将四个强度理论的相当应力表达式归纳列于表7-1。

表7-1　四个强度理论的相当应力表达式

强度理论的分类及名称		相当应力表达式
第一类强度理论 （脆性断裂的理论）	第一强度理论—— 最大拉应力理论	$\sigma_{r1}=\sigma_1$
	第二强度理论—— 最大伸长线应变理论	$\sigma_{r2}=\sigma_1-\nu(\sigma_2+\sigma_3)$
第二类强度理论 （塑性屈服的理论）	第三强度理论—— 最大切应力理论	$\sigma_{r3}=\sigma_1-\sigma_3$
	第四强度理论—— 形状改变能密度理论	$\sigma_{r4}=\left\{\frac{1}{2}[(\sigma_1-\sigma_2)^2+(\sigma_2-\sigma_3)^2+(\sigma_3-\sigma_1)^2]\right\}^{1/2}$

应该指出，按某一强度理论的相当应力，对于危险点处于复杂应力状态的构件进行强度校核时，一方面要保证所用强度理论与在这种应力状态下发生的破坏形式相对应，另一方面要求用以确定许用应力$[\sigma]$的极限应力，也必须与该破坏形式相对应。

---

① 这一理论的强度条件也可由八面体切应力（参见例题7-4）导得，故也称为八面体切应力理论。

*§7-7 莫尔强度理论及其相当应力

莫尔强度理论并不简单地假设材料的破坏取决于某一个因素（例如应力、应变或能密度），而是以各种应力状态下材料的破坏试验结果为依据，建立起来的带有一定经验性的强度理论。

在§7-3中曾经指出，一点处的应力状态可用三个应力圆表示，三个应力圆上各点的坐标(σ,τ)分别代表与某一个主平面垂直的一组斜截面上的应力，任意斜截面上的应力则可用三个应力圆之间的阴影区域（图7-8）内相应点的坐标(σ,τ)表示。而代表一点处应力状态中最大正应力和最大切应力的点均在外圆上，因此，莫尔假设单由外圆就足以决定极限应力状态，即开始屈服或发生脆断时的应力状态，而不必考虑中间主应力σ_2对材料强度的影响。

按材料在破坏时的主应力σ_1、σ_3所作的应力圆，就代表在极限应力状态下的应力圆，称为**极限应力圆**。莫尔认为，根据试验所得到的在各种应力状态下的极限应力圆具有一条公共包络线，一般地说，包络线 ABC 是条曲线，如图7-13所示。从理论上讲，需求得其公共包络线，以确定各种应力状态下的极限应力圆。从工程应用的角度来看，可以用单轴拉伸和单轴压缩两种应力状态下试验所得的两个极限应力圆为依据，以两圆的公切线作为近似的公共包络线，如图7-14所示。

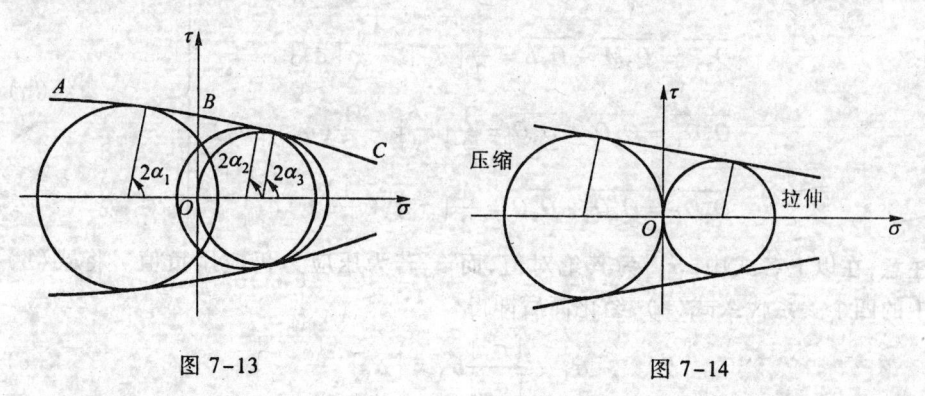

图7-13

图7-14

为了进行强度计算，还应该引进适当的安全因数。于是，可用材料在单轴拉伸和压缩时的许用拉应力$[\sigma_t]$和许用压应力$[\sigma_c]$分别作出单轴拉伸和单轴压缩时的许用应力圆，并作两圆的公切线（图7-15）。然后，以这条公切线来求得复杂应力状态下的强度条件。

若在图7-15中以σ_1、σ_3所作的应力圆代表所研究的复杂应力状态下的许用应力圆，则σ_1和σ_3值与材料的$[\sigma_t]$和$[\sigma_c]$间的关系就可通过图中的几何关

图 7-15

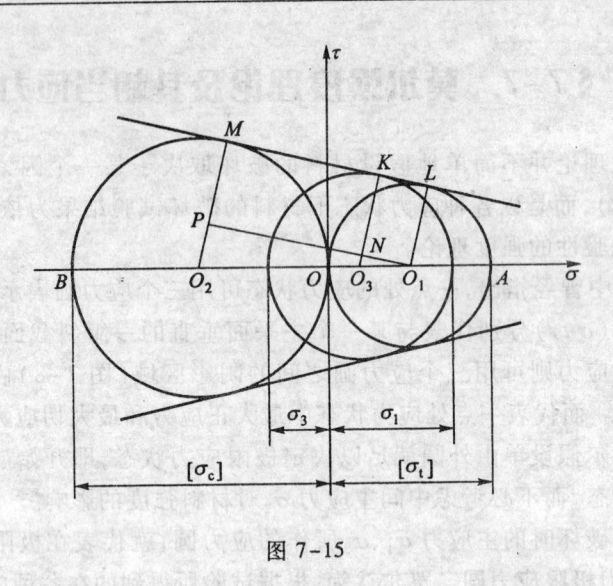

系确定。由两个相似三角形 $\triangle O_1O_3N$ 和 $\triangle O_1O_2P$ 对应边的比例关系可得

$$\overline{O_3N} : \overline{O_2P} = \overline{O_3O_1} : \overline{O_2O_1} \tag{a}$$

其中

$$\left.\begin{aligned}
\overline{O_3N} &= \overline{O_3K} - \overline{O_1L} = \frac{1}{2}(\sigma_1 - \sigma_3) - \frac{1}{2}[\sigma_t] \\
\overline{O_2P} &= \overline{O_2M} - \overline{O_1L} = \frac{1}{2}[\sigma_c] - \frac{1}{2}[\sigma_t] \\
\overline{O_3O_1} &= \overline{O_1O} - \overline{O_3O} = \frac{1}{2}[\sigma_t] - \frac{1}{2}(\sigma_1 + \sigma_3) \\
\overline{O_2O_1} &= \overline{O_1O} + \overline{O_2O} = \frac{1}{2}[\sigma_t] + \frac{1}{2}[\sigma_c]
\end{aligned}\right\} \tag{b}$$

注意,在以上各式中 $[\sigma_c]$ 为其绝对值,而 σ_3 若为压应力仍应用负值。将式(b)中的四个关系代入式(a),经化简后即得

$$\sigma_1 - \frac{[\sigma_t]}{[\sigma_c]}\sigma_3 = [\sigma_t] \tag{c}$$

上式中的 σ_1 和 σ_3 是所研究的复杂应力状态下的许用的应力极限值,若将其改为实际构件中危险点处的工作应力值,则相应的强度条件为

$$\sigma_1 - \frac{[\sigma_t]}{[\sigma_c]}\sigma_3 \leqslant [\sigma_t] \tag{7-22}$$

由上式可知,按莫尔强度理论所得的相当应力表达式为

$$\sigma_{rM} = \sigma_1 - \frac{[\sigma_t]}{[\sigma_c]}\sigma_3 \tag{7-23}$$

当材料在单轴拉伸和压缩时的许用拉、压应力相等时,上式右边成为$(\sigma_1-\sigma_3)$,而与第三强度理论的相当应力一致。由此可见,莫尔强度理论可看作是第三强度理论的发展,考虑了材料在单轴拉伸和单轴压缩时强度不等的因素。

对于像铸铁一类脆性材料,其许用拉、压应力显然不等,因此,莫尔强度理论为这一类材料在复杂应力状态中最大和最小主应力分别为拉应力和压应力的情况建立了强度条件。应该指出,这种处理方法并不严格,因为铸铁在单轴拉伸和单轴压缩时发生脆断的原因并不相同。但是,作为一种工程上的实用方法,还是可取的。

§7-8 各种强度理论的应用

上述强度理论的提出是以生产实践和科学试验为基础的,而每一个强度理论的建立均需经受实验与实践的检验。强度理论着眼于材料的破坏规律,试验表明,不同材料的破坏因素可能不同,而同一种材料在不同的应力状态下也可能具有不同的破坏因素。例如,带尖锐环形深切槽的低碳钢试样(图7-16a),在单轴拉伸时直至拉断均无明显的塑性变形,而是沿切槽根部截面发生脆性断裂(图7-16b)。又如,圆柱形大理石试样在轴向压缩的同时,在圆柱体表面承受均匀的径向压力,且保持径向压力恒小于轴向压力,则大理石试样也会发生明显的塑性变形,而被压成腰鼓形(图7-17)。

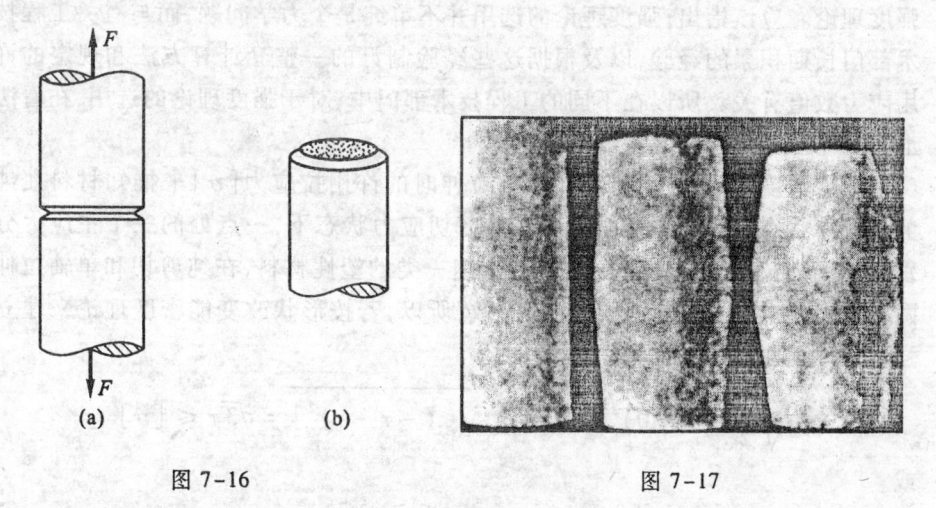

图 7-16

图 7-17

根据试验资料,可把各种强度理论的适用范围归纳如下:

(1) 本章所述强度理论均仅适用于常温、静荷载条件下的匀质、连续、各向同性的材料。对于在高温、冲击荷载下或者材料带有初始裂纹时的材料强度,可参阅《材料力学(Ⅱ)》的第七章。

(2) 不论是脆性或塑性材料,在三轴拉伸应力状态下,都会发生脆性断裂,宜采用最大拉应力理论。但应指出,对于塑性材料,由于单轴拉伸试验不可能发生脆性断裂,所以,在按最大拉应力理论进行强度校核时,式(7-17)右边的$[\sigma]$不能取用单轴拉伸时的许用拉应力值,而应用发生脆断时的最大主应力σ_1除以安全因数。

(3) 对于脆性材料,在二轴拉伸应力状态下应采用最大拉应力理论。在复杂应力状态的最大和最小主应力分别为拉应力和压应力的情况下,由于材料的许用拉、压应力不等,宜采用莫尔强度理论。

(4) 对于像低碳钢一类的塑性材料,除三轴拉伸应力状态外,各种复杂应力状态下都会发生屈服现象。一般以采用形状改变能密度理论为宜,但最大切应力理论的物理概念较为直观,计算较为简捷,而且其计算结果偏于安全,因而常采用最大切应力理论。

(5) 在三轴压缩应力状态下,不论是塑性材料还是脆性材料,通常都发生屈服失效,故一般应采用形状改变能密度理论。但脆性材料的单轴拉伸试验不可能发生塑性屈服,所以,许用应力$[\sigma]$也不能用脆性材料在单轴拉伸时的许用拉应力值。

上述论点,在一般的工程设计规范中均有所反映。例如,对钢梁的强度计算一般均采用第四强度理论,又如对承受内压作用的钢管进行计算时,多采用第三强度理论。应该指出,强度理论的选用并不单纯是个力学问题,而与有关工程技术部门长期积累的经验,以及根据这些经验制订的一整套计算方法和规定的许用应力数值有关。所以在不同的工程技术部门中,对于强度理论的选用,在看法上并不完全一致。

根据强度理论,可从材料在单轴拉伸时的许用拉应力$[\sigma]$来推知材料在纯剪切应力状态下的许用切应力。在纯剪切应力状态下,一点处的三个主应力分别为$\sigma_1 = \tau, \sigma_2 = 0, \sigma_3 = -\tau$。对于低碳钢一类的塑性材料,在纯剪切和单轴拉伸两种应力状态下,材料均发生屈服失效,所以,若按形状改变能密度理论来建立强度条件,则从式(7-20)可得

$$\sqrt{\frac{1}{2}[(\tau-0)^2 + (0+\tau)^2 + (-\tau-\tau)^2]} = \sqrt{3}\tau \leq [\sigma]$$

或

$$\tau \leq \frac{[\sigma]}{\sqrt{3}} \tag{a}$$

式中,$[\sigma]$为材料在单轴拉伸时的许用拉应力。将式(a)与在纯剪切应力状态下的强度条件$\tau \leq [\tau]$相比较,即得这类材料在纯剪切应力状态下的许用切应力

[τ]与在单轴拉伸时的许用拉应力[σ]间的关系为

$$[\tau] = \frac{[\sigma]}{\sqrt{3}} = 0.577[\sigma] \tag{7-24}$$

目前在钢结构设计规范中,基本上就是按此比例由低碳钢的许用拉应力来规定许用切应力的。而在有的设计规范中,规定[τ] = 0.5[σ],显然,这是以最大切应力理论为依据的。同理,应用最大伸长线应变理论或最大拉应力理论,可导出铸铁一类的脆性材料的许用切应力[τ]与许用拉应力[σ]间的关系为[τ] = (0.8 ~ 1.0)[σ],建议读者自行验算。

例题 7-7 两端简支的工字钢梁承受荷载如图 a 所示。已知材料 Q235 钢的许用应力为[σ] = 170 MPa 和[τ] = 100 MPa。试按强度条件选择工字钢的号码。

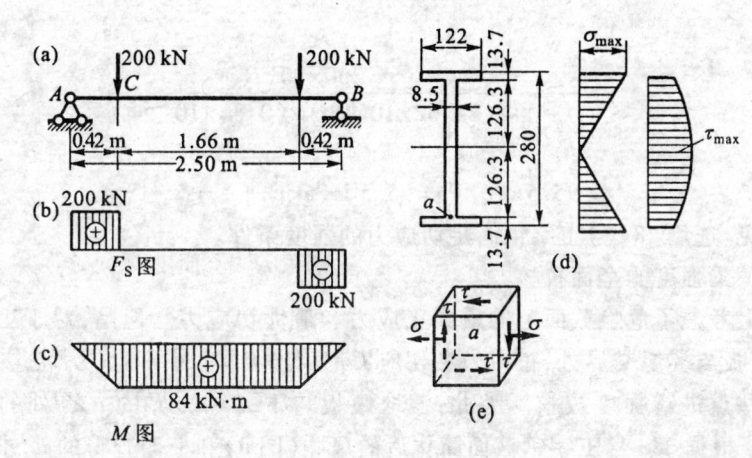

例题 7-7 图

解:(1) 确定危险截面

作梁的剪力图和弯矩图分别如图 b、c 所示。由图可见,梁的 C、D 两截面上弯矩和剪力均为最大值,故两个截面同是危险截面。现取截面 C 计算,其剪力和弯矩分别为

$$F_{SC} = F_{S,\max} = 200 \text{ kN}$$

和

$$M_C = M_{\max} = 84 \text{ kN·m}$$

(2) 按正应力强度条件选择截面

最大正应力发生在截面 C 的上、下边缘各点处,其应力状态为单轴应力状态,由强度条件 $\sigma_{\max} \leq [\sigma]$ 求出所需的截面系数为

$$W_z = \frac{M_{max}}{[\sigma]} = \frac{84 \times 10^3 \text{ N} \cdot \text{m}}{170 \times 10^6 \text{ Pa}} = 494 \times 10^{-6} \text{ m}^3$$

如选用 28a 号工字钢,则其截面的 $W_z = 508 \times 10^{-6} \text{ m}^3$。显然,这一截面满足正应力强度条件的要求。

(3) 校核切应力强度

对于 28a 号工字钢的截面,由型钢规格表查得

$$I_z = 7\,114 \times 10^{-8} \text{ m}^4$$

$$\frac{I_z}{S_z} = 24.62 \times 10^{-2} \text{ m}$$

及

$$d = 8.5 \text{ mm} = 0.85 \times 10^{-2} \text{ m}$$

危险截面上的最大切应力发生在中性轴处,且均处于纯剪切应力状态,其最大切应力为

$$\tau_{max} = \frac{F_{S,max}}{\dfrac{I_z}{S_z} \times d} = \frac{200 \times 10^3 \text{ N}}{(24.62 \times 10^{-2} \text{ m}) \times (0.85 \times 10^{-2} \text{ m})}$$

$$= 95.5 \times 10^6 \text{ Pa} = 95.5 \text{ MPa} < [\tau]$$

由此可见,选用 28a 号工字钢满足切应力的强度条件。

(4) 梁强度的全面校核

以上考虑了危险截面上的最大正应力和最大切应力。但是,对于工字形截面,在腹板与翼缘交界处,正应力和切应力都相当大,且为平面应力状态。因此,需对这些点进行强度校核。为此,截取腹板与下翼缘交界的 a 点处的单元体(图 e)。根据 28a 号工字钢截面简化后的尺寸(图 d)和上面查得的 I_z,求得横截面上 a 点处的正应力 σ 和切应力 τ 分别为

$$\sigma = \frac{M_{max} y}{I_z} = \frac{(84 \times 10^3 \text{ N} \cdot \text{m}) \times (0.126\,3 \text{ m})}{7\,114 \times 10^{-8} \text{ m}^4}$$

$$= 149.1 \times 10^6 \text{ Pa} = 149.1 \text{ MPa}$$

$$\tau = \frac{F_{S,max} S_z^*}{I_z d} = \frac{(200 \times 10^3 \text{ N}) \times (223 \times 10^{-6} \text{ m}^3)}{(7\,114 \times 10^{-8} \text{ m}^4) \times (8.5 \times 10^{-3} \text{ m})}$$

$$= 73.8 \times 10^6 \text{ Pa} = 73.8 \text{ MPa}$$

第二式中的 S_z^* 是横截面的下翼缘面积对中性轴的静矩,其值为

$$S_z^* = (122 \text{ mm} \times 13.7 \text{ mm}) \times \left(126.3 \text{ mm} + \frac{13.7 \text{ mm}}{2}\right)$$

$$= 223\,000 \text{ mm}^3 = 223 \times 10^{-6} \text{ m}^3$$

在图 e 所示的应力状态下,该点的三个主应力为

$$\left.\begin{array}{l}\sigma_1 = \dfrac{\sigma}{2} + \sqrt{\left(\dfrac{\sigma}{2}\right)^2 + \tau^2}\\[2mm] \sigma_2 = 0 \\[2mm] \sigma_3 = \dfrac{\sigma}{2} - \sqrt{\left(\dfrac{\sigma}{2}\right)^2 + \tau^2}\end{array}\right\} \qquad (1)$$

由于材料是 Q235 钢,按形状改变能密度理论(第四强度理论)进行强度校核。以上述主应力代入式(7-20)后,得强度条件为

$$\sqrt{\sigma^2 + 3\tau^2} \leqslant [\sigma] \qquad (2)$$

将上述 a 点处的 σ、τ 值代入上式,得

$$\sigma_{r4} = \sqrt{(149.1\ \text{Pa})^2 + 3\times(73.8\ \text{Pa})^2} = 196.4\times 10^6\ \text{Pa} = 196.4\ \text{MPa}$$

σ_{r4} 较 $[\sigma]$ 大了 15.5%,所以应另选较大的工字钢。若选用 28b 号工字钢,再按上述方法,算得 a 点处的 $\sigma_{r4} = 173.2\ \text{MPa}$,较 $[\sigma]$ 大 1.88%,故选用 28b 号工字钢。

若按照最大切应力理论(第三强度理论)对 a 点进行强度校核,则可将上述三个主应力的表达式(1)代入式(7-19),可得强度条件为

$$\sqrt{\sigma^2 + 4\tau^2} \leqslant [\sigma] \qquad (3)$$

然后将上述 a 点处的 σ、τ 值代入上式进行计算。

应该指出,例题 7-7 中对于点 a 的强度校核,是根据工字钢截面简化后的尺寸(即看做由三个矩形组成)计算的。实际上,对于符合国家标准的型钢(工字钢、槽钢)来说,并不需要对腹板与翼缘交界处的点进行强度校核。因型钢截面在腹板与翼缘交界处有圆弧,且工字钢翼缘的内边又有 1∶6 的斜度,从而增加了交界处的截面宽度,这就保证了在满足截面上、下边缘处的正应力和中性轴上的切应力强度的情况下,腹板与翼缘交界处各点的强度一般都能满足,而无需另行校核。但是,对于自行设计的由三块钢板焊接而成的组合工字梁(又称钢板梁),就要按例题中的方法对腹板与翼缘交界处的邻近各点进行强度校核。

例题 7-8 一薄壁压力容器由外直径为 D、壁厚为 δ'($\delta' < D/20$)的圆筒和外直径同为 D、壁厚为 δ'' 的半圆球焊接而成,如图 a 所示。圆筒和圆球的材料相同,其弹性模量为 E、泊松比为 ν,承受内压为 p,试求:

(1) 为使圆筒和圆球在焊接处的直径变化相同,两者的壁厚之比;
(2) 按第三强度理论,确定容器危险点及其相当应力。

解:(1) 圆筒和圆球的应力状态

圆筒筒壁任一点处为平面应力状态(参见例题 7-6):

$$\sigma_1' = \dfrac{pD}{2\delta'}, \qquad \sigma_2' = \dfrac{pD}{4\delta'}, \qquad \sigma_3' \approx 0$$

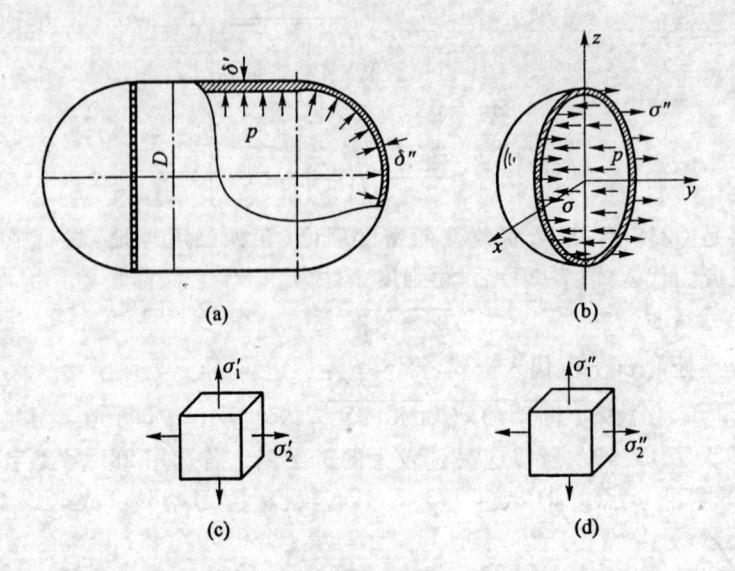

例题 7-8 图

其应力状态如图 c 所示。

对于圆球，由于结构、物性和受力均极对称于球心，故球壁各点处的应力状态均相同，且圆球任一径向截面上的正应力均相等（设为 σ''）。截取半圆脱离体（图 b），由平衡方程

$$\sum F_y = 0, \quad \sigma'' \times \pi(D-\delta'')\delta'' - p \times \frac{\pi D^2}{4} = 0$$

$$\sigma'' = \frac{pD^2}{4\delta''(D-\delta'')} \approx \frac{pD}{4\delta''} \tag{1}$$

由于球壁很薄，$\delta'' \ll D$. 因此球壁任一点同样处于平面应力状态：

$$\sigma_1'' = \sigma_2'' = \sigma'' = \frac{pD}{4\delta''}, \quad \sigma_3'' \approx 0$$

其应力状态如图 d 所示。

（2）焊接处径向应变相等时的壁厚之比

由径向应变等于环向应变及广义胡克定律，得

圆筒　　　　$\varepsilon_d' = \varepsilon_{\pi d}' = \dfrac{1}{E}(\sigma_1' - \nu\sigma_2') = \dfrac{1}{E}(2-\nu)\dfrac{pD}{4\delta'}$

圆球　　　　$\varepsilon_d'' = \varepsilon_{\pi d}'' = \dfrac{1}{E}(\sigma_1'' - \nu\sigma_2'') = \dfrac{1}{E}(1-\nu)\dfrac{pD}{4\delta''}$

令 $\varepsilon_d' = \varepsilon_d''$，得两者的壁厚之比为

$$\frac{\delta'}{\delta''} = \frac{2-\nu}{1-\nu}$$

(3) 容器的危险点及其相当应力

按第三强度理论,圆筒壁任一点的相当应力为

$$\sigma'_{r3} = \sigma'_1 - \sigma'_3 = \frac{pD}{2\delta'}$$

圆球壁任一点的相当应力为

$$\sigma''_{r3} = \sigma''_1 - \sigma''_3 = \frac{pD}{4\delta''} = \frac{pD}{2\delta'} \times \frac{2-\nu}{2(1-\nu)}$$

两者的相当应力之比为

$$\frac{\sigma'_{r3}}{\sigma''_{r3}} = \frac{2(1-\nu)}{2-\nu} = \frac{2-2\nu}{2-\nu} = 1 - \frac{\nu}{2-\nu} < 1$$

即 $\sigma''_{r3} > \sigma'_{r3}$,危险点位于圆球部分,其相当应力为

$$\sigma_{r3} = \sigma''_{r3} = \frac{pD}{4\delta''}$$

思 考 题

7-1 三个单元体各面上的应力分量如图所示。试问是否均处于平面应力状态?

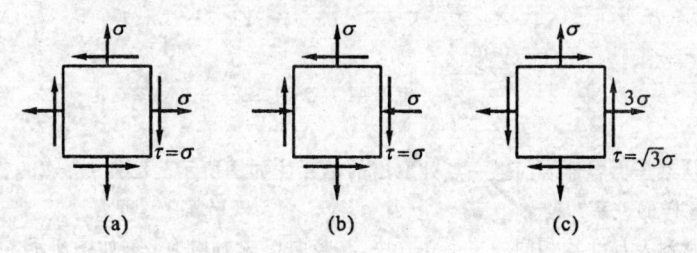

思考题 7-1 图

7-2 试问在何种情况下,平面应力状态下的应力圆符合以下特征:(1) 一个点圆;(2) 圆心在原点;(3) 与 τ 轴相切?

7-3 图示为处于平面应力状态下的单元体,若已知 $\alpha = 60°$ 的斜截面上应力 $\sigma_{60°} = 10$ MPa, $\tau_{60°} = 8.66$ MPa,试用应力圆求该单元体的主应力和最大切应力值。

7-4 受均匀的径向压力 p 作用的圆盘如图所示。试证明盘内任一点均处于二向等值的压缩应力状态。

7-5 图 a 所示应力状态下的单元体,材料为各向同性,弹性常数为 $E = 200$ GPa, $\nu = 0.3$。已知线应变 $\varepsilon_x = 14.4 \times 10^{-5}$, $\varepsilon_y = 40.8 \times 10^{-5}$,试问是否有 $\varepsilon_z = -\nu(\varepsilon_x + \varepsilon_y) = -16.56 \times 10^{-5}$? 为什么?

思考题 7-3 图

思考题 7-4 图

(a)

(b)

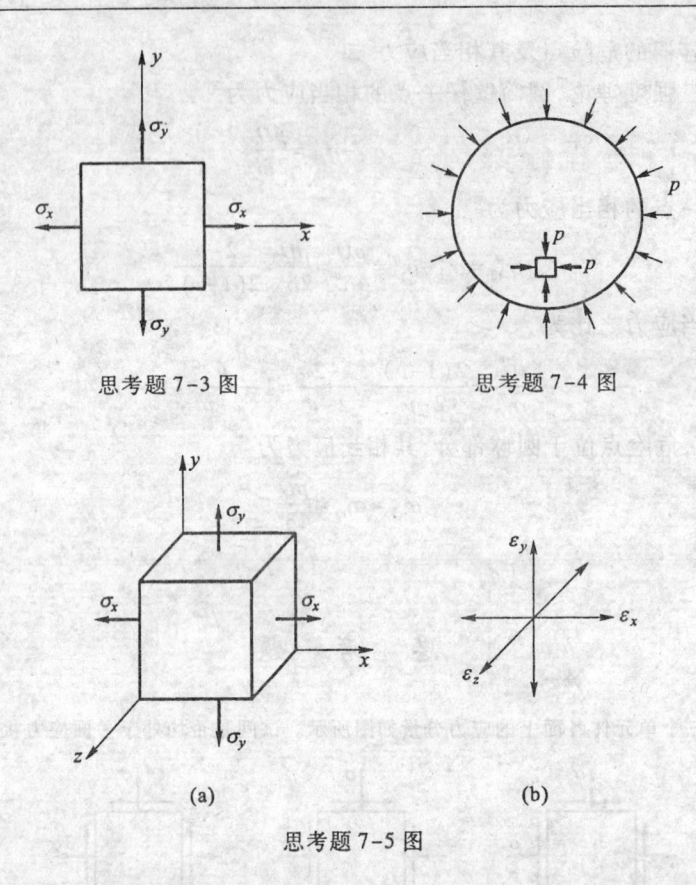

思考题 7-5 图

7-6 从某压力容器表面上一点处取出的单元体如图所示。已知 $\sigma_1 = 2\sigma_2$，试问是否存在 $\varepsilon_1 = 2\varepsilon_2$ 这样的关系？

7-7 材料及尺寸均相同的三个立方块，其竖向压应力均为 σ_0，如图所示。已知材料的弹性常数分别为 $E = 200\,\text{GPa}, \nu = 0.3$。若三立方块都在线弹性范围内，试问哪一立方块的体应变最大？

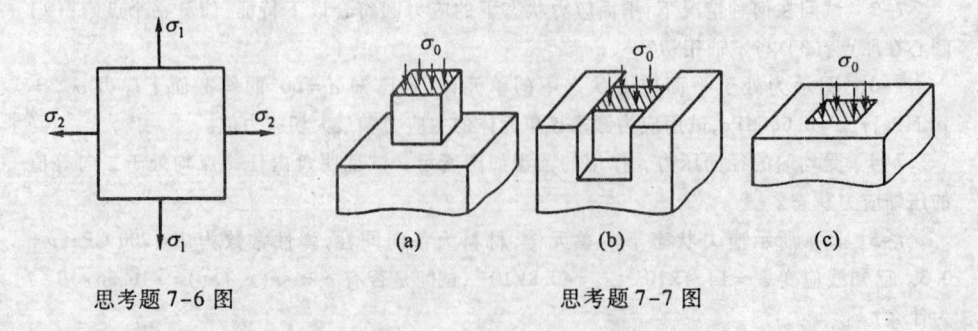

思考题 7-6 图

(a) (b) (c)

思考题 7-7 图

7-8 图示单元体各面上只有切应力，且和三个坐标轴分别平行的各切应力数值均等于

τ_0。已知 $\tau = 20$ MPa, $E = 200$ GPa, $\nu = 0.3$, 试求其应变能密度。

7-9 水管在冬天常有冻裂现象, 根据作用与反作用原理, 水管壁与管内所结冰之间的相互作用力应该相等, 试问为什么不是冰被压碎而是水管被冻裂?

7-10 将沸水倒入厚玻璃杯里, 玻璃杯内、外壁的受力情况如何? 若因此而发生破裂, 试问破裂是从内壁开始, 还是从外壁开始? 为什么?

7-11 试分析单轴压缩的混凝土圆柱(图 a)与在钢管内灌注混凝土并凝固后, 在其上端施加均匀压力的混凝土圆柱(图 b), 哪种情况下的强度大? 为什么?

7-12 材料为 Q235 钢, 屈服极限为 $\sigma_s = 235$ MPa 的构件内有图示 5 种应力状态(应力单位为 MPa)。

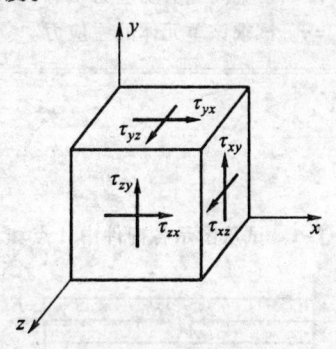

思考题 7-8 图

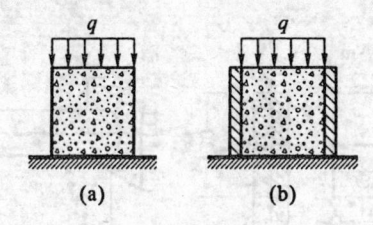

思考题 7-11 图

试根据第三强度理论分别求出它们的安全因数。

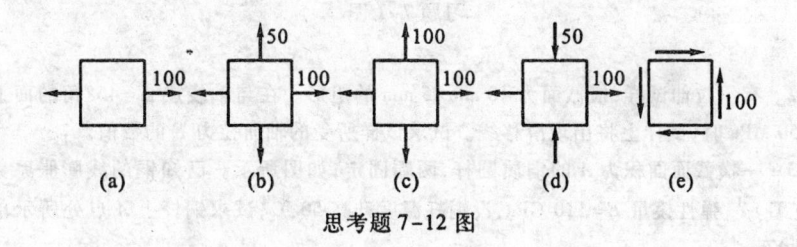

思考题 7-12 图

7-13 在塑性材料制成的构件中, 有图 a 和图 b 所示的两种应力状态。若两者的 σ 和 τ 数值分别相等, 试按第四强度理论分析比较两者的危险程度。

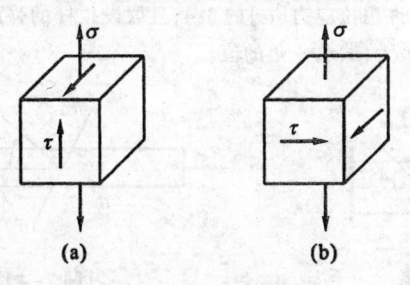

思考题 7-13 图

7-14 空间纯剪切应力状态(参见思考题 7-8 图),已知各切应力分量均相等,即 $\tau_{xy}=\tau_{yz}=\tau_{zx}=\tau$。试求该单元体的主应力。

习 题

7-1 试从图示各构件中 A 点和 B 点处取出单元体,并标明单元体各面上的应力。

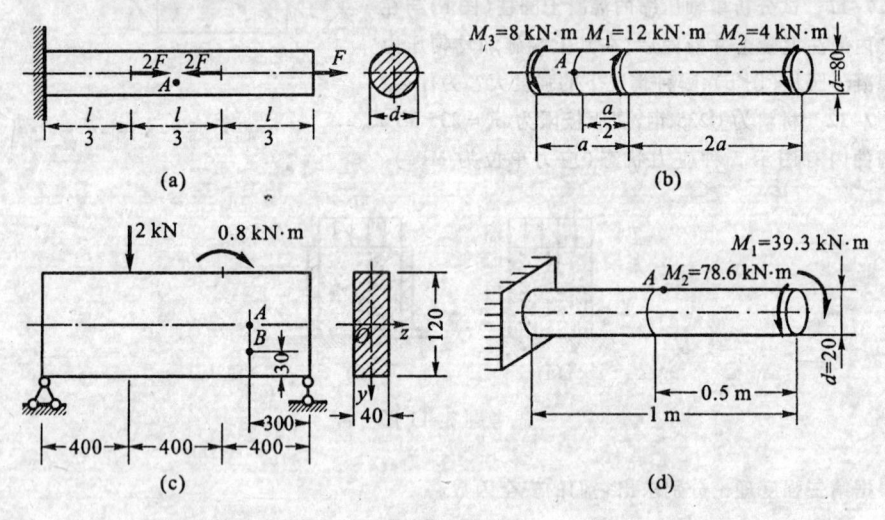

习题 7-1 图

7-2 有一拉伸试样,横截面为 40 mm×5 mm 的矩形。在与轴线成 $\alpha=45°$ 角的面上切应力 $\tau=150$ MPa 时,试样上将出现滑移线。试求试样所受的轴向拉力 F 的数值。

7-3 一横截面面积为 A 的铜质圆杆,两端固定,如图所示。已知铜的线膨胀系数 $\alpha_l = 2\times 10^{-5}(℃)^{-1}$,弹性模量 $E=110$ GPa,设铜杆温度升高 50 ℃,试求铜杆上 A 点处所示单元体的应力状态。

7-4 一拉杆由两段杆沿 $m-n$ 面胶合而成。由于实用的原因,图中的 α 角限于 0~60° 范围内。作为"假定计算",胶合缝的强度可分别按其正应力强度和切应力强度进行核算。设胶合缝的许用切应力 $[\tau]$ 为许用拉应力 $[\sigma]$ 的 3/4,且假设拉杆的强度由胶合缝的强度控制。为使拉杆承受的荷载 F 为最大,试求 α 角的值。

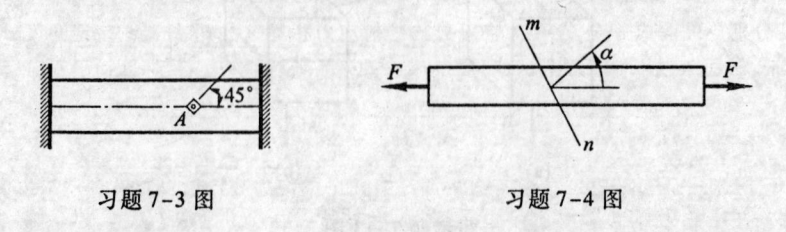

习题 7-3 图   习题 7-4 图

7-5 图示单元体，设$|\sigma_y|>|\sigma_x|$。试根据应力圆的几何关系，写出任一斜截面 m-n 上正应力及切应力的计算公式。

7-6 试用应力圆的几何关系求图示悬臂梁距离自由端为 0.72 m 的截面上，在顶面以下 40 mm 的一点处的最大及最小主应力，并求最大主应力与 x 轴之间的夹角。

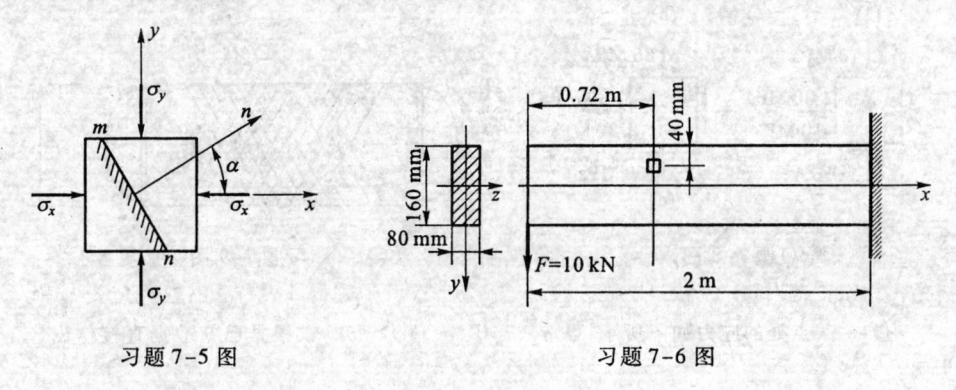

习题 7-5 图

习题 7-6 图

7-7 各单元体如图所示。试利用应力圆的几何关系求：
（1）指定截面上的应力；
（2）主应力的数值；
（3）在单元体上绘出主平面的位置及主应力的方向。

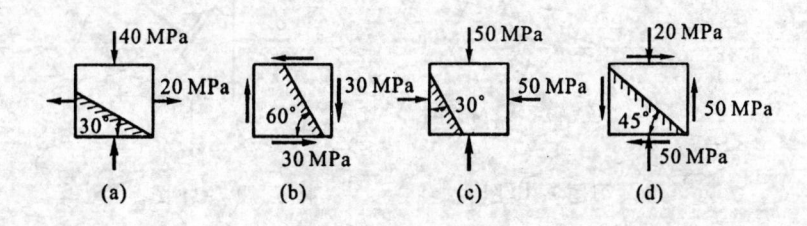

习题 7-7 图

7-8 各单元体如图所示。试利用应力圆的几何关系求：
（1）主应力的数值；
（2）在单元体上绘出主平面的位置及主应力的方向。

*__7-9__ 一轻型压力容器用玻璃纤维来承受拉力，并用环氧树脂作为粘结剂，如图所示。设容器为平均半径为 r，壁厚为 $\delta(\delta\leqslant r/10)$ 的两端封闭的圆柱形薄壁容器，两个方向的纤维缠绕角度分别与纵向成 α 角，当两方向纤维内的拉应力相等时，试求纤维的绕线角度 α。

（提示：已知薄壁容器承受内压时，筒壁任一点处的轴向应力 σ_x 与环向应力 σ_y 间的关系为 $\sigma_y=2\sigma_x$。设纤维的拉应力为 σ，分别截取隔离体，求出 σ 与 σ_x 以及 σ 与 σ_y 间的关系，即可求得绕线角度 α。）

*__7-10__ 已知平面应力状态下某点处的两个截面上的应力如图所示。试利用应力圆求该点处的主应力值和主平面方位，并求出两截面间的夹角 α 值。

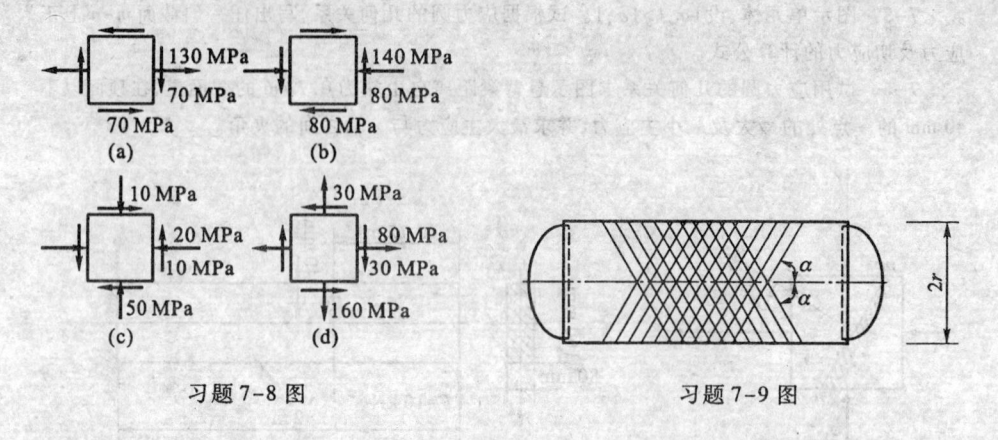

习题 7-8 图

(a) 上 70 MPa, 右 130 MPa, 下 70 MPa
(b) 上 140 MPa, 右 80 MPa, 下 80 MPa
(c) 上 10 MPa, 右 20 MPa, 左 10 MPa, 下 50 MPa
(d) 上 30 MPa, 右 80 MPa, 左 30 MPa, 下 160 MPa

习题 7-9 图

7-11 某点处的应力如图所示，设 σ_α、τ_α 及 σ_y 值为已知，试根据已知数据直接作出应力圆。

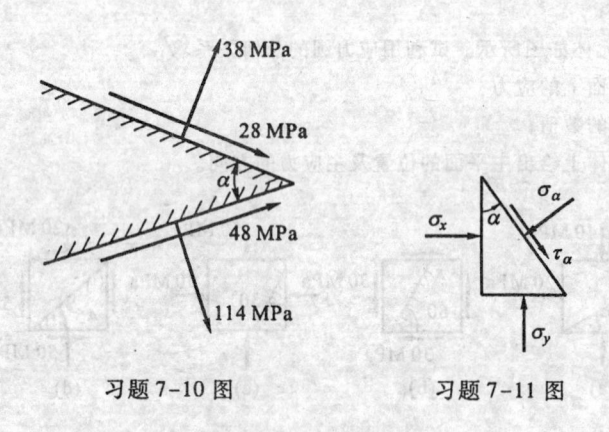

习题 7-10 图: 38 MPa, 28 MPa, 48 MPa, 114 MPa, 角 α

习题 7-11 图: σ_x, σ_y, σ_α, τ_α, 角 α

7-12 一焊接钢板梁的尺寸及受力情况如图所示，梁的自重略去不计。试求截面 $m-m$ 上 a、b、c 三点处的主应力。

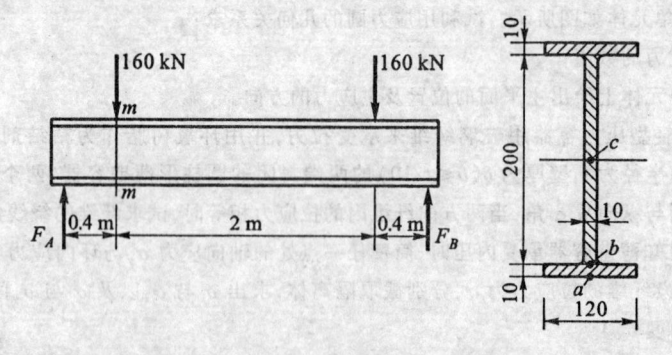

习题 7-12 图

7-13 一钢板上有直径 $d=300$ mm 的圆,若在板上施加应力,如图所示。已知钢板的弹性常数 $E=206$ GPa,$\nu=0.28$。试问钢板上的圆将变成何种图形?并计算其尺寸。

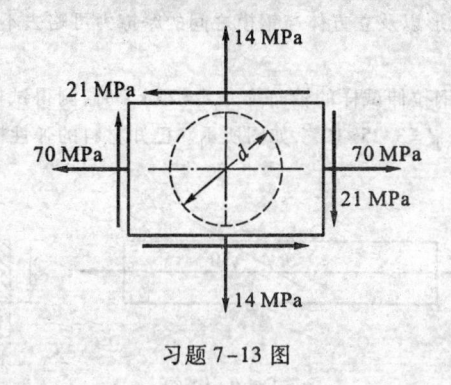

习题 7-13 图

7-14 各单元体及其应力如图所示。试用应力圆的几何关系求其主应力及最大切应力。

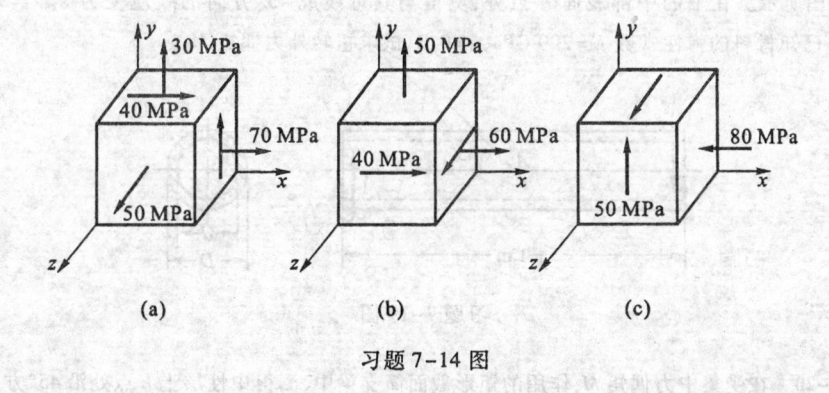

习题 7-14 图

7-15 已知一点处应力状态的应力圆如图所示。试用单元体示出该点处的应力状态,并在该单元体上绘出应力圆上 A 点所代表的截面。

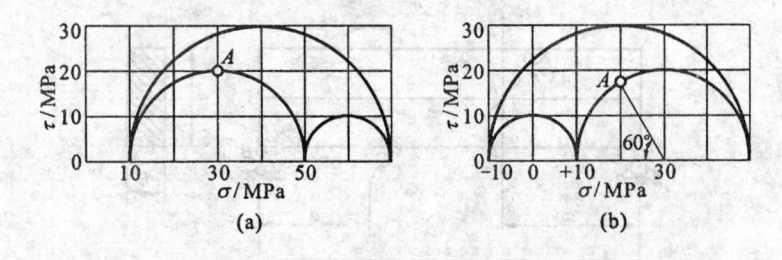

习题 7-15 图

7-16 有一厚度为 6 mm 的钢板,在板平面内的两相互垂直方向受拉,拉应力分别为

150 MPa 及 55 MPa。钢材的弹性常数为 $E=210\,\mathrm{GPa}$，$\nu=0.25$。试求钢板厚度的减小值。

7-17 边长为 20 mm 的钢立方体置于钢模中，在顶面上均匀地受力 $F=14\,\mathrm{kN}$ 作用。已知 $\nu=0.3$，假设钢模的变形以及立方体与钢模之间的摩擦力可略去不计。试求立方体各个面上的正应力。

7-18 在矩形截面钢拉伸试样的轴向拉力 $F=20\,\mathrm{kN}$ 时，测得试样中段 B 点处与其轴线成 30° 方向的线应变为 $\varepsilon_{30°}=3.25\times10^{-4}$，如图所示。已知材料的弹性模量 $E=210\,\mathrm{GPa}$，试求材料的泊松比 ν。

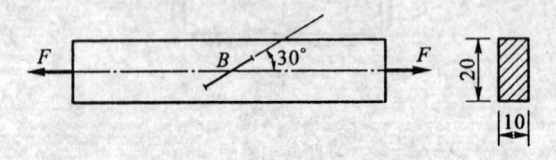

习题 7-18 图

7-19 外直径 $D=120\,\mathrm{mm}$，内直径 $d=80\,\mathrm{mm}$ 的空心圆轴，两端承受一对扭转外力偶矩 M_e，如图所示。在轴的中部表面 A 点处，测得与其母线成 45° 方向的线应变为 $\varepsilon_{45°}=2.6\times10^{-4}$。已知材料的弹性常数 $E=200\,\mathrm{GPa}$，$\nu=0.3$，试求扭转外力偶矩 M_e。

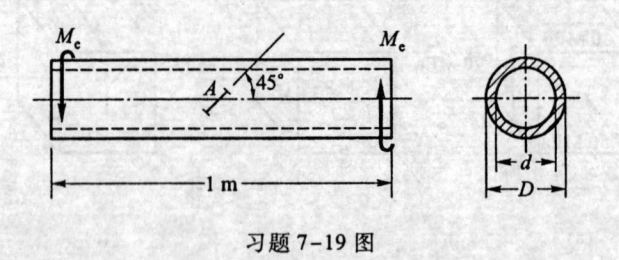

习题 7-19 图

7-20 在受集中力偶矩 M_e 作用的矩形截面简支梁中，测得中性层上 k 点处沿 45° 方向的线应变为 $\varepsilon_{45°}$，如图所示。已知材料的弹性常数 E、ν 和梁的横截面及长度尺寸 b、h、a、d、l。试求集中力偶矩 M_e。

习题 7-20 图

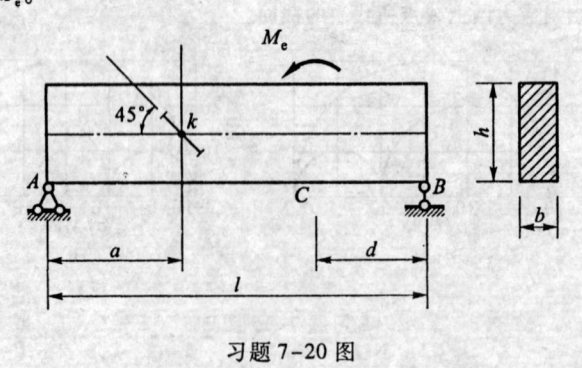

7-21 一直径为 25 mm 的实心钢球承受静水压力,压强为 14 MPa。设钢球的 $E = 210$ GPa,$\nu = 0.3$。试问其体积减小多少?

7-22 已知图示单元体材料的弹性常数 $E = 200$ GPa,$\nu = 0.3$。试求该单元体的形状改变能密度。

7-23 图示两端封闭的铸铁薄壁圆筒,其内直径 $D = 100$ mm,壁厚 $\delta = 10$ mm,承受内压力 $p = 5$ MPa,且在两端受轴向压力 $F = 100$ kN 作用。材料的许用拉伸应力 $[\sigma_t] = 40$ MPa,泊松比 $\nu = 0.25$。试按第二强度理论校核其强度。

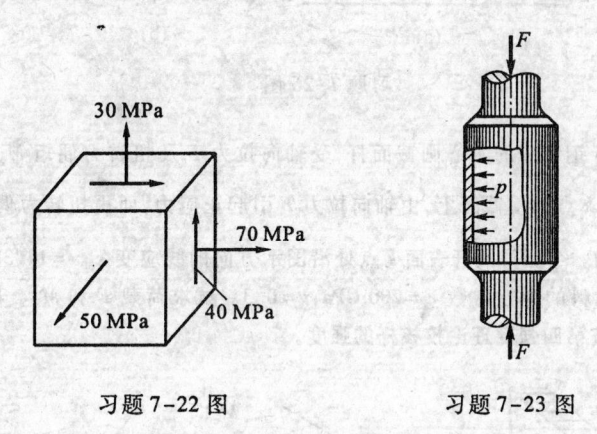

习题 7-22 图   习题 7-23 图

7-24 已知钢轨与火车车轮接触点处的正应力 $\sigma_1 = -650$ MPa,$\sigma_2 = -700$ MPa,$\sigma_3 = -900$ MPa(参见图 7-7)。若钢轨的许用应力 $[\sigma] = 250$ MPa,试按第三强度理论和第四强度理论校核其强度。

7-25 一简支钢板梁承受荷载如图 a 所示,其截面尺寸见图 b。已知钢材的许用应力为 $[\sigma] = 170$ MPa,$[\tau] = 100$ MPa。试校核梁内的正应力强度和切应力强度,并按第四强度理论校核危险截面上的 a 点的强度。

(注:通常在计算 a 点处的应力时近似地按 a' 点的位置计算。)

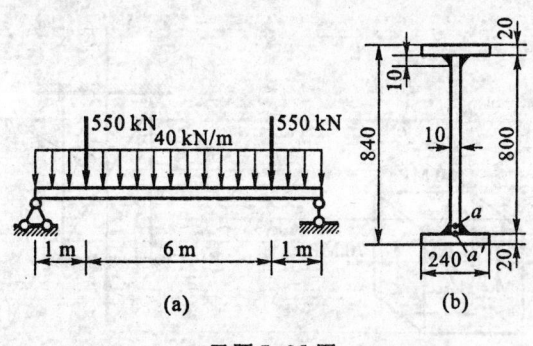

习题 7-25 图

7-26 受内压力作用的容器,其圆筒部分任意一点 A(图 a)处的应力状态如图 b 所示。当容器承受最大的内压力时,用应变计测得 $\varepsilon_x = 1.88 \times 10^{-4}$,$\varepsilon_y = 7.37 \times 10^{-4}$。已知钢材的弹性

模量 $E=210$ GPa，泊松比 $\nu=0.3$，许用应力 $[\sigma]=170$ MPa。试按第三强度理论校核 A 点的强度。

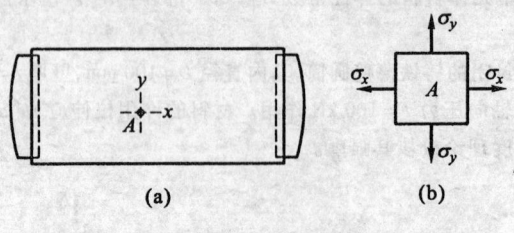

习题 7-26 图

7-27 用 Q235 钢制成的实心圆截面杆，受轴向拉力 F 及扭转力偶矩 M_e 共同作用，且 $M_e=\dfrac{1}{10}Fd$。设通过 k 点的横截面上，由轴向拉力 F 引起正应力，而由扭转力偶矩 M_e 引起切应力，两者互不影响。今测得圆杆表面 k 点处沿图示方向的线应变 $\varepsilon_{30°}=14.33\times10^{-5}$。已知杆直径 $d=10$ mm，材料的弹性常数 $E=200$ GPa，$\nu=0.3$。试求荷载 F 和 M_e。若其许用应力 $[\sigma]=160$ MPa，试按第四强度理论校核杆的强度。

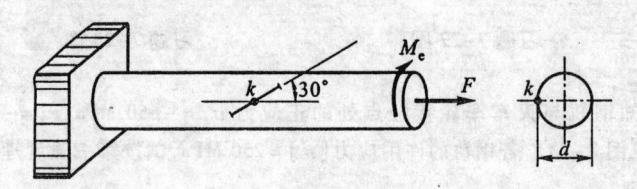

习题 7-27 图

*7-28** 设有单元体如图所示，已知材料的许用拉应力为 $[\sigma_t]=60$ MPa，许用压应力为 $[\sigma_c]=180$ MPa。试按莫尔强度理论校核其强度。

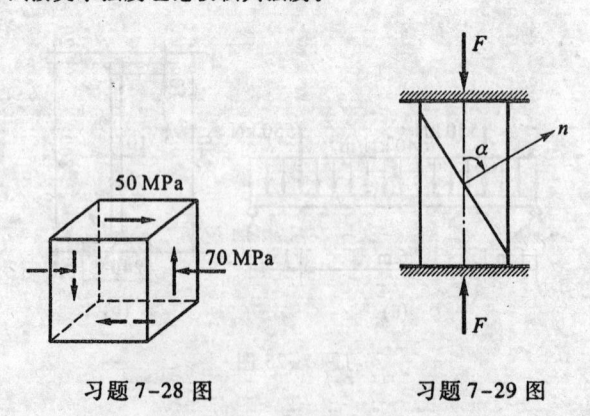

习题 7-28 图   习题 7-29 图

*7-29** 铸铁试样进行压缩试验（如图）。若铸铁的拉伸强度极限为 σ_{bt}，压缩强度极限为

σ_{bc}，且 $\sigma_{bc}=2.5\sigma_{bt}$。试按莫尔强度理论，求试样破坏面法线与试样轴线间的夹角 α。

*7-30 内径 $D=60$ mm，壁厚 $\delta=1.5$ mm，两端封闭的薄壁圆筒，用来做内压力和扭转联合作用的试验。要求内压力引起的最大正应力值等于扭转力偶矩所引起的横截面切应力值的2倍。已知材料的 $E=210$ GPa，$\nu=0.3$。当内压力 $p=10$ MPa 时筒壁的材料出现屈服现象，试求筒壁中的最大切应力及形状改变能密度。

第八章 组合变形及连接部分的计算

§8-1 概 述

在工程实际中,构件在荷载作用下往往发生两种或两种以上的基本变形。若其中有一种变形是主要的,其余变形所引起的应力(或变形)很小,则构件可按主要的基本变形进行计算。若几种变形所对应的应力(或变形)属于同一数量级,则构件的变形称为组合变形。例如,烟囱(图8-1a)除自重引起的轴向压缩外,还有水平风力引起的弯曲;机械中的齿轮传动轴(图8-1b)在外力作用下,将同时发生扭转变形及在水平平面和垂直平面内的弯曲变形;厂房中吊车立柱除受轴向压力 F_1 外,还受到偏心压力 F_2 的作用(图8-1c),立柱将同时发生轴向压缩和弯曲变形。

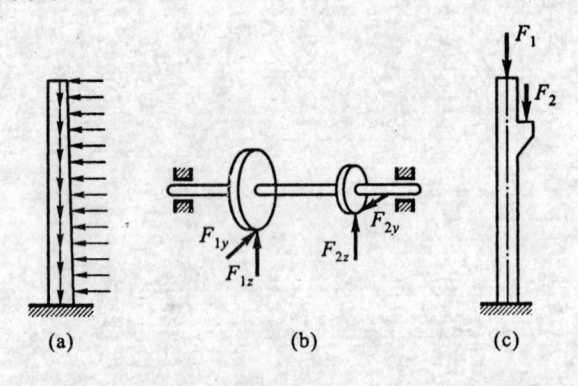

图 8-1

对于组合变形下的构件,在线弹性、小变形条件下,可按构件的原始形状和尺寸进行计算。因而,可先将荷载简化为符合基本变形外力作用条件的外力系,分别计算构件在每一种基本变形下的内力、应力或变形。然后,利用叠加原理,综合考虑各基本变形的组合情况,以确定构件的危险截面、危险点的位置及危险点的应力状态,并据此进行强度计算。

若构件的组合变形超出了线弹性范围,或虽在线弹性范围内但变形较大,则不能按其初始形状或尺寸进行计算,必须考虑各基本变形之间的相互影响,而不能应用叠加原理。对于这类问题,将在《材料力学(Ⅱ)》的第四章中作简要

§8-1 概　述

的介绍。

另外，在工程实际中，经常需要将构件相互连接。例如桥梁桁架结点处的铆钉（或高强度螺栓）连接（图8-2a）、机械中的轴与齿轮间的键连接（图8-2b）、以及木结构中的榫齿连接（图8-2c）等。铆钉、螺栓、键等起连接作用的部件，统称为**连接件**。由图8-2a和b中铆钉和键的受力图可以看出，连接件（或构件连接处）的变形往往比较复杂，而其本身的尺寸都比较小。在工程设计中，通常按照连接的破坏可能性，采用既能反映受力的基本特征，又能简化计算的假设，计算其名义应力，然后根据直接试验的结果，确定其相应的许用应力，来进行强度计算。这种简化计算的方法，称为**工程实用计算法**。

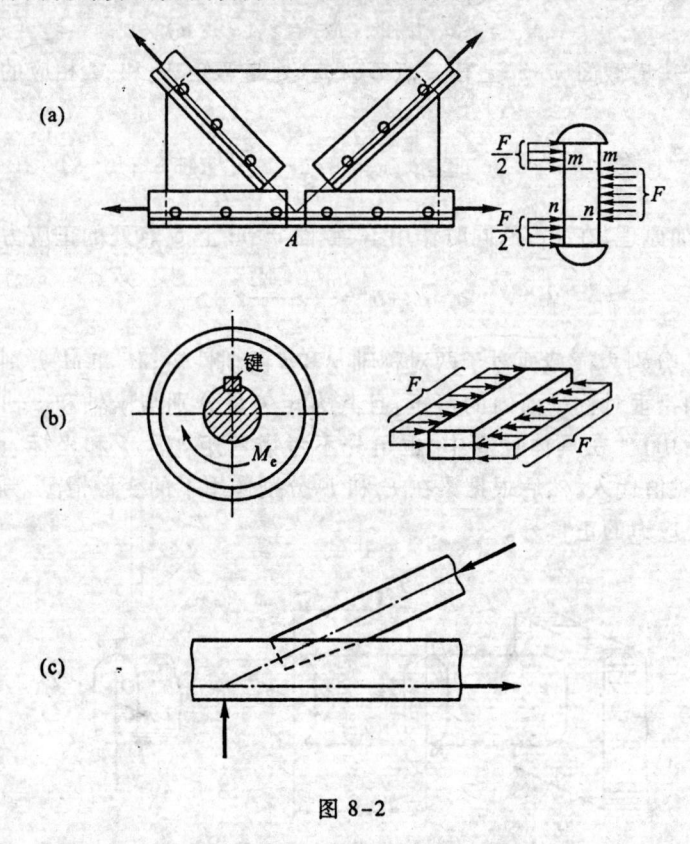

图 8-2

本章先讨论在工程中常见的几种组合变形问题，最后讨论连接件的实用计算。

§8-2 两相互垂直平面内的弯曲

对于横截面具有对称轴的梁,当横向外力或外力偶作用在梁的纵向对称面内时,梁发生对称弯曲。这时,梁变形后的轴线是一条位于外力所在平面内的平面曲线。在工程实际中,有时会碰到双对称截面梁在水平和垂直两纵向对称平面内同时承受横向外力作用的情况,如图 8-3a 所示。这时梁在 F_1 和 F_2 作用下,分别在水平纵对称面(Oxz 平面)和铅垂纵对称面(Oxy 平面)内发生对称弯曲。在梁的任意横截面 m-m 上,由 F_1 和 F_2 引起的弯矩值依次为

$$M_y = F_1 x \quad \text{和} \quad M_z = F_2(x-a) \tag{a}$$

梁的任一横截面 m-m 上任一点 $C(y,z)$ 处与弯矩 M_y 和 M_z 相应的正应力分别为

$$\sigma' = \frac{M_y}{I_y}z \quad \text{和} \quad \sigma'' = -\frac{M_z}{I_z}y \tag{b}$$

于是,由叠加原理,在 F_1、F_2 同时作用下,截面 m-m 上 C 点处的正应力为

$$\sigma = \sigma' + \sigma'' = \frac{M_y}{I_y}z - \frac{M_z}{I_z}y \tag{8-1}$$

式中,I_y 和 I_z 分别为横截面对于两对称轴 y 和 z 的惯性矩;M_y 和 M_z 分别是截面上位于水平和铅垂对称平面内的弯矩,且其力矩矢量分别与 y 轴和 z 轴的正向相一致(图 8-3b)。在具体计算中,也可先不考虑弯矩 M_y、M_z 和坐标 y、z 的正负号,以其绝对值代入,然后根据梁在 F_1 和 F_2 分别作用下的变形情况,判断由其引起该点处正应力的正负号。

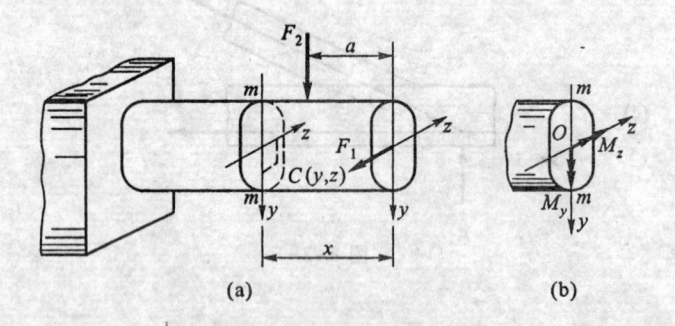

图 8-3

为确定横截面上最大正应力点的位置,需求截面上中性轴的位置。由于中性轴上各点处的正应力均为零,令 y_0、z_0 代表中性轴上任一点的坐标,则由式(8-1)可得中性轴方程为

$$\frac{M_y}{I_y}z_0 - \frac{M_z}{I_z}y_0 = 0 \qquad (8-2)$$

由上式可见,中性轴是一条通过横截面形心的直线。其与 y 轴的夹角为 θ,且

$$\tan\theta = \frac{z_0}{y_0} = \frac{M_z}{M_y} \times \frac{I_y}{I_z} = \frac{I_y}{I_z}\tan\varphi \qquad (8-3)$$

式中,角度 φ 是横截面上合成弯矩 $M = \sqrt{M_y^2 + M_z^2}$ 的矢量与 y 轴间的夹角。一般情况下,由于截面的 $I_y \neq I_z$,因而中性轴与合成弯矩 M 所在的平面并不相互垂直。而截面的挠度垂直于中性轴,所以挠曲线将不在合成弯矩所在的平面内。对于圆形、正方形等 $I_y = I_z$ 的截面,有 $\varphi = \theta$,因而,正应力也可用合成弯矩 M 按式 (4-5) 进行计算。但是,梁各横截面上的合成弯矩 M 所在平面的方位一般并不相同,所以,虽然每一截面的挠度都发生在该截面的合成弯矩所在平面内,梁的挠曲线一般仍是一条空间曲线。于是,梁的挠曲线方程仍应分别按两垂直平面内的弯曲来计算,不能直接用合成弯矩进行计算。

在确定中性轴的位置后,作平行于中性轴的两直线,分别与横截面周边相切于 D_1、D_2 两点(图 8-4a),该两点即分别为横截面上拉应力和压应力为最大的点。将两点的坐标 (y,z) 代入式(8-1),就可得到横截面上的最大拉、压应力。对于工程中常用的矩形、工字形等截面梁,其横截面都有两个相互垂直的对称轴,且截面的周边具有棱角(图 8-4b),故横截面上的最大正应力必发生在截面的棱角处。于是,可根据梁的变形情况,直接确定截面上最大拉、压应力点的位置,而无需定出其中性轴。

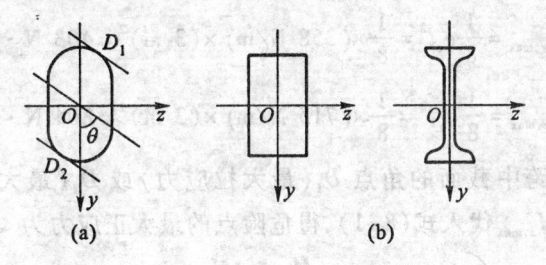

图 8-4

在确定了梁的危险截面和危险点的位置,并算出危险点处的最大正应力后,由于危险点处于单轴应力状态,于是,可按正应力强度条件进行计算。至于横截面上的切应力,对于一般实体截面梁,因其数值较小,可不必考虑。

例题 8-1 矩形截面木檩条跨长为 $l = 3$ m,受集度为 $q = 800$ N/m 的均布荷

载作用,如图所示。檩条材料为杉木,$[\sigma]=12$ MPa,许可挠度为$\dfrac{l}{200}$,$E=9$ GPa。试选择其截面尺寸,并作刚度校核。

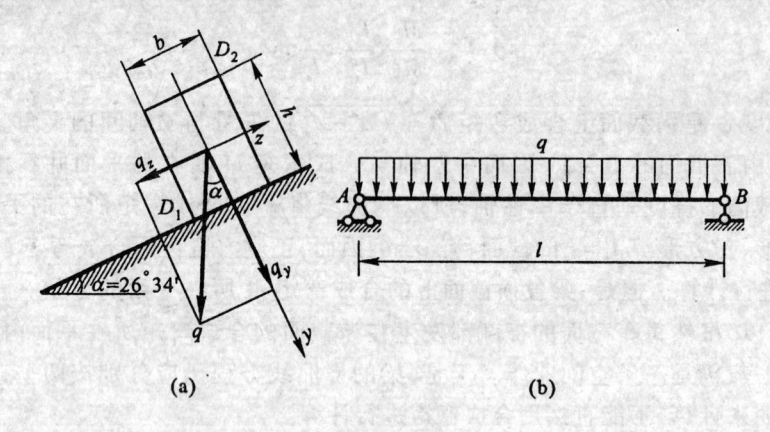

例题 8-1 图

解:(1) 确定危险点及其最大应力

将 q 沿对称轴 z 和 y 分解为

$$q_z = q\sin\alpha = 800 \text{ N/m} \times 0.447 = 358 \text{ N/m}$$
$$q_y = q\cos\alpha = 800 \text{ N/m} \times 0.894 = 715 \text{ N/m}$$

与 q_z、q_y 相应的最大弯矩均发生在檩条跨中截面上,其值分别为

$$M_{y,\max} = \frac{1}{8}q_z l^2 = \frac{1}{8} \times (358 \text{ N/m}) \times (3 \text{ m})^2 = 403 \text{ N} \cdot \text{m}$$

$$M_{z,\max} = \frac{1}{8}q_y l^2 = \frac{1}{8} \times (715 \text{ N/m}) \times (3 \text{ m})^2 = 804 \text{ N} \cdot \text{m}$$

其危险点在跨中截面的角点 D_1(最大拉应力)或 D_2(最大压应力)处。以 $M_y = M_{y,\max}$、$M_z = M_{z,\max}$ 代入式(8-1),得危险点的最大正应力为

$$\sigma_{\max} = \frac{M_{y,\max}}{W_y} + \frac{M_{z,\max}}{W_z} \tag{1}$$

(2) 截面选择

檩条的强度条件为

$$\frac{M_{y,\max}}{W_y} + \frac{M_{z,\max}}{W_z} \leq [\sigma] \tag{2}$$

式中包含有 W_z 和 W_y 两个未知数,故需先选定矩形截面的高宽比,从而求得 W_z/W_y 的比值,然后再由强度条件式(2)算出所需的 W_y(或 W_z)。设横截面的高宽比 $h/b = 3/2$,则

$$\frac{W_z}{W_y} = \frac{\frac{bh^2}{6}}{\frac{hb^2}{6}} = \frac{h}{b} = \frac{3}{2}$$

代入式(2),得

$$\frac{804 \text{ N} \cdot \text{m}}{1.5 W_y} + \frac{403 \text{ N} \cdot \text{m}}{W_y} \leq 12 \times 10^6 \text{ Pa}$$

由此得所需的

$$W_y = 78.3 \times 10^{-6} \text{ m}^3$$

即

$$\frac{1}{6} hb^2 = \frac{1}{6} \times 1.5 b^3 = 78.3 \times 10^{-6} \text{ m}^3$$

于是,解得

$$b = 6.79 \times 10^{-2} \text{ m}, \qquad h = 1.5 \times 6.79 \times 10^{-2} \text{ m} = 0.102 \text{ m}$$

故可选用 70 mm×110 mm 矩形截面。

在截面设计中,由强度条件

$$\sigma_{\max} = \frac{M_y}{W_y} + \frac{M_z}{W_z} \leq [\sigma]$$

式中有两个未知量 W_y、W_z。对于矩形截面 $W_y/W_z = b/h$,但对于槽钢、工字钢等其他截面形状。由于截面尚未选定,故 W_y/W_z 不能确定。因此,在设计中采用试算法,即先假定比值 W_y/W_z,选择截面,然后再按所选截面,校核其强度。并要求梁的最大正应力尽可能接近许用正应力值。

一般地说,工字钢的 $W_y/W_z \approx 6 \sim 15$;槽钢 $W_y/W_z \approx 3 \sim 10$,且型号越小,其比值也越小。

(3) 刚度校核

与 q_y 和 q_z 相应的挠度分别为

$$\left. \begin{array}{l} w_y = \dfrac{5 q_y l^4}{384 E I_z} \\[2mm] w_z = \dfrac{5 q_z l^4}{384 E I_y} \end{array} \right\} \tag{3}$$

将

$$I_y = \frac{hb^3}{12} = \frac{1}{12} \times (11 \times 10^{-2} \text{ m}) \times (7 \times 10^{-2} \text{ m})^3 = 314 \times 10^{-8} \text{ m}^4$$

$$I_z = \frac{bh^3}{12} = \frac{1}{12} \times (7 \times 10^{-2} \text{ m}) \times (11 \times 10^{-2} \text{ m})^3 = 776 \times 10^{-8} \text{ m}^4$$

代入式(3),得

$$w_y = \frac{5 \times (715 \text{ N/m}) \times (3 \text{ m})^4}{384 \times (9 \times 10^9 \text{ Pa}) \times (776 \times 10^{-8} \text{ m}^4)}$$

$$= 1.080 \times 10^{-2} \text{ m} = 10.80 \text{ mm}$$

$$w_z = \frac{5 \times (358 \text{ N/m}) \times (3 \text{ m})^4}{384 \times (9 \times 10^9 \text{ Pa}) \times (314 \times 10^{-8} \text{ m}^4)}$$

$$= 1.336 \times 10^{-2} \text{ m} = 13.36 \text{ mm}$$

跨中的总挠度应为

$$w_{max} = \sqrt{w_y^2 + w_z^2} = \sqrt{(10.80 \text{ mm})^2 + (13.36 \text{ mm})^2} = 17.2 \text{ mm}$$

许可挠度为

$$\frac{l}{200} = \frac{3 \text{ m}}{200} = 15 \times 10^{-3} \text{ m} = 15 \text{ mm}$$

由此可见

$$w_{max} > \frac{l}{200}$$

w_{max} 值已超过许可值约13%，可见刚度条件不能满足。因此，应将截面尺寸增大，然后再作刚度校核。建议读者完成这一计算。

§8-3 拉伸(压缩)与弯曲

Ⅰ．横向力与轴向力共同作用

等直杆受横向力和轴向力共同作用时，杆将发生弯曲与拉伸(压缩)组合变形。对于弯曲刚度 EI 较大的杆，由于横向力引起的挠度与横截面的尺寸相比很小，因此，由轴向力在相应挠度上引起的弯矩可以略去不计。于是，可分别计算由横向力和轴向力引起的杆横截面上的正应力，按叠加原理求其代数和，即得在拉伸(压缩)和弯曲组合变形下，杆横截面上的正应力。

图 8-5a 表示由两根槽钢组成的杆件的计算简图，在其纵对称面内有横向力 F 和轴向拉力 F_t 共同作用。在轴向拉力 F_t 作用下，杆各个横截面上有相同的轴力 $F_N = F_t$。而在横向力作用下，杆跨中截面上的弯矩为最大，$M_{max} = \frac{1}{4}Fl$。因而，跨中截面是杆的危险截面。

与轴力 F_N 相应的拉伸正应力 σ_t 在该截面上均匀分布，其值为

$$\sigma_t = \frac{F_N}{A} = \frac{F_t}{A}$$

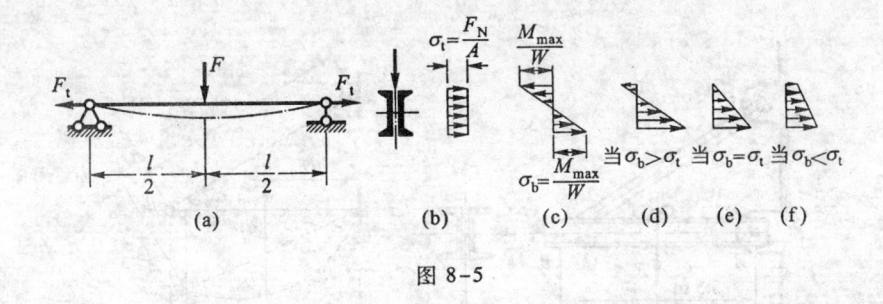

(a) (b) (c) (d) (e) (f)

图 8-5

而与 $M_{\max}$ 相应的最大弯曲正应力 σ_b,发生在该截面的上、下边缘处,其绝对值为

$$\sigma_b = \frac{M_{\max}}{W} = \frac{Fl}{4W}$$

在危险截面上与 F_N、$M_{\max}$ 相对应的正应力沿截面高度的变化规律分别如图 8-5b、c 所示。将弯曲正应力与拉伸正应力叠加,正应力沿截面高度的变化规律,按 σ_b 和 σ_t 值的相对大小,将如图 8-5d 或 e、f 所示。显然,杆件的最大正应力是危险截面下边缘各点处的拉应力,其值为

$$\sigma_{t,\max} = \frac{F_t}{A} + \frac{Fl}{4W}$$

由于危险点处的应力状态为单轴应力状态,故可按正应力强度条件进行计算。

应该注意,当材料的许用拉应力和许用压应力不相等时,杆内的最大拉应力和最大压应力必须分别满足杆件的拉、压强度条件。

如前所述,按叠加原理计算拉伸(压缩)与弯曲组合变形杆横截面上的正应力时,略去了轴向拉(压)力由于弯曲挠度(图 8-5a)而引起的附加弯矩。对于弯曲刚度 EI 较小的杆件,在压缩与弯曲组合变形下,轴向压力引起的附加弯矩较大,且其转向与横向力引起的弯矩同向,因此不能按杆的原始形状来计算,叠加原理也不再适用。关于这类问题的计算,将在《材料力学(Ⅱ)》的§4-3 中讨论。

例题 8-2 简易起重架的最大起重量(包括附属设备重量)$F = 40$ kN,拉杆 BC 与横梁 AB 间的夹角 $\alpha = 30°$,横梁 AB 由两根 18 号槽钢组成,材料为 Q235 钢,其 $E = 200$ GPa,$[\sigma] = 120$ MPa(已考虑到起吊时的动荷影响)。起重架的结构尺寸如图 a 所示。试求:

(1) 校核横梁的强度;

(2) 若拉杆 BC 为 $b×h = 10$ mm×40 mm 的钢板条,材料为 Q235 钢。当荷载 F 移动到横梁的跨度中点时,计算荷载作用点的铅垂位移。

解:(1) 横梁的强度校核

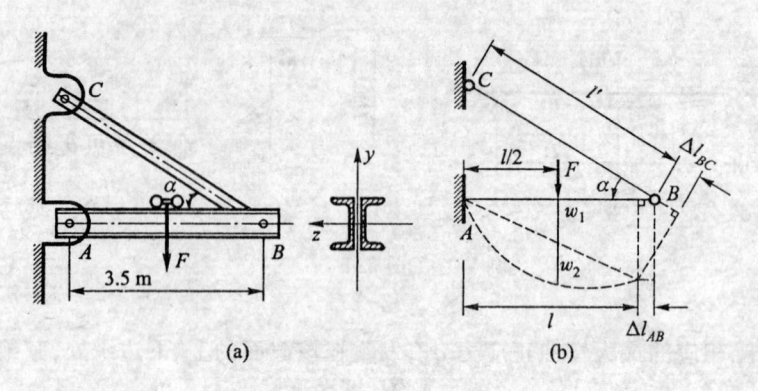

例题 8-2 图

横梁 AB 为压缩与弯曲的组合变形,对于强度而言,弯曲变形是主要的。因而,荷载的最不利位置在横梁的跨度中点处。这时,横梁的危险截面为荷载作用点的截面,其内力分量为

$$F_N = \frac{F}{2} \times \cot 30° = \frac{40 \times 10^3 \text{ N}}{2} \times \cot 30° = 34.64 \times 10^3 \text{ N}$$

$$M_z = \frac{Fl}{4} = \frac{(40 \times 10^3 \text{ N}) \times (3.5 \text{ m})}{4} = 35 \times 10^3 \text{ N} \cdot \text{m}$$

18 号槽钢的截面几何性质为

$$A = 29.29 \times 10^{-4} \text{ m}^2, \quad I_z = 1369.9 \times 10^{-8} \text{ m}^4, \quad W_z = 152.2 \times 10^{-6} \text{ m}^3$$

所以,横梁的最大压应力值为

$$\sigma_{\max} = \frac{F_N}{A} + \frac{M_z}{W_z} = \frac{34.64 \times 10^3 \text{ N}}{2 \times (29.29 \times 10^{-4} \text{ m}^2)} + \frac{35 \times 10^3 \text{ N} \cdot \text{m}}{2 \times (152.2 \times 10^{-6} \text{ m}^3)}$$

$$= (5.91 + 115) \times 10^6 \text{ Pa} = 120.9 \text{ MPa} > [\sigma]$$

最大应力大于材料的许用应力,但仅超出

$$\frac{120.9 \text{ MPa} - 120 \text{ MPa}}{120 \text{ MPa}} = 0.75\% < 5\%$$

故可认为满足强度要求。

(2) 荷载作用点的铅垂位移

荷载作用点的铅垂位移有两部分,一是由拉杆和横梁的轴向力引起的位移,二是由横梁的弯矩引起的挠度。

由轴向力引起的位移:横梁 AB 和拉杆 BC 由轴向力引起的变形分别为

$$\Delta l_{AB} = \frac{F_N l}{EA} = \frac{(34.64 \times 10^3 \text{ N}) \times (3.5 \text{ m})}{(200 \times 10^9 \text{ Pa}) \times (2 \times 29.29 \times 10^{-4} \text{ m}^2)}$$

$$= 0.104 \times 10^{-3} \text{ m}$$

$$\Delta l_{BC} = \frac{F'_N l'}{EA'} = \frac{F_N l}{EA' \cos^2 30°} = \frac{(34.64 \times 10^3 \text{ N}) \times (3.5 \text{ m})}{(200 \times 10^9 \text{ Pa}) \times (4 \times 10^{-4} \text{ m}^2) \times \cos^2 30°}$$
$$= 2.02 \times 10^{-3} \text{ m}$$

作结构的变形图如图 b 所示(图中的变形已夸大),由几何关系可得结点 B 的铅垂位移 w_B 为

$$w_B = \frac{\Delta l_{AB}}{\tan 30°} + \frac{\Delta l_{BC}}{\sin 30°} = \frac{0.104 \times 10^{-3} \text{ m}}{\tan 30°} + \frac{2.02 \times 10^{-3} \text{ m}}{\sin 30°}$$
$$= 4.22 \times 10^{-3} \text{ m}$$

所以,由轴向变形引起的梁跨度中点的铅垂位移为

$$w_1 = \frac{w_B}{2} = 2.11 \times 10^{-3} \text{ m}$$

由弯曲变形引起的跨中挠度为

$$w_2 = \frac{Fl^3}{48EI_z} = \frac{(40 \times 10^3 \text{ N}) \times (3.5 \text{ m})^3}{48 \times (200 \times 10^9 \text{ Pa}) \times (2 \times 1369.9 \times 10^{-8} \text{ m}^4)}$$
$$= 6.52 \times 10^{-3} \text{ m}$$

于是,得横梁在荷载作用点的铅垂位移为

$$w = w_1 + w_2 = 2.11 \times 10^{-3} \text{ m} + 6.52 \times 10^{-3} \text{ m}$$
$$= 8.63 \times 10^{-3} \text{ m} = 8.63 \text{ mm}$$

由本题的计算可见,在压缩(拉伸)与弯曲的组合变形中,对于横截面上的应力而言,弯曲变形是主要的。因此,在设计截面时,可先略去轴向力的影响,由弯曲强度选择截面,然后再考虑轴向力进行强度校核。而对截面的位移而言,轴力与弯矩所引起的位移,通常是属于同一数量级的。

例题 8-3 一输气管的支承情况如图 a 所示。管的平均直径 $D = 1$ m,壁厚 $\delta = 30$ mm。材料为钢,密度 $\rho = 7.80 \times 10^3$ kg/m³,许用应力 $[\sigma] = 100$ MPa,试按第三强度理论计算管的许可压强 p。

解:(1) 受力分析

本题中的输气管,虽不是横向力与轴向力的共同作用,但输气管在横向力(自重)作用下,其横截面将产生弯曲正应力。而在内压作用下,其纵向截面上将发生拉应力。这是另一种形式的拉伸与弯曲的组合变形。

设内压的压强为 p,显然,由内压引起的环向拉应力处处相等。在自重作用下的弯矩图如图 b 所示。因此,输气管的危险截面位于跨度中点的截面,其最大弯矩为

$$M_{\max} = \frac{\rho g A \times (12 \text{ m})^2}{8} - \frac{\rho g A \times (1 \text{ m})^2}{2}$$

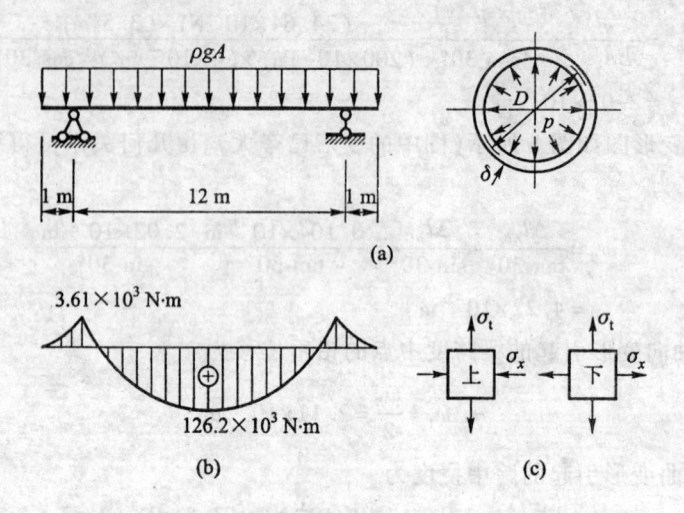

例题 8-3 图

$$= (7.80 \times 10^3 \text{ kg/m}^3) \times (9.81 \text{ m/s}^2) \times (\pi \times 1 \text{ m} \times 0.03 \text{ m}) \times \left[\frac{(12 \text{ m})^2}{8} - \frac{(1 \text{ m})^2}{2}\right]$$

$$= 126.2 \times 10^3 \text{ N} \cdot \text{m}$$

(2) 危险点处的应力状态

危险点位于跨度中点截面的上、下边缘处，其应力状态如图 c 所示。其中

弯曲正应力 $\quad \sigma_x = \mp \dfrac{M_{max}}{I_z} \times y_{max} \approx \mp \dfrac{8 \times 126.2 \times 10^3 \text{ N} \cdot \text{m}}{\pi \times (1 \text{ m})^3 \times 0.03 \text{ m}} \times \dfrac{1.03 \text{ m}}{2}$

$$= \mp 5.52 \times 10^6 \text{ Pa}$$

环向拉应力 $\quad \sigma_t = \dfrac{pD}{2\delta} = \dfrac{p \times 1 \text{ m}}{2 \times 0.03 \text{ m}} = \dfrac{100p}{6}$

(3) 许可压强

应用第三强度理论，则危险点应为跨度中点截面的上边缘点，该点处的主应力为

$$\sigma_1 = \frac{100p}{6}, \quad \sigma_2 = 0, \quad \sigma_3 = -5.52 \times 10^6 \text{ Pa}$$

由第三强度理论

$$\sigma_{r3} = \sigma_1 - \sigma_3 = \frac{100p}{6} + 5.52 \times 10^6 \text{ Pa} \leq [\sigma] = 100 \times 10^6 \text{ Pa}$$

得许可压强为

$$[p] = 5.67 \text{ MPa}$$

Ⅱ. 偏心拉伸(压缩)

作用在直杆上的外力,当其作用线与杆的轴线平行但不重合时,将引起偏心拉伸或偏心压缩。钻床的立柱(图 8-6a)和厂房中支承吊车梁的柱子(图 8-6b)即为偏心拉伸和偏心压缩。

今以横截面具有两对称轴的等直杆承受距离截面形心为 e(称为偏心距)的偏心拉力 F(图 8-7a)为例,来说明偏心拉伸杆件的强度计算。先将作用在杆端的偏心拉力 F 简化为符合基本变形外力作用条件的静力等效力系。为此,把作用在杆端截面上 A 点处的拉力 F 向截面形心 O_1 点简化,得到轴向拉力 F 和力偶矩 Fe(其矢量如图 8-7b 所示)。然后,将力偶矩 Fe 分解为 M_{ey} 和 M_{ez}:

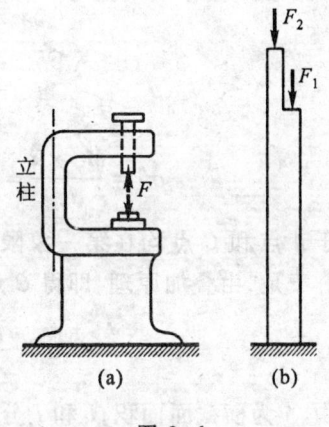

$$M_{ey} = Fe\sin\alpha = Fz_F$$
$$M_{ez} = Fe\cos\alpha = Fy_F$$

式中,坐标轴 y、z 为截面的两个对称轴;y_F、z_F 为偏心拉力 F 作用点(A 点)的坐标。于是,得到一个包含轴向拉力和两个在纵对称面内的力偶(图 8-7c)的静力

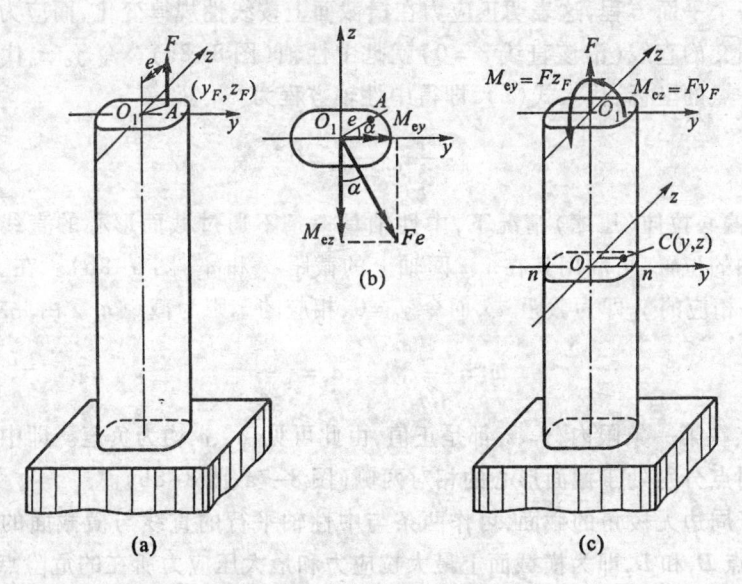

图 8-7

等效力系。此力系将分别使杆发生轴向拉伸和在两相互垂直的纵对称面内的纯弯曲。当杆的弯曲刚度较大时,同样可按叠加原理求解。

在上述力系作用下任一横截面 $n-n$(图 8-7c)上的任一点 $C(y,z)$ 处,相应于轴力 $F_N = F$ 和两个弯矩 $M_y = M_{ey} = Fz_F$、$M_z = M_{ez} = Fy_F$ 的正应力分别为

$$\sigma' = \frac{F_N}{A} = \frac{F}{A}$$

和

$$\sigma'' = \frac{M_y \times z}{I_y} = \frac{Fz_F \times z}{I_y}, \quad \sigma''' = \frac{M_z y}{I_z} = \frac{Fy_F \times y}{I_z}$$

由于 A 点和 C 点均在第一象限内,根据杆件的变形可知,σ'、σ'' 和 σ''' 均为拉应力。于是,由叠加原理,即得 C 点处的正应力为

$$\sigma = \frac{F}{A} + \frac{Fz_F \times z}{I_y} + \frac{Fy_F \times y}{I_z} \tag{a}$$

式中,A 为横截面面积;I_y 和 I_z 分别为横截面对 y 轴和 z 轴的惯性矩。利用惯性矩与惯性半径间的关系(参见附录 I)

$$I_y = A \times i_y^2, \quad I_z = A \times i_z^2$$

式(a)可改写为

$$\sigma = \frac{F}{A}\left(1 + \frac{z_F z}{i_y^2} + \frac{y_F y}{i_z^2}\right) \tag{b}$$

上式是一个平面方程,这表明正应力在横截面上按线性规律变化,而应力平面与横截面相交的直线(沿该直线 $\sigma = 0$)就是中性轴(图 8-8a)。令 y_0、z_0 代表中性轴上任一点的坐标,代入式(b),即得中性轴方程为

$$1 + \frac{z_F}{i_y^2}z_0 + \frac{y_F}{i_z^2}y_0 = 0 \tag{8-4}$$

可见,在偏心拉伸(压缩)情况下,中性轴是一条不通过截面形心的直线。为定出中性轴的位置,可利用其在 y、z 两轴上的截距 a_y 和 a_z(图 8-8b)。在上式中,令 $z_0 = 0$,相应的 y_0 即为截距 a_y,而令 $y_0 = 0$,相应的 z_0 则为截距 a_z。由此求得

$$a_y = -\frac{i_z^2}{y_F}, \quad a_z = -\frac{i_y^2}{z_F} \tag{8-5}$$

因为 A 点在第一象限内,y_F、z_F 都是正值,由此可见,a_y、a_z 均为负值。即中性轴与外力作用点分别处于截面形心的相对两侧(图 8-7a、图 8-8b)。

对于周边无棱角的截面,可作两条与中性轴平行的直线与横截面的周边相切,两切点 D_1 和 D_2 即为横截面上最大拉应力和最大压应力所在的危险点(图 8-8b)。将危险点 D_1 和 D_2 的坐标分别代入式(a),即可求得最大拉应力和最大压

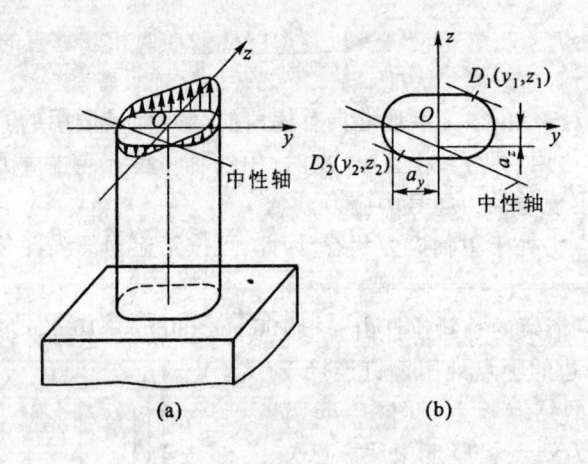

应力的值。

对于周边具有棱角的截面,其危险点必定在截面的棱角处,并可根据杆件的变形来确定。例如,矩形截面杆受偏心拉力 F 作用时,若杆任一横截面上的内力分量为 $F_N=F$、$M_y=Fz_F$ 和 $M_z=Fy_F$,则与各内力分量相对应的正应力变化规律分别如图 8-9a、b、c 所示。由叠加原理,即得杆在偏心拉伸时横截面上正应力的变化规律(图 8-9d)。可见,最大拉应力 $\sigma_{t,\max}$ 和最大压应力 $\sigma_{c,\max}$ 分别在截面的棱角 D_1 和 D_2 处,其值为

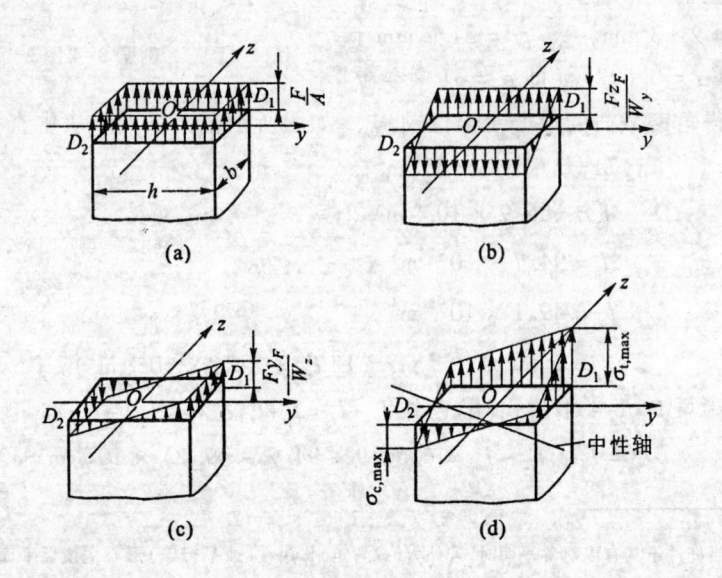

图 8-9

$$\left.\begin{array}{r}\sigma_{t,\max}\\ \sigma_{c,\max}\end{array}\right\} = \frac{F}{A} \pm \frac{Fz_F}{W_y} \pm \frac{Fy_F}{W_z} \quad (8-6)$$

显然，式(8-6)对于箱形、工字形等具有棱角的截面都是适用的。由式(8-5)可见，当外力的偏心距（即 y_F、z_F 值）较小时，中性轴可能不与横截面相交，即横截面上就可能不出现与轴力异号的应力。

由于危险点仍处于单轴应力状态，因此，可按正应力的强度条件进行计算。

例题 8-4 桁架的一斜拉杆由一根 100 mm×80 mm×10 mm 的不等边角钢制成，其两端在长边的中点处用铆钉连接于厚度为 12 mm 的结点板上。图中 mm 为铆钉轴线，DD 为结点板厚度中线。已知斜杆所受的轴向拉力 F 通过结点板厚度中线与铆钉轴线的交点 A，其值为 $F = 100$ kN。试求斜杆内的最大拉应力，并将结果与轴向拉伸时的应力相比较。

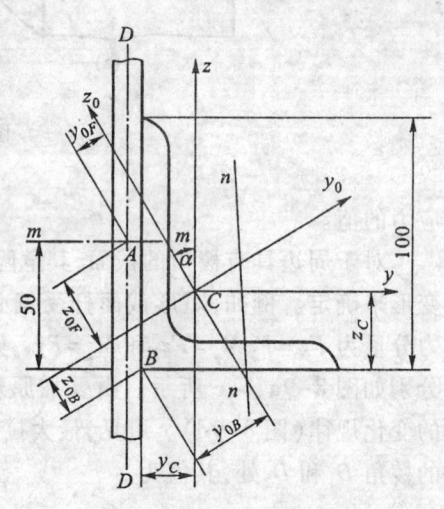

解：（1）截面的几何性质

由于不等边角钢截面为非对称截面，为计算斜杆内的应力，应先确定截面的形心主惯性轴位置①及其他有关数据。

由型钢规格表查得

$y_C = 21.3$ mm, $z_C = 31.2$ mm
$\tan \alpha = 0.622$ （即 $\alpha = 31.9°$）

例题 8-4 图

由此可得角钢截面的形心主惯性轴 y_0、z_0 如图所示。又从同一表中查得

$A = 17.17 \times 10^{-4}$ m²

$I_y = 166.9 \times 10^{-8}$ m⁴

$I_z = 94.7 \times 10^{-8}$ m⁴

$I_{z_0} = 49.1 \times 10^{-8}$ m⁴

$i_{z_0} = 1.69 \times 10^{-2}$ m （即 $i_{z_0}^2 = 2.86 \times 10^{-4}$ m²）

由附录 I §I-4 中的式(b)已知 $I_{y_0} + I_{z_0} = I_y + I_z$，故得

$I_{y_0} = I_y + I_z - I_{z_0} = (166.9 + 94.7 - 49.1) \times 10^{-8}$ m⁴

---

① 当杆件不具有纵对称平面时，若外力（或弯矩）作用在（或平行于）形心主惯性平面，则对称弯曲的正应力公式(4-5)仍然适用，详见《材料力学（Ⅱ）》§1-1 讨论2。为此，在本例中需先确定形心主惯性轴的位置。

$$= 212.5 \times 10^{-8}\,\mathrm{m}^4$$

从而得

$$i_{y_0}^2 = \frac{I_{y_0}}{A} = \frac{212.5 \times 10^{-8}\,\mathrm{m}^4}{17.17 \times 10^{-4}\,\mathrm{m}^2} = 12.4 \times 10^{-4}\,\mathrm{m}^2$$

由图量得 A 点在以形心主惯性轴 y_0、z_0 为坐标轴的坐标系中,坐标为

$$y_{0F} = -13\,\mathrm{mm} = -1.3 \times 10^{-2}\,\mathrm{m}, \quad z_{0F} = 31\,\mathrm{mm} = 3.1 \times 10^{-2}\,\mathrm{m}$$

(2) 最大拉应力

为计算斜杆横截面上的最大拉应力,先确定中性轴的位置。由式(8-5)及 $i_{z_0}^2$、y_F、$i_{y_0}^2$ 和 z_F 值,可得中性轴在 y_0 和 z_0 轴上的截距分别为

$$a_{y_0} = -\frac{i_{z_0}^2}{y_F} = -\frac{2.86 \times 10^{-4}\,\mathrm{m}^2}{-1.3 \times 10^{-2}\,\mathrm{m}} = 2.2 \times 10^{-2}\,\mathrm{m}$$

$$a_{z_0} = -\frac{i_{y_0}^2}{z_F} = -\frac{12.4 \times 10^{-4}\,\mathrm{m}^2}{3.1 \times 10^{-2}\,\mathrm{m}} = -4 \times 10^{-2}\,\mathrm{m}$$

按截距画出中性轴 nn 如图所示。由图可见截面拉应力区中 B 点离中性轴最远,该点即为最大拉应力所在的点,其坐标值可由图量得为

$$y_{0B} = -35\,\mathrm{mm} = -3.5 \times 10^{-2}\,\mathrm{m}$$

$$z_{0B} = -14.5\,\mathrm{mm} = -1.45 \times 10^{-2}\,\mathrm{m}$$

于是,将有关数值代入式(b),即得截面上最大拉应力为①

$$\sigma_{t,\max} = \sigma_B = \frac{F}{A}\left[1 + \frac{(3.1 \times 10^{-2}\,\mathrm{m}) \times (-1.45 \times 10^{-2}\,\mathrm{m})}{12.4 \times 10^{-4}\,\mathrm{m}^2} + \right.$$

$$\left. \frac{(-1.3 \times 10^{-2}\,\mathrm{m}) \times (-3.5 \times 10^{-2}\,\mathrm{m})}{2.86 \times 10^{-4}\,\mathrm{m}^2}\right]$$

$$= 2.23\,\frac{F}{A}$$

将 F 和 A 的已知数据代入上式,得

$$\sigma_{t,\max} = 2.23 \times \frac{100 \times 10^3\,\mathrm{N}}{17.17 \times 10^{-4}\,\mathrm{m}^2} = 130 \times 10^6\,\mathrm{Pa} = 130\,\mathrm{MPa}$$

由上例计算可见,与轴向拉伸时的应力 F_N/A 相比较,偏心拉伸时的应力增大至 2.23 倍。因此,在桁架中采用单根角钢的杆件只能用作受力较小和不重要的杆件。

---

① 事实上,由于铆接接头刚度的影响,杆内的最大拉应力将比这里算得的为小。

III. 截面核心

如前所述,当偏心轴向力 F 的偏心距较小时,杆横截面上就可能不出现异号应力。因此,当偏心压力 F 的偏心距较小时,杆的横截面上可能不出现拉应力。土建工程中常用的混凝土构件和砖、石砌体,其拉伸强度远低于压缩强度,在这类构件的设计中,往往认为其拉伸强度为零。这就要求构件在受偏心压力作用时,其横截面上不出现拉应力,也即应使中性轴不与横截面相交。由公式(8-5)可见,对于给定的截面,y_F、z_F 值越小,a_y、a_z 值就越大,即外力作用点离形心越近,中性轴距形心就越远。因此,当外力作用点位于截面形心附近的一个区域内时,就可以保证中性轴不与横截面相交,这个区域称为**截面核心**。当外力作用在截面核心的边界上时,则相对应的中性轴正好与截面的周边相切(图 8-10)。利用这一关系就可确定截面核心的边界。

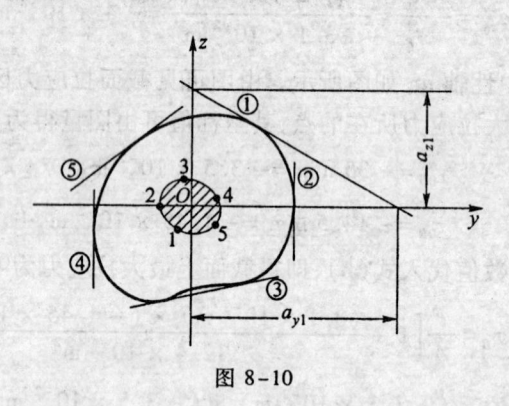

图 8-10

为确定任意形状截面(图 8-10)的截面核心边界,可将与截面周边相切的任一直线①(图 8-10)视作中性轴,其在 y 和 z 形心主惯性轴上的截距分别为 a_{y1} 和 a_{z1}。由式(8-5)确定与该中性轴对应的外力作用点 1,亦即截面核心边界上一个点的坐标 (ρ_{y1}, ρ_{z1})

$$\rho_{y1} = -\frac{i_z^2}{a_{y1}}, \qquad \rho_{z1} = -\frac{i_y^2}{a_{z1}} \tag{a}$$

同样,分别将与截面周边相切或外接的直线②、③、…视作中性轴,并按上述方法分别求得与其对应的截面核心边界上点 2、3、…的坐标。连接这些点所得到的一条封闭曲线,即为所求截面核心的边界,而该边界曲线所包围的带阴影线的区域,即为截面核心(图 8-10)。现以圆形和矩形截面为例,说明确定其截面核心边界的方法。

由于圆截面对于圆心 O 是极对称的,因而,截面核心的边界对于圆心也应

§8-3 拉伸(压缩)与弯曲

是极对称的,即为一圆心为 O 的圆。作一条与圆截面周边相切于 A 点的直线①(图 8-11),将其视为中性轴,并取 OA 为 y 轴,于是,该中性轴在 y 和 z 形心主惯性轴上的截距分别为

$$a_{y1} = d/2, \qquad a_{z1} = \infty$$

而圆截面的 $i_y^2 = i_z^2 = d^2/16$,将以上各值代入式(a),即得与其对应的截面核心边界上点 1 的坐标为

$$\rho_{y1} = -\frac{i_z^2}{a_{y1}} = -\frac{d^2/16}{d/2} = -\frac{d}{8}, \qquad \rho_{z1} = -\frac{i_y^2}{a_{z1}} = 0$$

从而可知,截面核心边界是一个以 O 为圆心、以 $d/8$ 为半径的圆,即截面核心为图 8-11 中带阴影线的区域。

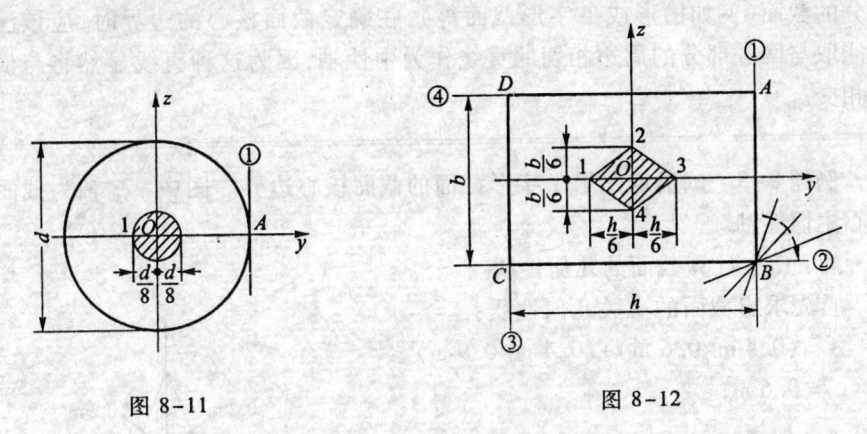

图 8-11

图 8-12

对于边长为 $b \times h$ 的矩形截面(图 8-12),两对称轴 y 和 z 为截面的形心主惯性轴。先将与 AB 边相切的直线①视作中性轴,其在 y 和 z 轴上的截距分别为

$$a_{y1} = \frac{h}{2}, \quad a_{z1} = \infty$$

矩形截面 $i_y^2 = \frac{b^2}{12}, i_z^2 = \frac{h^2}{12}$。将以上各值代入式(a),即得与中性轴①对应的截面核心边界上点 1(图 8-12)的坐标为

$$\rho_{y1} = -\frac{i_z^2}{a_{y1}} = -\frac{h^2/12}{h/2} = -\frac{h}{6}, \qquad \rho_{z1} = -\frac{i_y^2}{a_{z1}} = 0$$

同理,分别将与 BC、CD 和 DA 边相切的直线②、③、④视作中性轴,可得对应的截面核心边界上点 2、3、4 的坐标依次为

$$\rho_{y2} = 0, \ \rho_{z2} = \frac{b}{6}; \qquad \rho_{y3} = \frac{h}{6}, \ \rho_{z3} = 0; \qquad \rho_{y4} = 0, \ \rho_{z4} = -\frac{b}{6}$$

从而得到了截面核心边界上的 4 个点。当中性轴从截面的一个侧边绕截面的顶点旋转到其相邻边时,例如当中性轴绕顶点 B 从直线①旋转到直线②时,将得

到一系列通过 B 点但斜率不同的中性轴,而 B 点的坐标 (y_B, z_B) 是这一系列中性轴上所共有的,将其代入中性轴方程(8-4),经改写后即得

$$1 + \frac{z_B}{i_y^2} z_F + \frac{y_B}{i_z^2} y_F = 0$$

由于上式中的 y_B、z_B 为常数,因此该式就可看作是表示外力作用点坐标 y_F 与 z_F 间关系的直线方程。即当中性轴绕 B 点旋转时,相应的外力作用点移动的轨迹是一条连接点 1、2 的直线。于是,将 1、2、3、4 四点中相邻的两点连以直线,即得矩形截面的截面核心边界。截面核心为位于截面中央的菱形,其对角线长度分别为 $h/3$ 和 $b/3$(图 8-12)。

对于具有棱角的截面,均可按上述方法确定其截面核心。对于周边有凹进部分的截面(例如槽形或 T 字形截面等),在确定截面核心的边界时,应该注意不能取与凹进部分的周边相切的直线作为中性轴,因为这种直线显然将与横截面相交。

例题 8-5 试确定图示 T 字形截面的截面核心边界。图中 y、z 轴为截面的形心主惯性轴。

解:(1) 计算截面的几何性质

首先求出截面的有关几何性质:

$A = (0.4 \text{ m} \times 0.6 \text{ m}) + (0.4 \text{ m} \times 0.9 \text{ m})$
$\quad = 0.6 \text{ m}^2$

$I_y = \frac{1}{3} \times [0.9 \text{ m} \times (0.4 \text{ m})^3 +$
$\quad 0.4 \text{ m} \times (0.6 \text{ m})^3] = 48 \times 10^{-3} \text{ m}^4$

$I_z = \frac{1}{12} \times [0.4 \text{ m} \times (0.9 \text{ m})^3 +$
$\quad 0.6 \text{ m} \times (0.4 \text{ m})^3] = 27.5 \times 10^{-3} \text{ m}^4$

$i_y^2 = \frac{I_y}{A} = \frac{48 \times 10^{-3} \text{ m}^4}{6 \times 10^{-1} \text{ m}^2} = 8 \times 10^{-2} \text{ m}^2$

$i_z^2 = \frac{I_z}{A} = \frac{27.5 \times 10^{-3} \text{ m}^4}{6 \times 10^{-1} \text{ m}^2} = 4.58 \times 10^{-2} \text{ m}^2$

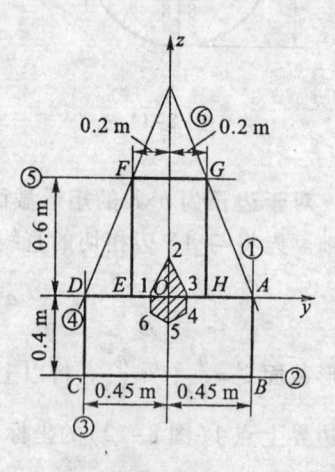

例题 8-5 图

(2) 确定截面核心

作①、②、…6 条直线,其中直线①、②、③和⑤分别与周边 AB、BC、CD 和 FG 相切,而④和⑥则分别连接两顶点 D、F 和两顶点 G、A(见图)。依次将 6 条直线视作中性轴,分别求出其在 y、z 坐标轴上的截距,并用式(a)算出与这些中性轴对应的核心边界上 1、2、…6 个点的坐标值。再利用中性轴绕一点旋转时相应的

外力作用点移动的轨迹为一直线的关系,将 6 个点中每相邻两点用直线连接,即得图中所示的截面核心边界。其计算结果列于表中。

中性轴编号		①	②	③	④	⑤	⑥
中性轴的截距/m	a_y	0.45	∞	-0.45	-0.45	∞	0.45
	a_z	$-\infty$	-0.40	∞	1.08	0.60	1.08
对应的截面核心边界上的点		1	2	3	4	5	6
截面核心边界上点的坐标值/m	$\rho_y=\dfrac{-i_z^2}{a_y}$	-0.102	0	0.102	0.102	0	-0.102
	$\rho_z=\dfrac{-i_y^2}{a_z}$	0	0.20	0	-0.074	-0.133	-0.074

§8-4 扭转与弯曲

一般的传动轴(图 8-1b)通常发生扭转与弯曲组合变形。由于传动轴大都是圆截面的,故下面以圆截面杆为主,讨论杆件发生扭转与弯曲组合变形时的强度计算。

设一直径为 d 的等直圆杆 AB,A 端固定,B 端具有与 AB 成直角的刚臂,并承受铅垂力 F 作用,如图 8-13a 所示。为分析杆 AB 的内力,将力 F 简化为一作

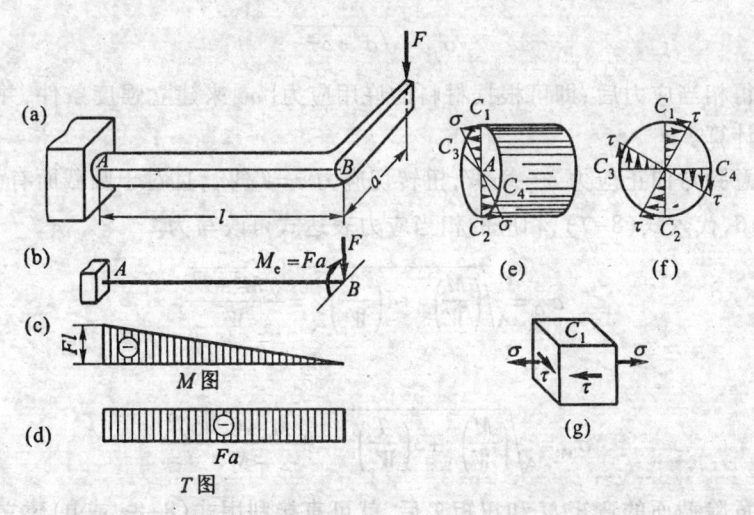

图 8-13

用于杆端截面形心的横向力 F 和一作用于杆端截面的力偶矩 $M_e = Fa$（图 8-13b）。可见，杆 AB 将发生弯曲与扭转组合变形。分别作杆的弯矩图和扭矩图（图 8-13c、d），可见，杆的危险截面为固定端截面，其内力分量分别为

$$M = Fl, \qquad T = M_e = Fa$$

由弯曲和扭转的应力变化规律可知，危险截面上的最大弯曲正应力 σ 发生在铅垂直径的上、下两端点 C_1 和 C_2 处（图 8-13e），而最大扭转切应力 τ 发生在截面周边上的各点处（图 8-13f）。因此，危险截面上的危险点为 C_1 和 C_2。对于许用拉、压应力相等的塑性材料而言，该两点的危险程度相同。为此，研究其中的任一点（如 C_1 点）。围绕 C_1 点分别用横截面、径向纵截面和切向纵截面截取单元体，可得 C_1 点处的应力状态如图 8-13g 所示。可见，C_1 点处于平面应力状态，其三个主应力为

$$\left.\begin{array}{c}\sigma_1\\\sigma_3\end{array}\right\} = \frac{\sigma}{2} \pm \frac{1}{2}\sqrt{\sigma^2 + 4\tau^2}, \qquad \sigma_2 = 0$$

对于用塑性材料制成的杆件，选用第三或第四强度理论来建立强度条件。若用第三强度理论，则将上述各主应力代入相应的相当应力表达式

$$\sigma_{r3} = \sigma_1 - \sigma_3$$

经化简后，即得

$$\sigma_{r3} = \sqrt{\sigma^2 + 4\tau^2} \tag{8-7a}$$

若用第四强度理论，则可得相应的相当应力为

$$\sigma_{r4} = \sqrt{\sigma^2 + 3\tau^2} \tag{8-7b}$$

求得相当应力后，即可根据材料的许用应力 $[\sigma]$ 来建立强度条件，并对杆进行强度计算。

注意到弯曲正应力 $\sigma = M/W$，扭转切应力 $\tau = T/W_p$，且对于圆截面有 $W_p = 2W = \pi d^3/16$，代入式(8-7)，相应的相当应力表达式可改写为

$$\sigma_{r3} = \sqrt{\left(\frac{M}{W}\right)^2 + 4\left(\frac{T}{W_p}\right)^2} = \frac{\sqrt{M^2 + T^2}}{W} \tag{8-8a}$$

和

$$\sigma_{r4} = \sqrt{\left(\frac{M}{W}\right)^2 + 3\left(\frac{T}{W_p}\right)^2} = \frac{\sqrt{M^2 + 0.75T^2}}{W} \tag{8-8b}$$

在求得危险截面的弯矩 M 和扭矩 T 后，就可直接利用式(8-8a 或 b)建立强度条件，进行强度计算。式(8-8)同样适用于空心圆杆，仅需将式中的 W 改用空心圆截面的弯曲截面系数。

值得注意的是,凡是点的应力状态符合图 8-13g 所示的平面应力状态,不论正应力 σ 是由弯曲或其他变形引起的,切应力 τ 是由扭转或其他变形引起的,也不论正应力和切应力是正值或是负值,式(8-7a 或 b)均可适用。例如,船舶的推进轴将同时发生扭转、弯曲和轴向压缩(或拉伸),其危险点处的正应力 σ 等于弯曲正应力与轴向压缩(或拉伸)正应力之和,相当应力表达式(8-7a 或 b)仍然适用。但式(8-8a 或 b)仅适用于扭转与弯曲组合变形下的圆截面杆。对于非圆截面杆,即使在扭、弯组合变形时,由于不存在 $W_p = 2W$ 的关系,式(8-8a 或 b)就不再适用。但其分析方法依然相同。必须指出,非圆截面杆在扭转时往往发生约束扭转,这时横截面上还将产生附加正应力。尤其是开口薄壁截面杆在约束扭转时,这种附加正应力的数值较大,不容忽视。

最后还应指出,对于机器中的转轴,其横截面周边各点的位置将随轴的转动而改变。因此,截面周边各点处弯曲正应力的数值和正负号都将随着轴的转动而交替变化,这种应力称为**交变应力**。实践表明,在交变应力下,杆件往往在最大应力远小于材料的静荷强度指标的情况下就发生破坏(见《材料力学(Ⅱ)》中的§6-5)。所以在机械设计中,对于在交变应力下工作的构件另有相应的强度计算准则。但在一般转轴的初步设计时,仍按上述(8-7)或(8-8)进行强度计算,只是需将许用应力值适当降低。

例题 8-6 图 a 示一钢制实心圆轴,轴上的齿轮 C 上作用有铅垂切向力 5 kN,径向力 1.82 kN;齿轮 D 上作用有水平切向力 10 kN,径向力 3.64 kN。齿轮 C 的节圆直径 $d_C = 400$ mm,齿轮 D 的节圆直径 $d_D = 200$ mm。设许用应力 $[\sigma]$ = 100 MPa,试按第四强度理论求轴所需的直径。

解:(1)受力分析

将每个齿轮上的作用力向该齿轮所在处轴的截面形心简化,于是可得轴的计算简图如图 b 所示。由图 b 可见,轴将发生扭转变形和在 xy、xz 两相互垂直的纵对称平面内的弯曲变形。

(2)内力分析

分别作出轴在 xy 和 xz 两纵对称平面内的两个弯矩图以及扭矩图,如图 c、d、e 所示。由内力图可见,轴的危险截面可能发生在截面 C 或 B 处。由于通过圆轴轴线的任一平面都是纵向对称平面,所以可将同一横截面上两相互垂直的弯矩按矢量和求其合成弯矩。由轴的两弯矩图(图 c 和 d)可知,横截面 B 上合成弯矩大于截面 C 的,因而截面 B 为危险截面,其内力分量分别为合成弯矩(图 g)

$$M_B = \sqrt{M_{yB}^2 + M_{zB}^2} = \sqrt{(364 \text{ N} \cdot \text{m})^2 + (1\,000 \text{ N} \cdot \text{m})^2} = 1\,064 \text{ N} \cdot \text{m}$$

扭矩

$$T_B = -1 \text{ kN} \cdot \text{m} = -1\,000 \text{ N} \cdot \text{m}$$

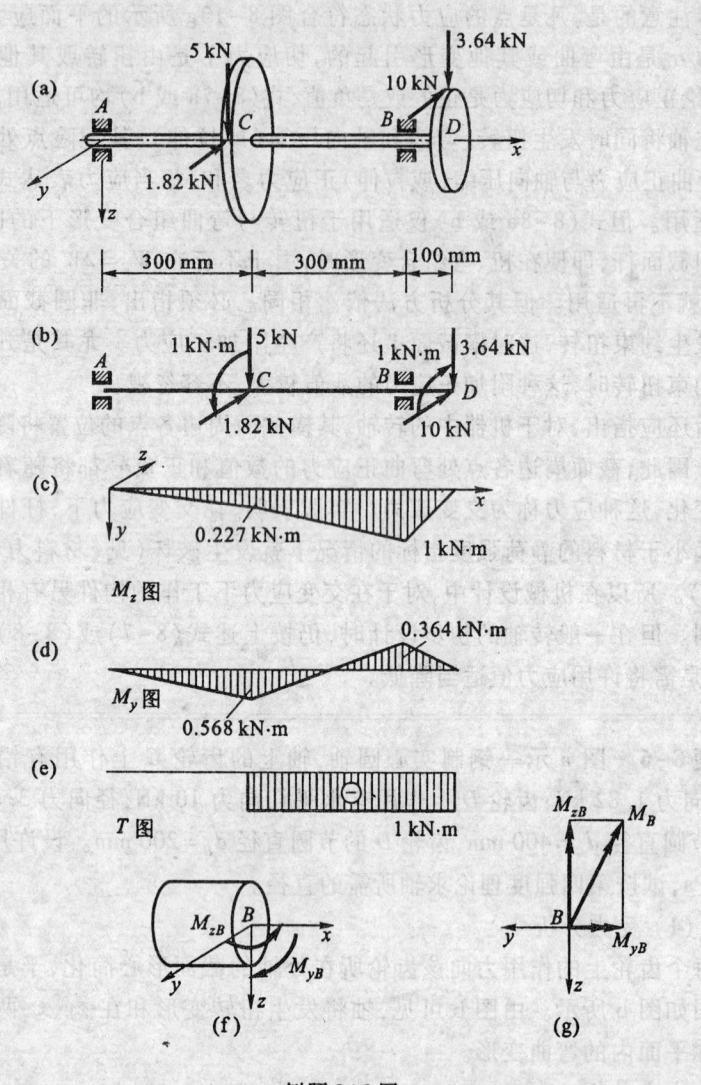

例题 8-6 图

(3) 计算轴径

按式(8-8b)建立强度条件：

$$\sigma_{r4} = \frac{\sqrt{M_B^2 + 0.75 T_B^2}}{W} = \frac{\sqrt{(1\,064 \text{ N} \cdot \text{m})^2 + 0.75(-1\,000 \text{ N} \cdot \text{m})^2}}{W}$$

$$= \frac{1\,372 \text{ N} \cdot \text{m}}{W} \leqslant [\sigma]$$

对于实心圆轴，$W=\dfrac{\pi d^3}{32}$，由此可按强度条件求得所需的直径为

$$d \geqslant \sqrt[3]{\dfrac{32 \times 1\,372\ \text{N}\cdot\text{m}}{\pi \times (100 \times 10^6\ \text{Pa})}} = 0.051\,9\ \text{m} = 51.9\ \text{mm}$$

§8-5 连接件的实用计算法

如前所述，连接件的本身尺寸较小，而其变形往往较为复杂，在工程设计中为简化计算，通常按照连接的破坏可能性，采用实用计算法。以螺栓（或铆钉）连接（图8-14a）为例，连接处的破坏可能性有三种：螺栓在两侧与钢板接触面的压力F作用下，将沿截面$m-m$（图8-14b）被剪断；螺栓与钢板在相互接触面上因挤压而使连接松动；以及钢板在受螺栓孔削弱的截面处产生全截面的塑性变形。其他的连接也都有类似的破坏可能性。下面分别介绍剪切和挤压的实用计算。

Ⅰ. 剪切的实用计算

设两块钢板用螺栓连接后承受拉力F（图8-14a），显然，螺栓在两侧面上分别受到大小相等、方向相反、作用线相距很近的两组分布外力系的作用（图8-14b）。螺栓在这样的外力作用下，将沿两侧外力之间，并与外力作用线平行的截面$m-m$发生相对错动（如图8-14b中虚线所示），这种变形形式为剪切。发生剪切变形的截面$m-m$，称为**剪切面**。

应用截面法，可得剪切面上的内力，即剪力F_s（图8-14c）。在剪切实用计算中，假设剪切面上各点处的切应力相等，于是，得剪切面上的名义切应力为

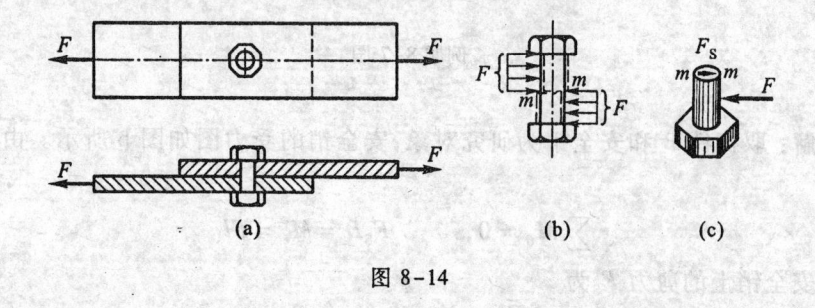

图 8-14

$$\tau = \dfrac{F_s}{A_s} \qquad(8-9)$$

式中，F_s为剪切面上的剪力；A_s为剪切面的面积。

然后，通过直接试验，并按名义切应力公式(8-9)，得到剪切破坏时材料的极限切应力 τ_u。再除以安全因数，即得材料的许用切应力 $[\tau]$。于是，剪切的强度条件可表示为

$$\tau = \frac{F_S}{A_s} \leq [\tau] \tag{8-10}$$

虽然按名义切应力公式(8-9)求得的切应力值，并不反映剪切面上切应力的精确理论值，而只是剪切面上的平均切应力，但对于用低碳钢等塑性材料制成的连接件，当变形较大而临近破坏时，剪切面上的切应力将逐渐趋于均匀。而且，满足剪切强度条件式(8-10)时，显然不至于发生剪切破坏，从而满足工程实用的要求。对于大多数的连接件（或连接）来说，剪切变形及剪切强度是主要的。

例题 8-7 图 a 所示的销钉连接中，构件 A 通过安全销 C 将力偶矩传递到构件 B。已知荷载 $F = 2$ kN，加力臂长 $l = 1.2$ m，构件 B 的直径 $D = 65$ mm，销钉的极限切应力 $\tau_u = 200$ MPa。试求安全销所需的直径 d。

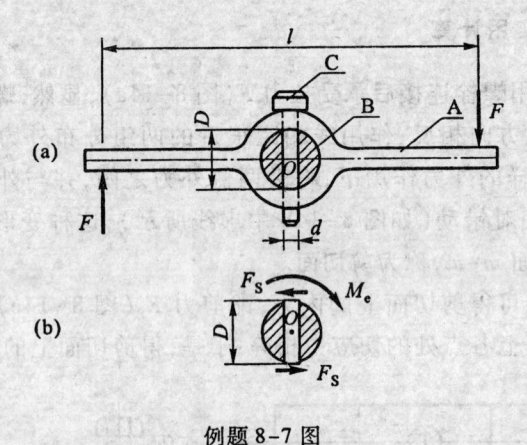

例题 8-7 图

解：取构件 B 和安全销为研究对象，安全销的受力图如图 b 所示。由平衡条件

$$\sum M_O = 0, \qquad F_S D = M_e = Fl$$

可得安全销上的剪力 F_S 为

$$F_S = \frac{Fl}{D} = \frac{(2 \times 10^3 \text{ N}) \times 1.2 \text{ m}}{0.065 \text{ m}} = 36.92 \times 10^3 \text{ N}$$

当安全销横截面上的切应力达到其极限值时销钉被剪断，即剪断条件为

$$\tau = \frac{F_S}{A_s} = \frac{F_S}{\pi d^2/4} \geqslant \tau_u$$

由此可得安全销的直径为

$$d \leqslant \sqrt{\frac{4F_S}{\pi \tau_u}} = \sqrt{\frac{4 \times 36.92 \times 10^3 \text{ N}}{\pi \times 200 \times 10^6 \text{ Pa}}} = 0.0153 \text{ m} = 15.3 \text{ mm}$$

II. 挤压的实用计算

在图 8-14a 所示的螺栓连接中,在螺栓与钢板相互接触的侧面上,将发生彼此间的局部承压现象,称为**挤压**。在接触面上的压力,称为**挤压力**,并记为 F_{bs}。显然,挤压力可根据被连接件所受的外力,由静力平衡条件求得。当挤压力过大时,可能引起螺栓压扁或钢板在孔缘压皱,从而导致连接松动而失效,如图 8-15a 所示。在挤压实用计算中,假设名义挤压应力的计算式为

$$\sigma_{bs} = \frac{F_{bs}}{A_{bs}} \tag{8-11}$$

式中,F_{bs} 为接触面上的**挤压力**;A_{bs} 为**计算挤压面面积**。当接触面为圆柱面(如螺栓或铆钉连接中螺栓与钢板间的接触面)时,计算挤压面面积 A_{bs} 取为实际接触面在直径平面上的投影面积,如图 8-15b 所示。理论分析表明,这类圆柱状连接件与钢板孔壁间接触面上的理论挤压应力沿圆柱面的变化情况如图 8-15c 所示,而按式(8-11)算得的名义挤压应力与接触面中点处的最大理论挤压应力值相近。当连接件与被连接构件的接触面为平面(如图 8-2b 所示键连接中键与轴或轮毂间的接触面)时,计算挤压面面积 A_{bs} 即为实际接触面的面积。

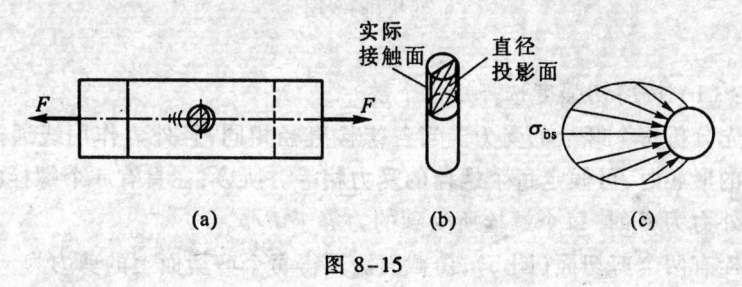

图 8-15

然后,通过直接试验,并按名义挤压应力公式得到材料的极限挤压应力,再除以安全因数,从而确定许用挤压应力 $[\sigma_{bs}]$。于是,挤压强度条件可表达为

$$\sigma_{bs} = \frac{F_{bs}}{A_{bs}} \leqslant [\sigma_{bs}] \tag{8-12}$$

应当注意,挤压应力是在连接件和被连接件之间相互作用的。因而,当两者材料不同时,应校核其中许用挤压应力较低的材料的挤压强度。

根据连接件的工程实用计算方法,下面主要讨论工程中常用的铆钉连接和榫齿连接的计算。至于焊缝连接,计算的基本原理是相同的,但在焊缝连接的计算方法上有一些具体规定,可参阅有关钢结构的教材①。

例题 8-8 某钢桁架的一结点如图 a 所示。斜杆 A 由两根 63 mm×6 mm 的等边角钢组成,受力 $F=140$ kN 的作用。该斜杆用螺栓连接在厚度为 $\delta=10$ mm 的结点板上,螺栓直径为 $d=16$ mm。已知角钢、结点板和螺栓的材料均为 Q235 钢,许用应力为 $[\sigma]=170$ MPa,$[\tau]=130$ MPa,$[\sigma_{bs}]=300$ MPa。试选择所需的螺栓个数,并校核斜杆 A 的拉伸强度。

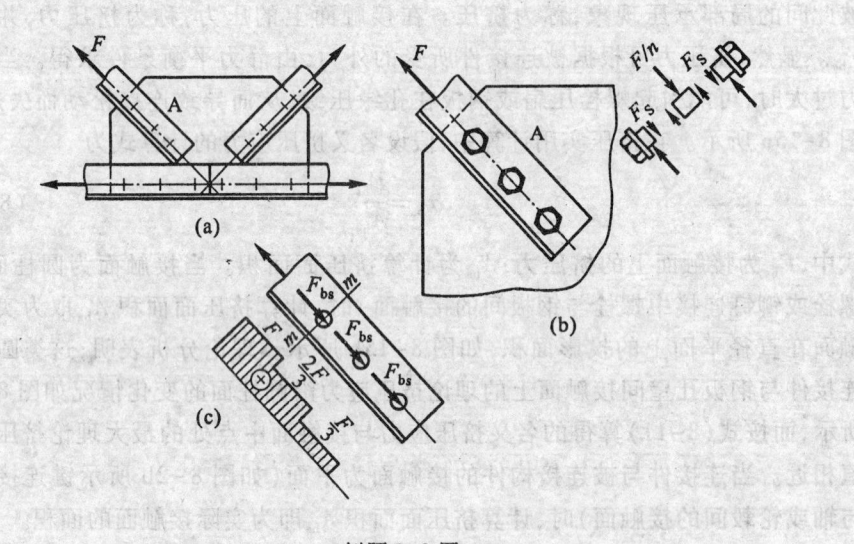

例题 8-8 图

解:(1) 按剪切强度选择螺栓个数

首先分析每个螺栓的受力。当各螺栓直径相同,且外力作用线通过该组螺栓截面的形心时,可假定每个螺栓的受力相等。所以,在具有 n 个螺栓的接头上作用的外力为 F 时,每个螺栓所受到的力等于 F/n。

螺栓有两个剪切面(图 b),由截面法可得每个剪切面上的剪力为

$$F_s = \frac{F/n}{2} = \frac{F}{2n} \tag{1}$$

按剪切强度条件式(8-10),即得

---

① 例如,黎钟、高云虹编,《钢结构》,高等教育出版社,1990年。

$$\tau = \frac{F_S}{A_s} = \frac{\dfrac{F}{2n}}{\dfrac{\pi}{4}d^2} = \frac{2 \times 140 \times 10^3 \text{ N}}{n\pi \times (16 \times 10^{-3} \text{ m})^2} \leqslant [\tau] = 130 \times 10^6 \text{ Pa} \qquad (2)$$

于是可得所需螺栓数为

$$n \geqslant \frac{2 \times 140 \times 10^3 \text{ N}}{\pi \times (16 \times 10^{-3} \text{ m})^2 \times (130 \times 10^6 \text{ Pa})} = 2.68 \qquad (3)$$

取 $n=3$。

(2) 校核挤压强度

由于结点板的厚度小于两角钢厚度之和,所以应校核螺栓与结点板之间的挤压强度。每个螺栓所受的力为 $\dfrac{F}{n}$,也即螺栓与结点板相互间的挤压力为

$$F_{bs} = \frac{F}{n} \qquad (4)$$

由式(8-11)可得名义挤压应力为

$$\sigma_{bs} = \frac{F_{bs}}{A_{bs}} = \frac{\dfrac{F}{n}}{\delta d} \qquad (5)$$

按挤压强度条件式(8-12),得

$$\sigma_{bs} = \frac{F}{n\delta d} = \frac{140 \times 1\,000 \text{ N}}{3 \times (10 \times 10^{-3} \text{ m}) \times (16 \times 10^{-3} \text{ m})}$$
$$= 292 \times 10^6 \text{ Pa} = 292 \text{ MPa} < [\sigma_{bs}] \qquad (6)$$

可见,采用 3 个螺栓满足挤压强度条件。

(3) 校核角钢的拉伸强度

取两根角钢一起作为分离体,其受力图及轴力图如图 c 所示。由于角钢在截面 $m-m$ 上轴力最大,该横截面又因螺栓孔而削弱,故为危险截面。该截面上的轴力为

$$F_{N,\max} = F = 140 \text{ kN} \qquad (7)$$

由型钢规格表查得 63 mm×6 mm 角钢的横截面面积为 $7.29 \times 10^2 \text{ mm}^2$,故危险截面 $m-m$ 的面积为

$$A = 2 \times (729 \text{ mm}^2 - 6 \text{ mm} \times 16 \text{ mm}) = 1\,266 \text{ mm}^2 \qquad (8)$$

按正应力强度条件,得

$$\sigma = \frac{F_{N,\max}}{A} = \frac{140\,000 \text{ N}}{12.66 \times 10^{-4} \text{ m}^2} = 111 \times 10^6 \text{ Pa} = 111 \text{ MPa} < [\sigma] \qquad (9)$$

可见,斜杆满足拉伸强度条件。

在计算 $m-m$ 截面上的拉应力时应用了轴向拉伸的正应力公式,实际上,由于角钢上的螺栓孔,使横截面发生应力集中现象。但考虑到杆的材料为 Q235

钢,具有良好的塑性,当杆接近破坏时,危险截面 $m-m$ 上各部分材料均将达到屈服,各点处的正应力趋于均匀,故可按轴向拉伸正应力公式进行计算。

§8-6　铆钉连接的计算

铆钉连接在建筑结构中被广泛采用。铆接的方式主要有搭接(图8-16a)、单盖板对接(图8-16b)和双盖板对接(图8-16c)三种。搭接和单盖板对接中的铆钉具有一个剪切面(称为单剪),双盖板对接中的铆钉具有两个剪切面(称为双剪),分别如图8-16所示。下面分别按铆钉组的受载方式讨论铆钉连接的强度计算。

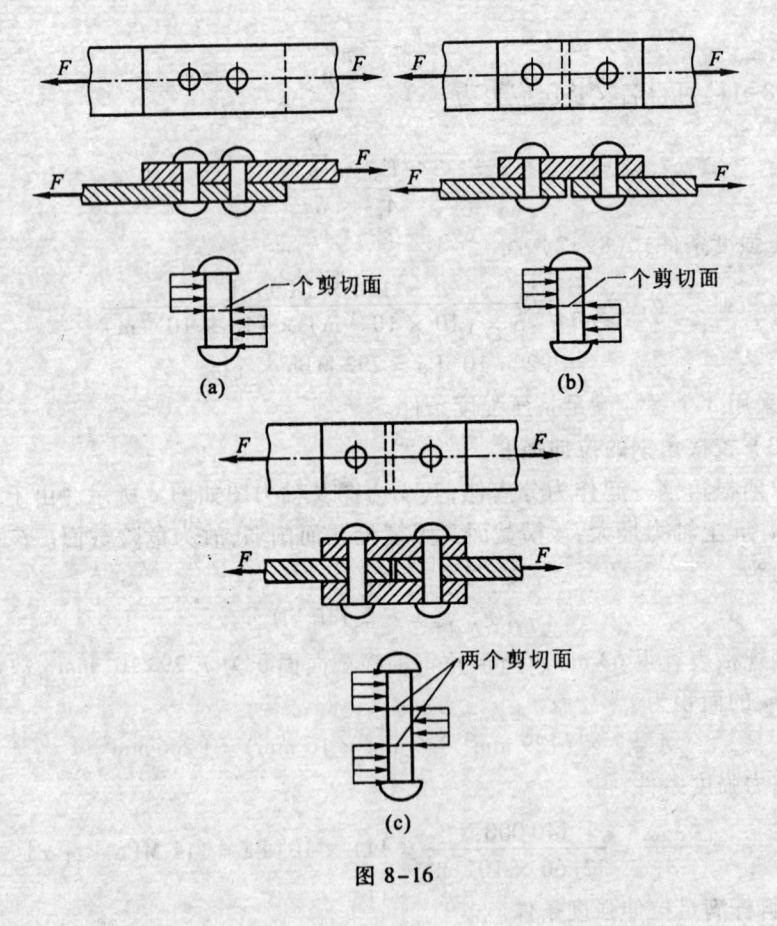

图 8-16

Ⅰ. 铆钉组承受横向荷载

在搭接(图 8-16a)和单盖板对接(图 8-16b)中,由铆钉的受力可见,铆钉(或钢板)显然将发生弯曲。在铆钉组连接(图 8-17)中,在弹性变形阶段,两端铆钉的受力与中间铆钉的受力并不完全相同。为简化计算,并考虑到连接在破坏前将发生塑性变形,在铆钉组的计算中假设:

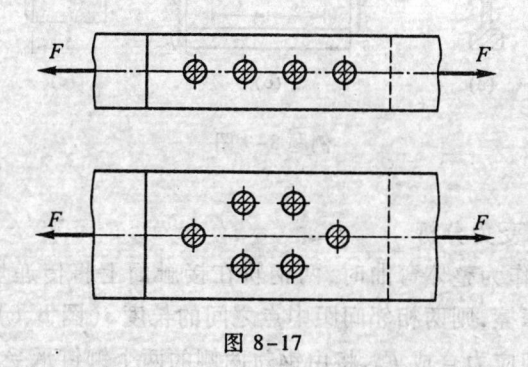

图 8-17

(1) 不论铆接的方式如何,均不考虑弯曲的影响。
(2) 若外力的作用线通过铆钉组横截面的形心,且同一组内各铆钉的材料与直径均相同,则每个铆钉的受力相等。

按照上述假设,即可得每个铆钉的受力 F_1 为

$$F_1 = \frac{F}{n} \tag{a}$$

式中,n 为铆钉组中的铆钉数。

求得每个铆钉的受力 F_1 后,即可按式(8-10)和(8-12)分别校核其剪切强度和挤压强度。被连接件由于铆钉孔的削弱,其拉伸强度应以最弱截面(轴力较大,而截面积较小)为依据,但不考虑应力集中的影响。

对于销钉或螺栓连接,其分析计算方法与铆钉连接相同。螺栓连接中的紧连接,通过拧紧螺栓而使螺栓产生预拉应力,同时在贴紧的两层钢板间产生足够的摩擦,以传递荷载。对这种连接(通常称为高强度螺栓连接)的强度计算,可参阅有关钢结构教材①。

例题 8-9 两根钢轨铆接成组合梁,其连接情况如图 a、b 所示。每根钢轨的横截面面积 $A=8\,000 \text{ mm}^2$,形心距离底边的高度 $c=80 \text{ mm}$,每一钢轨横截面对

---

① 例如,宗听聪编,《钢结构》,中国建筑工业出版社,1991 年。

其自身形心轴的惯性矩 $I_{z_1} = 1\,600 \times 10^4 \text{ mm}^4$；铆钉间距 $s = 150$ mm，直径 $d = 20$ mm，许用切应力 $[\tau] = 95$ MPa。若梁内剪力 $F_S = 50$ kN，且不考虑上、下两钢轨间的摩擦。试校核铆钉的剪切强度。

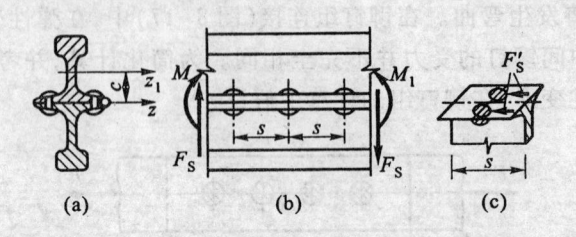

例题 8-9 图

解：(1) 铆钉受力分析

上、下两钢轨作为整体弯曲时，两钢轨在接触面上将传递切应力 τ，由于不考虑两钢轨间的摩擦，则两相邻间距中点之间的长度 s（图 b、c）与接触面宽度 b 相乘的面积上的切应力合成 F_T，将由钢轨两侧的两个铆钉承受。即

$$F_T = \tau b s \tag{1}$$

式中，τ 可由弯曲切应力公式计算

$$\tau = \frac{F_S S_z^*}{b I_z} \tag{2}$$

于是，每一铆钉承担的剪力 F_S' 为

$$F_S' = \frac{F_T}{2} = \frac{1}{2}\tau b s = \frac{s F_S S_z^*}{2 I_z} \tag{3}$$

式中，$S_{z,\max}^*$ 为中性轴一侧面积（即一根钢轨的横截面面积）对中性轴的静矩，I_z 为整个截面（图 a）对中性轴的惯性矩。

由组合梁截面的几何尺寸，可得上述部分面积静矩 $S_{z,\max}^*$ 和截面惯性矩 I_z 分别为

$$S_{z,\max}^* = Ac = 8\,000 \text{ mm}^2 \times 80 \text{ mm} = 64 \times 10^4 \text{ mm}^3 = 640 \times 10^{-6} \text{ m}^3$$

$$I_z = 2(I_{z_1} + Ac^2) = 2 \times [1\,600 \times 10^4 \text{ mm}^4 + 8\,000 \text{ mm}^2 \times (80 \text{ mm})^2]$$

$$= 1.344 \times 10^8 \text{ mm}^4 = 1.344 \times 10^{-4} \text{ m}^4$$

将 s、F_S、S_z^* 和 I_z 的值代入式 (3)，得

$$F_S' = \frac{0.15 \text{ m} \times (50 \times 10^3 \text{ N}) \times (640 \times 10^{-6} \text{ m}^3)}{2 \times 1.344 \times 10^{-4} \text{ m}^4} = 17.86 \times 10^3 \text{ N} = 17.86 \text{ kN}$$

(2) 校核剪切强度

按剪切强度条件式(8-10),代入已知数据,即得

$$\tau = \frac{F'_s}{\frac{\pi d^2}{4}} = \frac{17\,860 \text{ N}}{\frac{\pi}{4} \times (20 \times 10^{-3} \text{ m})^2} = 56.9 \times 10^6 \text{ Pa} = 56.9 \text{ MPa} < [\tau] = 95 \text{ MPa}$$

可见,铆钉满足剪切强度条件。

Ⅱ. 铆钉组承受扭转荷载

承受扭转荷载的铆钉组(图 8-18a),由于被连接件(钢板)的转动趋势,每一铆钉的受力将不再相同。令铆钉组横截面的形心为 O 点(图 8-18b),假设钢板的变形不计,可视为刚体。于是,每一铆钉的平均切应变与该铆钉截面中心(如 A 或 B 点)至 O 点的距离成正比。若铆钉组中每个铆钉的材料和直径均相同,且切应力与切应变成正比,则每个铆钉所受的力与该铆钉截面中心(如 A 或 B 点)至铆钉组的截面形心 O 点的距离成正比,其方向垂直于该点与 O 点的连线。由合力矩定理,每一铆钉上的力对 O 点力矩的代数和等于钢板所受的扭转力偶矩 M_e(图 8-18b),即

$$M_e = Fe = \sum F_i a_i \tag{b}$$

式中,F_i 为铆钉 i 所受的力;a_i 为该铆钉截面中心至铆钉组截面形心的距离。

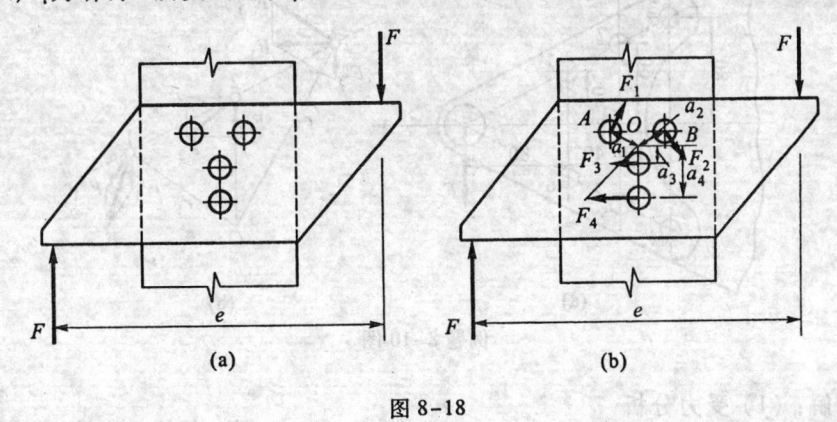

图 8-18

对于承受偏心横向荷载的铆钉组(图 8-19a),可将偏心荷载 F 向铆钉组截面形心 O 点简化,得到一个通过 O 点的荷载 F 和一个绕 O 点旋转的扭转力偶矩 $M_e = Fe$(图 8-19b)。若同一铆钉组中每一铆钉的材料和直径均相同,则可分别按式(a)和(b)计算由力 F 引起的力 F'_i 和由转矩 M_e 引起的力 F''_i,铆钉 i 的受力为力 F'_i 和 F''_i 的矢量和,如图 8-19b 所示。

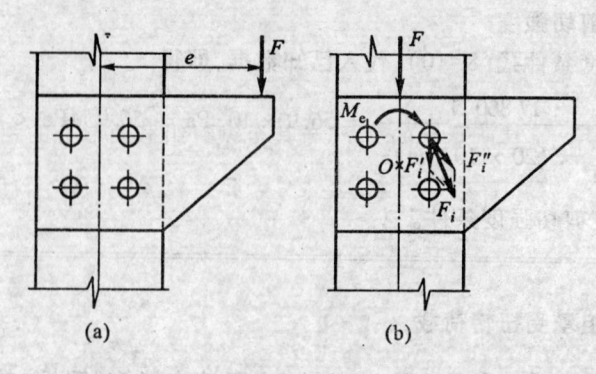

图 8-19

求得铆钉 i 的受力 F_i 后,即可按式(8-10)和(8-12)分别校核受力最大的铆钉的剪切强度和挤压强度,以保证连接的安全。

例题 8-10 由铆钉连接的托架受集中力 F 作用,如图 a 所示。已知外力 $F = 12$ kN,铆钉直径 $d = 20$ mm,连接方式为搭接。试求受力最大的铆钉剪切面上的切应力。

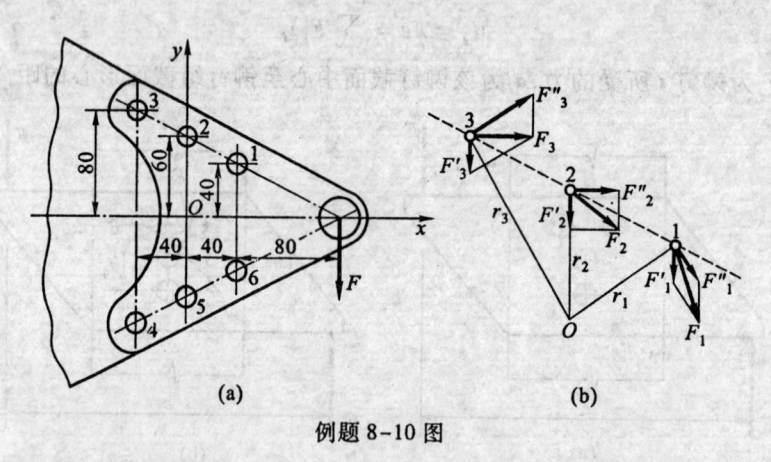

例题 8-10 图

解:(1)受力分析

托架的铆钉组对称于 x 轴,铆钉组截面形心(即转动中心)为铆钉 2 与铆钉 5 间连线与 x 轴的交点 O。与 x 轴对称的铆钉受力相同,取 x 轴上侧的铆钉为研究对象。

将外力 F 向铆钉组截面形心 O 简化,得力 F 和力偶矩 M_e 分别为

$F = 12$ kN

$M_e = 12 \times 10^3$ N $\times 0.12$ m $= 1.44 \times 10^3$ N·m $= 1.44$ kN·m

在通过铆钉组截面形心的力 F 作用下,每个铆钉上所受的力相等,即

$$F_1' = F_2' = \cdots = F_6' = \frac{F}{6} = \frac{12 \text{ kN}}{6} = 2 \text{ kN} \tag{1}$$

在力偶矩 M_e 作用下,其所承受的力 F_i'' 与其至铆钉组截面形心的距离 r_i 成正比

$$\left. \begin{aligned} \frac{F_1''}{F_2''} &= \frac{r_1}{r_2} \\ \frac{F_1''}{F_3''} &= \frac{r_1}{r_3} \end{aligned} \right\} \tag{2}$$

由合力矩定理 $\sum F_i'' r_i = M_e$,得

$$2F_1'' r_1 + 2F_2'' r_2 + 2F_3'' r_3 = M_e$$

将式(2)代入上式,得

$$2F_1'' r_1 + 2F_1'' \frac{r_2^2}{r_1} + 2F_1'' \frac{r_3^2}{r_1} = M_e$$

解得

$$F_1'' = \frac{M_e r_1}{2(r_1^2 + r_2^2 + r_3^2)} \tag{3}$$

其中

$$r_1 = \sqrt{x_1^2 + y_1^2} = \sqrt{(0.04 \text{ m})^2 + (0.04 \text{ m})^2} = 0.056\,6 \text{ m}$$

$$r_2 = \sqrt{x_2^2 + y_2^2} = \sqrt{0 + (0.06 \text{ m})^2} = 0.06 \text{ m}$$

$$r_3 = \sqrt{x_3^2 + y_3^2} = \sqrt{(-0.04 \text{ m})^2 + (0.08 \text{ m})^2} = 0.089\,4 \text{ m}$$

将有关数据代入式(3),即得

$$F_1'' = \frac{(1.44 \times 10^3 \text{ N} \cdot \text{m}) \times 0.056\,6 \text{ m}}{2 \times [(0.056\,6 \text{ m})^2 + (0.06 \text{ m})^2 + (0.089\,4 \text{ m})^2]}$$

$$= 2.754 \times 10^3 \text{ N} = 2.754 \text{ kN}$$

同理可得

$$F_2'' = 2.928 \text{ kN}, \qquad F_3'' = 4.344 \text{ kN}$$

求得 F_i' 和 F_i'' 后,便可绘出每个铆钉的受力图如图 b 所示。

(2) 受力最大铆钉的切应力

将 F_i' 与 F_i'' 用矢量合成,即可得每一铆钉的总剪力的大小和方向。经比较得知铆钉1(和铆钉6)的受力最大,其值为 $F_1 = 4.41$ kN。该铆钉剪切面上的切应力为

$$\tau_1 = \frac{F_1}{A_{s1}} = \frac{4.41 \times 10^3 \text{ N}}{\frac{\pi}{4} \times (0.02 \text{ m})^2} = 14 \times 10^6 \text{ Pa} = 14 \text{ MPa}$$

*§8–7 榫齿连接

在木结构中,除了螺栓连接和铆钉连接外,通常还采用榫齿连接。榫齿连接有平齿、单齿和双齿连接三种,分别如图 8-20a、b 和 c 所示。

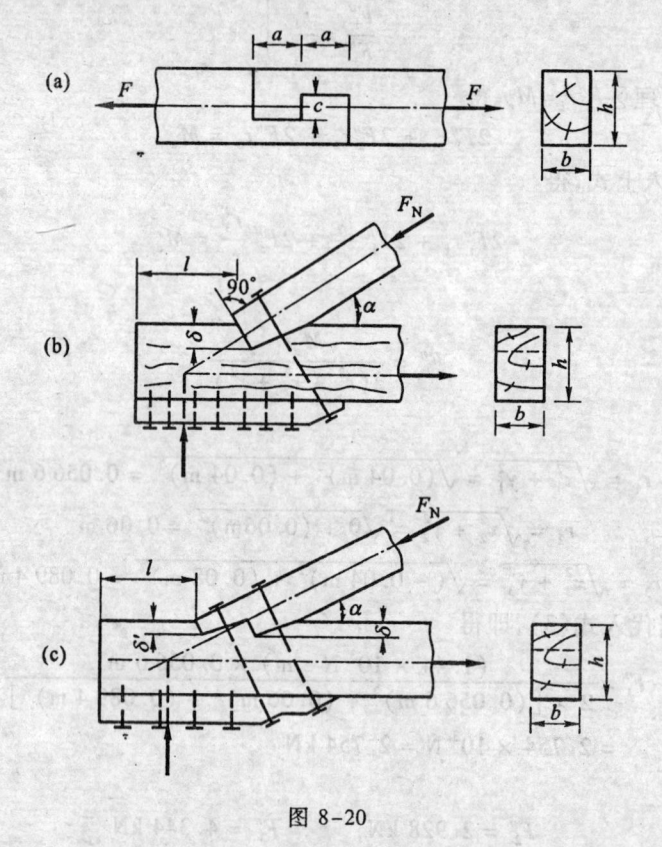

图 8-20

在单齿和双齿连接中,必须设置保险螺栓,以压紧接触面,并防止因剪切破坏或其他因素引起结构的突然破坏。榫齿连接应核算木材的压缩强度、剪切强度和拉伸强度,现分述如下。

榫接处木材的压缩强度条件为

$$\sigma_c = \frac{F_N}{A_c} \leq [\sigma_c]_\alpha \qquad (8-13)$$

式中,F_N 为承压面的压力;A_c 为齿的承压面面积,但在图 8-20c 的双齿连接中,应取两个齿的承压面面积之和;$[\sigma_c]_\alpha$ 为木材的斜纹许用压应力,其中下标 α 为

压力 F_N 与木纹间的夹角。

斜纹许用压应力按设计规范取为

当 $\alpha \leqslant 10°$，

$$[\sigma_c]_\alpha = [\sigma_c] \qquad (8-14a)$$

当 $10° < \alpha \leqslant 90°$，

$$[\sigma_c]_\alpha = \frac{[\sigma_c]}{1 + \left(\dfrac{[\sigma_c]}{[\sigma_c']} - 1\right)\dfrac{\alpha - 10°}{80°}\sin\alpha} \qquad (8-14b)$$

式中，$[\sigma_c]$ 为木材的顺纹许用压应力；$[\sigma_c']$ 为横纹许用压应力；α 为压力与木纹间的夹角。

榫接处木材的剪切强度条件为

$$\tau = \frac{F_S}{A_s} \leqslant K_s[\tau] \qquad (8-15)$$

式中，F_S 为剪切面上的剪力；A_s 为剪切面的面积，在图 8-20c 的双齿连接中，只取第二个齿的剪切面面积，即 $A_s = bl$；$[\tau]$ 为木材的顺纹许用切应力；K_s 为考虑沿剪切面长度切应力分布不均匀的降低因数，其值可按表 8-1 选用。

木材的拉伸强度仍按轴向拉伸进行校核。值得注意的是，木材的许用应力不仅和应力与木纹间的夹角大小有关，而且与温度、含水率、荷载作用时间以及木节、裂纹等缺陷有关，因此，为安全计，木材的许用应力通常规定得较为保守。有关的讨论可参阅《木结构设计手册》[1]等资料。

表 8-1 降低因数 K_s

	l/δ	4.5	5.0	6.0	7.0	8.0	10
K_s	单齿	1.0	0.95	0.9	0.85	0.8	0.75
	双齿	—	—	1.0	0.95	0.9	0.85

例题 8-11 在图 8-20b 所示的木结构榫齿连接中，作用在斜杆上的力 $F_N = 70$ kN，斜杆与下弦杆间的夹角为 $\alpha = 30°$。已知下弦杆宽度 $b = 200$ mm，高度 $h = 300$ mm；木材的顺纹许用拉应力 $[\sigma] = 10$ MPa，斜纹许用压应力 $[\sigma_c]_{30°} = 5.0$ MPa，顺纹许用切应力 $[\tau] = 1.2$ MPa。试确定榫接处的所需深度 δ、下弦杆末端长度 l，并校核下弦杆削弱处的拉伸强度。

---

[1] 《木结构设计手册》编写组，《木结构设计手册》，中国建筑工业出版社，1981 年。

解：(1) 榫齿深度 δ

由斜杆端部与下弦杆接触处的压缩强度条件

$$\sigma_c = \frac{F_N}{b\dfrac{\delta}{\cos 30°}} \leqslant [\sigma_c]_{30°}$$

得

$$\delta \geqslant \frac{F_N \cos 30°}{b[\sigma_c]_{30°}} = \frac{(70 \times 10^3 \text{N}) \times 0.866}{0.2 \text{ m} \times (5 \times 10^6 \text{ Pa})} = 0.061 \text{ m} = 61 \text{ mm}$$

(2) 下弦杆末端长度 l

由榫接处下弦杆的剪切强度条件

$$\tau = \frac{F_N \cos 30°}{bl} \leqslant K_s[\tau]$$

式中，取 $K_s = 1.0$，可得

$$l \geqslant \frac{F_N \cos 30°}{b[\tau]} = \frac{(70 \times 10^3 \text{ N}) \times 0.866}{0.2 \text{ m} \times (1.2 \times 10^6 \text{ Pa})} = 0.252 \text{ m} = 252 \text{ mm}$$

(3) 校核下弦杆拉伸强度

在下弦杆削弱处校核净截面的拉伸强度

$$\sigma = \frac{F_N \cos 30°}{b(h - \delta)} = \frac{(70 \times 10^3 \text{ N}) \times 0.866}{0.2 \text{ m} \times (0.3 \text{ m} - 0.061 \text{ m})}$$

$$= 1.27 \times 10^6 \text{ Pa} = 1.27 \text{ MPa} < [\sigma] = 10 \text{ MPa}$$

可见下弦杆榫接处满足拉伸强度条件。

思 考 题

8-1 梁在两相互垂直的平面内发生对称弯曲时，欲用合成弯矩计算截面上的应力，试问适用于什么样的截面形状？等腰三角形、正多边形截面是否可行？为什么？

8-2 试问叠加原理的适用条件是什么？叠加是代数和还是几何和？

8-3 某工厂修理机器时，发现一受拉的矩形截面杆在一侧有一小裂纹。为了防止裂纹

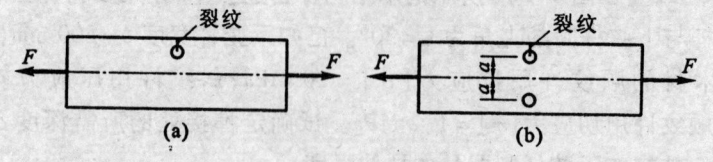

思考题 8-3 图

扩展,有人建议在裂纹尖端处钻一个光滑小圆孔即可(图 a),还有人认为除在上述位置钻孔外,还应当在其对称位置再钻一个同样大小的圆孔(图 b)。试问哪一种作法好?为什么?

8-4 由 16 号工字钢制成的简支梁的尺寸及荷载情况如图所示。因该梁强度不足,在紧靠支座处焊上钢板,并设置钢拉杆 AB 加强。已知拉杆横截面面积为 A,钢材的弹性模量为 E。试写出在考虑和不考虑梁的轴向压缩变形时,求解钢拉杆轴力的过程。(注:分析时拉杆长度可近似等于两支座间的距离。)

8-5 长度为 l、直径为 d 的悬臂梁 AB,在室温下正好靠在光滑斜面上,如图所示。梁材料的弹性模量为 E,线膨胀系数为 α_l。当温度升高 Δt ℃时,试写出梁内的最大正应力的表达式。

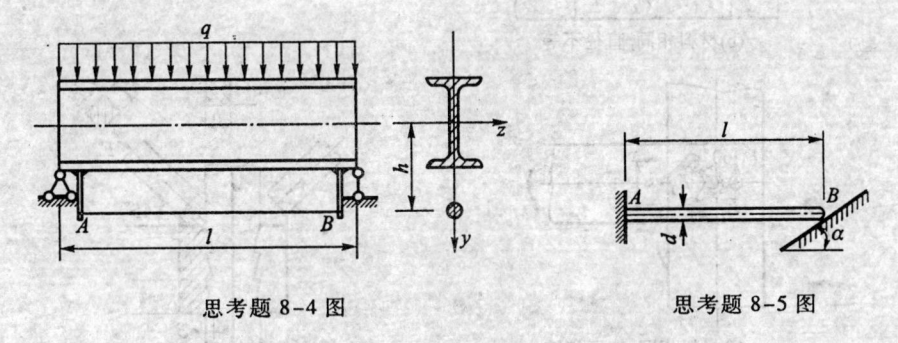

思考题 8-4 图

思考题 8-5 图

8-6 一折杆由直径为 d 的 Q235 钢实心圆截面杆构成,其受力情况及尺寸如图所示。若已知杆材料的许用应力 $[\sigma]$,试分析杆 AB 的危险截面及危险点处的应力状态,并列出强度条件表达式。

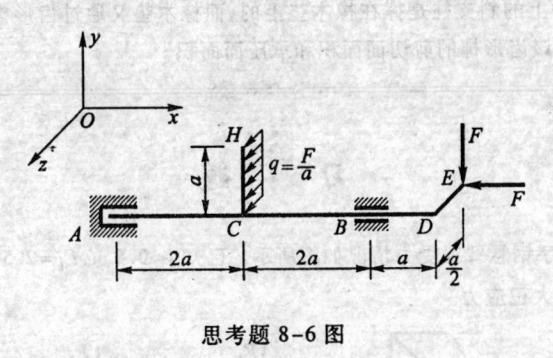

思考题 8-6 图

8-7 试问在图示铆接结构中,力是怎样传递的?

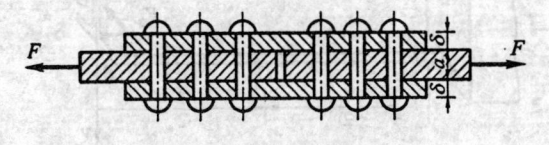

思考题 8-7 图

8-8 试问压缩与挤压有何区别？为何挤压许用应力大于压缩许用应力？

8-9 试述铆钉（螺栓）连接中，计算每一铆钉受力的假设，并计算图示三种连接方式中每个铆钉的受力。

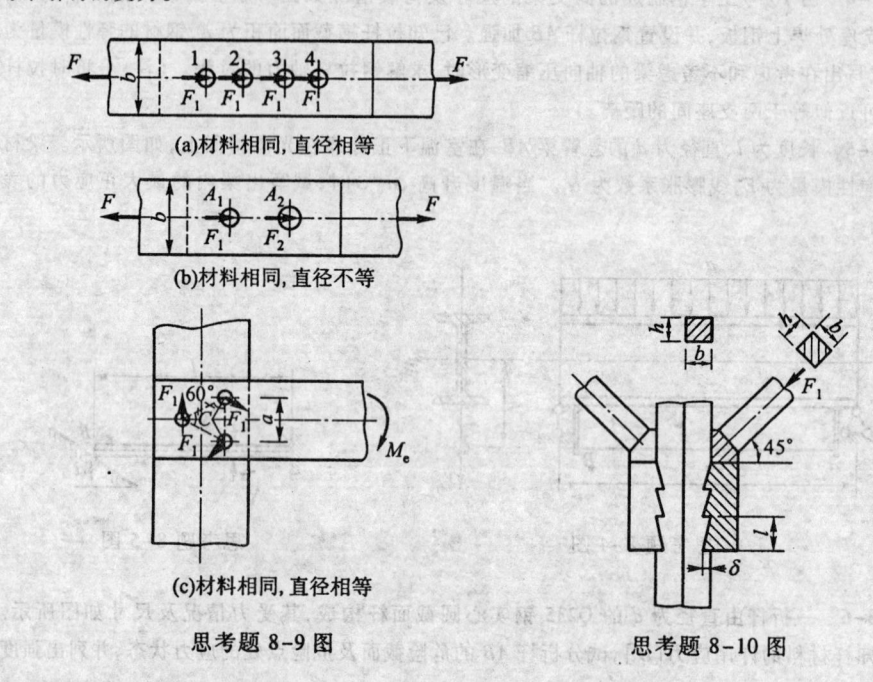

(a) 材料相同，直径相等

(b) 材料相同，直径不等

(c) 材料相同，直径相等

思考题 8-9 图　　　　思考题 8-10 图

8-10 某木桥上的斜支柱是撑在橡木垫上的，而橡木垫又通过齿形榫将力传递给桥桩，如图所示。试分析该齿形榫的剪切面面积和承压面面积。

习　题

8-1 14号工字钢悬臂梁受力情况如图所示。已知 $l=0.8\,\text{m}$，$F_1=2.5\,\text{kN}$，$F_2=1.0\,\text{kN}$，试求危险截面上的最大正应力。

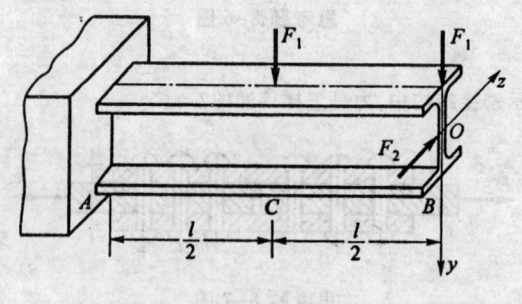

习题 8-1 图

8-2 矩形截面木檩条的跨度 $l=4$ m，荷载及截面尺寸如图所示，木材为杉木，弯曲许用正应力 $[\sigma]=12$ MPa，$E=9$ GPa，许可挠度 $[w]=l/200$。试校核檩条的强度和刚度。

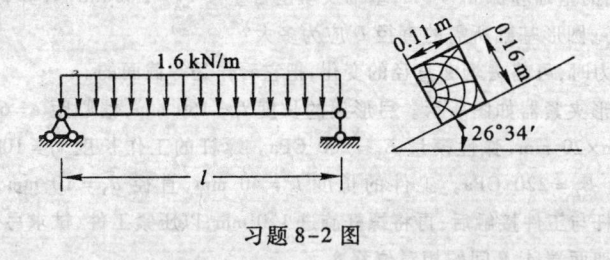

习题 8-2 图

8-3 悬臂梁受集中力 F 作用如图所示。已知横截面的直径 $D=120$ mm，小孔直径 $d=30$ mm，材料的许用应力 $[\sigma]=160$ MPa。试求中性轴的位置，并按照强度条件求梁的许可荷载 $[F]$。

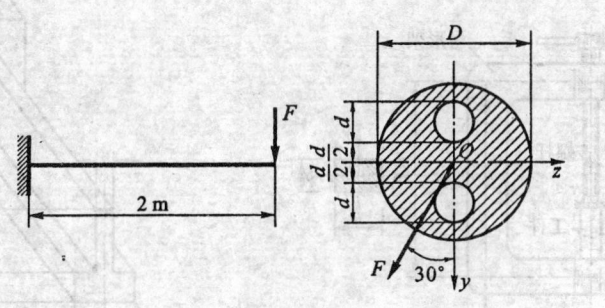

习题 8-3 图

8-4 图示一楼梯木斜梁的长度为 $l=4$ m，截面为 0.2 m×0.1 m 的矩形，受均布荷载作用，$q=2$ kN/m。试作梁的轴力图和弯矩图，并求横截面上的最大拉应力和最大压应力。

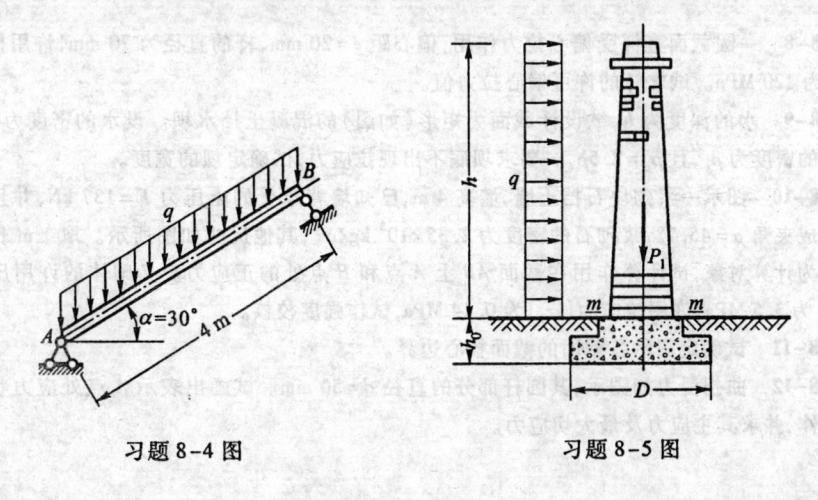

习题 8-4 图

习题 8-5 图

8-5 砖砌烟囱高 $h=30$ m，底截面 $m-m$ 的外径 $d_1=3$ m，内径 $d_2=2$ m，自重 $P_1=$

2 000 kN，受 $q=1$ kN/m 的风力作用，如图所示。试求：

(1) 烟囱底截面上的最大压应力；

(2) 若烟囱的基础埋深 $h_0=4$ m，基础及填土自重按 $P_2=1 000$ kN 计算，土壤的许用压应力 $[\sigma]=0.3$ MPa，圆形基础所需的直径 D 应为多大？

注：计算风力时，可略去烟囱直径的变化，把它看作是等截面的。

8-6 一弓形夹紧器如图所示。弓形架的长度 $l_1=150$ mm，偏心距 $e=60$ mm，截面为矩形 $b\times h=100$ mm×20 mm，弹性模量 $E_1=200$ GPa。螺杆的工作长度 $l_2=100$ mm，根径 $d_2=8$ mm，弹性模量 $E_2=220$ GPa。工件的长度 $l_3=40$ mm，直径 $d_3=10$ mm，弹性模量 $E_3=180$ GPa。当螺杆与工件接触后，再将螺杆旋进 1.0 mm，以压紧工件，试求弓形架内的最大正应力，以及弓形架两端 A、B 间的相对位移 δ_{AB}。

8-7 T 字形截面的悬臂梁，承受与杆轴平行的力 F 作用，如图所示。试求杆内的最大正应力。

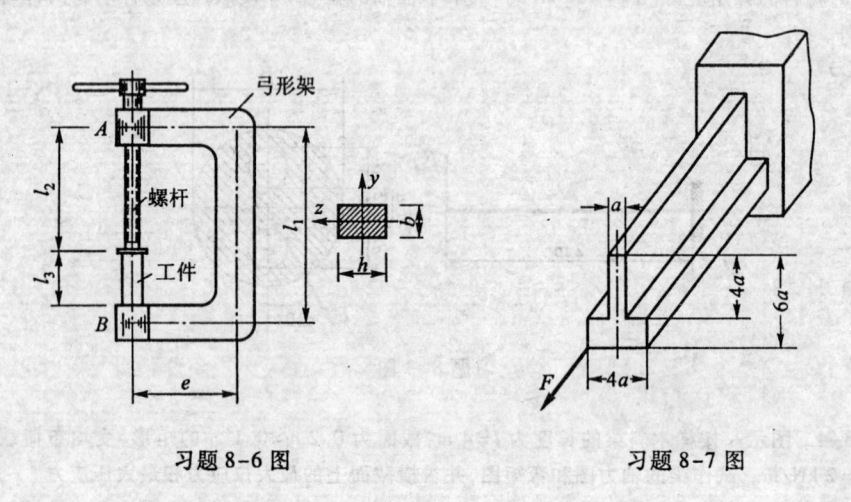

习题 8-6 图   习题 8-7 图

8-8 一圆截面直杆受偏心拉力作用，偏心距 $e=20$ mm，杆的直径为 70 mm，许用拉应力 $[\sigma]$ 为 120 MPa。试求杆的许可偏心拉力值。

8-9 水的深度为 h，欲设计截面为矩形（如图）的混凝土挡水坝。设水的密度为 ρ_w，混凝土的密度为 ρ_c，且 $\rho_c=2.5\rho_w$。要求坝底不出现拉应力，试确定坝的宽度。

8-10 图示一浆砌块石挡土墙，墙高 4 m，已知墙背承受的土压力 $F=137$ kN，并且与铅垂线成夹角 $\alpha=45.7°$，浆砌石的密度为 2.35×10^3 kg/m³，其他尺寸如图所示。取 1 m 长的墙体作为计算对象，试计算作用在截面 AB 上 A 点和 B 点处的正应力。又砌体的许用压应力 $[\sigma_c]$ 为 3.5 MPa，许用拉应力 $[\sigma_t]$ 为 0.14 MPa，试作强度校核。

8-11 试确定图示各截面的截面核心边界。

8-12 曲拐受力如图示，其圆杆部分的直径 $d=50$ mm。试画出表示 A 点处应力状态的单元体，并求其主应力及最大切应力。

习题 8-9 图

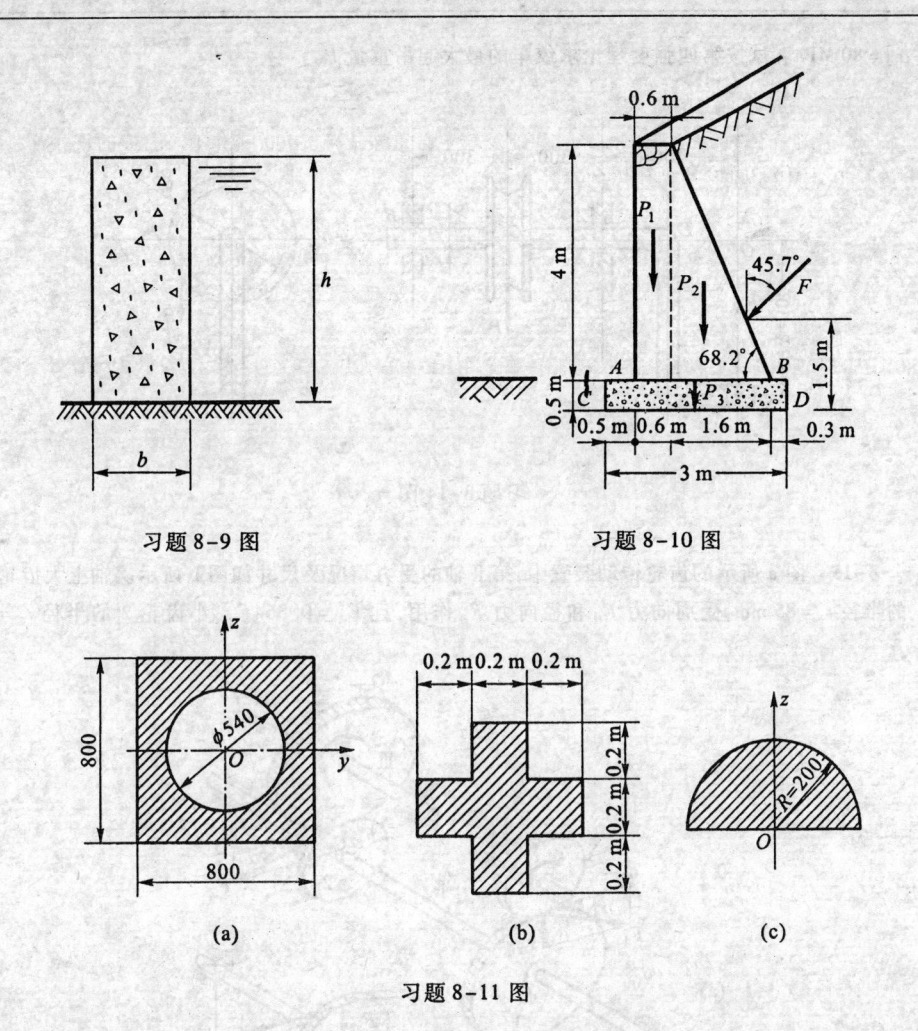

习题 8-10 图

习题 8-11 图

8-13 铁道路标圆信号板(如图),装在外直径 $D=60$ mm 的空心圆柱上,所受的最大风载 $p=2$ kN/m²,其材料的许用应力$[\sigma]=60$ MPa。试按第三强度理论选定空心柱的厚度。

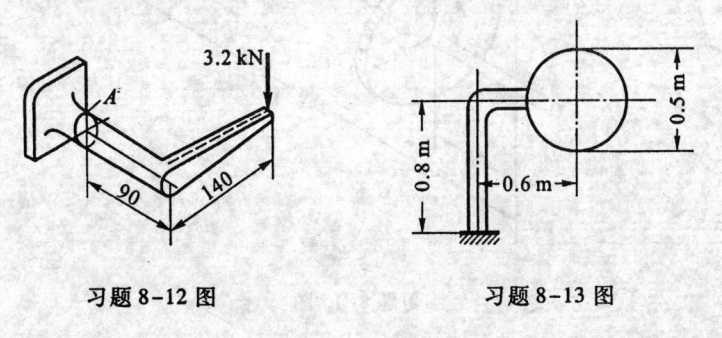

习题 8-12 图

习题 8-13 图

8-14 一手摇绞车如图所示。已知轴的直径 $d=25$ mm,材料为 Q235 钢,其许用应力

$[\sigma] = 80$ MPa。试按第四强度理论求绞车的最大起吊重量 P。

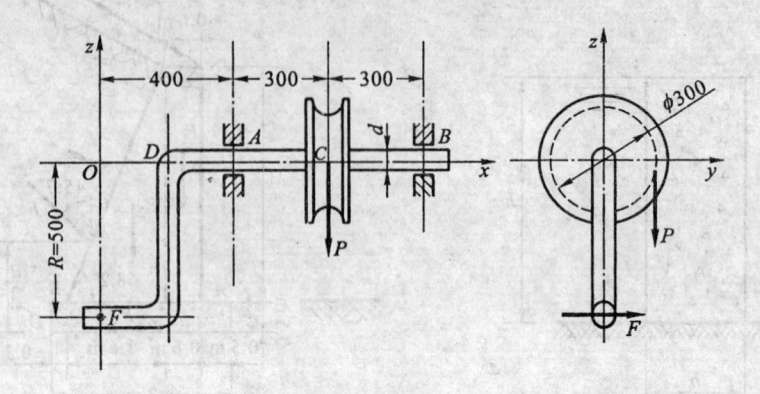

习题 8-14 图

8-15 图 a 所示的齿轮传动装置中，第 II 轴的受力情况及尺寸如图 b 所示。轴上大齿轮 1 的半径 $r_1 = 85$ mm，受周向力 F_{t1} 和径向力 F_{r1} 作用，且 $F_{r1} = 0.364 F_{t1}$；小齿轮 2 的半径 $r_2 =$

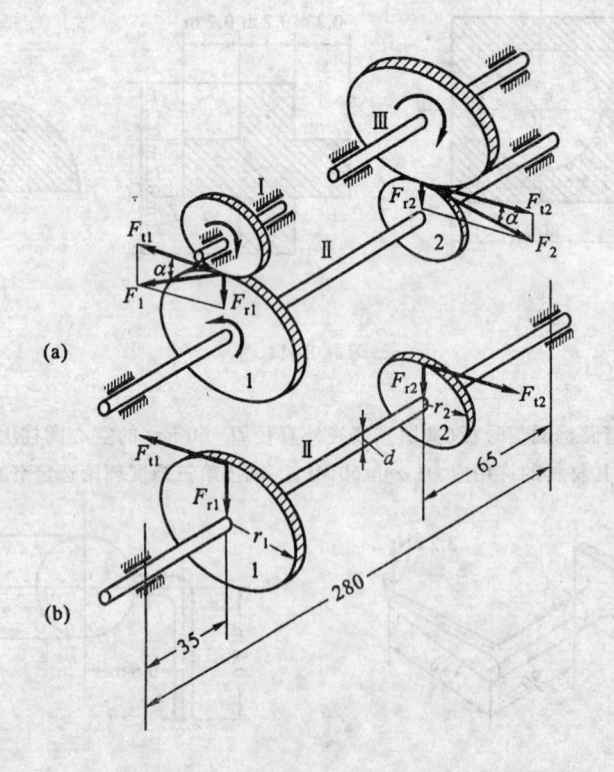

习题 8-15 图

32 mm,受周向力 F_{t2} 和径向力 F_{r2} 作用,且 $F_{r2}=0.364F_{t2}$。已知轴工作时传递的功率 $P=73.5$ kW,转速 $n=2\,000$ r/min,轴的材料为合金钢,其许用应力$[\sigma]=150$ MPa。试按第三强度理论计算轴所需的直径。

8-16 飞机起落架的折轴为管状截面,内直径 $d=70$ mm,外直径 $D=80$ mm。承受荷载 $F_1=1$ kN,$F_2=4$ kN,如图所示。若材料的许用应力$[\sigma]=100$ MPa,试按第三强度理论,校核折轴的强度。

8-17 边长 $a=5$ mm 的正方形截面的弹簧垫圈,外圈的直径 $D=60$ mm,在开口处承受一对铅垂力 F 作用,如图所示。垫圈材料的许用应力$[\sigma]=300$ MPa,试按第三强度理论,计算垫圈的许可荷载。

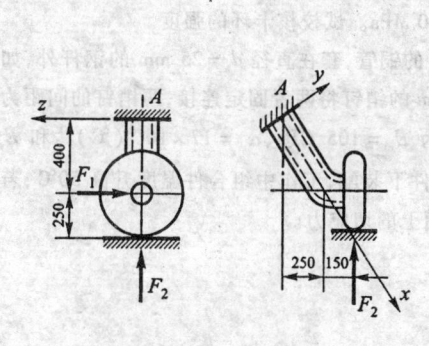

习题 8-16 图

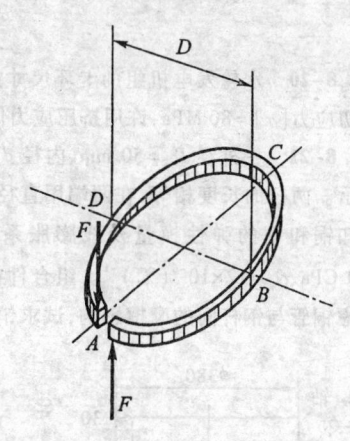

习题 8-17 图

*8-18 直径 $d=20$ mm 的折杆,A、D 两端固定支承,并使折杆 $ABCD$ 保持水平(角 B、C 为直角),在 BC 中点 E 处承受铅垂荷载 F,如图所示。若 $l=150$ mm,材料的许用应力$[\sigma]=160$ MPa,弹性模量 $E=200$ GPa,切变模量 $G=80$ GPa,试按第三强度理论确定结构的许可荷载。

(提示:本题为超静定结构。可取杆 BC 与杆 AB、CD 在截面 B 和 C 的约束为多余约束,并考虑 BC 杆的对称性,且不计其沿杆轴方向的变形,于是,多余未知数可简化为一个。)

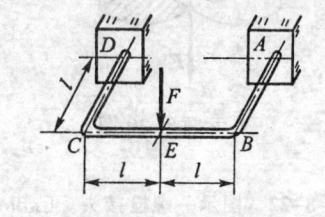

习题 8-18 图

*8-19 两根直径为 d、相距为 a 的等截面圆杆,一端固定支承,另一端共同固定在刚性平板上,如图所示。已知材料的弹性模量与切变模量之比 $E/G=2.5$。当刚性平板承受扭转外力偶矩 M_e 时,刚性平板绕中心转动了微小角度 φ。试求圆杆危险截面上的内力分量。

(提示:若以刚性平板为多余约束,则圆杆端截面 B(或 D)的变形几何相容条件为:相对扭转为 φ,挠度为 $\varphi\dfrac{a}{2}$,而转角为零。)

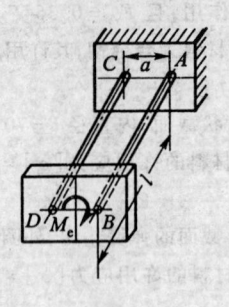

习题 8-19 图

8-20 水轮发电机组的卡环尺寸如图所示。已知轴向荷载 $F=1\,450$ kN，卡环材料的许用切应力 $[\tau]=80$ MPa，许用挤压应力 $[\sigma_{bs}]=150$ MPa。试校核卡环的强度。

8-21 一外径 $D_c=50$ mm、内径 $d_c=25$ mm 的铜管，套在直径 $d_s=25$ mm 的钢杆外，如图所示。两杆的长度相等，在两端用直径 $d=12$ mm 的销钉将两者固定连接，两销钉的间距为 l。已知铜和钢的弹性模量及线膨胀系数分别为 $E_c=105$ GPa、$\alpha_c=17\times10^{-6}(℃)^{-1}$ 和 $E_s=210$ GPa、$\alpha_s=12\times10^{-6}(℃)^{-1}$。组合件在室温条件下装配，工作中组合件温度升高 $50℃$，若不考虑铜管与钢杆间的摩擦影响，试求销钉横截面上的切应力。

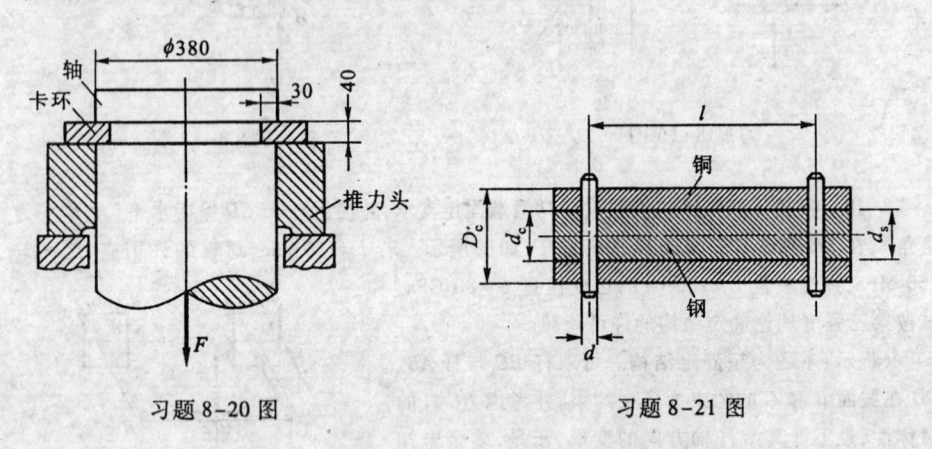

习题 8-20 图　　习题 8-21 图

8-22 图示一螺栓接头。已知 $F=40$ kN，螺栓的许用切应力 $[\tau]=130$ MPa，许用挤压应力 $[\sigma_{bs}]=300$ MPa。试计算螺栓所需的直径。

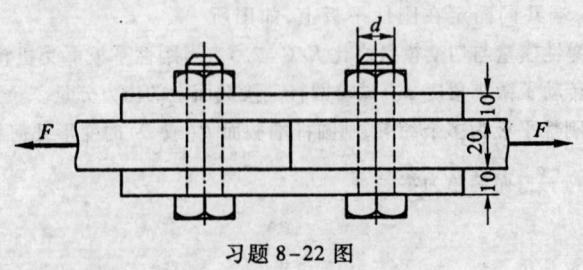

习题 8-22 图

8-23 承受拉力 $F=80$ kN 的螺栓连接如图所示。已知 $b=80$ mm,$\delta=10$ mm,$d=22$ mm,螺栓的许用切应力$[\tau]=130$ MPa,钢板的许用挤压应力$[\sigma_{bs}]=300$ MPa,许用拉应力$[\sigma]=170$ MPa。试校核接头的强度。

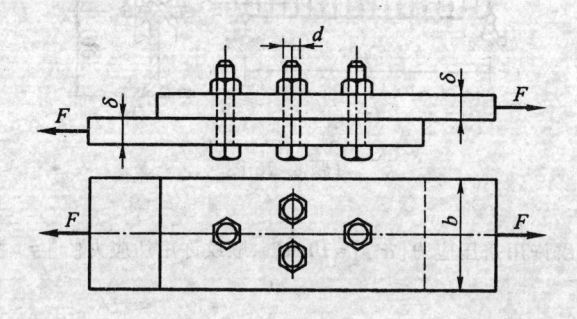

习题 8-23 图

8-24 凸缘联轴节如图所示,凸缘之间用四只对称地分布在 $D_0=80$ mm 圆周上的螺栓连接。螺栓内径 $d=8$ mm,材料的许用切应力$[\tau]=60$ MPa。若联轴节传递的扭转力偶矩 $M_e=300$ N·m,试求:

(1) 校核螺栓的剪切强度;

(2) 当其中一只螺栓松脱时,校核余下三只螺栓的剪切强度。

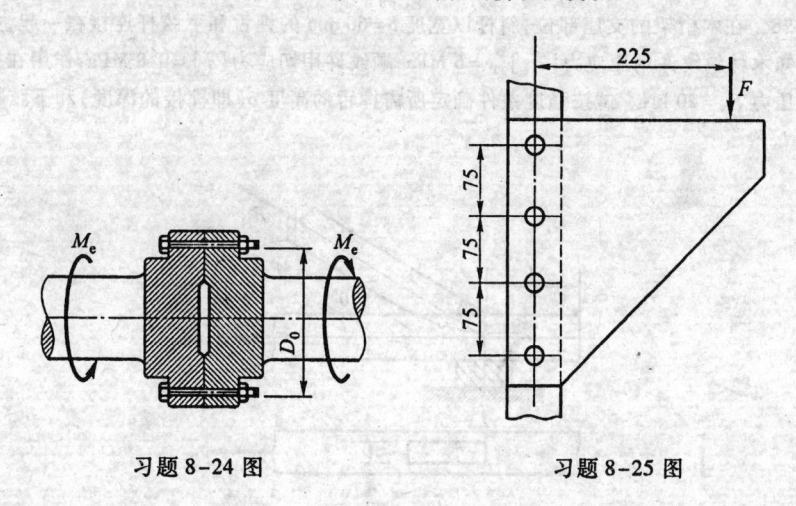

习题 8-24 图 习题 8-25 图

8-25 一托架如图所示。已知外力 $F=35$ kN,铆钉的直径 $d=20$ mm,铆钉与钢板为搭接。试求最危险的铆钉剪切面上切应力的数值及方向。

8-26 跨长 $l=11.5$ m 的临时桥的主梁,由两根 50b 号工字钢相叠铆接而成(图b)。梁受均布荷载 q 作用,能够在许用正应力$[\sigma]=165$ MPa 下工作。已知铆钉直径 $d=23$ mm,许用切应力$[\tau]=95$ MPa,试按剪切强度条件计算铆钉间的最大间距 s。

****8-27** 矩形截面木拉杆的榫接头如图所示。已知轴向拉力 $F=50$ kN,截面宽度 $b=$

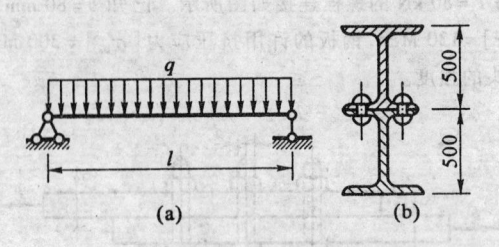

习题 8-26 图

250 mm，木材的顺纹许用挤压应力$[\sigma_{bs}]=10$ MPa，顺纹许用切应力$[\tau]=1$ MPa。试求接头处所需的尺寸l和a。

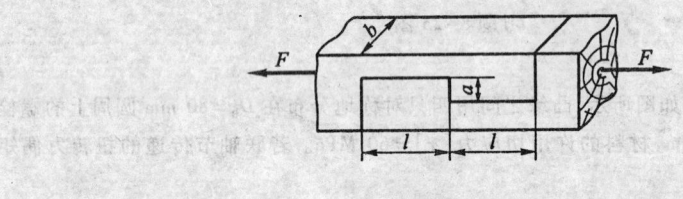

习题 8-27 图

*8-28 在木桁架的支座部位，斜杆以宽度$b=60$ mm 的榫舌和下弦杆连接在一起，如图所示。已知木材斜纹许用压应力$[\sigma_c]_{30°}=5$ MPa，顺纹许用切应力$[\tau]=0.8$ MPa，作用在桁架斜杆上的压力$F_N=20$ kN。试按强度条件确定所需榫舌的高度δ（即榫接的深度）和下弦杆末端的长度l。

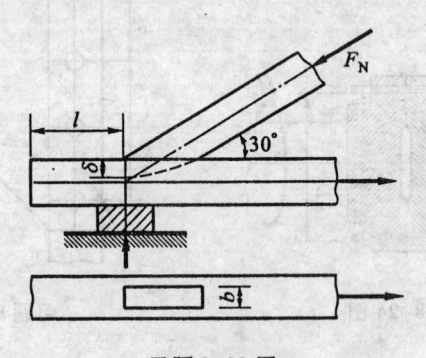

习题 8-28 图

第九章 压杆稳定

§9-1 压杆稳定性的概念

当轴向压缩杆件横截面上的正应力不超过材料的许用应力时,则从强度上保证了杆件的正常工作。而在实际结构中,受压杆件的横截面尺寸一般都较按强度条件算出的为大,且其横截面的形状往往与梁的横截面形状相仿。例如,钢桁架桥上弦杆(压杆)的截面(图 9-1a)、厂房钢柱的截面(图 9-1b)等。其原因可由一个简单的实验来加以说明。

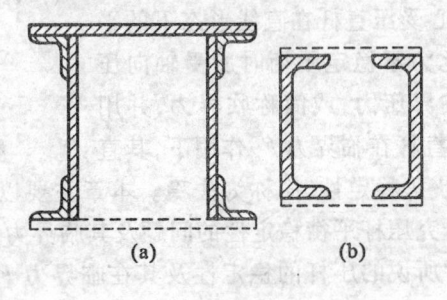

图 9-1

取一根长为 300 mm 的钢板尺,其横截面尺寸为 20 mm×1 mm。若钢的许用应力为 $[\sigma]$=196 MPa,则按强度条件算得钢尺所能承受的轴向压力应为

$$F = (196 \times 10^6 \text{ Pa}) \times (20 \times 10^{-3} \text{ m}) \times (1 \times 10^{-3} \text{ m}) = 3\,920 \text{ N} = 3.92 \text{ kN}$$

但若将钢尺竖立在桌上,用手压其上端,则当压力不到 40 N 时,钢尺就被明显压弯。显然,这个压力较 3.92 kN 小两个数量级。当钢尺被明显压弯时,就不可能再承受更大的压力。由此可见,钢尺的承载能力并不取决于轴向压缩的压缩强度,而是与钢尺受压时变弯有关。因此,为提高压杆的承载能力,需提高压杆的弯曲刚度。同理,将一张平的卡片纸竖放在桌上,其自重就可能使其变弯。但若把纸片折成类似于角钢的形状,就须在其顶端放上一个轻砝码,才能使其变弯。而若将纸片卷成圆筒形,则虽放上一个轻砝码,也不能使其变弯。这就表明,压杆是否变弯,与杆横截面的弯曲刚度有关。而且,实际的压杆在制造时其轴线不可避免地会存在初曲率,作用在压杆上的外力的合力作用线也不可能毫无偏差地与杆的轴线相重合,压杆的材料本身也不可避免地存在不均匀性。这些因素都可能使压杆在轴向压力作用下除发生轴向压缩变形外,还发生附加的弯曲变

形。但在对压杆的承载能力进行理论研究时,通常将压杆抽象为由均质材料制成、轴线为直线,且轴向压力作用线与压杆轴线重合的理想"中心受压直杆"的力学模型。在这一力学模型中,由于不存在使压杆产生弯曲变形的初始因素,因此,在轴向压力下就不可能发生弯曲现象。为此,在分析中心受压直杆时,当压杆承受轴向压力(图 9-2a 中的力 F)后,假想地在杆上施加一微小的横向力(图 9-2a 中的力 F'),使杆发生弯曲变形,然后撤去横向力。实验表明,当轴向力不大时,撤去横向力后,杆的轴线将恢复其原来的直线平衡形态(图 9-2b),则压杆在直线形态下的平衡是稳定的平衡;当轴向力增大到一定的界限值时,撤去横向力后,杆的轴线将保持弯曲的平衡形态,而不再恢复其原有的直线平衡形态(图 9-2c),则压杆原来在直线形态下的平衡是不稳定的平衡。中心受压直杆在直线形态下的平衡,由稳定平衡转化为不稳定平衡时所受轴向压力的界限值,称为**临界压力**,或简称**临界力**,并用 F_{cr} 表示。中心受压直杆在临界力 F_{cr} 作用下,其直线形态的平衡开始丧失稳定性,简称为**失稳**。本章主要以中心受压直杆这一力学模型为对象,来研究压杆平衡稳定性的问题及其临界力 F_{cr} 的计算。

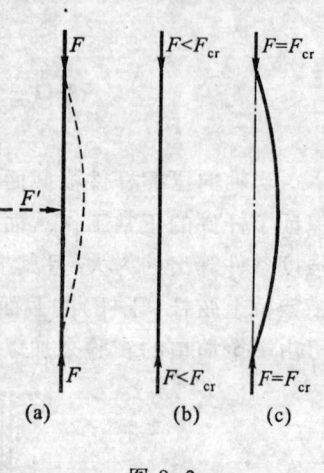

图 9-2

必须指出,通常所说的压杆的稳定性及其在临界力 F_{cr} 作用下的失稳,是就中心受压直杆的力学模型而言的。对于实际的压杆,由于存在前述几种导致压杆受压时弯曲的因素,通常可用偏心受压直杆作为其力学模型。实际压杆的平衡稳定性问题是在偏心压力作用下,杆的弯曲变形是否会出现急剧增大而丧失正常的承载能力,即其失稳的概念与中心受压直杆的力学模型是截然不同的。关于这类问题,将在《材料力学(Ⅱ)》的第四章中详加讨论。

§9-2 细长中心受压直杆临界力的欧拉公式

细长的中心受压直杆在临界力作用下,处于不稳定平衡的直线形态下,其材料仍处于理想的线弹性范围内,这类稳定问题称为线弹性稳定问题。

现以两端球形铰支、长度为 l 的等截面细长中心受压直杆(图 9-3a)为例,推导其临界力的计算公式。由前所述,中心受压直杆在临界力作用下将在微弯形态下维持平衡,如图 9-3a 所示。此时,压杆任一 x 截面上的弯矩(图 9-3b)为

$$M(x) = F_{cr}w \tag{a}$$

弯矩的正负号仍按 §4-2 中的规定,压力 F_{cr} 取为正值,挠度 w 以沿 y 轴正值方

向者为正。

将弯矩 $M(x)$ 代入式(5-2)可得挠曲线的近似微分方程为
$$EIw'' = -M(x) = -F_{cr}w \quad (b)$$
其中 I 为压杆横截面的最小形心主惯性矩。

将上式两端均除以 EI，并令
$$\frac{F_{cr}}{EI} = k^2 \quad (c)$$
则式(b)可改写为二阶常系数线性微分方程
$$w'' + k^2 w = 0 \quad (d)$$
其通解为
$$w = A\sin kx + B\cos kx \quad (e)$$
式中，A、B 和 k 三个待定常数由挠曲线的边界条件确定。

由 $x=0, w=0$ 的边界条件，可得 $B=0$。由 $x=\frac{l}{2}, w=\delta$（δ 为挠曲线中点的挠度）的边界条件，可得
$$A = \frac{\delta}{\sin(kl/2)}$$

最后，由常数 A、B 及 $x=l, w=0$ 的边界条件，得
$$0 = \frac{\delta}{\sin(kl/2)}\sin kl = 2\delta\cos(kl/2) \quad (f)$$

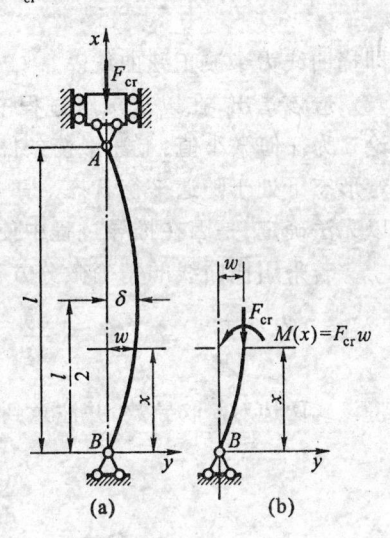

图 9-3

上式仅在 $\delta=0$ 或 $\cos(kl/2)=0$ 时才能成立。显然，若 $\delta=0$，则压杆的轴线并非微弯的挠曲线。欲使压杆在微弯形态下维持平衡，必须有
$$\cos\frac{kl}{2} = 0 \quad (g)$$
即得
$$\frac{kl}{2} = \frac{n\pi}{2} \quad (n = 1, 3, 5, \cdots)$$
其最小解为 $n=1$ 时的解，于是
$$kl = \sqrt{\frac{F_{cr}}{EI}}\, l = \pi \quad (h)$$
即得
$$F_{cr} = \frac{\pi^2 EI}{l^2} \quad (9-1)$$

上式即两端球形铰支(简称两端铰支)等截面细长中心受压直杆临界力 F_{cr} 的计算公式。由于上式最早由欧拉(L. Euler)导出，所以，通常称为**欧拉公式**。

在 $kl=\pi$ 的情况下,$\sin(kl/2)=\sin(\pi/2)=1$,故由常数 A、B 及式(e)可知,挠曲线方程为

$$w=\delta\sin\frac{\pi x}{l} \tag{i}$$

即挠曲线为半波正弦曲线。

应该指出,在以上求解过程中,挠曲线中点挠度 δ 是个无法确定的值,即不论 δ 为任何微小值,上述平衡条件都能成立,似乎压杆受临界力作用时可以在微弯形态下处于随遇平衡状态。事实上这种随遇平衡状态是不成立的,δ 值之所以无法确定,是因在推导过程中使用了挠曲线的近似微分方程。

若采用挠曲线的精确微分方程

$$\frac{d\theta}{ds}=-\frac{M(x)}{EI}=-\frac{F_{cr}w}{EI} \tag{j}$$

将该式两边对 s 取导数,并注意到 $\frac{dw}{ds}=\sin\theta$,其中 θ 为挠曲线的转角,则有

$$\frac{d^2\theta}{ds^2}=-\frac{F_{cr}}{EI}\sin\theta \tag{k}$$

由上式可解得挠曲线中点的挠度 δ 与压力 F 之间的近似关系式为[①]

$$\delta=\frac{2\sqrt{2}\,l}{\pi}\sqrt{\frac{F}{F_{cr}}-1}\left[1-\frac{1}{2}\left(\frac{F}{F_{cr}}-1\right)\right] \tag{l}$$

式(l)可用图 9-4a 中的曲线 AB 来表示,即曲线在 A 点处的切线是水平的;当 $F\geqslant F_{cr}$ 时,压杆在微弯平衡形态下,压力 F 与挠度 δ 间存在一一对应的关系。而由挠曲线近似微分方程得出的 F-δ 关系如图 9-4b 所示,即当 $F=F_{cr}$ 时,压杆在微弯形态下,呈现随遇平衡的特征。

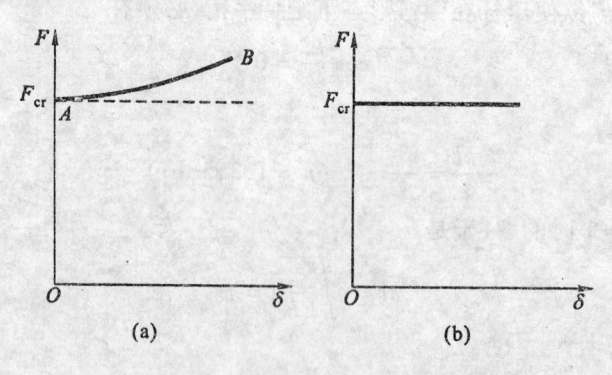

图 9-4

[①] 详细推导过程可参见 Timoshenko, S. Theory of Elastic Stability, p. 70~74, McGraw-Hill Book Company, Inc. 1936.

§9-3 不同杆端约束下细长压杆临界力的欧拉公式·压杆的长度因数

不同杆端约束下细长中心受压直杆的临界力表达式,可通过类似的方法推导。本节给出几种典型的理想支承约束条件下,细长中心受压直杆的欧拉公式表达式(表9-1)。

表9-1 各种支承约束条件下等截面细长压杆临界力的欧拉公式

支端情况	两端铰支	一端固定另端铰支	两端固定	一端固定另端自由	两端固定但可沿横向相对移动
失稳时挠曲线形状	(长度 l)	(长度 $0.7l$), C—挠曲线拐点	(长度 $0.5l$), C、D—挠曲线拐点	(长度 $2l$)	(长度 $l/2$), C—挠曲线拐点
临界力 F_{cr} 欧拉公式	$F_{cr}=\dfrac{\pi^2 EI}{l^2}$	$F_{cr}\approx\dfrac{\pi^2 EI}{(0.7l)^2}$	$F_{cr}=\dfrac{\pi^2 EI}{(0.5l)^2}$	$F_{cr}=\dfrac{\pi^2 EI}{(2l)^2}$	$F_{cr}=\dfrac{\pi^2 EI}{l^2}$
长度因数 μ	$\mu=1$	$\mu\approx 0.7$	$\mu=0.5$	$\mu=2$	$\mu=1$

由表9-1所给的结果可以看出,中心受压直杆的临界力 F_{cr} 受到杆端约束情况的影响。杆端约束越强,杆的抗弯能力就越大,其临界力也越高。对于各种杆端约束情况,细长中心受压等直杆临界力的欧拉公式可写成统一的形式

$$F_{cr}=\frac{\pi^2 EI}{(\mu l)^2} \qquad (9-2)$$

式中,因数 μ 称为压杆的**长度因数**,与杆端的约束情况有关。μl 称为原压杆的**相当长度**,其物理意义可从表9-1中各种杆端约束下细长压杆失稳时挠曲线形状的比拟来说明:由于压杆失稳时挠曲线上拐点处的弯矩为零,故可设想拐点处有一铰,而将压杆在挠曲线两拐点间的一段看作为两端铰支压杆,并利用两端铰支压杆临界力的欧拉公式(9-1),得到原支承条件下压杆的临界力 F_{cr}。这两拐点之间的长度,即为原压杆的相当长度 μl。或者说,相当长度为各种支承条件

下的细长压杆失稳时,挠曲线中相当于半波正弦曲线的一段长度。

应当注意,细长压杆临界力的欧拉公式(9-1)或(9-2)中,I 是横截面对某一形心主惯性轴的惯性矩。若杆端在各个方向的约束情况相同(如球形铰等),则 I 应取最小的形心主惯性矩。若杆端在不同方向的约束情况不同(如柱形铰),则 I 应取挠曲时横截面对其中性轴的惯性矩。在工程实际问题中,支承约束程度与理想的支承约束条件总有所差异,因此,其长度因数 μ 值应根据实际支承的约束程度,以表 9-1 作为参考来加以选取。在有关的设计规范中,对各种压杆的 μ 值多有具体的规定。①

例题 9-1 一下端固定、上端自由,长度为 l 的等直细长压杆,在自由端承受轴向压力 F,如图所示。杆的弯曲刚度为 EI。试推导其临界力 F_{cr},并求压杆的挠曲线方程。

解:(1) 挠曲线近似微分方程及其积分

压杆在临界压力作用下,将在 xy 平面内维持微弯形态下的平衡,如图所示。于是,得挠曲线近似微分方程

$$EIw'' = -M(x) = F_{cr}(\delta - w) \quad (1)$$

式中,δ 为杆自由端的最大挠度,w 为任意 x 截面的挠度。将式(1)移项。并令 $k^2 = \dfrac{F_{cr}}{EI}$,即得

$$w'' + k^2 w = k^2 \delta \quad (2)$$

上列微分方程的通解为

$$w = A\sin kx + B\cos kx + \delta \quad (3)$$

其一阶导数为

$$w' = Ak\cos kx - Bk\sin kx \quad (4)$$

上式中的待定常数 A、B、k 由挠曲线的边界条件确定:

$x=0, w'=0$: $\qquad A = 0$
$x=0, w=0$: $\qquad B = -\delta$
$x=l, w=\delta$: $\qquad \delta = \delta(1 - \cos kl) \quad (5)$

由式(5)可见,能使挠曲线成立的条件为

$$\cos kl = 0 \quad (6)$$

从而得到

$$kl = n\pi/2 \quad (n = 1, 3, 5, \cdots) \quad (7)$$

(2) 临界力、挠曲线

例题 9-1 图

---

① 例如,参见 GB50017—2003《钢结构设计规范》。

由式(7)，其最小解为 $n=1$ 时，$kl=\dfrac{\pi}{2}$，代入 $k^2=\dfrac{F_{cr}}{EI}$，即得一端固定、另端自由细长等直压杆的临界力为

$$F_{cr}=\frac{\pi^2 EI}{4l^2}=\frac{\pi^2 EI}{(2l)^2} \qquad (8)$$

以 $k=\dfrac{\pi}{2l}$ 代入式(3)，即得压杆的挠曲线方程为

$$w=\delta\left(1-\cos\frac{\pi x}{2l}\right) \qquad (9)$$

式中，δ 为杆自由端的微小挠度，其值不定。

例题 9-2 一下端固定、上端铰支、长度为 l 的细长中心受压等直杆，在铰支端承受轴向压力 F，如图 a 所示。杆的弯曲刚度为 EI。试推导其临界力 F_{cr}，并求压杆的挠曲线方程。

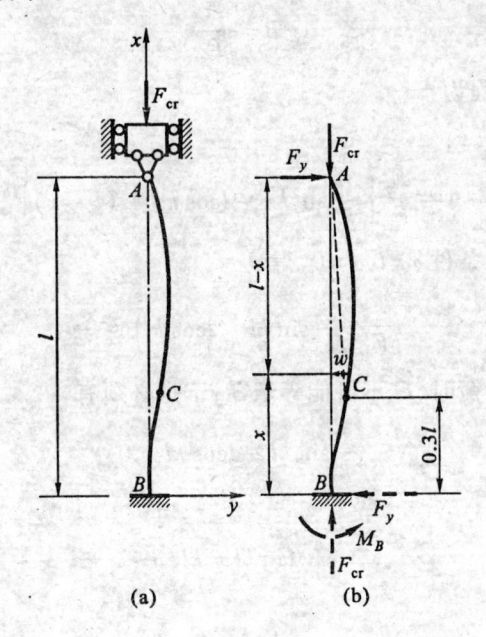

例题 9-2 图

解：(1) 挠曲线近似微分方程及其积分

压杆在临界力 F_{cr} 作用下，将在微弯形态下保持平衡，其挠曲线形状将如图所示。在上端支承处，除临界力 F_{cr} 外将有水平反力 F_y 作用(图 b)。因此，杆的任意 x 横截面上的弯矩为

$$M(x) = F_{cr}w - F_y(l-x) \tag{1}$$

将 $M(x)$ 代入杆的挠曲线近似微分方程，并令 $k^2 = \dfrac{F_{cr}}{EI}$，经整理后，即得

$$w'' + k^2 w = k^2 \dfrac{F_y}{F_{cr}}(l-x) \tag{2}$$

上列微分方程的通解为

$$w = A\sin kx + B\cos kx + \dfrac{F_y}{F_{cr}}(l-x) \tag{3}$$

其一阶导数为

$$w' = Ak\cos kx - Bk\sin kx - \dfrac{F_y}{F_{cr}} \tag{4}$$

由挠曲线的边界条件确定待定常数：

$x=0, w'=0$：$\qquad A = \dfrac{F_y}{kF_{cr}}$

$x=0, w=0$：$\qquad B = -\dfrac{F_y l}{F_{cr}}$

于是，得挠曲线方程为

$$w = \dfrac{F_y}{F_{cr}}\left[\dfrac{1}{k}\sin kx - l\cos kx + (l-x)\right] \tag{5}$$

由铰支端处的边界条件 $x=l, w=0$，得

$$\dfrac{F_y}{F_{cr}}\left(\dfrac{1}{k}\sin kl - l\cos kl\right) = 0 \tag{6}$$

杆在微弯形态下平衡时，F_y 不可能等于零，于是必须有

$$\dfrac{1}{k}\sin kl - l\cos kl = 0$$

即

$$\tan kl = kl$$

由此解得①

$$kl = 4.49 \tag{7}$$

(2) 临界力、挠曲线

将式(7)代入 $k^2 = \dfrac{F_{cr}}{EI}$，即得一端固定、另端铰支细长等直压杆的临界力为

---

① 利用三角函数表，可求得 $\tan\theta = \theta$ 的最小非零解为 $\theta = 4.49$。

$$F_{cr} = \frac{4.49^2 EI}{l^2} \approx \frac{\pi^2 EI}{(0.7l)^2} \tag{8}$$

将式(7)中的 $k = \frac{4.49}{l}$ 代入式(5),即得压杆的挠曲线方程为

$$w = \frac{F_y l}{F_{cr}} \left[\frac{\sin kx}{4.49} - \cos kx + \left(1 - \frac{x}{l}\right) \right] \tag{9}$$

§9-4 欧拉公式的应用范围·临界应力总图

在推导中心受压直杆临界力的欧拉公式时,假设材料处于线弹性范围内,也即压杆在临界力 F_{cr} 作用下的应力不得超过材料的比例极限 σ_p。因此,压杆临界力的欧拉公式有其一定的应用范围。

一、欧拉公式的应用范围

当压杆受临界力 F_{cr} 作用而在直线平衡形态下维持不稳定平衡时,横截面上的压应力可按公式 $\sigma = \frac{F}{A}$ 计算。于是,各种支承情况下压杆横截面上的应力为

$$\sigma_{cr} = \frac{F_{cr}}{A} = \frac{\pi^2 EI}{(\mu l)^2 A} = \frac{\pi^2 E}{(\mu l/i)^2} \tag{9-3}$$

式中,σ_{cr} 称为临界应力;$i = \sqrt{I/A}$ 为压杆横截面对中性轴的惯性半径,μl 为压杆的相当长度,两者的比值$(\mu l/i)$ 为一量纲为一的参数,称为压杆的**长细比**或**柔度**。其值越大,相应的 σ_{cr} 值就越小,即压杆越容易失稳。压杆的柔度记为 λ,即

$$\lambda = \frac{\mu l}{i} \tag{9-4}$$

于是,式(9-3)可写作

$$\sigma_{cr} = \frac{\pi^2 E}{\lambda^2} \tag{9-5}$$

由上述分析可知,欧拉公式(9-2)仅适用于 $\sigma_{cr} \leqslant \sigma_p$ 的范围内[①]。于是,欧拉公式的应用范围可表示为

$$\sigma_{cr} = \frac{\pi^2 E}{\lambda^2} \leqslant \sigma_p$$

---

① 严格地说,应该是在 $\sigma_{max} \leqslant \sigma_p$ 的范围内才可应用欧拉公式。这里,σ_{max} 是压杆在 F_{cr} 作用下处于微弯平衡形态时危险截面上的最大压应力,其值可按下式求得:

$$\sigma_{max} = \frac{F_{cr}}{A} + \frac{F_{cr}\delta}{W}$$

或写作

$$\lambda \geqslant \sqrt{\frac{\pi^2 E}{\sigma_p}} = \pi \sqrt{\frac{E}{\sigma_p}} = \lambda_p \qquad (9-6)$$

式中，λ_p 为能应用欧拉公式的压杆柔度的界限值。通常称 $\lambda \geqslant \lambda_p$ 的压杆为**大柔度压杆**，或细长压杆。而当压杆的柔度 $\lambda < \lambda_p$ 时，就不能应用欧拉公式，通常称其为**小柔度压杆**。这一界限值 λ_p 的大小取决于压杆材料的力学性能。例如，对于 Q235 钢，可取 $E = 206$ GPa，$\sigma_p = 200$ MPa，则由式(9-6)可得

$$\lambda_p = \pi \sqrt{\frac{E}{\sigma_p}} = \pi \times \sqrt{\frac{206 \times 10^9 \text{ Pa}}{200 \times 10^6 \text{ Pa}}} \approx 100$$

因而，由 Q235 钢制成的压杆，只有当其柔度 $\lambda \geqslant 100$ 时才能按欧拉公式计算其临界力。

将压杆临界应力 σ_{cr} 与压杆柔度 λ 间的关系式(9-5)用曲线表示，如图 9-5 中的双曲线所示，称为欧拉临界应力曲线。显然，图中的实线部分是欧拉公式适用范围内的曲线，而虚线部分则无意义，因为当 $\lambda < \lambda_p$ 时，$\sigma_{cr} > \sigma_p$，欧拉公式已不再适用。

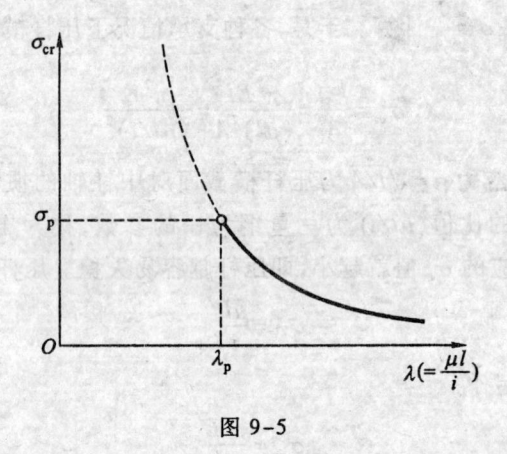

图 9-5

*二、折减弹性模量理论

工程中所采用的压杆绝大多数不是大柔度压杆。因而需研究这类压杆临界压力的计算。下面简要地介绍折减弹性模量理论的基本思路[①]。

以两端铰支并将在 xy 平面内发生弯曲的矩形截面压杆为例。图 9-6a 为材

[①] 在一般机械工程中，对于柔度小于 λ_p 的非细长压杆，其临界应力 σ_{cr} 通常采用经验公式进行计算。对于合金钢、铝合金、铸铁、松木等材料，一般采用直线公式 $\sigma_{cr} = a - b\lambda$；对于结构钢、低合金结构钢等材料，一般采用抛物线公式 $\sigma_{cr} = a_1 - b_1 \lambda^2$。其中 a,b 或 a_1,b_1 为与材料的力学性能有关的常数，可参见单辉祖编著，《材料力学（Ⅰ）》，§9-4，高等教育出版社，2000。

§9-4 欧拉公式的应用范围·临界应力总图

料在压缩时的应力-应变曲线,当应力超过材料的比例极限 σ_p 时,σ-ε 间的关系将从线性转化为非线性。在大于比例极限 σ_p 的某一应力水平下,加载时可将 σ-ε 曲线的切线斜率视为该应力水平时的弹性模量,称为**切线弹性模量**,并用 E_σ 表示。而卸载时的弹性模量则由卸载规律可知,与初始直线段的弹性模量 E 相同。对于 $\lambda<\lambda_p$ 的中心受压直杆,其临界应力 σ_{cr} 已超过材料的比例极限 σ_p。注意到在临界压力 F_{cr} 作用下,压杆从不稳定的直线平衡形态过渡到微弯的平衡形态时,在杆的横截面上对应于弯曲变形的受压侧,压应力将稍大于 $\sigma_{cr}=F_{cr}/A$,而在对应于受拉侧的压应力,则略有减小,如图 9-6b 所示。因此,当压杆从直线变到微弯的平衡形态时,在横截面上附加弯曲正应力为压应力的部分,材料的弹性模量应用加载的切线弹性模量 E_σ,而在横截面上附加弯曲正应力为拉应力的部分,则应用卸载弹性模量 E。由弯曲变形的平面假设可知,压杆在弯曲时横截面上各点处的纵向线应变 ε 沿 y 轴按线性规律变化,$\varepsilon=y/\rho$。根据以上所述分别利用 E_σ 及 E,即可得到横截面上对应于弯曲变形的受压区和受拉区内弯曲正应力的表达式:

$$\left.\begin{array}{ll} 受压区 & \sigma_c = E_\sigma \dfrac{y}{\rho(x)} \\[2mm] 受拉区 & \sigma_t = E \dfrac{y}{\rho(x)} \end{array}\right\} \quad (a)$$

式中,$\rho(x)$ 为微弯挠曲线的曲率半径。

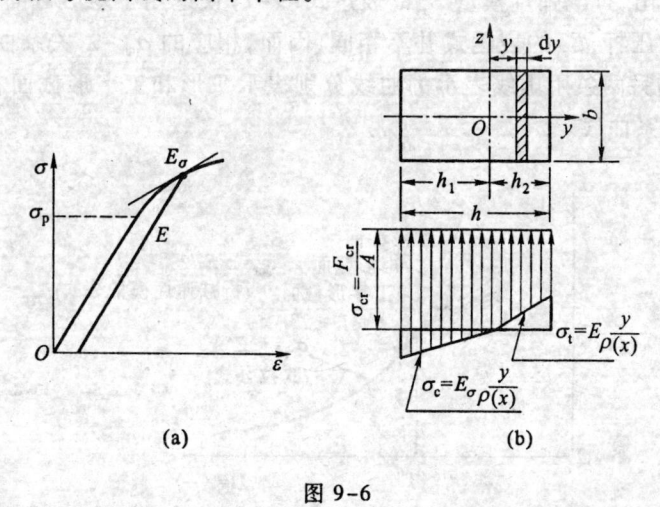

图 9-6

根据式(a)所示的横截面上附加弯曲正应力表达式,可仿照 §4-4 中的两个静力学关系式(d)和(f),确定弯曲时的中性轴位置(不通过横截面形心),并得到经化简后的弯矩表达式为

$$\frac{I}{\rho(x)}\left[\frac{4E_\sigma E}{(\sqrt{E}+\sqrt{E_\sigma})^2}\right]=M(x) \tag{b}$$

式中,$I=\frac{bh^3}{12}$ 为横截面对形心轴 z 的惯性矩。在上式中令

$$\frac{4E_\sigma E}{(\sqrt{E}+\sqrt{E_\sigma})^2}=E_r \tag{9-7}$$

式中 E_r 称为**折减弹性模量**。而式(b)可简写为

$$\frac{1}{\rho(x)}=\frac{M(x)}{E_r I} \tag{c}$$

于是,对于柔度 $\lambda<\lambda_p$ 的压杆,仿照欧拉公式(9-1),其临界压力 F_{cr} 可表达为

$$F_{cr}=\frac{\pi^2 E_r I}{l^2} \tag{9-8}$$

从而,在 $\sigma_{cr}>\sigma_p$ 情况下,不同杆端约束时压杆临界应力 σ_{cr} 的普遍表达式为

$$\sigma_{cr}=\frac{\pi^2 E_r}{(\mu l/i)^2}=\frac{\pi^2 E_r}{\lambda^2} \tag{9-9}$$

按上式所得的 σ_{cr}-λ 关系曲线,如图9-7中 $\sigma_{cr}>\sigma_p$(即 $\lambda<\lambda_p$)范围内的实线所示。

应该指出,折减弹性模量 E_r 的表达式(9-7)仅适用于矩形截面。对于其他形状截面的压杆,E_r 的表达式并不相同,因而,相应的 σ_{cr}-λ 关系曲线也不同。图9-7中的另两条用虚线表示的曲线分别表示 T 形和工字形截面在 $\sigma_{cr}>\sigma_p$ 时的 σ_{cr}-λ 关系曲线。

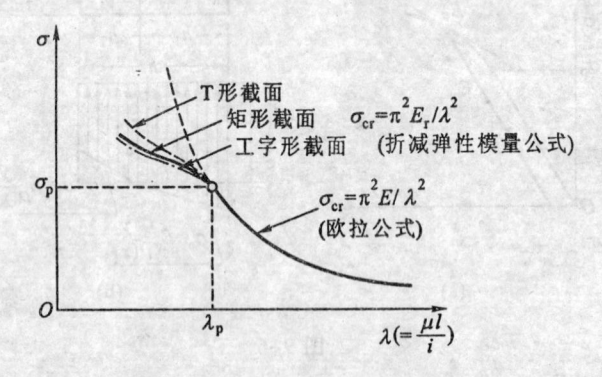

图 9-7

三、压杆的临界应力总图

如前所述,中心受压直杆的临界应力 σ_{cr} 的计算与压杆的柔度 $\lambda=\mu l/i$ 有关。对于 $\lambda \geq \lambda_p$ 的大柔度压杆,临界应力可按欧拉公式(9-5)计算。对于 $\lambda \leq \lambda_p$ 的小

柔度压杆,其临界应力的计算有很多不同的观点,折减弹性模量理论仅是其中之一。当压杆的柔度很小时,按折减弹性模量求得的临界应力值,有可能超过材料的屈服极限 σ_s,这时,就应以屈服极限 σ_s 作为压杆的临界应力 σ_{cr}。综上所述,在不同 λ 范围内,压杆的临界应力 σ_{cr} 与柔度 λ 间的关系图线如图 9-8 所示,图 9-8 称为压杆的**临界应力总图**。

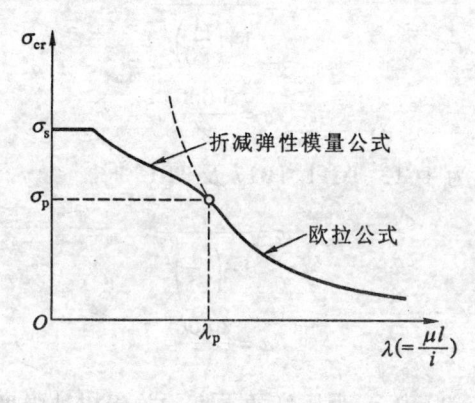

图 9-8

§9-5 实际压杆的稳定因数

实际压杆可能存在杆件的初曲率、压力的偏心度以及由轧制、切割、焊接等原因而引起截面上的残余应力等不利因素,都将降低压杆的临界应力。若按照实际可能的情况来计算压杆的承载能力,则需考虑的因素较多,计算十分繁复。然而不论采用哪一种观点,压杆的临界应力总是随压杆的柔度而改变的,柔度越大,临界应力值越低。因此,设计压杆时所用的许用应力也应随压杆柔度的增大而减小。在压杆设计中,将压杆的稳定许用应力 $[\sigma]_{st}$ 写作材料的强度许用应力 $[\sigma]$ 乘以一个随压杆柔度 λ 而改变的**稳定因数** $\varphi = \varphi(\lambda)$,即

$$[\sigma]_{st} = \frac{\sigma_{cr}}{n_{st}} = \frac{\sigma_{cr}}{n_{st}[\sigma]}[\sigma] = \varphi[\sigma] \tag{9-10}$$

以反映压杆的稳定许用应力随压杆柔度改变的这一特点。在稳定因数 $\varphi = \varphi(\lambda)$ 中,也考虑了压杆的稳定安全因数 n_{st} 随压杆柔度而改变的因素。

我国钢结构设计规范根据国内常用构件的截面形式、尺寸,不同加工条件和相应的残余应力分布和大小,以及 $l/1\ 000$ 的初弯曲等因素,将承载能力相近的截面归并为 a、b、c、d 四类,根据不同材料的屈服强度分别给出 a、b、c、d 四类截面在不同柔度 λ 下的 φ 值(对于 Q235 钢,a、b 类截面的稳定因数 φ 如表 9-2、9-3 所示),以供压杆设计时参考。其中 a 类的残余应力影响较小,稳定性较好,c

类的残余应力影响较大,基本上多数情况可取作 b 类。

对于木制压杆的稳定因数 φ 值,我国木结构设计规范按照树种的强度等级分别给出了两组计算公式:

树种强度等级为 TC17、TC15 及 TB20 时,

$\lambda \leqslant 75$
$$\varphi = \frac{1}{1+\left(\dfrac{\lambda}{80}\right)^2} \quad (9-11a)$$

$\lambda > 75$
$$\varphi = \frac{3\,000}{\lambda^2} \quad (9-11b)$$

树种强度等级为 TC13、TC11、TB17 及 TB15 时,

$\lambda \leqslant 91$
$$\varphi = \frac{1}{1+\left(\dfrac{\lambda}{65}\right)^2} \quad (9-12a)$$

$\lambda > 91$
$$\varphi = \frac{2\,800}{\lambda^2} \quad (9-12b)$$

在式(9-11)和(9-12)中,λ 为压杆的柔度。关于树种强度等级,TC17 有柏木、东北落叶松等;TC15 有红杉、云杉等;TC13 有红松、马尾松等;TC11 有西北云杉、冷杉等;TB20 有栎木、桐木等;TB17 有水曲柳等;TB15 有栲木、桦木等。代号后的数字为树种的弯曲强度(MPa)。

例题 9-3 一长度为 3 m、两端球铰支承的中心受压直杆(图 a),由两根 110 mm×70 mm×7 mm 角钢通过斜缀条及缀板连成整体(图 b、c),并符合钢结构设计规范中的 b 类截面中心受压杆的要求。已知该杆材料为 Q235 钢,其强度许用应力为 $[\sigma] = 170$ MPa。试求压杆的稳定许用应力。

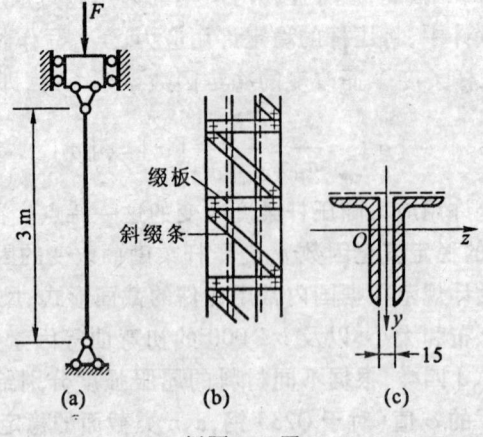

例题 9-3 图

解:(1) 压杆的柔度

由型钢表查得有关截面的几何性质,分别算出组合截面对其形心主轴 y、z 的惯性矩为

$$I_z = 2 \times (153 \times 10^4 \text{ mm}^4) = 306 \times 10^4 \text{ mm}^4$$

$$I_y = 2 \times [49.01 \times 10^4 \text{ mm}^4 + (1\,230 \text{ mm}^2) \times (23.6 \text{ mm})^2] = 235 \times 10^4 \text{ mm}^4$$

由于 $I_z > I_y$,说明压杆的弱轴为 y,强轴为 z,故应以与 y 轴对应的惯性半径 i_y 来计算其柔度值①,即

$$i_y = \sqrt{\frac{I_y}{A}} = \sqrt{\frac{235 \times 10^4 \text{ mm}^4}{2 \times (1\,230 \text{ mm}^2)}} = 30.9 \text{ mm}$$

$$\lambda_y = \frac{\mu l}{i_y} = \frac{1 \times 3 \text{ m}}{30.9 \times 10^{-3} \text{ m}} = 97$$

(2) 计算稳定许用应力

根据柔度 $\lambda = 97$,由表 9-3 查得 $\varphi = 0.575$,代入式(9-10),即得压杆的稳定许用应力为

$$[\sigma]_{st} = \varphi[\sigma] = 0.575 \times 170 \text{ MPa} = 97.8 \text{ MPa}$$

表 9-2 Q235 钢 a 类截面中心受压直杆的稳定因数 φ

λ	0	1.0	2.0	3.0	4.0	5.0	6.0	7.0	8.0	9.0
0	1.000	1.000	1.000	1.000	0.999	0.999	0.998	0.998	0.997	0.996
10	0.995	0.994	0.993	0.992	0.991	0.989	0.988	0.986	0.985	0.983
20	0.981	0.979	0.977	0.976	0.974	0.972	0.970	0.968	0.966	0.964
30	0.963	0.961	0.959	0.957	0.955	0.952	0.950	0.948	0.946	0.944
40	0.941	0.939	0.937	0.934	0.932	0.929	0.927	0.924	0.921	0.919
50	0.916	0.913	0.910	0.907	0.904	0.900	0.897	0.894	0.890	0.886
60	0.883	0.879	0.875	0.871	0.867	0.863	0.858	0.851	0.849	0.844
70	0.830	0.834	0.829	0.824	0.818	0.813	0.807	0.801	0.795	0.789
80	0.788	0.776	0.770	0.763	0.757	0.750	0.743	0.736	0.728	0.721
90	0.714	0.706	0.699	0.691	0.684	0.676	0.668	0.661	0.653	0.645
100	0.638	0.630	0.622	0.615	0.607	0.600	0.592	0.585	0.577	0.570
110	0.563	0.555	0.548	0.541	0.534	0.527	0.520	0.514	0.507	0.500
120	0.494	0.488	0.481	0.475	0.469	0.463	0.457	0.451	0.445	0.440
130	0.434	0.429	0.423	0.418	0.412	0.407	0.402	0.397	0.392	0.387
140	0.383	0.378	0.373	0.369	0.364	0.360	0.356	0.351	0.347	0.343
150	0.339	0.335	0.331	0.327	0.323	0.320	0.316	0.312	0.309	0.305
160	0.302	0.298	0.295	0.292	0.289	0.285	0.282	0.279	0.276	0.273

---

① 对于具有单对称轴截面和角钢及其组合截面的压杆柔度的计算,在钢结构设计规范中有具体规定,这里未作考虑。

续表

λ	0	1.0	2.0	3.0	4.0	5.0	6.0	7.0	8.0	9.0
170	0.270	0.267	0.264	0.262	0.259	0.256	0.253	0.251	0.248	0.246
180	0.243	0.241	0.238	0.236	0.233	0.231	0.229	0.226	0.224	0.222
190	0.220	0.218	0.215	0.213	0.211	0.209	0.207	0.205	0.203	0.201
200	0.199	0.198	0.196	0.194	0.192	0.190	0.189	0.187	0.185	0.183
210	0.182	0.180	0.179	0.177	0.175	0.174	0.172	0.171	0.169	0.168
220	0.166	0.165	0.164	1.162	0.161	0.159	0.158	0.157	0.155	0.154
230	0.150	0.152	0.150	0.149	0.148	0.147	0.146	0.144	0.143	0.142
240	0.141	0.140	0.139	0.138	0.136	0.135	0.134	0.133	0.132	0.131
250	0.130									

表 9-3　Q235 钢 b 类截面中心受压直杆的稳定因数 φ

λ	0	1.0	2.0	3.0	4.0	5.0	6.0	7.0	8.0	9.0
0	1.000	1.000	1.000	0.999	0.999	0.998	0.997	0.996	0.995	0.994
10	0.992	0.991	0.989	0.987	0.985	0.983	0.981	0.978	0.976	0.973
20	0.970	0.967	0.963	0.960	0.957	0.953	0.950	0.946	0.943	0.939
30	0.936	0.932	0.929	0.925	0.922	0.918	0.914	0.910	0.906	0.903
40	0.899	0.895	0.891	0.887	0.882	0.878	0.874	0.870	0.865	0.861
50	0.856	0.852	0.847	0.842	0.838	0.833	0.828	0.823	0.818	0.813
60	0.807	0.802	0.797	0.791	0.786	0.780	0.774	0.769	0.763	0.757
70	0.751	0.745	0.739	0.732	0.726	0.720	0.714	0.707	0.701	0.694
80	0.688	0.681	0.675	0.668	0.661	0.655	0.648	0.641	0.635	0.628
90	0.621	0.614	0.608	0.601	0.594	0.588	0.581	0.575	0.568	0.561
100	0.555	0.549	0.542	0.536	0.529	0.523	0.517	0.511	0.505	0.499
110	0.493	0.487	0.481	0.475	0.470	0.464	0.458	0.453	0.447	0.442
120	0.437	0.432	0.426	0.421	0.416	0.411	0.406	0.402	0.397	0.392
130	0.387	0.383	0.378	0.374	0.370	0.365	0.361	0.357	0.353	0.349
140	0.345	0.341	0.337	0.333	0.329	0.326	0.322	0.318	0.315	0.311
150	0.308	0.304	0.301	0.298	0.265	0.291	0.288	0.285	0.282	0.279
160	0.276	0.273	0.270	0.267	0.265	0.262	0.259	0.256	0.254	0.251
170	0.249	0.246	0.244	0.241	0.239	0.236	0.234	0.232	0.229	0.227
180	0.225	0.223	0.220	0.218	0.216	0.214	0.212	0.210	0.208	0.206
190	0.204	0.202	0.200	0.198	0.197	0.195	0.193	0.191	0.190	9.188
200	0.186	0.184	0.183	0.181	0.180	0.178	0.176	0.175	0.173	0.172
210	0.170	0.169	0.167	0.166	0.165	0.163	0.162	0.160	0.159	0.158
220	0.156	0.155	0.154	0.153	0.151	0.150	0.149	0.148	0.146	0.145
230	0.144	0.143	0.142	0.141	0.140	0.138	0.137	0.136	0.135	0.134
240	0.133	0.132	0.131	0.130	0.129	0.128	0.127	0.126	0.125	0.124
250	0.123									

§9-6 压杆的稳定计算·压杆的合理截面

如上所述,压杆的稳定条件可表达为

$$\frac{F}{A} \leqslant \varphi[\sigma] \tag{9-13a}$$

通常改写为

$$\frac{F}{\varphi A} \leqslant [\sigma] \tag{9-13b}$$

式中,F 为压杆承受的轴向压力;φ 为压杆的稳定因数;A 为压杆的横截面面积,当压杆由于钉孔等原因而使横截面有局部削弱时,由于压杆的临界力是根据整杆的失稳来确定的,所以在稳定计算中不必考虑截面局部削弱的影响,而以毛面积进行计算。但在强度计算中,应按局部被削弱的净面积进行计算;$[\sigma]$ 为压杆材料的许用压应力。对于木材,$[\sigma]$ 应为顺纹压缩许用应力。

在稳定计算中,若已知压杆的材料、杆长和杆端约束条件,而需选择压杆的截面尺寸时,由于压杆的稳定因数 φ(或柔度 λ)受截面形状和大小的影响,通常需采用试算法。实际上,利用稳定因数表,这种试算法也并不很困难,如例题9-5所示。

关于压杆的合理截面,由于压杆的稳定性与其柔度有关,而柔度 λ 与截面的最小惯性半径 i 成反比,因此,对于各个方向的杆端约束条件相同的压杆,要求截面对两形心主惯性轴的惯性半径相等:$i_y = i_z$(即 $I_y = I_z$),且尽可能增大截面的 i 值。例如,面积相等的方形截面(图 9-9a)与矩形截面(图 9-9b)相比较,由于矩形截面的 i_y 小于方形截面的 i_y,故方形截面的压杆较为合理。又如面积相同的空心圆截面(图 9-9d)与实心圆截面(图 9-9c)相比较,由于空心圆截面的 i 值大于实心圆截面的 i 值,显然空心圆截面的压杆较为合理。因而,压杆多采用空心截面或型钢组合截面。而在选用型钢组合截面时,一般宜采用薄腹板的型号(即型钢 a、b、c 三型中的 a 型),例如图 9-9e 中两个槽钢的组合截面,25a 槽

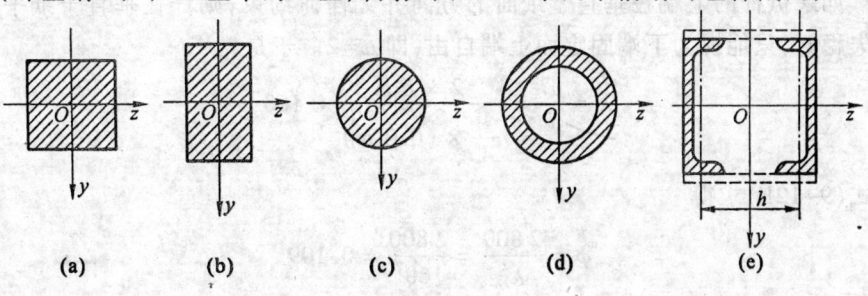

(a)　　(b)　　(c)　　(d)　　(e)

图 9-9

钢的 $i_z = 9.823$ 就大于 25c 号槽钢的 $i_z = 9.065$。至于组合截面对 y 轴的柔度,则可调整其间距 h 以达到 $\lambda_y \approx \lambda_z$,而充分发挥材料的作用。应该注意,当采用薄壁截面或组合截面时,需注意其局部稳定性。

对于各个方向的杆端约束条件不同(例如柱形铰)的压杆,为了充分发挥材料的作用,则要求截面对两形心主惯性轴的 i 值不同,以使两个方向的柔度大致相等,即 $\lambda_y \approx \lambda_z$。

例题 9-4 一强度等级为 TC13 的圆松木,长 6 m,中径为 300 mm,其强度许用应力为 10 MPa。现将圆木用作起重用的扒杆(如图),试计算圆木所能承受的许可压力值。

解:(1)在纸平面内失稳

若扒杆在图示纸平面内失稳,则杆的轴线将弯成半个正弦波,长度因数可取为 $\mu = 1$。于是,其柔度为

$$\lambda = \frac{\mu l}{i} = \frac{1 \times 6 \text{m}}{\frac{1}{4} \times (0.3 \text{ m})} = 80$$

根据 $\lambda = 80$,按式(9-12a),求得木压杆的稳定因数为

$$\varphi = \frac{1}{1 + \left(\frac{\lambda}{65}\right)^2} = \frac{1}{1 + \left(\frac{80}{65}\right)^2} = 0.398$$

从而可得圆木所能承受的许可压力为

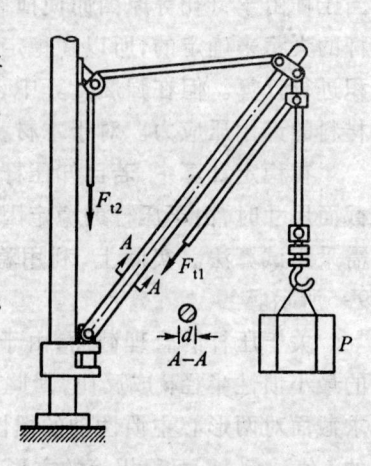

$$[F] = \varphi[\sigma]A = 0.398 \times (10 \times 10^6 \text{ Pa}) \times \frac{\pi}{4} \times (0.3 \text{ m})^2$$

$$= 281.3 \text{ kN}$$

例题 9-4 图

(2)在垂直于纸平面内失稳

如果扒杆的上端在垂直于纸面的方向并无任何约束,则杆在垂直于纸平面内失稳时,只能视为下端固定而上端自由,即 $\mu = 2$。于是

$$\lambda = \frac{\mu l}{i} = \frac{2 \times 6 \text{ m}}{\frac{1}{4} \times (0.3 \text{ m})} = 160$$

按式(9-12b)求得

$$\varphi = \frac{2\,800}{\lambda^2} = \frac{2\,800}{160^2} = 0.109$$

则其许可压力为

$$[F] = \varphi[\sigma]A = 0.109 \times (10 \times 10^6 \text{ Pa}) \times \frac{\pi}{4} \times (0.3 \text{ m})^2 = 77 \text{ kN}$$

显然,圆木作为扒杆使用时,所能承受的许可压力应为 77 kN。

例题 9-5 厂房的钢柱长 7 m,柱的两端分别与基础和梁连接。由于与梁连接的一端可发生侧移,因此,根据柱顶和柱脚的连接刚度,钢柱的长度因数取为 $\mu = 1.3$。钢柱由两根 Q235 钢的槽钢组成(如图),符合钢结构设计规范中的 b 类截面中心受压杆的要求。在柱脚和柱顶处用螺栓借助于连接板与基础和梁连接,同一横截面上最多有四个直径为 30 mm 的螺栓孔。钢柱承受的轴向压力为 270 kN,材料的强度许用应力为 $[\sigma] = 170 \text{ MPa}$。试为钢柱选择槽钢号码。

解:(1) 按稳定条件选择槽钢号码

在选择截面时,由于 $\lambda = \mu l/i$ 中的 i 为未知值,λ 值无法算出,相应的稳定因数 φ 也就无法确定。于是,先假设一个 φ 值进行计算。

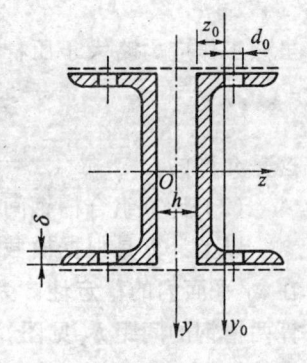

例题 9-5 图

假设 $\varphi = 0.50$,得到压杆的稳定许用应力为

$$[\sigma]_{st} = \varphi[\sigma] = 0.50 \times 170 \text{ MPa} = 85 \text{ MPa}$$

按稳定条件可算出每根槽钢所需的横截面面积为

$$A = \frac{F/2}{[\sigma]_{st}} = \frac{270 \times 10^3 \text{ N}/2}{85 \times 10^6 \text{ Pa}} = 15.9 \times 10^{-4} \text{ m}^2$$

由型钢表查得,14a 号槽钢的横截面面积为 $A = 18.51 \times 10^2 \text{ mm}^2$,$i_z = 55.2 \text{ mm}$。对于图示组合截面,由于 I_z 和 A 均为单根槽钢的两倍,故 i_z 值与单根槽钢截面的值相同。由 i_z 算得

$$\lambda = \frac{1.3 \times 7 \text{ m}}{5.52 \times 10^{-2} \text{ m}} = 165$$

由表 9-3 查出,Q235 钢压杆对应于柔度 $\lambda = 165$ 的稳定因数为

$$\varphi = 0.262$$

显然,前面假设的 $\varphi = 0.50$ 过大,需重新假设较小的 φ 值再进行计算。但重新假设的 φ 值也不应采用 $\varphi = 0.262$,因为降低 φ 后所需的截面面积必然加大,相应的 i_z 也将加大,从而使 λ 减小而 φ 增大。因此,试用 $\varphi = 0.35$ 进行截面选择

$$A = \frac{F/2}{\varphi[\sigma]} = \frac{270 \times 10^3 \text{ N}/2}{0.35 \times (170 \times 10^6 \text{ Pa})} = 22.7 \times 10^{-4} \text{ m}^2$$

试用 16 号槽钢:$A = 25.15 \times 10^2 \text{ mm}^2$,$i_z = 61 \text{ mm}$,柔度为

$$\lambda = \frac{\mu l}{i_z} = \frac{1.3 \times 7 \text{ m}}{6.1 \times 10^{-2} \text{ m}} = 149.2$$

与 λ 值对应的 φ 为 0.311，接近于试用的 $\varphi = 0.35$。按 $\varphi = 0.311$ 进行核算，以校核 16 号槽钢是否可用。此时，稳定许用应力为

$$[\sigma]_{\text{st}} = \varphi[\sigma] = 0.311 \times 170 \text{ MPa} = 52.9 \text{ MPa}$$

而钢柱的工作应力为

$$\sigma = \frac{F/2}{A} = \frac{270 \times 10^3 \text{ N}/2}{25.15 \times 10^{-4} \text{ m}^2} = 53.7 \text{ MPa}$$

虽然工作应力略大于压杆的稳定许用应力，但仅超过

$$\frac{53.7 \text{ MPa} - 52.9 \text{ MPa}}{52.9 \text{ MPa}} = 1.5\%$$

这是允许的。

(2) 计算组合槽钢间距 h

以上计算是根据横截面对于 z 轴的惯性半径 i_z 进行的，亦即考虑的是压杆在 xy 平面内的稳定性。为保证槽钢组合截面压杆在 xz 平面内的稳定性，须计算两槽钢的间距 h（见图）。假设压杆在 xy、xz 两平面内的长度因数相同，则应使槽钢组合截面的 i_y 与 i_z 相等。由惯性矩平行移轴定理

$$I_y = I_{y0} + A\left(z_0 + \frac{h}{2}\right)^2$$

可得

$$i_y^2 = i_{y0}^2 + \left(z_0 + \frac{h}{2}\right)^2$$

16 号槽钢的 $i_{y0} = 18.2$ mm，$z_0 = 17.5$ mm。令 $i_y = i_z = 61$ mm，可得

$$\frac{h}{2} = \sqrt{(61 \text{ mm})^2 - (18.2 \text{ mm})^2} - 17.5 \text{ mm} = 40.7 \text{ mm}$$

从而得到

$$h = 2 \times 40.7 \text{ mm} = 81.4 \text{ mm}$$

实际所用的两槽钢间距应不小于 81.4 mm。

组成压杆的两根槽钢是靠缀板（或缀条）将它们连接成整体的，为了防止单根槽钢在相邻两缀板间局部失稳，应保证其局部稳定性不低于整个压杆的稳定性。根据这一原则来确定相邻两缀板的最大间距。有关这方面的细节问题将在钢结构计算中讨论。

(3) 校核净截面强度

被每个螺栓孔所削弱的横截面面积为

$$\delta d_0 = 10 \text{ mm} \times 30 \text{ mm} = 300 \text{ mm}^2$$

因此，压杆横截面的净截面面积为

$$2A - 4\delta d_0 = 2 \times 2\,515 \text{ mm}^2 - 4 \times 300 \text{ mm}^2 = 3\,830 \text{ mm}^2$$

从而净截面上的压应力为

$$\sigma = \frac{F}{2A - 4\delta d_0} = \frac{270 \times 10^3 \text{ N}}{3.830 \times 10^{-3} \text{ m}^2} = 70.5 \text{ MPa} < [\sigma]$$

由此可见，净截面的强度是足够的。

例题 9-6 由 Q235 钢加工成的工字形截面连杆，两端为柱形铰，即在 xy 平面内失稳时，杆端约束情况接近于两端铰支，长度因数 $\mu_z = 1.0$；而在 xz 平面内失稳时，杆端约束情况接近于两端固定，$\mu_y = 0.6$，如图所示。已知连杆在工作时承受的最大压力为 $F = 35$ kN，材料的强度许用应力 $[\sigma] = 206$ MPa，并符合钢结构设计规范中的 a 类中心受压杆的要求。试校核其稳定性。

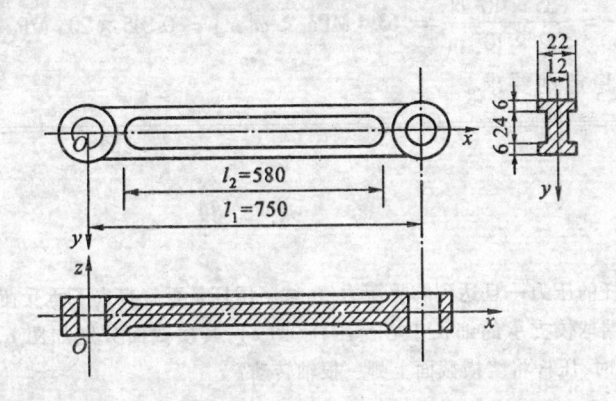

例题 9-6 图

解：(1) 截面的几何性质

横截面的面积和形心主惯性矩分别为

$A = 12 \text{ mm} \times 24 \text{ mm} + 2 \times 6 \text{ mm} \times 22 \text{ mm} = 552 \text{ mm}^2$

$I_z = \frac{12 \text{ mm} \times (24 \text{ mm})^3}{12} + 2\left[\frac{22 \text{ mm} \times (6 \text{ mm})^3}{12} + 22 \text{ mm} \times 6 \text{ mm} \times (15 \text{ mm})^2\right]$

$= 7.40 \times 10^4 \text{ mm}^4$

$I_y = \frac{24 \text{ mm} \times (12 \text{ mm})^3}{12} + 2 \times \frac{6 \text{ mm} \times (22 \text{ mm})^3}{12} = 1.41 \times 10^4 \text{ mm}^4$

横截面对 z 轴和 y 轴的惯性半径分别为

$$i_z = \sqrt{\frac{I_z}{A}} = \sqrt{\frac{7.40 \times 10^4 \text{ mm}^4}{552 \text{ mm}^2}} = 11.58 \text{ mm}$$

$$i_y = \sqrt{\frac{I_y}{A}} = \sqrt{\frac{1.41 \times 10^4 \text{ mm}^4}{552 \text{ mm}^2}} = 5.05 \text{ mm}$$

(2) 校核稳定性

当连杆在 xy 和 xz 平面内失稳时，按题意分别可得连杆的柔度值为

$$\lambda_z = \frac{\mu_z l_1}{i_z} = \frac{1.0 \times 750 \text{ mm}}{11.58 \text{ mm}} = 64.8$$

$$\lambda_y = \frac{\mu_y l_2}{i_y} = \frac{0.6 \times 580 \text{ mm}}{5.05 \text{ mm}} = 68.9$$

在两柔度值中，应按较大的柔度值 $\lambda_y = 68.9$ 来确定压杆的稳定因数 φ。由表 9-2，并用内插法求得

$$\varphi = 0.849 + \frac{9}{10} \times (0.844 - 0.849) = 0.845$$

按稳定条件式(9-13a)，可得

$$\sigma = \frac{F}{A} = \frac{35 \times 10^3 \text{ N}}{552 \times 10^{-6} \text{ m}^2} = 63.4 \text{ MPa} < \varphi[\sigma] = 0.845 \times 206 \text{ MPa} = 174 \text{ MPa}$$

故连杆满足稳定性要求。

思 考 题

9-1 压杆的压力一旦达到临界压力值，试问压杆是否就丧失了承受荷载的能力？

9-2 两端球铰支承的细长中心受压杆（图 a），其横截面分别如图 b、c、d、e、f、g 所示。试问压杆失稳时，压杆将绕横截面上哪一根轴转动？

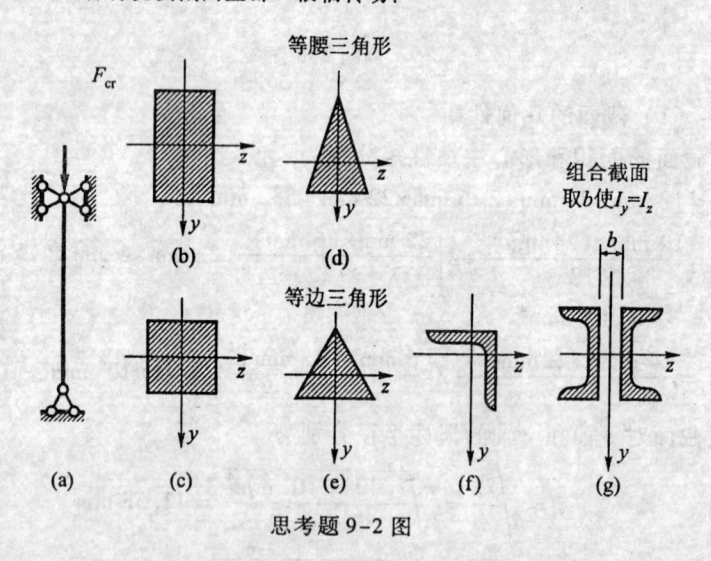

思考题 9-2 图

9-3 刚性杆 AB，上端 A 与刚度为 k 的弹簧相连，下端 B 安装在不计摩擦枢轴上，并在上端 A 承受通过导槽传递的荷载 F，如图所示。已知当位移 $x=0$ 时，弹簧无伸长，试求荷载 F 的临界值。

9-4 在§9-2中已对两端球形铰支的等截面细长中心受压杆,按图 a 所示坐标系及挠曲线形状,导出了临界力公式

$$F_{cr} = \frac{\pi^2 EI}{l^2}$$

试分析当分别取图 b、c、d 所示坐标系及挠曲线形状时,压杆在 F_{cr} 作用下的挠曲线微分方程是否与图 a 情况下的相同,由此所得的 F_{cr} 公式又是否相同。

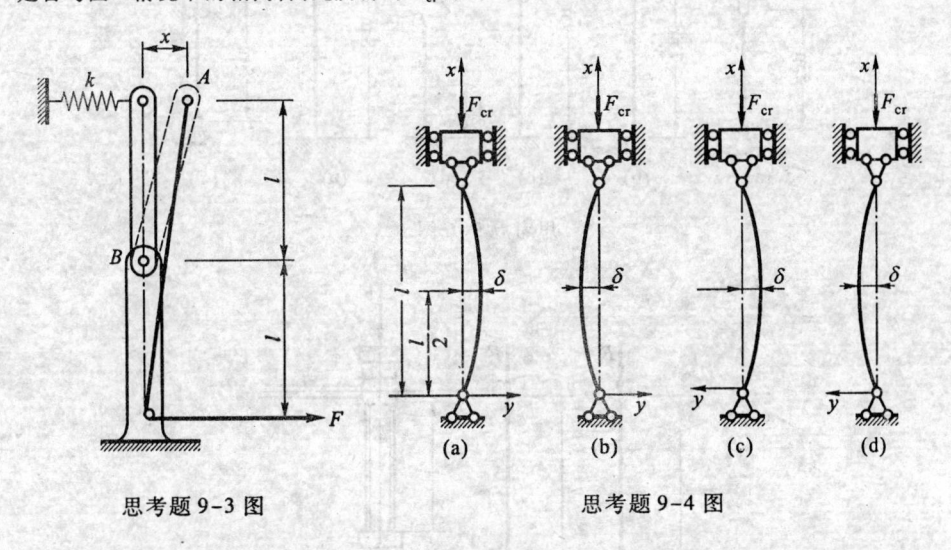

思考题 9-3 图   思考题 9-4 图

9-5 两端为柱形铰、受轴向压力作用的矩形截面杆如图所示。杆在 xy 平面内失稳时,杆端约束为两端铰支;在 xz 平面内失稳时,杆端约束可认为不能绕 y 轴转动。试问压杆的 b 与 h 的合理比值应为多大?

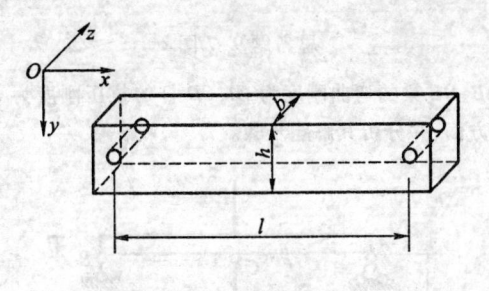

思考题 9-5 图

9-6 图示各杆材料和截面均相同,试问杆能承受的压力哪根最大,哪根最小(图 f 所示杆在中间支承处不能转动)?

9-7 图 a、b 所示的两细长杆均与基础刚性连接,但第一根杆(图 a)的基础放在弹性地基上,第二根杆(图 b)的基础放在刚性地基上。试问两杆的临界力是否均为 $F_{cr} = \dfrac{\pi^2 EI_{min}}{(2l)^2}$?为什么?并由此判断压杆长度因数 μ 是否可能大于 2。

思考题 9-6 图

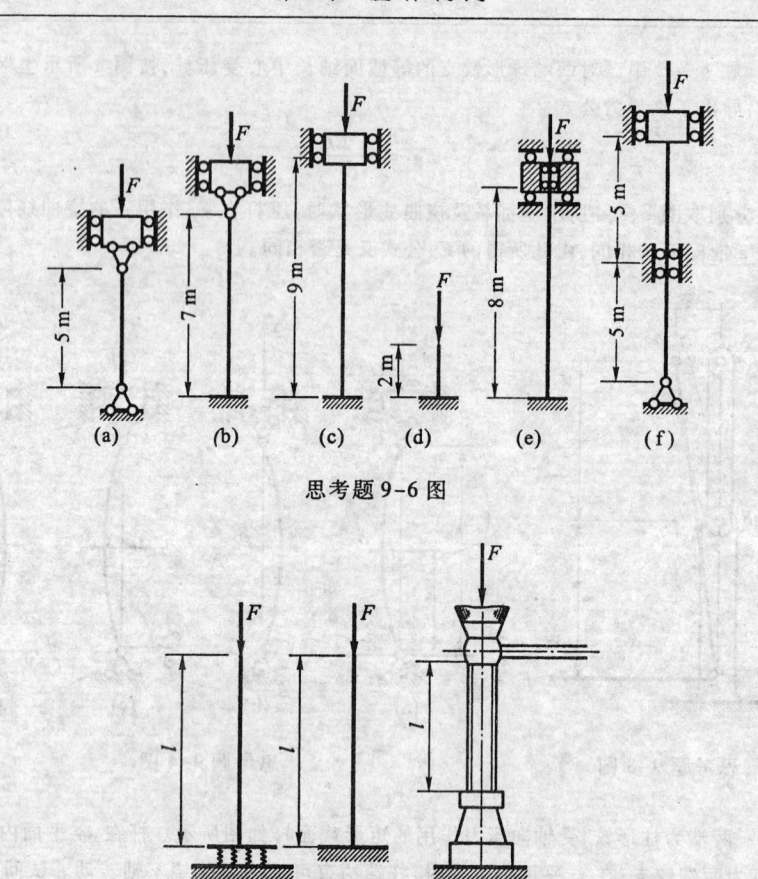

思考题 9-7 图

9-8 图示结构，AB、DE 梁的弯曲刚度为 EI，CD 杆的拉压刚度为 EA。为求结构的许可荷载，试问需考虑哪些方面，并分析其解题步骤。

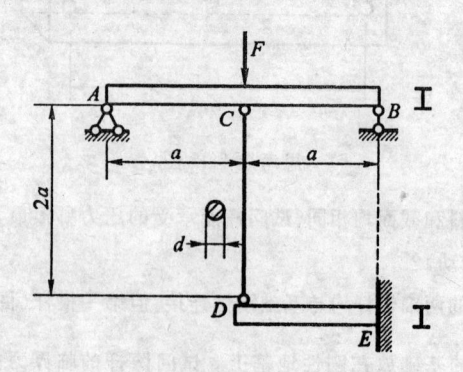

思考题 9-8 图

习　题

9-1　试推导两端固定、弯曲刚度为 EI，长度为 l 的等截面中心受压直杆的临界力 F_{cr}。

9-2　长 5 m 的 10 号工字钢，在温度为 0 ℃ 时安装在两个固定支座之间，这时杆不受力。已知钢的线膨胀系数 $\alpha_l = 125 \times 10^{-7} (℃)^{-1}$，$E = 210$ GPa。试问当温度升高至多少度时，杆将丧失稳定？

9-3　两根直径为 d 的立柱，上、下端分别与强劲的顶、底块刚性连接，如图所示。试根据杆端的约束条件，分析在总压力 F 作用下，立柱可能产生的几种失稳形态下的挠曲线形状，分别写出对应的总压力 F 之临界值的算式（按细长杆考虑），并确定最小临界力 F_{cr} 的算式。

9-4　图示结构 $ABCD$ 由三根直径均为 d 的圆截面钢杆组成，在 B 点铰支，而在 A 点和 C 点固定，D 点为铰接，$\dfrac{l}{d} = 10\pi$。若考虑结构在图示纸平面 $ABCD$ 内的弹性失稳，试确定作用于结点 D 处的荷载 F 的临界值。

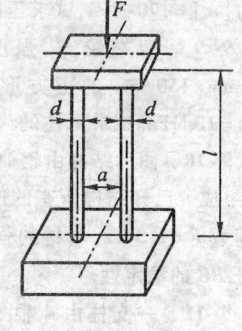

习题 9-3 图

9-5　图示铰接杆系 ABC 由两根具有相同截面和同样材料的细长杆所组成。力 F 与 AB 杆轴线间的夹角为 θ，且 $0 \leqslant \theta \leqslant \dfrac{\pi}{2}$。若由于杆件在纸平面 ABC 内的失稳而引起毁坏，试确定荷载 F 为最大时的 θ 角及其最大临界荷载。

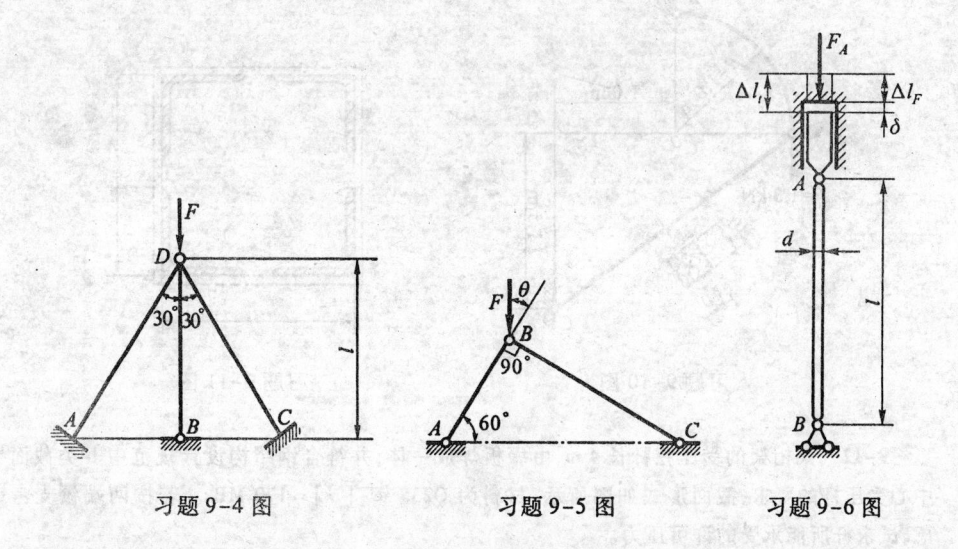

习题 9-4 图　　习题 9-5 图　　习题 9-6 图

9-6　长度 $l = 1$ m，直径 $d = 16$ mm，两端铰支的钢杆 AB，在 15 ℃ 时装配，装配后 A 端与刚性槽之间有空隙 $\delta = 0.25$ mm，如图所示。杆材料为 Q235 钢，$\sigma_p = 200$ MPa，$E = 200$ GPa，线膨

胀系数 $\alpha_l = 11.2 \times 10^{-6} (\text{℃})^{-1}$。试求钢杆失稳时的温度。

9-7 如果杆分别由下列材料制成：

(1) 比例极限 $\sigma_p = 220$ MPa，弹性模量 $E = 190$ GPa 的钢；

(2) $\sigma_p = 490$ MPa，$E = 215$ GPa，含镍 3.5% 的镍钢；

(3) $\sigma_p = 20$ MPa，$E = 11$ GPa 的松木。

试求可用欧拉公式计算临界力的压杆的最小柔度。

9-8 下端固定、上端铰支、长 $l = 4$ m 的压杆，由两根 10 号槽钢焊接而成，如图所示，并符合钢结构设计规范中的 b 类截面中心受压杆的要求。已知杆的材料为 Q235 钢，强度许用应力 $[\sigma] = 170$ MPa，试求压杆的许可荷载。

9-9 两端铰支、强度等级为 TC13 的木柱，截面为 150 mm×150 mm 的正方形，长度 $l = 3.5$ m，强度许用应力 $[\sigma] = 10$ MPa。试求木柱的许可荷载。

9-10 图示结构由钢曲杆 AB 和强度等级为 TC13 的木杆 BC 组成。已知结构所有的连接均为铰连接，在 B 点处承受铅垂荷载 $F = 1.3$ kN，木材的强度许用应力 $[\sigma] = 10$ MPa。试校核杆 BC 的稳定性。

9-11 一支柱由 4 根 80 mm×80 mm×6 mm 的角钢组成（如图），并符合钢结构设计规范中的 b 类截面中心受压杆的要求。支柱的两端为铰支，柱长 $l = 6$ m，压力为 450 kN。若材料为 Q235 钢，强度许用应力 $[\sigma] = 170$ MPa，试求支柱所需横截面边长 a 的尺寸。

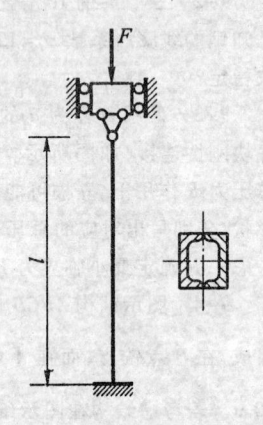

习题 9-8 图

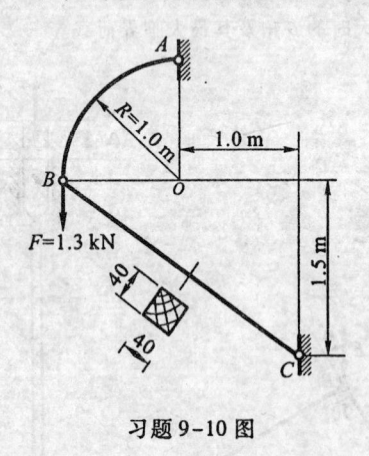

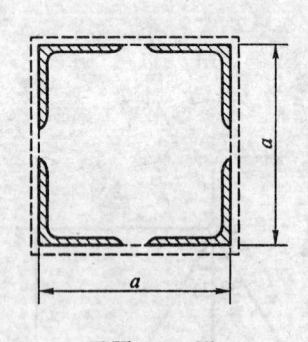

习题 9-10 图　　习题 9-11 图

9-12 某桁架的受压弦杆长 4 m，由缀板焊成一体，并符合钢结构设计规范中 b 类截面中心受压杆的要求，截面形式如图所示，材料为 Q235 钢，$[\sigma] = 170$ MPa。若按两端铰支考虑，试求杆所能承受的许可压力。

9-13 图示结构中 BC 为圆截面杆，其直径 $d = 80$ mm；AC 为边长 $a = 70$ mm 的正方形截面杆。已知该结构的约束情况为 A 端固定，B、C 为球铰。两杆材料均为 Q235 钢，弹性模量 E

= 210 GPa,可各自独立发生弯曲互不影响。若结构的稳定安全因数 $n_{st}=2.5$,试求所能承受的许可压力。

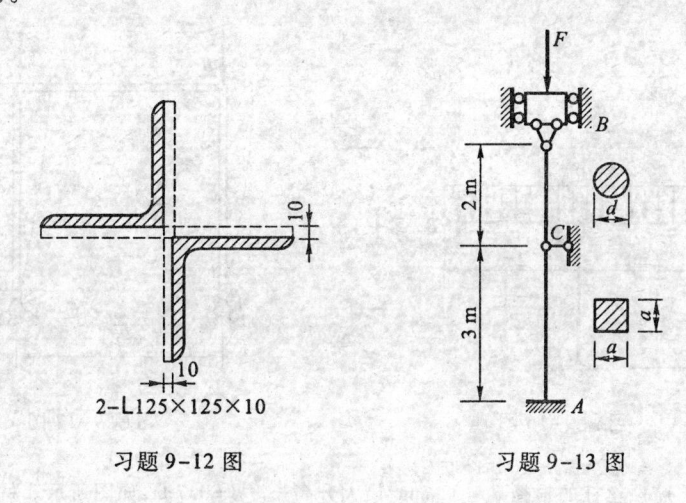

习题 9-12 图

习题 9-13 图

9-14 图示一简单托架,其撑杆 AB 为圆截面木杆,强度等级为 TC15。若架上受集度为 $q=50$ kN/m 的均布荷载作用,AB 两端为柱形铰,材料的强度许用应力 $[\sigma]=11$ MPa,试求撑杆所需的直径 d。

9-15 图示结构中杆 AC 与 CD 均由 Q235 钢制成,C、D 两处均为球铰。已知 $d=20$ mm, $b=100$ mm,$h=180$ mm;$E=200$ GPa,$\sigma_s=235$ MPa,$\sigma_b=400$ MPa;强度安全因数 $n=2.0$,稳定安全因数 $n_{st}=3.0$。试确定该结构的许可荷载。

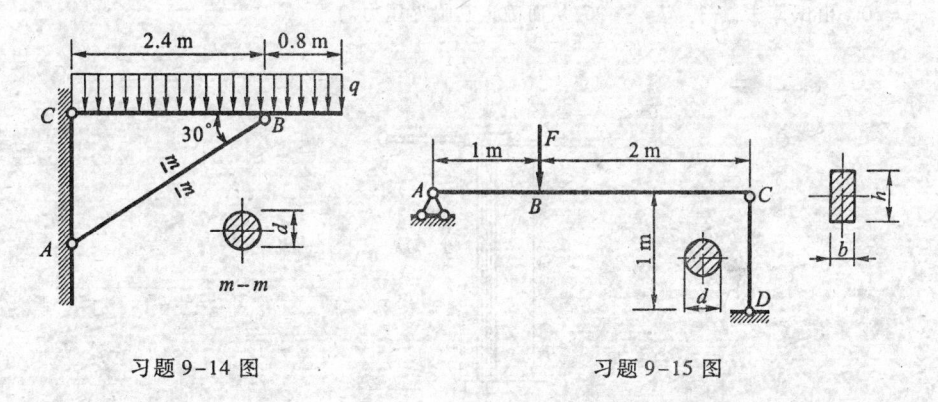

习题 9-14 图

习题 9-15 图

***9-16** 图示结构中钢梁 AB 及立柱 CD 分别由 16 号工字钢和连成一体的两根 63 mm× 63 mm×5 mm 角钢制成,杆 CD 符合钢结构设计规范中 b 类截面中心受压杆的要求。均布荷载集度 $q=48$ kN/m。梁及柱的材料均为 Q235 钢,$[\sigma]=170$ MPa,$E=210$ GPa。试校核梁和立柱是否安全。

***9-17** 弯曲刚度为 EI 的刚架 ABCD,在刚结点 B、C 分别承受铅垂荷载 F,如图所示。设刚架直至失稳前始终处于线弹性范围,试求刚架的临界荷载。

(提示：由立柱的挠曲线近似微分方程及其边界条件，可得 $kl\tan kl=6$。由试算法，得最小非零解 $kl=1.35$，从而确定刚架的临界荷载。）

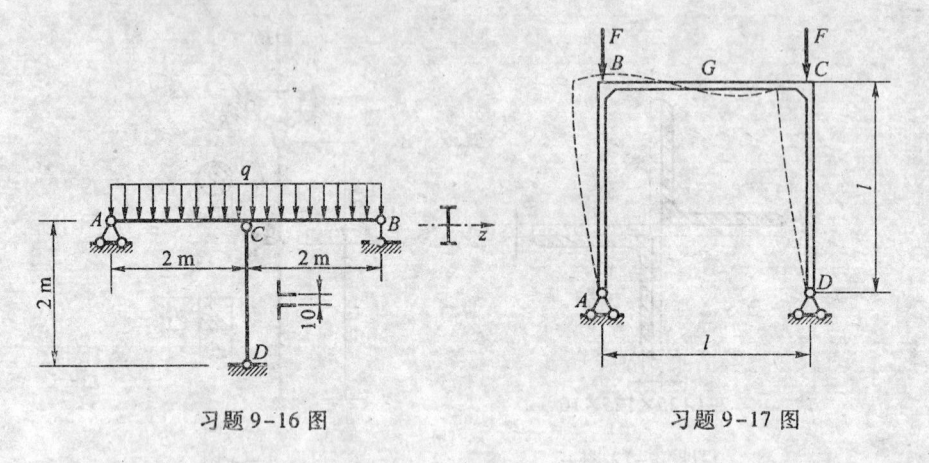

习题 9-16 图

习题 9-17 图

*9-18 千斤顶丝杠的根径 $d_1=52$ mm，最大升高长度 $l=0.7$ m，如图所示。材料为 Q235 钢，$E=200$ GPa，$\lambda_p=100$。规定稳定安全因数 $n_{st}=3$。试求：

（1）若丝杠下端可简化为固定端时，丝杠的许可荷载；

（2）若丝杠下端视为弹性约束（参见思考题 9-7），且其转动刚度 $C=\dfrac{M}{\varphi}=20\dfrac{EI}{l}$ 时，丝杠的许可荷载。

（提示：丝杠下端为弹性约束时，由挠曲线的近似微分方程及其边界条件，可得 $kl\tan kl=\dfrac{Cl}{EI}=20$。由试算法，解得 $kl=1.496$，从而确定其临界压力。）

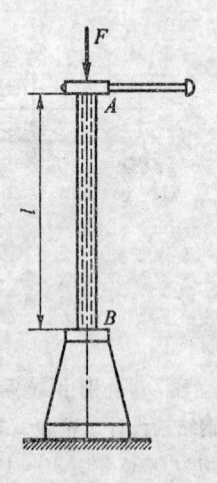

习题 9-18 图

附录 I　截面的几何性质

§ I-1　截面的静矩和形心位置

计算杆在外力作用下的应力和变形时,将用到杆横截面的几何性质。截面的几何性质包括截面的面积 A、极惯性矩 I_p,以及静矩、惯性矩和惯性积等。

设一任意形状的截面如图 I-1 所示,其截面面积为 A。从截面中坐标为 (x,y)①处取一面积元素 dA,则 xdA 和 ydA 分别称为该面积元素 dA 对于 y 轴和 x 轴的静矩或一次矩,而以下两积分

$$S_y = \int_A x dA, \quad S_x = \int_A y dA \quad (\text{I-1})$$

分别定义为该截面对 y 轴和 x 轴的静矩。上述积分应遍及整个截面面积 A。

截面的静矩是对一定的轴而言的,同一截面对不同坐标轴的静矩不同。静矩可能为正值或负值,也可能等于零,其常用单位为 m^3 或 mm^3。

从理论力学已知,在 Oxy 坐标系中,均质等厚度薄板的重心坐标为

$$\bar{x} = \frac{\int_A x dA}{A}, \quad \bar{y} = \frac{\int_A y dA}{A}$$

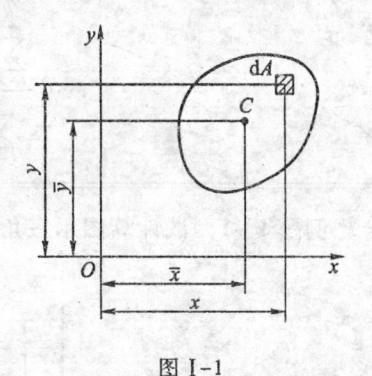

图 I-1

而均质薄板的重心与该薄板平面图形的形心是重合的,故上式可用于计算截面(图 I-1)的形心坐标。由于上式中的 $\int_A x dA$ 和 $\int_A y dA$ 就是截面的静矩,于是可将上式改写为

$$\bar{x} = \frac{S_y}{A}, \quad \bar{y} = \frac{S_x}{A} \quad (\text{I-2a})$$

因此,在知道截面对 y 轴和 x 轴的静矩以后,即可求得截面形心的坐标。若将上式写为

---

① 本附录中所用的坐标系与型钢规格表中的一致,而与本书各章中所用的不同。在使用本附录时,应予注意。

$$S_y = A\bar{x}, \quad S_x = A\bar{y} \qquad (\text{I-2b})$$

则在已知截面的面积 A 及其形心的坐标 $\bar{x}$、$\bar{y}$ 时，就可求得截面对 y 轴和 x 轴的静矩。

由式（I-2b）可见，截面对通过其形心的轴的静矩恒等于零。反之，若截面对于某一轴的静矩等于零，则该轴必通过截面的形心。

当截面由若干简单图形（如矩形、圆形或三角形等）组成时，由于简单图形的面积及其形心位置均为已知，而由静矩定义可知，截面各组成部分对某一轴的静矩之代数和等于该截面对同一轴的静矩，即得整个截面的静矩为

$$S_y = \sum_{i=1}^{n} A_i \bar{x}_i, \quad S_x = \sum_{i=1}^{n} A_i \bar{y}_i \qquad (\text{I-3})$$

式中，A_i 和 $\bar{x}_i$、$\bar{y}_i$ 分别代表任一简单图形的面积及其形心的坐标；n 为组成截面的简单图形的个数。

若将按式（I-3）求得的 S_y 和 S_x 代入式（I-2a），则可得组合截面的形心坐标为

$$\bar{x} = \frac{\sum_{i=1}^{n} A_i \bar{x}_i}{\sum_{i=1}^{n} A_i}, \quad \bar{y} = \frac{\sum_{i=1}^{n} A_i \bar{y}_i}{\sum_{i=1}^{n} A_i} \qquad (\text{I-4})$$

例题 I-1 试计算图示三角形截面对与其底边重合的 x 轴的静矩。

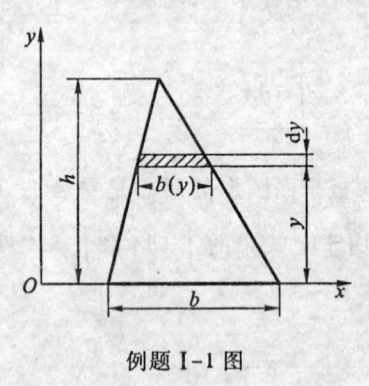

例题 I-1 图

解：如图所示，取平行于 x 轴的狭长条作为面积元素，即 $\mathrm{d}A = b(y)\mathrm{d}y$。由相似三角形关系，可知 $b(y) = \dfrac{b}{h}(h-y)$，因此有 $\mathrm{d}A = \dfrac{b}{h}(h-y)\mathrm{d}y$。将其代入式（I-1）的第二式，即得

$$S_x = \int_A y dA = \int_0^h \frac{b}{h}(h-y)y dy = b\int_0^h y dy - \frac{b}{h}\int_0^h y^2 dy = \frac{bh^2}{6}$$

例题 I-2 试确定图示截面形心 C 的位置。

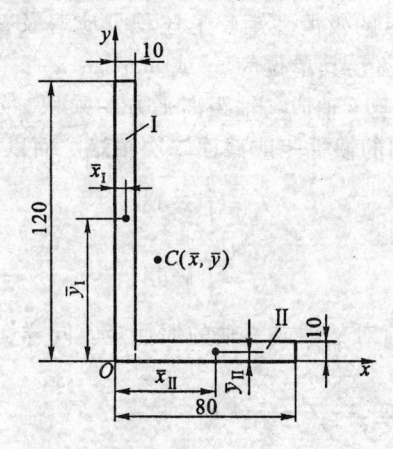

例题 I-2 图

解：将截面分为 I、II 两个矩形。取 x 轴和 y 轴分别与截面的底边和左边缘重合，如图所示。先计算每一矩形的面积 A_i 和形心坐标 $(\bar{x}_i, \bar{y}_i)$：

矩形 I $A_I = 10 \text{ mm} \times 120 \text{ mm} = 1\,200 \text{ mm}^2$

$$\bar{x}_I = \frac{10}{2} \text{ mm} = 5 \text{ mm}, \quad \bar{y}_I = \frac{120}{2} \text{ mm} = 60 \text{ mm}$$

矩形 II $A_{II} = 10 \text{ mm} \times 70 \text{ mm} = 700 \text{ mm}^2$

$$\bar{x}_{II} = 10 \text{ mm} + \frac{70}{2} \text{ mm} = 45 \text{ mm}, \quad \bar{y}_{II} = \frac{10}{2} \text{ mm} = 5 \text{ mm}$$

将其代入式(I-4)，即得截面形心 C 的坐标为

$$\bar{x} = \frac{A_I \bar{x}_I + A_{II} \bar{x}_{II}}{A_I + A_{II}} = \frac{37\,500 \text{ mm}^3}{1\,900 \text{ mm}^2} \approx 20 \text{ mm}$$

$$\bar{y} = \frac{A_I \bar{y}_I + A_{II} \bar{y}_{II}}{A_I + A_{II}} = \frac{75\,500 \text{ mm}^3}{1\,900 \text{ mm}^2} \approx 40 \text{ mm}$$

§I-2 极惯性矩·惯性矩·惯性积

设一面积为 A 的任意形状截面如图 I-2 所示。从截面中坐标为 (x, y) 处

取一面积元素 dA,则 dA 与其至坐标原点距离平方的乘积 $\rho^2 dA$,称为面积元素对 O 点的极惯性矩或截面二次极矩。而以下积分

$$I_p = \int_A \rho^2 dA \tag{I-5}$$

定义为整个截面对 O 点的极惯性矩。上述积分应遍及整个截面面积 A。显然,极惯性矩的数值恒为正值,其单位为 m^4 或 mm^4。

面积元素 dA 与其至 y 轴或 x 轴距离平方的乘积 $x^2 dA$ 或 $y^2 dA$,分别称为该面积元素对 y 轴或 x 轴的惯性矩或截面二次轴矩。而以下两积分

$$\left. \begin{aligned} I_y &= \int_A x^2 dA \\ I_x &= \int_A y^2 dA \end{aligned} \right\} \tag{I-6}$$

则分别定义为整个截面对 y 轴或 x 轴的惯性矩。同样,上述积分应遍及整个截面的面积 A。

由图 I-2 可见,$\rho^2 = x^2 + y^2$,故有

$$\begin{aligned} I_p &= \int_A \rho^2 dA = \int_A (x^2 + y^2) dA \\ &= I_y + I_x \end{aligned} \tag{I-7}$$

即任意截面对一点的极惯性矩的数值,等于截面对以该点为原点的任意两正交坐标轴的惯性矩之和。

面积元素 dA 与其分别至 y 轴和 x 轴距离的乘积 $xydA$,称为该面积元素对两坐标轴的惯性积。而以下积分

$$I_{xy} = \int_A xy dA \tag{I-8}$$

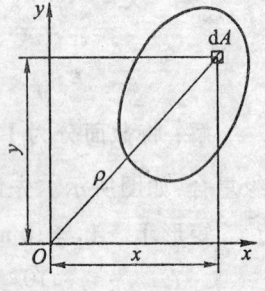

图 I-2

定义为整个截面对 x、y 两坐标轴的惯性积,其积分也应遍及整个截面的面积。

从上述定义可见,同一截面对于不同坐标轴的惯性矩或惯性积一般是不同的。惯性矩的数值恒为正值,而惯性积则可能为正值或负值,也可能等于零。若 x、y 两坐标轴中有一为截面的对称轴,则其惯性积 I_{xy} 恒等于零。因在对称轴的两侧,处于对称位置的两面积元素 dA 的惯性积 $xydA$,数值相等而正负号相反,致使整个截面的惯性积必等于零。惯性矩和惯性积的单位相同,均为 m^4 或 mm^4。

在某些应用中,将惯性矩表示为截面面积 A 与某一长度平方的乘积,即

$$I_y = i_y^2 A, \quad I_x = i_x^2 A \tag{I-9a}$$

式中,i_y 和 i_x 分别称为截面对 y 轴和 x 轴的**惯性半径**,其单位为 m 或 mm。当已知截面面积 A 和惯性矩 I_y 和 I_x 时,惯性半径即可从下式求得

$$i_y = \sqrt{\frac{I_y}{A}}, \quad i_x = \sqrt{\frac{I_x}{A}} \qquad (\text{I-9b})$$

在附录Ⅱ中给出了一些常用截面的几何性质计算公式备查。

例题 I-3 试计算图 a 所示矩形截面对其对称轴（即形心轴）x 和 y 的惯性矩。

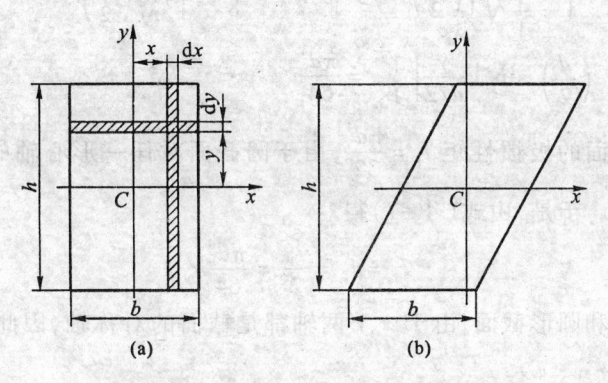

例题 I-3 图

解：取平行于 x 轴的狭长条（图 a）作为面积元素，即 $dA = bdy$，根据式（I-6）的第二式，可得

$$I_x = \int_A y^2 dA = \int_{-\frac{h}{2}}^{\frac{h}{2}} by^2 dy = \frac{bh^3}{12}$$

同理，在计算对 y 轴的惯性矩 I_y 时，可取 $dA = hdx$（图 a），即得

$$I_y = \int_A x^2 dA = \int_{-\frac{b}{2}}^{\frac{b}{2}} hx^2 dx = \frac{b^3 h}{12}$$

若截面是高度为 h 的平行四边形（图 b），则其对形心轴 x 的惯性矩同样为

$$I_x = \frac{bh^3}{12}。$$

例题 I-4 试计算图示圆截面对其形心轴（即直径轴）的惯性矩。

解：以圆心为原点，选坐标轴 x、y 如图所示。取平行于 x 轴的狭长条（见图）作为面积元素，即 $dA = 2xdy$。根据式（I-6）的第二式，可得

$$I_x = \int_A y^2 dA = \int_{-\frac{d}{2}}^{\frac{d}{2}} y^2 \times 2x dy$$

$$= 4 \int_0^{\frac{d}{2}} y^2 \sqrt{\left(\frac{d}{2}\right)^2 - y^2}\, dy$$

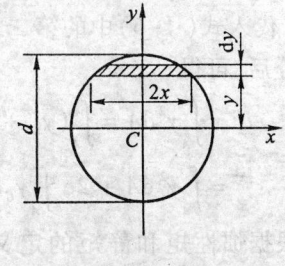

例题 I-4 图

式中引用了几何关系 $x = \sqrt{\left(\dfrac{d}{2}\right)^2 - y^2}$,并利用截面对称于 x 轴的关系将积分下限作了变动。

利用积分公式,可得

$$I_x = 4\left\{-\dfrac{y}{4}\sqrt{\left[\left(\dfrac{d}{2}\right)^2 - y^2\right]^3} + \dfrac{(d/2)^2}{8}\left[y\sqrt{\left(\dfrac{d}{2}\right)^2 - y^2} + \left(\dfrac{d}{2}\right)^2 \sin^{-1}\dfrac{y}{d/2}\right]\right\}_0^{\frac{d}{2}} = \dfrac{\pi d^4}{64}$$

利用圆截面的极惯性矩 $I_p = \dfrac{\pi d^4}{32}$,由于圆截面对任一形心轴的惯性矩均相等,因而 $I_x = I_y$。于是,由式(Ⅰ-7)得

$$I_x = I_y = \dfrac{I_p}{2} = \dfrac{\pi d^4}{64}$$

对于矩形和圆形截面,由于 x、y 两轴都是截面的对称轴,因此惯性积 I_{xy} 均等于零。

---

§Ⅰ-3 惯性矩和惯性积的平行移轴公式·组合截面的惯性矩和惯性积

一、惯性矩和惯性积的平行移轴公式

设一面积为 A 的任意形状的截面如图Ⅰ-3 所示。截面对任意的 x、y 两坐标轴的惯性矩和惯性积分别为 I_x、I_y 和 I_{xy}。另外,通过截面的形心 C 有分别与 x、y 轴平行的 x_C、y_C 轴,称为**形心轴**。截面对形心轴的惯性矩和惯性积分别为 I_{x_C}、I_{y_C} 和 $I_{x_Cy_C}$。

由图Ⅰ-3 可见,截面上任一面积元素 dA 在两坐标系内的坐标 (x,y) 与 (x_C, y_C) 间的关系为

$$x = x_C + b, \quad y = y_C + a \quad (\text{a})$$

式中,a、b 是截面形心在 Oxy 坐标系内的坐标值,即两平行坐标系间的间距。将式(a)中的 y 代入式(Ⅰ-6)中的第二式,经展开并逐项积分后,可得

$$I_x = \int_A y^2 dA = \int_A (y_C + a)^2 dA$$

$$= \int_A y_C^2 dA + 2a\int_A y_C dA + a^2\int_A dA \quad (\text{b})$$

根据惯性矩和静矩的定义,上式右端的各项

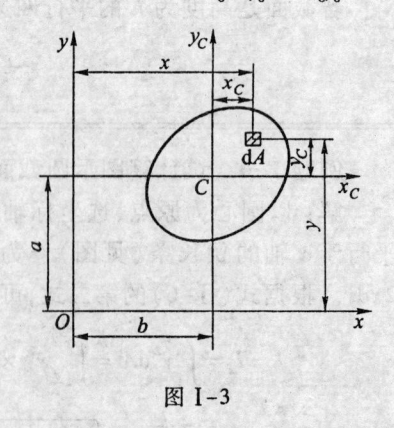

图 Ⅰ-3

积分分别为
$$\int_A y_C^2 dA = I_{x_C}, \quad \int_A y_C dA = S_{x_C}, \quad \int_A dA = A$$

其中 S_{x_C} 为截面对形心轴 x_C 的静矩,故恒等于零。于是,式(b)可写为

$$I_x = I_{x_C} + a^2 A \tag{I-10a}$$

同理

$$I_y = I_{y_C} + b^2 A \tag{I-10b}$$

$$I_{xy} = I_{x_C y_C} + abA \tag{I-10c}$$

注意,上式中的 a、b 两坐标值有正负号,可由截面形心 C 所在的象限来确定。

式(I-10)称为惯性矩和惯性积的**平行移轴公式**。应用上式即可根据截面对形心轴的惯性矩或惯性积,计算截面对与形心轴平行的坐标轴的惯性矩或惯性积,或者进行相反的运算。

二、组合截面的惯性矩及惯性积

在工程中常遇到组合截面。根据惯性矩和惯性积的定义可知,组合截面对某坐标轴的惯性矩(或惯性积)就等于其各组成部分对同一坐标轴的惯性矩(或惯性积)之和。若截面是由 n 个部分组成,则组合截面对 x、y 两轴的惯性矩和惯性积分别为

$$I_x = \sum_{i=1}^{n} I_{xi}, \quad I_y = \sum_{i=1}^{n} I_{yi}, \quad I_{xy} = \sum_{i=1}^{n} I_{xyi} \tag{I-11}$$

式中,I_{xi}、I_{yi} 和 I_{xyi} 分别为组合截面中组成部分 i 对 x、y 两轴的惯性矩和惯性积。

例题 I-5 试求图 a 所示截面对于对称轴 x 的惯性矩 I_x。

解:将截面看作由一个矩形和两个半圆形组成。设矩形对 x 轴的惯性矩为 I_{x1},每一个半圆形对 x 轴的惯性矩为 I_{x2},则由式(I-11)可知,所给截面对 x 轴的惯性矩

$$I_x = I_{x1} + 2I_{x2} \tag{1}$$

矩形面积对 x 轴的惯性矩为

$$I_{x1} = \frac{d(2a)^3}{12} = \frac{80 \text{ mm} \times (200 \text{ mm})^3}{12} = 5\,333 \times 10^4 \text{ mm}^4 \tag{2}$$

半圆形面积对 x 轴的惯性矩可利用平行移轴公式求得。为此,先求出每个半圆形对与 x 轴平行的形心轴 x_C(图 b)的惯性矩 I_{x_C}。已知半圆形对其底边的惯性矩为圆形对其直径轴 x'(图 b)的惯性矩之半,即 $I_{x'} = \frac{\pi d^4}{128}$。而半圆形的面积为 $A = \frac{\pi d^2}{8}$,其形心到底边的距离为 $\frac{2d}{3\pi}$(图 b)。由平行移轴公式(I-10a),可得

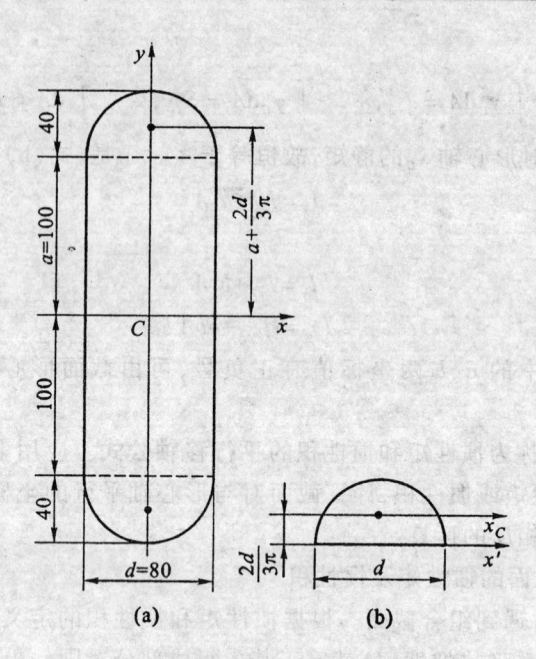

每个半圆形对其自身形心轴 x_C 的惯性矩为

$$I_{x_C} = I_{x'} - \left(\frac{2d}{3\pi}\right)^2 A = \frac{\pi d^4}{128} - \left(\frac{2d}{3\pi}\right)^2 \times \frac{\pi d^2}{8} \tag{3}$$

由图 a 可知,半圆形形心到 x 轴的距离为 $a+\dfrac{2d}{3\pi}$。由平行移轴公式,求得每个半圆形对于 x 轴的惯性矩为

$$I_{x2} = I_{x_C} + \left(a + \frac{2d}{3\pi}\right)^2 A = \frac{\pi d^4}{128} - \left(\frac{2d}{3\pi}\right)^2 \times \frac{\pi d^2}{8} + \left(a + \frac{2d}{3\pi}\right)^2 \times \frac{\pi d^2}{8}$$

$$= \frac{\pi d^2}{4} \times \left(\frac{d^2}{32} + \frac{a^2}{2} + \frac{2ad}{3\pi}\right) \tag{4}$$

将 $d=80$ mm, $a=100$ mm(图 a)代入式(4),即得

$$I_{x2} = \frac{\pi \times (80 \text{ mm})^2}{4} \times \left[\frac{(80 \text{ mm})^2}{32} + \frac{(100 \text{ mm})^2}{2} + \frac{2 \times 100 \text{ mm} \times 80 \text{ mm}}{3\pi}\right]$$

$$= 3\,467 \times 10^4 \text{ mm}^4$$

将求得的 I_{x1} 和 I_{x2} 代入式(1),即得所给截面对 x 轴的惯性矩为

$$I_x = 5\,333 \times 10^4 \text{ mm}^4 + 2 \times 3\,467 \times 10^4 \text{ mm}^4 = 12\,270 \times 10^4 \text{ mm}^4$$

例题 I-6 图示截面由一个 25c 号槽钢截面和两个 90 mm×90 mm×12 mm 角钢截面组成。试求组合截面分别对形心轴 x 和 y 的惯性矩 I_x 和 I_y。

解:(1) 型钢截面的几何性质

由型钢规格表查得:

25c 号槽钢截面
$$A = 44.91 \times 10^2 \text{ mm}^2$$
$$I_{x_C} = 3690.45 \times 10^4 \text{ mm}^4$$
$$I_{y_C} = 218.415 \times 10^4 \text{ mm}^4$$

90 mm×90 mm×12 mm 角钢截面
$$A = 20.3 \times 10^2 \text{ mm}^2$$
$$I_{x_C} = I_{y_C} = 149.22 \times 10^4 \text{ mm}^4$$

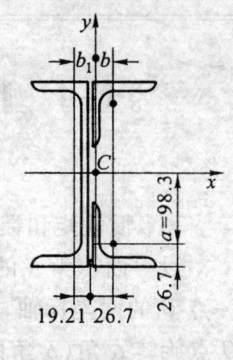

例题 I-6 图

(2) 组合截面的形心位置

如图所示,为便于计算,以两角钢截面的形心连线作为参考轴,则组合截面形心 C 离该轴的距离 b 为

$$\bar{x} = \frac{\sum A_i \bar{x}_i}{\sum A_i} = \frac{2\times(2\,030 \text{ mm}^2)\times 0 + (4\,491 \text{ mm}^2)\times[-(19.21 \text{ mm}+26.7 \text{ mm})]}{2\times(2\,030 \text{ mm}^2)+4\,491 \text{ mm}^2}$$
$$= -24.1 \text{ mm}$$

由此得
$$b = |\bar{x}| = 24.1 \text{ mm}$$

(3) 组合截面的惯性矩

按平行移轴公式(I-10),分别计算槽钢截面和角钢截面对于 x 轴和 y 轴的惯性矩:

槽钢截面
$$I_{x1} = I_{x_C} + a_1^2 A = 3\,690.45 \times 10^4 \text{ mm}^4 + 0 = 3\,690 \times 10^4 \text{ mm}^4$$
$$I_{y1} = I_{y_C} + b_1^2 A$$
$$= 218.415 \times 10^4 \text{ mm}^4 + (19.21 \text{ mm} + 26.7 \text{ mm} - 24.1 \text{ mm})^2 \times 4\,491 \text{ mm}^2$$
$$= 431 \times 10^4 \text{ mm}^4$$

角钢截面
$$I_{x2} = I_{x_C} + a^2 A = 149.22 \times 10^4 \text{ mm}^4 + (98.3 \text{ mm})^2 \times 2\,030 \text{ mm}^2$$
$$= 2\,110 \times 10^4 \text{ mm}^4$$
$$I_{y2} = I_{y_C} + b^2 A = 149.22 \times 10^4 \text{ mm}^4 + (24.1 \text{ mm})^2 \times 2\,030 \text{ mm}^2$$
$$= 267 \times 10^4 \text{ mm}^4$$

按式(I-11),可得组合截面的惯性矩为
$$I_x = 3\,690 \times 10^4 \text{ mm}^4 + 2\times(2\,110 \times 10^4 \text{ mm}^4) = 7\,910 \times 10^4 \text{ mm}^4$$
$$I_y = 431 \times 10^4 \text{ mm}^4 + 2\times(267 \times 10^4 \text{ mm}^4) = 965 \times 10^4 \text{ mm}^4$$

§Ⅰ-4 惯性矩和惯性积的转轴公式·截面的主惯性轴和主惯性矩

一、惯性矩和惯性积的转轴公式

设一面积为 A 的任意形状截面如图Ⅰ-4 所示。已知截面对通过其上任意一点 O 的两坐标轴 x、y 的惯性矩和惯性积分别为 I_x、I_y 和 I_{xy}。若坐标轴 x、y 绕 O 点旋转 α 角（α 角以逆时针转向为正）至 x_1、y_1 位置，则该截面对新坐标轴 x_1、y_1 的惯性矩和惯性积分别为 I_{x_1}、I_{y_1} 和 $I_{x_1 y_1}$。

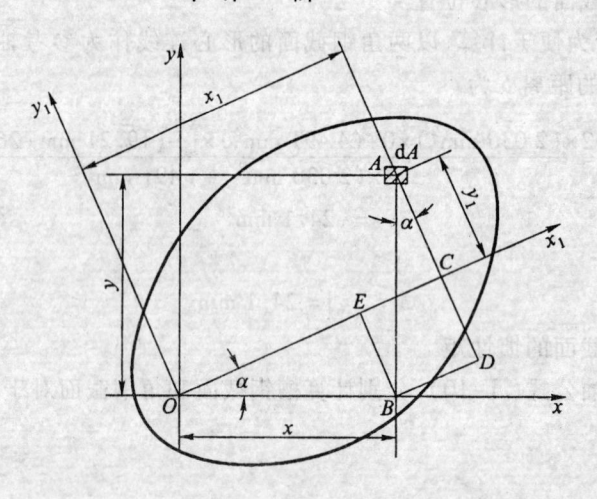

图Ⅰ-4

由图Ⅰ-4 可见，截面上任一面积元素 dA 在新、老两坐标系内的坐标 (x_1, y_1) 与 (x, y) 间的关系为

$$x_1 = \overline{OC} = \overline{OE} + \overline{BD} = x\cos\alpha + y\sin\alpha$$

$$y_1 = \overline{AC} = \overline{AD} - \overline{EB} = y\cos\alpha - x\sin\alpha$$

将 y_1 代入式（Ⅰ-6）中的第二式，经过展开并逐项积分后，即得该截面对坐标轴 x_1 的惯性矩 I_{x_1} 为

$$I_{x_1} = \cos^2\alpha \int_A y^2 dA + \sin^2\alpha \int_A x^2 dA - 2\sin\alpha\cos\alpha \int_A xy dA \qquad (a)$$

根据惯性矩和惯性积的定义，上式右端的各项积分分别为

$$\int_A y^2 dA = I_x, \qquad \int_A x^2 dA = I_y, \qquad \int_A xy dA = I_{xy}$$

将其代入式（a）并改用二倍角函数的关系，即得

$$I_{x_1} = \frac{I_x+I_y}{2} + \frac{I_x-I_y}{2}\cos 2\alpha - I_{xy}\sin 2\alpha \qquad (\text{I}-12\text{a})$$

同理

$$I_{y_1} = \frac{I_x+I_y}{2} - \frac{I_x-I_y}{2}\cos 2\alpha + I_{xy}\sin 2\alpha \qquad (\text{I}-12\text{b})$$

$$I_{x_1 y_1} = \frac{I_x-I_y}{2}\sin 2\alpha + I_{xy}\cos 2\alpha \qquad (\text{I}-12\text{c})$$

以上三式就是惯性矩和惯性积的**转轴公式**。

将式（I-12a）和（I-12b）中的 I_{x_1} 和 I_{y_1} 相加，可得

$$I_{x_1} + I_{y_1} = I_x + I_y \qquad (\text{b})$$

上式表明，截面对于通过同一点的任意一对相互垂直的坐标轴的两惯性矩之和为一常数，并等于截面对该坐标原点的极惯性矩[见式（I-7）]。

二、截面的主惯性轴和主惯性矩

由式（I-12c）可知，当坐标轴旋转时，惯性积 $I_{x_1 y_1}$ 将随着 α 角作周期性变化，且有正有负。因此，必有一特定的角度 α_0，使截面对该坐标轴 x_0、y_0 的惯性积等于零。截面对其惯性积等于零的一对坐标轴，称为**主惯性轴**。截面对于主惯性轴的惯性矩，称为**主惯性矩**。当一对主惯性轴的交点与截面的形心重合时，则称为**形心主惯性轴**。截面对于形心主惯性轴的惯性矩，称为形心主惯性矩。

为确定主惯性轴的位置，设 α_0 角为主惯性轴与原坐标轴之间的夹角（图 I-4），则将 α_0 角代入惯性积的转轴公式（I-12c）并令其等于零，即

$$\frac{I_x-I_y}{2}\sin 2\alpha_0 + I_{xy}\cos 2\alpha_0 = 0$$

上式移项后，得

$$\tan 2\alpha_0 = \frac{-2I_{xy}}{I_x-I_y}^{①} \qquad (\text{I}-13)$$

由上式解得的 α_0 值，即为两主惯性轴中 x_0 轴的位置。

将所得 α_0 值代入式（I-12a）和（I-12b），即得截面的主惯性矩。为直接导出主惯性矩的计算公式，利用式（I-13），将 $\cos 2\alpha_0$ 和 $\sin 2\alpha_0$ 写成

$$\cos 2\alpha_0 = \frac{1}{\sqrt{1+\tan^2 2\alpha_0}} = \frac{I_x-I_y}{\sqrt{(I_x-I_y)^2+4I_{xy}^2}} \qquad (\text{c})$$

---

① 这里的负号之所以放在分子上，为的是和下面的（c）、（d）两式相符。这样确定的 α_0 角就使得 I_{x_0} 等于 I_{max}，可参见式（I-14）和例题 I-7。

$$\sin 2\alpha_0 = \frac{\tan 2\alpha_0}{\sqrt{1+\tan^2 2\alpha_0}} = \frac{-2I_{xy}}{\sqrt{(I_x-I_y)^2+4I_{xy}^2}} \qquad (\text{d})$$

将其代入式（Ⅰ-12a）和（Ⅰ-12b），经化简后即得主惯性矩的计算公式

$$\left.\begin{array}{l} I_{x_0} = \dfrac{I_x+I_y}{2} + \dfrac{1}{2}\sqrt{(I_x-I_y)^2+4I_{xy}^2} \\[2mm] I_{y_0} = \dfrac{I_x+I_y}{2} - \dfrac{1}{2}\sqrt{(I_x-I_y)^2+4I_{xy}^2} \end{array}\right\} \qquad (\text{Ⅰ-14})$$

另外，由式（Ⅰ-12a）和（Ⅰ-12b）可见，惯性矩 I_{x_1} 和 I_{y_1} 都是 α 角的正弦和余弦函数，而 α 角可在 0°到 360°的范围内变化，因此 I_{x_1} 和 I_{y_1} 必然有极值。由于对通过同一点的任意一对坐标轴的两惯性矩之和为一常数，因此其中的一个将为极大值，另一个则为极小值。由

$$\frac{dI_{x_1}}{d\alpha} = 0 \quad \text{和} \quad \frac{dI_{y_1}}{d\alpha} = 0$$

解得使惯性矩取得极值的坐标轴位置的表达式，与式（Ⅰ-13）完全一致。从而可知，截面对通过任一点的主惯性轴的主惯性矩之值，也就是通过该点所有轴的惯性矩中的极大值 $I_{\max}$ 和极小值 $I_{\min}$。从式（Ⅰ-14）可见，I_{x_0} 就是 $I_{\max}$，而 I_{y_0} 则为 $I_{\min}$。

对于截面的形心主惯性轴和形心主惯性矩，同样可用上述类似的方法确定。若已知截面对通过其形心的某一对轴的惯性矩 I_x、I_y 和惯性积 I_{xy}，则由式（Ⅰ-13）和（Ⅰ-14），即得截面的形心主惯性轴和形心主惯性矩。

在通过截面形心的一对坐标轴中，若有一个为对称轴（例如槽形截面），则该对坐标轴就是形心主惯性轴，因为截面对于包括对称轴在内的一对坐标轴的惯性积等于零。在附录Ⅱ中所列的惯性矩除三角形截面的以外，都是形心主惯性矩。

在计算组合截面的形心主惯性矩时，首先应确定其形心位置，然后通过形心选择一对便于计算惯性矩和惯性积的坐标轴，算出组合截面对这一对坐标轴的惯性矩和惯性积。最后应用式（Ⅰ-13）和（Ⅰ-14），即可确定形心主惯性轴的位置和形心主惯性矩的数值。

若组合截面具有对称轴，则包含对称轴的一对互相垂直的形心轴就是形心主惯性轴。此时，利用移轴公式（Ⅰ-10）和（Ⅰ-11），即可得截面的形心主惯性矩。

例题 Ⅰ-7 图示截面的尺寸与例题 Ⅰ-2 中的相同。试计算截面的形心主惯性矩。

解：（1）对参考形心轴的惯性矩及惯性积

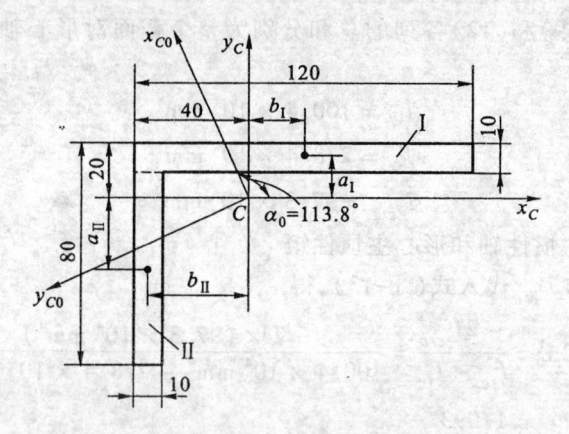

§I-4 惯性矩和惯性积的转轴公式·截面的主惯性轴和主惯性矩

例题 I-7 图

由例题 I-2 已知，截面的形心 C 位于截面上边缘以下 20 mm 和左边缘以右 40 mm 处，如图所示。

通过截面形心 C，先选择一对分别与上边缘和左边缘平行的形心轴 x_C 和 y_C。将截面分为 I、II 两矩形，由图可知，两矩形形心的坐标值分别为

$a_I = 20\ mm - 5\ mm = 15\ mm$，　$a_{II} = -(45\ mm - 20\ mm) = -25\ mm$

$b_I = 60\ mm - 40\ mm = 20\ mm$，　$b_{II} = -(40\ mm - 5\ mm) = -35\ mm$

然后按平行移轴公式（I-10）和（I-11），列表计算图示截面对所选形心轴的惯性矩和惯性积如下：

项目 列号 分块号 i	A_i /mm²	/mm		/(10⁴ mm⁴)		
		a_i	b_i	$a_i^2 A_i$	$b_i^2 A_i$	$I'_{x_{Ci}}$
	(1)	(2)	(3)	(4)=(2)² ×(1)	(5)=(3)² ×(1)	(6)
I	1 200	15	20	27	48	1
II	700	-25	-35	43.8	85.8	28.6
Σ	—	—	—	70.8	133.8	29.6

项目 列号 分块号 i	/(10⁴ mm⁴)					
	$I'_{y_{Ci}}$	$I_{x_{Ci}}$	$I_{y_{Ci}}$	$a_i b_i A_i$	$I'_{x_{Ci} y_{Ci}}$	$I_{x_{Ci} y_{Ci}}$
	(7)	(8)=(4)+ (6)	(9)=(5)+ (7)	(10)=(1)× (2)×(3)	(11)	(12)=(10)+ (11)
I	144	28	192	36	0	36
II	0.6	72.4	86.4	61.3	0	61.3
Σ	144.6	100.4	278.4	97.3	0	97.3

表中(8)、(9)和(12)各列的总和分别为整个截面对形心轴 x_C 和 y_C 的惯性矩和惯性积,即

$$I_{x_C} = 100.4 \times 10^4 \text{ mm}^4$$

$$I_{y_C} = 278.4 \times 10^4 \text{ mm}^4$$

$$I_{x_C y_C} = 97.3 \times 10^4 \text{ mm}^4$$

(2) 形心主惯性轴和形心主惯性矩

将 I_{x_C}、I_{y_C} 和 $I_{x_C y_C}$ 代入式(I-13),得

$$\tan 2\alpha_0 = \frac{-2 I_{x_C y_C}}{I_{x_C} - I_{y_C}} = \frac{-2 \times (97.3 \times 10^4 \text{ mm}^4)}{100.4 \times 10^4 \text{ mm}^4 - 278.4 \times 10^4 \text{ mm}^4}$$

$$= 1.093$$

由三角函数关系可知, $\tan 2\alpha_0 = \frac{\sin 2\alpha_0}{\cos 2\alpha_0}$,故代表 $\tan 2\alpha_0$ 的分数 $\frac{-194.6}{-178}$ 的分子和分母的正负号也分别反映了 $\sin 2\alpha_0$ 和 $\cos 2\alpha_0$ 的正负号。两者均为负值,故 $2\alpha_0$ 应在第三象限中。由此解得

$$2\alpha_0 = 227.6°$$

$$\alpha_0 = 113.8°$$

即形心主惯性轴 x_{C_0} 可从形心轴 x_C 沿逆时针向转 113.8° 确定,如图所示。

将以上所得的 I_{x_C}、I_{y_C} 和 $I_{x_C y_C}$ 值代入式(I-14),即得形心主惯性矩的数值为

$$I_{x_{C_0}} = I_{\max} = \frac{I_{x_C} + I_{y_C}}{2} + \frac{1}{2}\sqrt{(I_{x_C} - I_{y_C})^2 + 4 I_{x_C y_C}^2}$$

$$= \frac{100.4 \times 10^4 \text{ mm}^4 + 278.4 \times 10^4 \text{ mm}^4}{2} + \frac{1}{2} \times$$

$$\sqrt{(100.4 \times 10^4 \text{ mm}^4 - 278.4 \times 10^4 \text{ mm}^4)^2 + 4 \times (97.3 \times 10^4 \text{ mm}^4)^2}$$

$$= (189.4 + 132.0) \times 10^4 \text{ mm}^4 = 321.4 \times 10^4 \text{ mm}^4$$

$$I_{y_{C_0}} = I_{\min} = \frac{I_{x_C} + I_{y_C}}{2} - \frac{1}{2}\sqrt{(I_{x_C} - I_{y_C})^2 + 4 I_{x_C y_C}^2}$$

$$= (189.4 - 132.0) \times 10^4 \text{ mm}^4 = 57.4 \times 10^4 \text{ mm}^4$$

*§I-5 计算惯性矩的近似方法

设一任意形状的截面如图 I-5 所示。若计算该截面对 x 轴的惯性矩 I_x,则可作一系列与 x 轴平行的直线,将截面分为 n 个高度均等于 δ 的狭长条。当 δ

很小时,则可以近似地视为矩形。狭长条 i 的面积为
$$\Delta A_i = x_i \delta$$
式中,x_i 为该狭长条在中点处的宽度(图 I-5)。

按惯性矩的平行移轴公式,狭长条 i 对 x 轴的惯性矩为
$$\Delta I_{x_i} = \frac{x_i \delta^3}{12} + a_i^2 \Delta A_i \approx a_i^2 x_i \delta$$
式中,a_i 为狭长条的中点到 x 轴的距离(图 I-5);因 $\frac{x_i \delta^3}{12}$ 与 $a_i^2 x_i \delta$ 相比很小,可略去不计。于是,整个截面对于 x 轴的惯性矩就近似地等于
$$I_x = \sum_{i=1}^{n} \Delta I_{x_i} \approx \delta \sum_{i=1}^{n} a_i^2 x_i \quad (\text{I}-15)$$

图 I-5

应用这一方法计算工程实际问题中不规则截面(例如钢轨截面等)的惯性矩较为简便。为说明其精确度,举例计算三角形截面的惯性矩。

例题 I-8 图示三角形截面的高度和底边宽度均为 90 mm。试用近似方法计算截面对形心轴 x 的惯性矩 I_x。

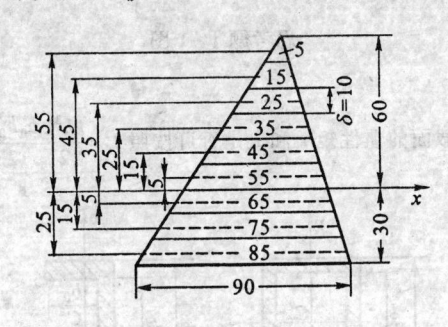

例题 I-8 图

解:为计算 I_x,将截面分为 9 个高度均为 $\delta = 10$ mm 的狭长条。各条中点处的宽度 x_i 和到 x 轴的距离 a_i 如图中所示。按式(I-15),可得近似结果为

$I_x = 10 \text{ mm} \times [(55 \text{ mm})^2 \times 5 \text{ mm} + (45 \text{ mm})^2 \times 15 \text{ mm} +$
$\qquad (35 \text{ mm})^2 \times 25 \text{ mm} + (25 \text{ mm})^2 \times 35 \text{ mm} +$
$\qquad (15 \text{ mm})^2 \times 45 \text{ mm} + (5 \text{ mm})^2 \times 55 \text{ mm} + (5 \text{ mm})^2 \times 65 \text{ mm} +$
$\qquad (15 \text{ mm})^2 \times 75 \text{ mm} + (25 \text{ mm})^2 \times 85 \text{ mm}]$
$\quad = 181.1 \times 10^4 \text{ mm}^4$

若按积分法求得的公式(见附录 II)计算,可得惯性矩的精确值为

$$I_x = \frac{bh^3}{36} = \frac{90 \times 90^3}{36} = 182.3 \times 10^4 \text{ mm}^4$$

近似解的相对误差为

$$\frac{(181.1 - 182.3) \times 10^4 \text{ mm}^4}{182.3 \times 10^4 \text{ mm}^4} \approx -0.66\%$$

在本例中，仅将截面分成 9 个狭长条，其误差已不到 1%，可见用上述近似方法计算惯性矩是足够精确的。

思 考 题

I-1 下面各截面图形中 C 是形心。试问哪些截面图形对坐标轴的惯性积等于零？

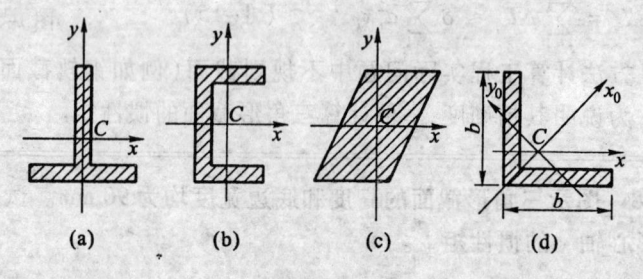

(a)　　(b)　　(c)　　(d)

思考题 I-1 图

I-2 试问图示两截面的惯性矩 I_x 和 I_y 是否可按照 $I_x = \frac{bh^3}{12} - \frac{b_0 h_0^3}{12}$ 和 $I_y = \frac{hb^3}{12} - \frac{h_0 b_0^3}{12}$ 来计算？

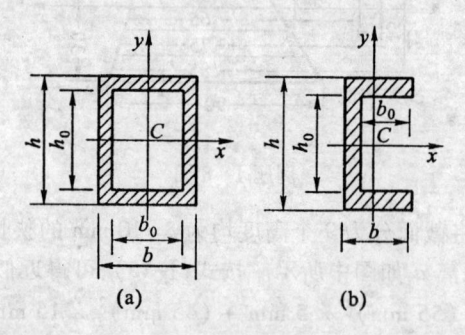

(a)　　(b)

思考题 I-2 图

I-3 由两根同一型号的槽钢组成的截面如图所示。已知每根槽钢的截面面积为 A，对形心轴 y_0 的惯性矩为 I_{y_0}，并知 y_0、y_1 和 y 为相互平行的三根轴。试问在计算组合截面对 y 轴的惯性矩 I_y 时，应选用下列哪一个算式？

(1) $I_y = I_{y_0} + z_0^2 A$；

(2) $I_y = I_{y_0} + \left(\dfrac{a}{2}\right)^2 A$；

(3) $I_y = I_{y_0} + \left(z_0 + \dfrac{a}{2}\right)^2 A$；

(4) $I_y = I_{y_0} + z_0^2 A + z_0 a A$；

(5) $I_y = I_{y_0} + \left[z_0^2 + \left(\dfrac{a}{2}\right)^2\right] A$。

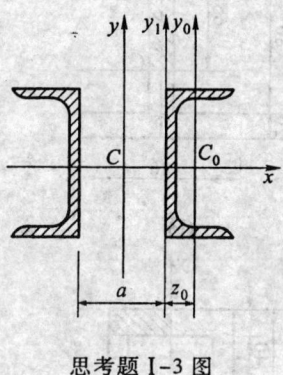

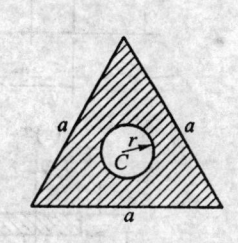

思考题 I-3 图

思考题 I-4 图

I-4 图示为一等边三角形中心挖去一半径为 r 的圆孔的截面。试证明该截面通过形心 C 的任一轴均为形心主惯性轴。

I-5 直角三角形截面斜边中点 D 处的一对正交坐标轴 x、y 如图所示。试问：

(1) x、y 是否为一对主惯性轴？

(2) 不用积分，计算其 I_x 和 I_{xy} 值。

I-6 有 n 个画了斜线的内接正方形截面如图所示。试求该截面图形对水平形心轴 x 和与该轴成 $\alpha = 30°$ 的形心轴 x_1 的惯性矩。

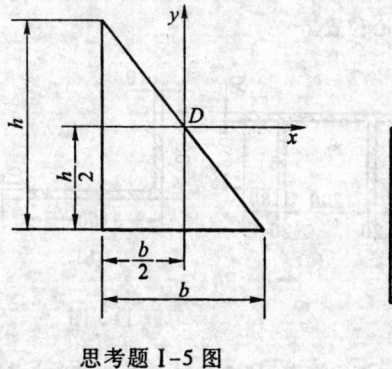

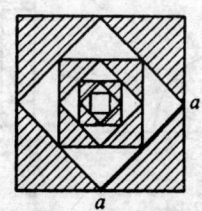

思考题 I-5 图

思考题 I-6 图

习 题

I-1 试求图示各截面的阴影线面积对 x 轴的静矩。

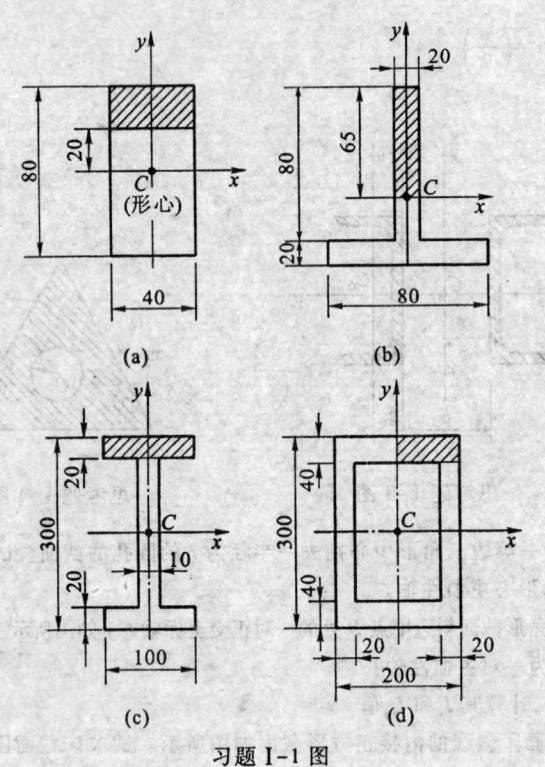

习题 I-1 图

I-2 试用积分法求图示半圆形截面对 x 轴的静矩，并确定其形心的坐标。

I-3 试确定图示各截面的形心位置。

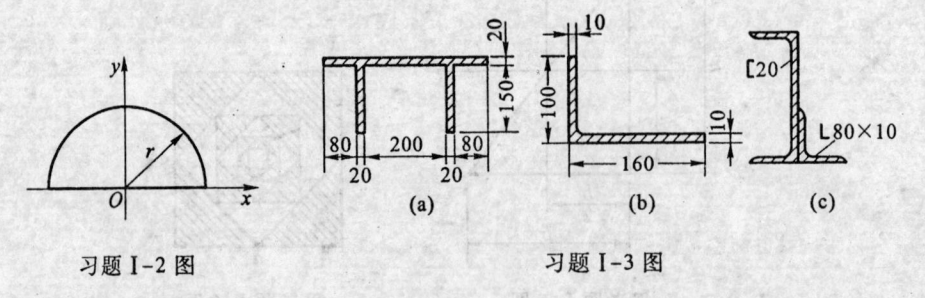

习题 I-2 图　　习题 I-3 图

I-4 图示半径为 r 的四分之一圆形截面，试求其对 x 轴和 y 轴的惯性矩 I_x、I_y 和惯性积 I_{xy}。

I-5 图示直径为 $d=200$ mm 的圆形截面,在其上、下对称地切去两个高为 $\delta=20$ mm 的弓形。试用积分法求余下阴影部分对其对称轴 x 的惯性矩。

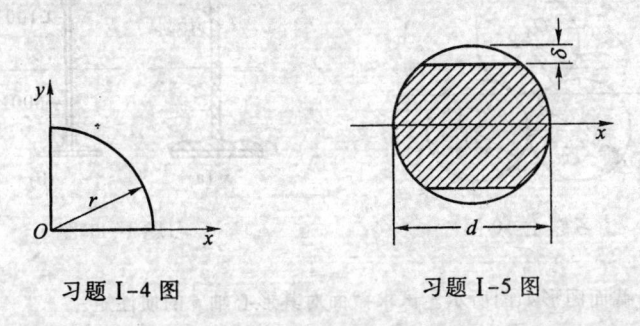

习题 I-4 图

习题 I-5 图

I-6 边长为 a 的正方形截面如图所示。试求截面对其对角线的惯性矩。

I-7 两半轴分别为 a 和 b 的椭圆形截面如图所示。试求截面对其形心轴的惯性矩。

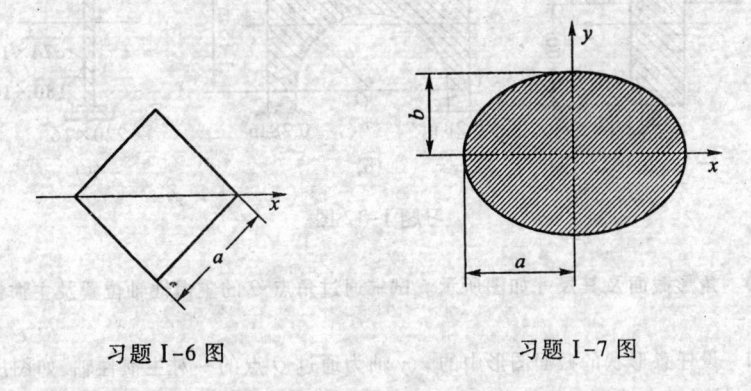

习题 I-6 图

习题 I-7 图

I-8 底边为 b,高度为 h 的三角形截面如图所示。试求其对通过顶点 A 并平行于底边 BC 的 x 轴的惯性矩。

I-9 半径为 $r=1$ m 的半圆形截面如图所示。试求其对平行于底边,并相距为 1 m 的 x 轴的惯性矩。

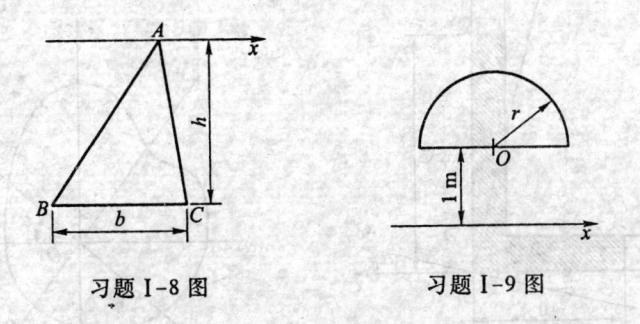

习题 I-8 图

习题 I-9 图

I-10 由三个直径为 d 的圆形构成的组合截面如图所示。试求其对形心轴 x 的惯性矩。

I-11 两组合截面如图所示。试求截面对其对称轴 x 的惯性矩。

习题 I-10 图

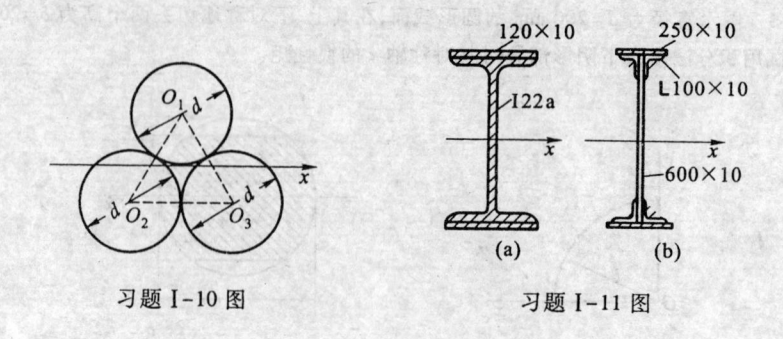

习题 I-11 图

I-12 各截面图形如图所示。试求截面对其形心轴 x 的惯性矩。

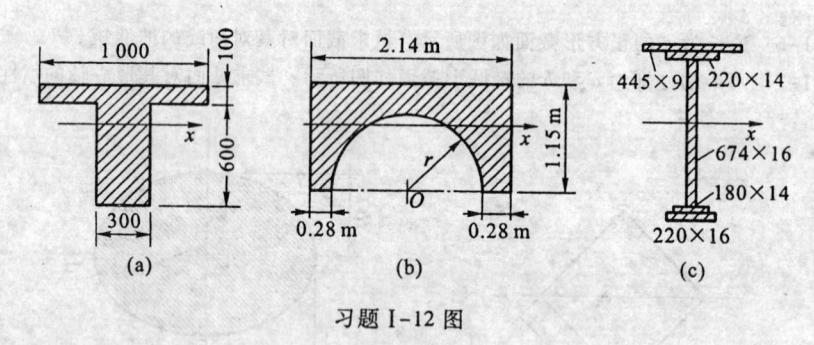

习题 I-12 图

I-13 角形截面及其尺寸如图所示。试求通过角点 O 的主惯性轴位置及主惯性矩的数值。

I-14 设任意形状的截面图形中的 x、y 轴为通过 O 点的一对主惯性轴,如图所示。若截面对 x、y 轴的两主惯性矩相等 $I_x = I_y$,试证明通过点 O 的任一轴均为主惯性轴,且其主惯性矩也均相等。

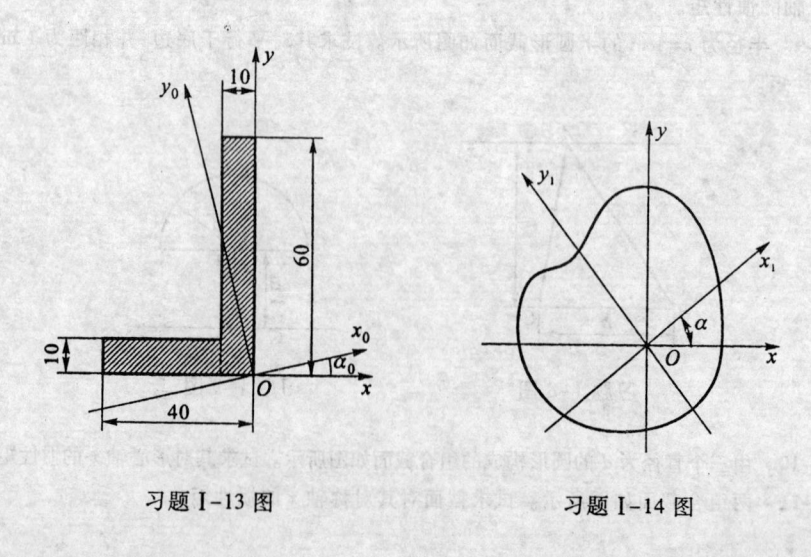

习题 I-13 图

习题 I-14 图

I-15 在直径 $D=8a$ 的圆截面中,开了一个 $2a \times 4a$ 的矩形孔,如图所示。试求截面的形心主惯性矩。

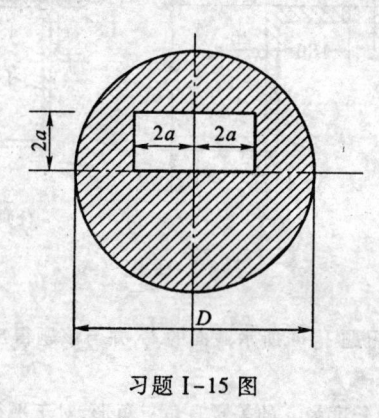

习题 I-15 图

I-16 边长为 200 mm 的正方形截面中开了一个直径 $d=100$ mm 的半圆形孔,如图所示。试确定截面的形心位置,并计算其形心主惯性矩。

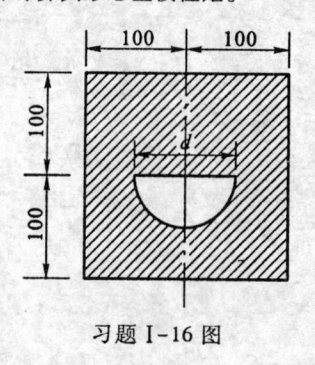

习题 I-16 图

I-17 图示截面由两个 125 mm×125 mm×10 mm 的等边角钢及缀板(图中虚线)组合而成。试求该截面的最大惯性矩 I_{max} 和最小惯性矩 I_{min}。

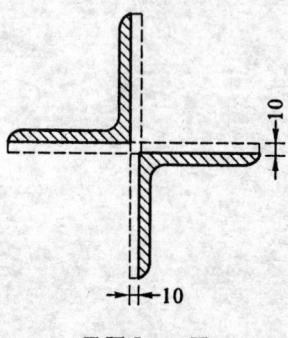

习题 I-17 图

I-18 两截面图形如图所示。试求截面的形心主惯性轴位置及形心主惯性矩数值。

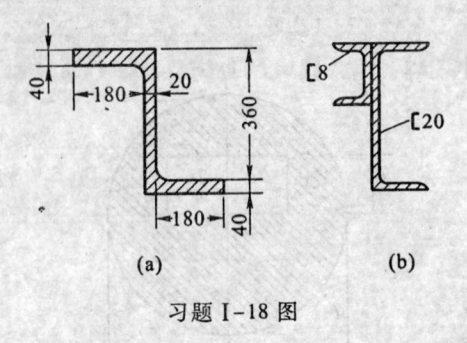

习题 I-18 图

I-19 试用近似法求习题 I-4 所示截面的 I_x，并与该题得出的精确值相比较。已知该截面的半径 $r=100$ mm。

I-20 试证明，直角边长度为 a 的等腰直角三角形，对于平行于直角边的一对形心轴之惯性积绝对值为 $I_{xy}=\dfrac{a^4}{72}$。（提示：参见思考题 I-5，并利用惯性积的平行移轴公式。）

附录 II 常用截面的几何性质计算公式[①]

截面形状和形心轴的位置	面积 A	惯性矩 I_x	惯性矩 I_y	惯性半径 i_x	惯性半径 i_y
矩形	bh	$\dfrac{bh^3}{12}$	$\dfrac{b^3h}{12}$	$\dfrac{h}{2\sqrt{3}}$	$\dfrac{b}{2\sqrt{3}}$
三角形	$\dfrac{bh}{2}$	$\dfrac{bh^3}{36}$	$\dfrac{b^3h}{36}$	$\dfrac{h}{3\sqrt{2}}$	$\dfrac{b}{3\sqrt{2}}$
圆形	$\dfrac{\pi d^2}{4}$	$\dfrac{\pi d^4}{64}$	$\dfrac{\pi d^4}{64}$	$\dfrac{d}{4}$	$\dfrac{d}{4}$
圆环 $\alpha = \dfrac{d}{D}$	$\dfrac{\pi D^2}{4}(1-\alpha^2)$	$\dfrac{\pi D^4}{64}(1-\alpha^4)$	$\dfrac{\pi D^4}{64}(1-\alpha^4)$	$\dfrac{D}{4}\sqrt{1+\alpha^2}$	$\dfrac{D}{4}\sqrt{1+\alpha^2}$
薄壁圆环 $\delta \ll r_0$	$2\pi r_0 \delta$	$\pi r_0^3 \delta$	$\pi r_0^3 \delta$	$\dfrac{r_0}{\sqrt{2}}$	$\dfrac{r_0}{\sqrt{2}}$

① 在本附录中所用的坐标系与本书各章中所用的不同。在有关对称弯曲的问题中,截面的中性轴可以是本附录中的 x 轴或 y 轴;但对本附录中的三角形截面,则 x、y 轴均非这样的中性轴。希予注意。

续表

截面形状和形心轴的位置	面积 A	惯性矩 I_x	惯性矩 I_y	惯性半径 i_x	惯性半径 i_y
椭圆（半轴 a、b）	πab	$\dfrac{\pi}{4}ab^3$	$\dfrac{\pi}{4}a^3b$	$\dfrac{b}{2}$	$\dfrac{a}{2}$
扇形（半径 $d/2$，半角 θ，$\dfrac{d\sin\theta}{3\theta}$）	$\dfrac{\theta d^2}{4}$	$\dfrac{d^4}{64}\left(\theta+\sin\theta\cos\theta-\dfrac{16\sin^2\theta}{9\theta}\right)$	$\dfrac{d^4}{64}(\theta-\sin\theta\cos\theta)$		
圆弧段 $y_1=\dfrac{d-\delta}{2}\left(\dfrac{\sin\theta}{\theta}-\cos\theta\right)+\dfrac{\delta\cos\theta}{2}$	$\theta\left[\left(\dfrac{d}{2}\right)^2-\left(\dfrac{d}{2}-\delta\right)^2\right]$ $\approx\theta\delta d$	$\dfrac{\delta(d-\delta)^3}{8}\left(\theta+\sin\theta\times\cos\theta-\dfrac{2\sin^2\theta}{\theta}\right)$	$\dfrac{\delta(d-\delta)^3}{8}(\theta-\sin\theta\cos\theta)$		

附录Ⅲ 型钢规格表

表1 热轧等边角钢 (GB 9787—1988)

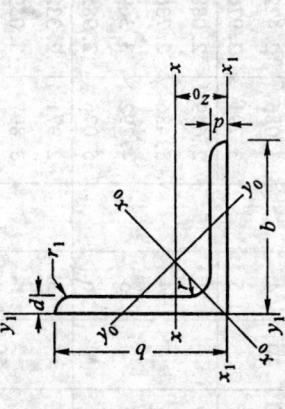

符号意义：
b —— 边宽度；
d —— 边厚度；
r —— 内圆弧半径；
r_1 —— 边端内圆弧半径；

I —— 惯性矩；
i —— 惯性半径；
W —— 弯曲截面系数；
z_0 —— 重心距离。

角钢号数	尺寸/mm			截面面积/cm²	理论质量/(kg/m)	外表面积/(m²/m)	参考数值									
							x-x			x_0-x_0			y_0-y_0			x_1-x_1	z_0
	b	d	r				I_x /cm⁴	i_x /cm	W_x /cm³	I_{x_0} /cm⁴	i_{x_0} /cm	W_{x_0} /cm³	I_{y_0} /cm⁴	i_{y_0} /cm	W_{y_0} /cm³	I_{x_1} /cm⁴	/cm
2	20	3	3.5	1.132	0.889	0.078	0.40	0.59	0.29	0.63	0.75	0.45	0.17	0.39	0.20	0.81	0.60
		4		1.459	1.145	0.077	0.50	0.58	0.36	0.78	0.73	0.55	0.22	0.38	0.24	1.09	0.64
2.5	25	3		1.432	1.124	0.098	0.82	0.76	0.46	1.29	0.95	0.73	0.34	0.49	0.33	1.57	0.73
		4		1.859	1.459	0.097	1.03	0.74	0.59	1.62	0.93	0.92	0.43	0.48	0.40	2.11	0.76

续表

角钢号数	尺寸 /mm			截面面积 /cm²	理论质量 /(kg/m)	外表面积 /(m²/m)	$x-x$			x_0-x_0			y_0-y_0			x_1-x_1	z_0 /cm
	b	d	r				I_x /cm⁴	i_x /cm	W_x /cm³	I_{x_0} /cm⁴	i_{x_0} /cm	W_{x_0} /cm³	I_{y_0} /cm⁴	i_{y_0} /cm	W_{y_0} /cm³	I_{x_1} /cm⁴	
3.0	30	3	4.5	1.749	1.373	0.117	1.46	0.91	0.68	2.31	1.15	1.09	0.61	0.59	0.51	2.71	0.85
		4		2.276	1.786	0.117	1.84	0.90	0.87	2.92	1.13	1.37	0.77	0.58	0.62	3.63	0.89
3.6	36	3	4.5	2.109	1.656	0.141	2.58	1.11	0.99	4.09	1.39	1.61	1.07	0.71	0.76	4.68	1.00
		4		2.756	2.163	0.141	3.29	1.09	1.28	5.22	1.38	2.05	1.37	0.70	0.93	6.25	1.04
		5		3.382	2.654	0.141	3.95	1.08	1.56	6.24	1.36	2.45	1.65	0.70	1.09	7.84	1.07
4.0	40	3	5	2.359	1.852	0.157	3.59	1.23	1.23	5.69	1.55	2.01	1.49	0.79	0.96	6.41	1.09
		4		3.086	2.422	0.157	4.60	1.22	1.60	7.29	1.54	2.58	1.91	0.79	1.19	8.56	1.13
		5		3.791	2.976	0.156	5.53	1.21	1.96	8.76	1.52	3.01	2.30	0.78	1.39	10.74	1.17
4.5	45	3	5	2.659	2.088	0.177	5.17	1.40	1.58	8.20	1.76	2.58	2.14	0.90	1.24	9.12	1.22
		4		3.486	2.736	0.177	6.65	1.38	2.05	10.56	1.74	3.32	2.75	0.89	1.54	12.18	1.26
		5		4.292	3.369	0.176	8.04	1.37	2.51	12.74	1.72	4.00	3.33	0.88	1.81	15.25	1.30
		6		5.076	3.985	0.176	9.33	1.36	2.95	14.76	1.70	4.64	3.89	0.88	2.06	18.36	1.33
5	50	3	5.5	2.971	2.332	0.197	7.18	1.55	1.96	11.37	1.96	3.22	2.98	1.00	1.57	12.50	1.34
		4		3.897	3.059	0.197	9.26	1.54	2.56	14.70	1.94	4.16	3.82	0.99	1.96	16.69	1.38
		5		4.803	3.770	0.196	11.21	1.53	3.13	17.79	1.92	5.03	4.64	0.98	2.31	20.90	1.42
		6		5.688	4.465	0.196	13.05	1.52	3.68	20.68	1.91	5.85	5.42	0.98	2.63	25.14	1.46
5.6	56	3	6	3.343	2.624	0.221	10.19	1.75	2.48	16.14	2.20	4.08	4.24	1.13	2.02	17.56	1.48
		4		4.390	3.446	0.220	13.18	1.73	3.24	20.92	2.18	5.28	5.46	1.11	2.52	23.43	1.53
5.6	56	5	6	5.415	4.251	0.220	16.02	1.72	3.97	25.42	2.17	6.42	6.61	1.10	2.98	29.33	1.57
		8	7	8.367	6.568	0.219	23.63	1.68	6.03	37.37	2.11	9.44	9.89	1.09	4.16	47.24	1.68

附录Ⅲ 型钢规格表

续表

角钢号数	\multicolumn{3}{c}{尺寸/mm}			截面面积/cm²	理论质量/(kg/m)	外表面积/(m²/m)	\multicolumn{10}{c}{参考数值}										
	b	d	r					$x-x$			x_0-x_0			y_0-y_0			x_1-x_1	z_0
								I_x/cm⁴	i_x/cm	W_x/cm³	I_{x_0}/cm⁴	i_{x_0}/cm	W_{x_0}/cm³	I_{y_0}/cm⁴	i_{y_0}/cm	W_{y_0}/cm³	I_{x_1}/cm⁴	/cm
6.3	63	4	7	4.978	3.907	0.248	19.03	1.96	4.13	30.17	2.46	6.78	7.89	1.26	3.29	33.35	1.70
		5		6.143	4.822	0.248	23.17	1.94	5.08	36.77	2.45	8.25	9.57	1.25	3.90	41.73	1.74
		6		7.288	5.721	0.247	27.12	1.93	6.00	43.03	2.43	9.66	11.20	1.24	4.46	50.14	1.78
		8		9.515	7.469	0.247	34.46	1.90	7.75	54.56	2.40	12.25	14.33	1.23	5.47	67.11	1.85
		10		11.657	9.151	0.246	41.09	1.88	9.39	64.85	2.36	14.56	17.33	1.22	6.36	84.31	1.93
7	70	4	8	5.570	4.372	0.275	26.39	2.18	5.14	41.80	2.74	8.44	10.99	1.40	4.17	45.74	1.86
		5		6.875	5.397	0.275	32.21	2.16	6.32	51.08	2.73	10.32	13.34	1.39	4.95	57.21	1.91
		6		8.160	6.406	0.275	37.77	2.15	7.48	59.93	2.71	12.11	15.61	1.38	5.67	68.73	1.95
		7		9.424	7.398	0.275	43.09	2.14	8.59	68.35	2.69	13.81	17.82	1.38	6.34	80.29	1.99
		8		10.667	8.373	0.274	48.17	2.12	9.68	76.37	2.68	15.43	19.98	1.37	6.98	91.92	2.03
7.5	75	5	9	7.367	5.818	0.295	39.97	2.33	7.32	63.30	2.92	11.94	16.63	1.50	5.77	70.56	2.04
		6		8.797	6.905	0.294	46.95	2.31	8.64	74.38	2.90	14.02	19.51	1.49	6.67	84.55	2.07
		7		10.160	7.976	0.294	53.57	2.30	9.93	84.96	2.89	16.02	22.18	1.48	7.44	98.71	2.11
		8		11.503	9.030	0.294	59.96	2.28	11.20	95.07	2.88	17.93	24.86	1.47	8.19	112.97	2.15
		10		14.126	11.089	0.293	71.98	2.26	13.64	113.92	2.84	21.48	30.05	1.46	9.56	141.71	2.22
8	80	5	9	7.912	6.211	0.315	48.79	2.48	8.34	77.33	3.13	13.67	20.25	1.60	6.66	85.36	2.15
		6		9.397	7.376	0.314	57.35	2.47	9.87	90.98	3.11	16.08	23.72	1.59	7.65	102.50	2.19
		7		10.860	8.525	0.314	65.58	2.46	11.37	104.07	3.10	18.40	27.09	1.58	8.58	119.70	2.23
		8		12.303	9.658	0.314	73.49	2.44	12.83	116.60	3.08	20.61	30.39	1.57	9.46	136.97	2.27
		10		15.126	11.874	0.313	88.43	2.42	15.64	140.09	3.04	24.76	36.77	1.56	11.08	171.74	2.35

续表

角钢号数	尺寸/mm				截面面积/cm²	理论质量/(kg/m)	外表面积/(m²/m)	参考数值										
	b	d		r				x—x			x_0—x_0			y_0—y_0			x_1—x_1	z_0
								I_x/cm⁴	i_x/cm	W_x/cm³	I_{x_0}/cm⁴	i_{x_0}/cm	W_{x_0}/cm³	I_{y_0}/cm⁴	i_{y_0}/cm	W_{y_0}/cm³	I_{x_1}/cm⁴	/cm
9	90	6		10	10.637	8.350	0.354	82.77	2.79	12.61	131.26	3.51	20.63	34.28	1.80	9.95	145.87	2.44
		7			12.301	9.656	0.354	94.83	2.78	14.54	150.47	3.50	23.64	39.18	1.78	11.19	170.30	2.48
		8			13.944	10.946	0.353	106.47	2.76	16.42	168.97	3.48	26.55	43.97	1.78	12.35	194.80	2.52
		10			17.167	13.476	0.353	128.58	2.74	20.07	203.90	3.45	32.04	53.26	1.76	14.52	244.07	2.59
		12			20.306	15.940	0.352	149.22	2.71	23.57	236.21	3.41	37.12	62.22	1.75	16.49	293.76	2.67
10	100	6		12	11.932	9.366	0.393	114.95	3.01	15.68	181.98	3.90	25.74	47.92	2.00	12.69	200.07	2.67
		7			13.796	10.830	0.393	131.86	3.09	18.10	208.97	3.89	29.55	54.74	1.99	14.26	233.54	2.71
		8			15.638	12.276	0.393	148.24	3.08	20.47	235.07	3.88	33.24	61.41	1.98	15.75	267.09	2.76
		10			19.261	15.120	0.392	179.51	3.05	25.06	284.68	3.84	40.26	74.35	1.96	18.54	334.48	2.84
		12			22.800	17.898	0.391	208.90	3.03	29.48	330.95	3.81	46.80	86.84	1.95	21.08	402.34	2.91
		14			26.256	20.611	0.391	236.53	3.00	33.73	374.06	3.77	52.90	99.00	1.94	23.44	470.75	2.99
		16			29.627	23.257	0.390	262.53	2.98	37.82	414.16	3.74	58.57	110.89	1.94	25.63	539.80	3.06
11	110	7		12	15.196	11.928	0.433	177.16	3.41	22.05	280.94	4.30	36.12	73.38	2.20	17.51	310.64	2.96
		8			17.238	13.532	0.433	199.46	3.40	24.95	316.49	4.28	40.69	82.42	2.19	19.39	355.20	3.01
		10			21.261	16.690	0.432	242.19	3.38	30.60	384.39	4.25	49.42	99.98	2.17	22.91	444.65	3.09
		12			25.200	19.782	0.431	282.55	3.35	36.05	448.17	4.22	57.62	116.93	2.15	26.15	534.60	3.16
		14			29.056	22.809	0.431	320.71	3.32	41.31	508.01	4.18	65.31	133.40	2.14	29.14	625.16	3.24
12.5	125	8		14	19.750	15.504	0.492	297.03	3.88	32.52	470.89	4.88	53.28	123.16	2.50	25.86	521.01	3.37
		10			24.373	19.133	0.491	361.67	3.85	39.97	573.89	4.85	64.93	149.46	2.48	30.62	651.93	3.45
		12			28.912	22.696	0.491	423.16	3.83	41.17	671.44	4.82	75.96	174.88	2.46	35.03	783.42	3.53

附录Ⅲ 型钢规格表

续表

角钢号数	尺寸 /mm				截面面积 /cm²	理论质量 /(kg/m)	外表面积 /(m²/m)	参考数值											z_0 /cm
								$x-x$			x_0-x_0			y_0-y_0			x_1-x_1	
	b	d		r				I_x /cm⁴	i_x /cm	W_x /cm³	I_{x_0} /cm⁴	i_{x_0} /cm	W_{x_0} /cm³	I_{y_0} /cm⁴	i_{y_0} /cm	W_{y_0} /cm³	I_{x_1} /cm⁴	
12.5	125	14		14	33.367	26.193	0.490	481.65	3.80	54.16	763.73	4.78	86.41	199.57	2.45	39.13	915.61	3.61
14	140	10			27.373	21.488	0.551	514.65	4.34	50.58	817.27	5.46	82.56	212.04	2.78	39.20	915.11	3.82
		12			32.512	25.522	0.551	603.68	4.31	59.80	958.79	5.43	96.85	248.57	2.76	45.02	1099.28	3.90
		14			37.567	29.490	0.550	688.81	4.28	68.75	1093.56	5.40	110.47	284.06	2.75	50.45	1284.22	3.98
		16			42.539	33.393	0.549	770.24	4.26	77.46	1221.81	5.36	123.42	318.67	2.74	55.55	1470.07	4.06
16	160	10		16	31.502	24.729	0.630	779.53	4.98	66.70	1237.30	6.27	109.36	321.76	3.20	52.76	1365.33	4.31
		12			37.441	29.391	0.630	916.58	4.95	78.98	1455.68	6.24	128.67	377.49	3.18	60.74	1639.57	4.39
		14			43.296	33.987	0.629	1048.36	4.92	90.95	1665.02	6.20	147.17	431.70	3.16	68.244	1914.68	4.47
		16			49.067	38.518	0.629	1175.08	4.89	102.63	1865.57	6.17	164.89	484.59	3.14	75.31	2190.82	4.55
18	180	12		16	42.241	33.159	0.710	1321.35	5.59	100.82	2100.10	7.05	165.00	542.61	3.58	78.41	2332.80	4.89
		14			48.896	38.388	0.709	1514.48	5.56	116.25	2407.42	7.02	189.14	625.53	3.56	88.38	2723.48	4.97
		16			55.467	43.542	0.709	1700.99	5.54	131.13	2703.37	6.98	212.40	698.60	3.55	97.83	3115.29	5.05
		18			61.955	48.634	0.708	1875.12	5.50	145.64	2988.24	6.94	234.78	762.01	3.51	105.14	3502.43	5.13
20	200	14		18	54.642	42.894	0.788	2103.55	6.20	144.70	3343.26	7.82	236.40	863.83	3.98	111.82	3734.10	5.46
		16			62.013	48.680	0.788	2366.15	6.18	163.65	3760.89	7.79	265.93	971.41	3.96	123.96	4270.39	5.54
		18			69.301	54.401	0.787	2620.64	6.15	182.22	4164.54	7.75	294.48	1076.74	3.94	135.52	4808.13	5.62
		20			76.505	60.056	0.787	2867.30	6.12	200.42	4554.55	7.72	322.06	1180.04	3.93	146.55	5347.51	5.69
		24			90.661	71.168	0.785	2338.25	6.07	236.17	5294.97	7.64	374.41	1381.53	3.90	166.55	6457.16	5.87

注：截面图中的 $r_1 = d/3$ 及表中 r 值的数据用于孔型设计，不作为交货条件。

表 2 热轧不等边

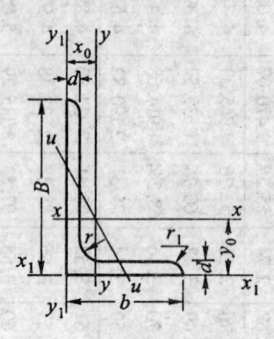

角钢号数	尺寸 /mm				截面面积 /cm²	理论质量 /(kg/m)	外表面积 /(m²/m)	x-x		
	B	b	d	r				I_x /cm⁴	i_x /cm	W_x /cm³
2.5/1.6	25	16	3	3.5	1.162	0.912	0.080	0.70	0.78	0.43
			4		1.499	1.176	0.079	0.88	0.77	0.55
3.2/2	32	20	3		1.492	1.171	0.102	1.53	1.01	0.72
			4		1.939	1.522	0.101	1.93	1.00	0.93
4/2.5	40	25	3	4	1.890	1.484	0.127	3.08	1.28	1.15
			4		2.467	1.936	0.127	3.93	1.26	1.49
4.5/2.8	45	28	3	5	2.149	1.687	0.143	4.45	1.44	1.47
			4		2.806	2.203	0.143	5.69	1.42	1.91
5/3.2	50	32	3	5.5	2.431	1.908	0.161	6.24	1.60	1.84
			4		3.177	2.494	0.160	8.02	1.59	2.39
5.6/3.6	56	36	3	6	2.743	2.153	0.181	8.88	1.80	2.32
			4		3.590	2.818	0.180	11.25	1.79	3.03
			5		4.415	3.466	0.180	13.86	1.77	3.71
6.3/4	63	40	4	7	4.058	3.185	0.202	16.49	2.02	3.87
			5		4.993	3.920	0.202	20.02	2.00	4.74
			6		5.908	4.638	0.201	23.36	1.96	5.59
			7		6.802	5.339	0.201	26.53	1.98	6.40

附录Ⅲ 型钢规格表

角钢（GB 9788—1988）

符号意义：
B——长边宽度； b——短边宽度；
d——边厚度； r——内圆弧半径；
r_1——边端内圆弧半径； I——惯性矩；
i——惯性半径； W——弯曲截面系数；
x_0——形心坐标； y_0——形心坐标

参 考 数 值									
$y-y$			x_1-x_1		y_1-y_1		$u-u$		
I_y /cm^4	i_y /cm	W_y /cm^3	I_{x_1} /cm^4	y_0 /cm	I_{y_1} /cm^4	x_0 /cm	I_u /cm^4	i_u /cm	W_u /cm^3	$\tan\alpha$
0.22	0.44	0.19	1.56	0.86	0.43	0.42	0.14	0.34	0.16	0.392
0.27	0.43	0.24	2.09	0.90	0.59	0.46	0.17	0.34	0.20	0.381
0.46	0.55	0.30	3.27	1.08	0.82	0.49	0.28	0.43	0.25	0.382
0.57	0.54	0.39	4.37	1.12	1.12	0.53	0.35	0.42	0.32	0.374
0.93	0.70	0.49	6.39	1.32	1.59	0.59	0.56	0.54	0.40	0.386
1.18	0.69	0.63	8.53	1.37	2.14	0.63	0.71	0.54	0.52	0.381
1.34	0.79	0.62	9.10	1.47	2.23	0.64	0.80	0.61	0.51	0.383
1.70	0.78	0.80	12.13	1.51	3.00	0.68	1.02	0.60	0.66	0.380
2.02	0.91	0.82	12.49	1.60	3.31	0.73	1.20	0.70	0.68	0.404
2.58	0.90	1.06	16.65	1.65	4.45	0.77	1.53	0.69	0.87	0.402
2.92	1.03	1.05	17.54	1.78	4.70	0.80	1.73	0.79	0.87	0.408
3.76	1.02	1.37	23.39	1.82	6.33	0.85	2.23	0.79	1.13	0.408
4.49	1.01	1.65	29.25	1.87	7.94	0.88	2.67	0.78	1.36	0.404
5.23	1.14	1.70	33.30	2.04	8.63	0.92	3.12	0.88	1.40	0.398
6.31	1.12	2.71	41.63	2.08	10.86	0.95	3.76	0.87	1.71	0.396
7.29	1.11	2.43	49.98	2.12	13.12	0.99	4.34	0.86	1.99	0.393
8.24	1.10	2.78	58.07	2.15	15.47	1.03	4.97	0.86	2.29	0.389

角钢号数	尺寸/mm				截面面积/cm²	理论质量/(kg/m)	外表面积/(m²/m)	x-x		
	B	b	d	r				I_x/cm⁴	i_x/cm	W_x/cm³
7/4.5	70	45	4	7.5	4.547	3.570	0.226	23.17	2.26	4.86
			5		5.609	4.403	0.225	27.95	2.23	5.92
			6		6.647	5.218	0.225	32.54	2.21	6.95
			7		7.657	6.011	0.225	37.22	2.20	8.03
(7.5/5)	75	50	5	8	6.125	4.808	0.245	34.86	2.39	6.83
			6		7.260	5.699	0.245	41.12	2.38	8.12
			8		9.467	7.431	0.244	52.39	2.35	10.52
			10		11.590	9.098	0.244	62.71	2.33	12.79
8/5	80	50	5	8	6.375	5.005	0.255	41.96	2.56	7.78
			6		7.560	5.935	0.255	49.49	2.56	9.25
			7		8.724	6.848	0.255	56.16	2.54	10.58
			8		9.867	7.745	0.254	62.83	2.52	11.92
9/5.6	90	56	5	9	7.212	5.661	0.287	60.45	2.90	9.92
			6		8.557	6.717	0.286	71.03	2.88	11.74
			7		9.880	7.756	0.286	81.01	2.86	13.49
			8		11.183	8.779	0.286	91.03	2.85	15.27
10/6.3	100	63	6	10	9.617	7.550	0.320	99.06	3.21	14.64
			7		11.111	8.722	0.320	113.45	3.29	16.88
			8		12.584	9.878	0.319	127.37	3.18	19.08
			10		15.467	12.142	0.319	153.81	3.15	23.32
10/8	100	80	6	10	10.637	8.350	0.354	107.04	3.17	15.19
			7		12.301	9.656	0.354	122.73	3.16	17.52
			8		13.944	10.946	0.353	137.92	3.14	19.81
			10		17.167	13.476	0.353	166.87	3.12	24.24

续表

参 考 数 值										
$y-y$			x_1-x_1		y_1-y_1		$u-u$			
I_y /cm^4	i_y /cm	W_y /cm^3	I_{x_1} /cm^4	y_0 /cm	I_{y_1} /cm^4	x_0 /cm	I_u /cm^4	i_u /cm	W_u /cm^3	$\tan\alpha$
7.55	1.29	2.17	45.92	2.24	12.26	1.02	4.40	0.98	1.77	0.410
9.13	1.28	2.65	57.10	2.28	15.39	1.06	5.40	0.98	2.19	0.407
10.62	1.26	3.12	68.35	2.32	18.58	1.09	6.35	0.98	2.59	0.404
12.01	1.25	3.57	79.99	2.36	21.84	1.13	7.16	0.97	2.94	0.402
12.61	1.44	3.30	70.00	2.40	21.04	1.17	7.41	1.10	2.74	0.435
14.70	1.42	3.88	84.30	2.44	25.37	1.21	8.54	1.08	3.19	0.435
18.53	1.40	4.99	112.50	2.52	34.23	1.29	10.87	1.07	4.10	0.429
21.96	1.38	6.04	140.80	2.60	43.43	1.36	13.10	1.06	4.99	0.423
12.82	1.42	3.32	85.21	2.60	21.06	1.14	7.66	1.10	2.74	0.388
14.95	1.41	3.91	102.53	2.65	25.41	1.18	8.85	1.08	3.20	0.387
16.96	1.39	4.48	119.33	2.69	29.82	1.21	10.18	1.08	3.70	0.384
18.85	1.38	5.03	136.41	2.73	34.32	1.25	11.38	1.07	4.16	0.381
18.32	1.59	4.21	121.32	2.91	29.53	1.25	10.98	1.23	3.49	0.385
21.42	1.58	4.96	145.59	2.95	35.58	1.29	12.90	1.23	4.18	0.384
24.36	1.57	5.70	169.66	3.00	41.71	1.33	14.67	1.22	4.72	0.382
27.15	1.56	6.41	194.17	3.04	47.93	1.36	16.34	1.21	5.29	0.380
30.94	1.79	6.35	199.71	3.24	50.50	1.43	18.42	1.38	5.25	0.394
35.26	1.78	7.29	233.00	3.28	59.14	1.47	21.00	1.38	6.02	0.393
39.39	1.77	8.21	266.32	3.32	67.88	1.50	23.50	1.37	6.78	0.391
47.12	1.74	9.98	333.06	3.40	85.73	1.58	28.33	1.35	8.24	0.387
61.24	2.40	10.16	199.83	2.95	102.68	1.97	31.65	1.72	8.37	0.627
70.08	2.39	11.71	233.20	3.00	119.98	2.01	36.17	1.72	9.60	0.626
78.58	2.37	13.21	266.61	3.04	137.37	2.05	40.58	1.71	10.80	0.625
94.65	2.35	16.12	333.63	3.12	172.48	2.13	49.10	1.69	13.12	0.622

角钢号数	尺寸/mm				截面面积/cm²	理论质量/(kg/m)	外表面积/(m²/m)	$x-x$		
	B	b	d	r				I_x/cm⁴	i_x/cm	W_x/cm³
11/7	110	70	6	10	10.637	8.350	0.354	133.37	3.54	17.85
			7		12.301	9.656	0.354	153.00	3.53	20.60
			8		13.944	10.946	0.353	172.04	3.51	23.30
			10		17.167	13.476	0.353	208.39	3.48	28.54
12.5/8	125	80	7	11	14.096	11.066	0.403	227.98	4.02	26.86
			8		15.989	12.551	0.403	256.77	4.01	30.41
			10		19.712	15.474	0.402	312.04	3.98	37.33
			12		23.351	18.330	0.402	364.41	3.95	44.01
14/9	140	90	8	12	18.038	14.160	0.453	365.64	4.50	38.48
			10		22.261	17.475	0.452	445.50	4.47	47.31
			12		26.400	20.724	0.451	521.59	4.44	55.87
			14		30.456	23.908	0.451	594.10	4.42	64.18
16/10	160	100	10	13	25.315	19.872	0.512	668.69	5.14	62.13
			12		30.054	23.592	0.511	784.91	5.11	73.49
			14		34.709	27.247	0.510	896.30	5.08	84.56
			16		39.281	30.835	0.510	1 003.04	5.05	95.33
18/11	180	110	10	14	28.373	22.273	0.571	956.25	5.80	78.96
			12		33.712	26.464	0.571	1 124.72	5.78	93.53
			14		38.967	30.589	0.570	1 286.91	5.75	107.76
			16		44.139	34.649	0.569	1 443.06	5.72	121.64
20/12.5	200	125	12		37.912	29.761	0.641	1 570.90	6.44	116.73
			14		43.867	34.436	0.640	1 800.97	6.41	134.65
			16		49.739	39.045	0.639	2 023.35	6.38	152.18
			18		55.526	43.588	0.639	2 238.30	6.35	169.33

注：1. 括号内型号不推荐使用。2. 截面图中的 $r_1=d/3$ 及表中 r 的数据用于孔型设计，不作为交

续表

参考数值										
$y-y$			x_1-x_1		y_1-y_1		$u-u$			
I_y /cm^4	i_y /cm	W_y /cm^3	I_{x_1} /cm^4	y_0 /cm	I_{y_1} /cm^4	x_0 /cm	I_u /cm^4	i_u /cm	W_u /cm^3	$\tan\alpha$
42.92	2.01	7.90	265.78	3.53	69.08	1.57	25.36	1.54	6.53	0.403
49.01	2.00	9.09	310.07	3.57	80.82	1.61	28.95	1.53	7.50	0.402
54.87	1.98	10.25	354.39	3.62	92.70	1.65	32.45	1.53	8.45	0.401
65.88	1.96	12.48	443.13	3.70	116.83	1.72	39.20	1.51	10.29	0.397
74.42	2.30	12.01	454.99	4.01	120.32	1.80	43.81	1.76	9.92	0.408
83.49	2.28	13.56	519.99	4.06	137.85	1.84	49.15	1.75	11.18	0.407
100.67	2.26	16.56	650.09	4.14	173.40	1.92	59.45	1.74	13.64	0.404
116.67	2.24	19.43	780.39	4.22	209.67	2.00	69.35	1.72	16.01	0.400
120.69	2.59	17.34	730.53	4.50	195.79	2.04	70.83	1.98	14.31	0.411
146.03	2.56	21.22	913.20	4.58	245.92	2.12	85.82	1.96	17.48	0.409
169.79	2.54	24.95	1 096.09	4.66	296.89	2.19	100.21	1.95	20.54	0.406
192.10	2.51	28.54	1 279.26	4.74	348.82	2.27	114.13	1.94	23.52	0.403
205.03	2.85	26.56	1 362.89	5.24	336.59	2.28	121.74	2.19	21.92	0.390
239.06	2.82	31.28	1 635.56	5.32	405.94	2.36	142.33	2.17	25.79	0.388
271.20	2.80	35.83	1 908.50	5.40	476.42	2.43	162.23	2.16	29.56	0.385
301.60	2.77	40.24	2 181.79	5.48	548.22	2.51	182.57	2.16	33.44	0.382
278.11	3.13	32.49	1 940.40	5.89	447.22	2.44	166.50	2.42	26.88	0.376
325.03	3.10	38.32	2 328.38	5.98	538.94	2.52	194.87	2.40	31.66	0.374
369.55	3.08	43.97	2 716.60	6.06	631.95	2.59	222.30	2.39	36.32	0.372
411.85	3.06	49.44	3 105.15	6.14	726.46	2.67	248.94	2.38	40.87	0.369
483.16	3.57	49.99	3 193.85	6.54	787.74	2.83	285.79	2.74	41.23	0.392
550.83	3.54	57.44	3 726.17	6.02	922.47	2.91	326.58	2.73	47.34	0.390
615.44	3.52	64.69	4 258.86	6.70	1 058.86	2.99	366.21	2.71	53.32	0.388
677.19	3.49	71.74	4 792.00	6.78	1 197.13	3.06	404.83	2.70	59.18	0.385

货条件。

表 3　热轧工字钢（GB 706—1988）

符号意义：
- h —— 高度；
- b —— 腿宽度；
- d —— 腰厚度；
- δ —— 平均腿厚度；
- r —— 内圆弧半径；
- r_1 —— 腿端圆弧半径；
- I —— 惯性矩；
- W —— 弯曲截面系数；
- i —— 惯性半径；
- S —— 半截面的静矩。

型号	尺寸 /mm						截面面积 /cm²	理论质量 /(kg/m)	参考数值						
									x—x				y—y		
	h	b	d	δ	r	r_1			I_x /cm⁴	W_x /cm³	i_x /cm	$I_x:S_x$ /cm	I_y /cm⁴	W_y /cm³	i_y /cm
10	100	68	4.5	7.6	6.5	3.3	14.3	11.2	245	49	4.14	8.59	33	9.72	1.52
12.6	126	74	5	8.4	7	3.5	18.1	14.2	488.43	77.529	5.195	10.85	46.906	12.677	1.609
14	140	80	5.5	9.1	7.5	3.8	21.5	16.9	712	102	5.76	12	64.4	16.1	1.73
16	160	88	6	9.9	8	4	26.1	20.5	1 130	141	6.58	13.8	93.1	21.2	1.89
18	180	94	6.5	10.7	8.5	4.3	30.6	24.1	1 660	185	7.36	15.4	122	26	2
20a	200	100	7	11.4	9	4.5	35.5	27.9	2 370	237	8.15	17.2	158	31.5	2.12
20b	200	102	9	11.4	9	4.5	39.5	31.1	2 500	250	7.96	16.9	169	33.1	2.06
22a	220	110	7.5	12.3	9.5	4.8	42	33	3 400	309	8.99	18.9	225	40.9	2.31
22b	220	112	9.5	12.3	9.5	4.8	46.4	36.4	3 570	325	8.78	18.7	239	42.7	2.27
25a	250	116	8	13	10	5	48.5	38.1	5 023.54	401.88	10.18	21.58	280.046	48.283	2.403
25b	250	118	10	13	10	5	53.5	42	5 283.96	422.72	9.938	21.27	309.297	52.423	2.404
28a	280	122	8.5	13.7	10.5	5.3	55.45	43.4	7 114.14	508.15	11.32	24.62	345.051	56.565	2.495
28b	280	124	10.5	13.7	10.5	5.3	61.05	47.9	7 480	534.29	11.08	24.24	379.496	61.209	2.493

附录Ⅲ 型钢规格表

续表

型号	尺寸 /mm						截面面积 /cm²	理论质量 /(kg/m)	参考数值						
									x-x				y-y		
	h	b	d	δ	r	r₁			I_x /cm⁴	W_x /cm³	i_x /cm	$I_x:S_x$ /cm	I_y /cm⁴	W_y /cm³	i_y /cm
32a	320	130	9.5	15	11.5	5.8	67.05	52.7	11 075.5	692.2	12.84	27.46	459.93	70.758	2.619
32b	320	132	11.5	15	11.5	5.8	73.45	57.7	11 621.4	726.33	12.58	27.09	501.53	75.989	2.614
32c	320	134	13.5	15	11.5	5.8	79.95	62.8	12 167.5	760.47	12.34	26.77	543.81	81.166	2.608
36a	360	136	10	15.8	12	6	76.3	59.9	15 760	875	14.4	30.7	552	81.2	2.69
36b	360	138	12	15.8	12	6	83.5	65.6	16 530	919	14.1	30.3	582	84.3	2.64
36c	360	140	14	15.8	12	6	90.7	71.2	17 310	962	13.8	29.9	612	87.4	2.6
40a	400	142	10.5	16.5	12.5	6.3	86.1	67.6	21 720	1 090	15.9	34.1	660	93.2	2.77
40b	400	144	12.5	16.5	12.5	6.3	94.1	73.8	22 780	1 140	15.6	33.6	692	96.2	2.71
40c	400	146	14.5	16.5	12.5	6.3	102	80.1	23 850	1 190	15.2	33.2	727	99.6	2.65
45a	450	150	11.5	18	13.5	6.8	102	80.4	32 240	1 430	17.7	38.6	855	114	2.89
45b	450	152	13.5	18	13.5	6.8	111	87.4	33 760	1 500	17.4	38	894	118	2.84
45c	450	154	15.5	18	13.5	6.8	120	94.5	35 280	1 570	17.1	37.6	938	122	2.79
50a	500	158	12	20	14	7	119	93.6	46 470	1 860	19.7	42.8	1 120	142	3.07
50b	500	160	14	20	14	7	129	101	48 560	1 940	19.4	42.4	1 170	146	3.01
50c	500	162	16	20	14	7	139	109	50 640	2 080	19	41.8	1 220	151	2.96
56a	560	166	12.5	21	14.5	7.3	135.25	106.2	65 585.6	2 342.31	22.02	47.73	1 370.16	165.08	3.182
56b	560	168	14.5	21	14.5	7.3	146.45	115	68 512.5	2 446.69	21.63	47.17	1 486.75	174.25	3.162
56c	560	170	16.5	21	14.5	7.3	157.85	123.9	71 439.4	2 551.41	21.27	46.66	1 558.39	183.34	3.158
63a	630	176	13	22	15	7.5	154.9	121.6	93 916.2	2 981.47	24.62	54.17	1 700.55	193.24	3.314
63b	630	178	15	22	15	7.5	167.5	131.5	98 083.6	3 163.38	24.2	53.51	1 812.07	203.6	3.289
63c	630	180	17	22	15	7.5	180.1	141	102 251.1	3 298.42	23.82	52.92	1 924.91	213.88	3.268

注:截面图和表中标注的圆弧半径 r、r_1 的数据用于孔型设计,不作为交货条件。

表 4 热轧槽钢（GB 707—1988）

符号意义：
- h——高度；
- b——腿宽度；
- d——腰厚度；
- δ——平均腿厚度；
- r——内圆弧半径；
- r_1——腿端圆弧半径；
- I——惯性矩；
- W——弯曲截面系数；
- i——惯性半径；
- z_0——$y-y$ 轴与 y_1-y_1 轴间距

型号	尺寸 /mm						截面面积 /cm²	理论质量 /(kg/m)	参考数值							
									$x-x$			$y-y$			y_1-y_1	
	h	b	d	δ	r	r_1			W_x /cm³	I_x /cm⁴	i_x /cm	W_y /cm³	I_y /cm⁴	i_y /cm	I_{y_1} /cm⁴	z_0 /cm
5	50	37	4.5	7	7	3.5	6.93	5.44	10.4	26	1.94	3.55	8.3	1.1	20.9	1.35
6.3	63	40	4.8	7.5	7.5	3.75	8.444	6.63	16.123	50.786	2.453	4.50	11.872	1.185	28.38	1.36
8	80	43	5	8	8	4	10.24	8.04	25.3	101.3	3.15	5.79	16.6	1.27	37.4	1.43
10	100	48	5.3	8.5	8.5	4.25	12.74	10	39.7	198.3	3.95	7.8	25.6	1.41	54.9	1.52
12.6	126	53	5.5	9	9	4.5	15.69	12.37	62.137	391.466	4.953	10.242	37.99	1.567	77.09	1.59
14a	140	58	6	9.5	9.5	4.75	18.51	14.53	80.5	563.7	5.52	13.01	53.2	1.7	107.1	1.71
14b	140	60	8	9.5	9.5	4.75	21.31	16.73	87.1	609.4	5.35	14.12	61.1	1.69	120.6	1.67
16a	160	63	6.5	10	10	5	21.95	17.23	108.3	866.2	6.28	16.3	73.3	1.83	144.1	1.8
16b	160	65	8.5	10	10	5	25.15	19.74	116.8	934.5	6.1	17.55	83.4	1.82	160.8	1.75

续表

型号	尺寸/mm						截面面积/cm²	理论质量/(kg/m)	参考数值							
									x—x			y—y			y_1—y_1	z_0
	h	b	d	δ	r	r_1			W_x/cm³	I_x/cm⁴	i_x/cm	W_y/cm³	I_y/cm⁴	i_y/cm	I_{y_1}/cm⁴	/cm
18a	180	68	7	10.5	10.5	5.25	25.69	20.17	141.4	1 272.7	7.04	20.03	98.6	1.96	189.7	1.88
18b	180	70	9	10.5	10.5	5.25	29.29	22.99	152.2	1 369.9	6.84	21.52	111	1.95	210.1	1.84
20a	200	73	7	11	11	5.5	28.83	22.63	178	1 780.4	7.86	24.2	128	2.11	244	2.01
20b	200	75	9	11	11	5.5	32.83	25.77	191.4	1 913.7	7.64	25.88	143.6	2.09	268.4	1.95
22a	220	77	7	11.5	11.5	5.75	31.84	24.99	217.6	2 393.9	8.67	28.17	157.8	2.23	298.2	2.1
22b	220	79	9	11.5	11.5	5.75	36.24	28.45	233.8	2 571.4	8.42	30.05	176.4	2.21	326.3	2.03
a	250	78	7	12	12	6	34.91	27.47	269.597	3 369.62	9.823	30.607	175.529	2.243	322.256	2.065
25b	250	80	9	12	12	6	39.91	31.39	282.402	3 530.04	9.405	32.657	196.421	2.218	353.187	1.982
c	250	82	11	12	12	6	44.91	35.32	295.236	3 690.45	9.065	35.926	218.415	2.206	384.133	1.921
a	280	82	7.5	12.5	12.5	6.25	40.02	31.42	340.328	4 764.59	10.91	35.718	217.989	2.333	387.566	2.097
28b	280	84	9.5	12.5	12.5	6.25	45.62	35.81	366.46	5 130.45	10.6	37.929	242.144	2.304	427.589	2.016
c	280	86	11.5	12.5	12.5	6.25	51.22	40.21	392.594	5 496.32	10.35	40.301	267.602	2.286	426.597	1.951
a	320	88	8	14	14	7	48.7	38.22	474.879	7 598.06	12.49	46.473	304.787	2.502	552.31	2.242
32b	320	90	10	14	14	7	55.1	43.25	509.012	8 144.2	12.15	49.157	336.332	2.471	592.933	2.158
c	320	92	12	14	14	7	61.5	48.28	543.145	8 690.33	11.88	52.642	374.175	2.467	643.299	2.092
a	360	96	9	16	16	8	60.89	47.8	659.7	11 874.2	13.97	63.54	455	2.73	818.4	2.44
36b	360	98	11	16	16	8	68.09	53.45	702.9	12 651.8	13.63	66.85	496.7	2.7	880.4	2.37
c	360	100	13	16	16	8	75.29	50.1	746.1	13 429.4	13.36	70.02	536.4	2.67	947.9	2.34
a	400	100	10.5	18	18	9	75.05	58.91	878.9	17 577.9	15.30	78.83	592	2.81	1067.7	2.49
40b	400	102	12.5	18	18	9	83.05	65.19	932.2	18 644.5	14.98	82.52	640	2.78	1135.6	2.44
c	400	104	14.5	18	18	9	91.05	71.47	985.6	19 711.2	14.71	86.19	687.8	2.75	1220.7	2.42

注：截面图和表中标注的圆弧半径 r、r_1 的数据用于孔型设计，不作为交货条件。

附录 Ⅳ 简单荷载作用下梁的挠度和转角

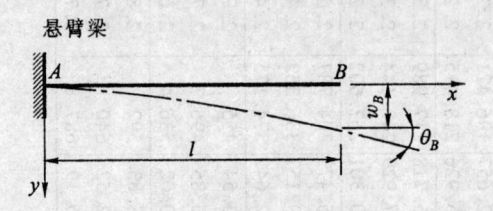

w = 沿 y 方向的挠度
$w_B = w(l)$ = 梁右端处的挠度
$\theta_B = w'(l)$ = 梁右端处的转角

序号	梁上荷载及弯矩图	挠曲线方程	转角和挠度
1		$w = \dfrac{M_e x^2}{2EI}$	$\theta_B = \dfrac{M_e l}{EI}$ $w_B = \dfrac{M_e l^2}{2EI}$
2		$w = \dfrac{F x^2}{6EI}(3l - x)$	$\theta_B = \dfrac{F l^2}{2EI}$ $w_B = \dfrac{F l^3}{3EI}$
3		$w = \dfrac{F x^2}{6EI}(3a - x)$ $(0 \leqslant x \leqslant a)$ $w = \dfrac{F a^2}{6EI}(3x - a)$ $(a \leqslant x \leqslant l)$	$\theta_B = \dfrac{F a^2}{2EI}$ $w_B = \dfrac{F a^2}{6EI}(3l - a)$
4		$w = \dfrac{q x^2}{24EI}(x^2 + 6l^2 - 4lx)$	$\theta_B = \dfrac{q l^3}{6EI}$ $w_B = \dfrac{q l^4}{8EI}$

续表

序号	梁上荷载及弯矩图	挠曲线方程	转角和挠度
5	(悬臂梁，三角形分布载荷 q_0，长度 l，弯矩图 $\frac{q_0 l^2}{6}$)	$w = \dfrac{q_0 x^2}{120 EIl}(10l^3 - 10l^2 x + 5lx^2 - x^3)$	$\theta_B = \dfrac{q_0 l^3}{24EI}$ $w_B = \dfrac{q_0 l^4}{30EI}$

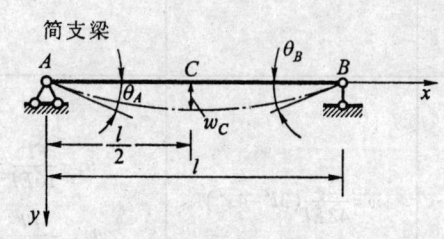

简支梁

$w = $ 沿 y 方向的挠度
$w_C = w\left(\dfrac{l}{2}\right) = $ 梁的中点挠度
$\theta_A = w'(0) = $ 梁左端处的转角
$\theta_B = w'(l) = $ 梁右端处的转角

序号	梁上荷载及弯矩图	挠曲线方程	转角和挠度
6	(简支梁左端受力偶 M_A)	$w = \dfrac{M_A x}{6EIl}(l-x)(2l-x)$	$\theta_A = \dfrac{M_A l}{3EI}$ $\theta_B = -\dfrac{M_A l}{6EI}$ $w_C = \dfrac{M_A l^2}{16EI}$
7	(简支梁右端受力偶 M_B)	$w = \dfrac{M_B x}{6EIl}(l^2 - x^2)$	$\theta_A = \dfrac{M_B l}{6EI}$ $\theta_B = \dfrac{M_B l}{3EI}$ $w_C = \dfrac{M_B l^2}{16EI}$
8	(简支梁均布载荷 q，弯矩图 $\dfrac{ql^2}{8}$)	$w = \dfrac{qx}{24EI}(l^3 - 2lx^2 + x^3)$	$\theta_A = \dfrac{ql^3}{24EI}$ $\theta_B = -\dfrac{ql^3}{24EI}$ $w_C = \dfrac{5ql^4}{384EI}$

续表

序号	梁上荷载及弯矩图	挠曲线方程	转角和挠度
9		$w=\dfrac{q_0 x}{360EIl}(7l^4-10l^2x^2+3x^4)$	$\theta_A=\dfrac{7q_0 l^3}{360EI}$ $\theta_B=-\dfrac{q_0 l^3}{45EI}$ $w_C=\dfrac{5q_0 l^4}{768EI}$
10		$w=\dfrac{Fx}{48EI}(3l^2-4x^2)$ $\left(0\leqslant x\leqslant\dfrac{l}{2}\right)$	$\theta_A=\dfrac{Fl^2}{16EI}$ $\theta_B=-\dfrac{Fl^2}{16EI}$ $w_C=\dfrac{Fl^3}{48EI}$
11		$w=\dfrac{Fbx}{6EIl}(l^2-x^2-b^2)$ $(0\leqslant x\leqslant a)$ $w=\dfrac{Fb}{6EIl}\left[\dfrac{l}{b}(x-a)^3+(l^2-b^2)x-x^3\right]$ $(a\leqslant x\leqslant l)$	$\theta_A=\dfrac{Fab(l+b)}{6EIl}$ $\theta_B=-\dfrac{Fab(l+a)}{6EIl}$ $w_C=\dfrac{Fb(3l^2-4b^2)}{48EI}$ （当 $a\geqslant b$ 时）
12		$w=\dfrac{M_e x}{6EIl}(6al-3a^2-2l^2-x^2)$ $(0\leqslant x\leqslant a)$ 当 $a=b=\dfrac{l}{2}$ 时， $w=\dfrac{M_e x}{24EIl}(l^2-4x^2)$ $\left(0\leqslant x\leqslant\dfrac{l}{2}\right)$	$\theta_A=\dfrac{M_e}{6EIl}(6al-3a^2-2l^2)$ $\theta_B=\dfrac{M_e}{6EIl}(l^2-3a^2)$ 当 $a=b=\dfrac{l}{2}$ 时， $\theta_A=\dfrac{M_e l}{24EI}$ $\theta_B=\dfrac{M_e l}{24EI},w_C=0$

续表

序号	梁上荷载及弯矩图	挠曲线方程	转角和挠度
13	(图：简支梁，左端A铰支，右端B滚动支座，长度l，距左端a处到右端b范围内作用均布荷载q；弯矩图最大值$\dfrac{qb^2(a+l)^2}{8l^2}$，位于距右端$\dfrac{b(a+l)}{2l}$处)	$w=-\dfrac{qb^5}{24EIl}\left[2\dfrac{x^3}{b^3}-\dfrac{x}{b}\left(2\dfrac{l^2}{b^2}-1\right)\right]$ $(0\leq x\leq a)$ $w=-\dfrac{q}{24EI}\left[2\dfrac{b^2x^3}{l}-\dfrac{b^2x}{l}(2l^2-b^2)-(x-a)^4\right]$ $(a\leq x\leq l)$	$\theta_A=\dfrac{qb^2(2l^2-b^2)}{24EIl}$ $\theta_B=-\dfrac{qb^2(2l-b)^2}{24EIl}$ $w_C=\dfrac{qb^5}{24EIl}\left(\dfrac{3}{4}\dfrac{l^3}{b^3}-\dfrac{1}{2}\dfrac{l}{b}\right)$ （当$a>b$时） $w_C=\dfrac{qb^5}{24EIl}\left[\dfrac{3}{4}\dfrac{l^3}{b^3}-\dfrac{1}{2}\dfrac{l}{b}+\dfrac{1}{16}\dfrac{l^5}{b^5}\times\left(1-\dfrac{2a}{l}\right)^4\right]$ （当$a<b$时）

附录V 力学性能名词及符号的新旧对照表

新 标 准 GB/T228—2002			旧标准 GB228—87	
性能名词		符号	性能名词	符号
断面收缩率	percentage reduction of area	Z	断面收缩率	ψ
断后伸长率	percentage elongation after fracture	A $A_{11.3}$ A_{xmn}	断后伸长率	δ_5 δ_{10} δ_{xmn}
断裂总伸长率	percentage total elongation at fracture	A_t	——	—
最大力总伸长率	percentage elongation at maximum force	A_{gt}	最大力下的总伸长率	δ_{gt}
最大非比例伸长率	percentage non-proportional elongation at maximum force	A_g	最大力下的非比例伸长率	δ_g
屈服点延伸率	percentage yield point extantion	A_e	屈服点伸长率	δ_s
屈服强度	yield strength	——	屈服点	σ_s
上屈服强度	upper yield strength	R_{eH}	上屈服点	σ_{sU}
下屈服强度	lower yield strength	R_{eL}	下屈服点	σ_{sL}
规定非比例延伸强度	proof strength non-proportional extension	R_p 例如 $R_{p0.2}$	规定非比例伸长应力	σ_p 例如 $\sigma_{p0.2}$

续表

新 标 准 GB/T228—2002			旧 标 准 GB228—87	
性能名词		符号	性能名词	符号
规定总延伸强度	proof strength, total extension	R_t 例如 $R_{t0.5}$	规定总伸长应力	σ_t 例如 $\sigma_{t0.5}$
规定残余延伸强度	permanent set strength	R_r 例如 $R_{r0.2}$	规定残余伸长应力	σ_r 例如 $\sigma_{r0.2}$
抗拉强度	tensile strength	R_m	抗拉强度	σ_b

主要参考书

[1] 孙训方,方孝淑,关来泰.材料力学(Ⅰ)[M].孙训方,胡增强,修订.4版.北京:高等教育出版社,2002.

[2] 孙训方,方孝淑,关来泰.材料力学(Ⅱ)[M].孙训方,胡增强,修订.4版.北京:高等教育出版社,2002.

[3] 单辉祖.材料力学(Ⅰ)[M].北京:高等教育出版社,1999.

[4] 单辉祖.材料力学(Ⅱ)[M].北京:高等教育出版社,1999.

[5] 胡增强.固体力学基础[M].南京:东南大学出版社,1990.

[6] 王龙甫.弹性理论[M].北京:科学出版社,1978.

[7] 徐秉业,刘信声.结构塑性极限分析[M].北京:中国建筑工业出版社,1985.

[8] 刘鸿文.高等材料力学[M].北京:高等教育出版社,1985.

[9] 中华人民共和国国家质量监督检验检疫总局.GB/T228—2002.金属材料室温拉伸试验方法[S].

[10] 中华人民共和国建设部.GB50017—2003.钢结构设计规范[S].

[11] Gere J M, Timoshenko S P. Mechanics of materials. Second SI Edition. New-York: Van Nostrand Reinhold, 1984.

[12] Archer R R, Lardner T J, et al. An introduction to the mechanics of solids. Second SI Edition. New York: McGraw-Hill, 1978.

习题答案

第 二 章

2-1 (a) $F_{N1} = 2F$, $F_{N2} = F$
   (b) $F_{N1} = F$, $F_{N2} = -2F$

2-2 $F_N(x_1) = F\left(\dfrac{x_1}{l}\right)^3$ （压力）

2-3 $\sigma = -0.34$ MPa

2-4 $\sigma_{AE} = 159.1$ MPa, $\sigma_{EC} = 154.8$ MPa

2-5 (1)

截面方位	σ_α/MPa	τ_α/MPa
0°	100	0
30°	75	43.3
-60°	25	-43.3

   (2) $\sigma_{max} = 100$ MPa, $\alpha = 0°$; $\tau_{max} = 50$ MPa, $\alpha = 45°$

2-6 (1) 最大压力 $F_{NCB} = 260$ kN
   (2) $\sigma_{AC} = -2.5$ MPa, $\sigma_{CB} = -6.5$ MPa
   (3) $\varepsilon_{AC} = -0.25 \times 10^{-3}$, $\varepsilon_{CB} = -0.65 \times 10^{-3}$
   (4) $\Delta_A = -1.35$ mm $(\downarrow)$

2-7 $\Delta l = \dfrac{4Fl}{\pi E d_1 d_2}$

2-8 (2) $F = 13.75$ kN; (3) $\delta = 29.99$ mm

2-9 (1) $\sigma = \dfrac{pr}{\delta}$; (2) $\Delta r = \dfrac{pr^2}{E\delta}$

2-10 $\Delta_{CD} = -1.003 \dfrac{\nu F}{4E\delta}$

2-11 $\delta_{C_x} = 0.476$ mm $(\rightarrow)$, $\delta_{C_y} = 0.476$ mm $(\downarrow)$

2-12 $\Delta = 1.365$ mm

2-13 (1) $\sigma = 735$ MPa
   (2) $\Delta = 83.7$ mm
   (3) $F = 96.4$ N

2-14 $V_{\varepsilon 1} = 3 V_{\varepsilon 2}$

2-15 $\Delta_{Ax}=4.76$ mm($\leftarrow$); $\Delta_{Ay}=20.23$ mm($\downarrow$)

2-16 $\sigma_{AB}=74$ MPa

2-17 (1) $\theta=54°44'$
　　　(2) $A_{AB}/A_{BC}=\sqrt{3}$

2-18 杆 AC: 2∟80×7; 杆 CD: 2∟75×6

2-19 杆 AB: 2∟90×56×5; 杆 CD: 2∟40×25×3;
　　　杆 EF: 2∟70×45×5, 杆 GH: 2∟70×45×5
　　　$\Delta_A=2.7$ mm, $\Delta_D=1.55$ mm, $\Delta_C=2.46$ mm

2-20 $A_1=0.576$ m², $A_2=0.665$ m², $\Delta_A=2.24$ mm

2-21 (1) $\sigma_{AC}=136$ MPa, $\sigma_{BD}=131$ MPa,
　　　$\Delta l_{AC}=1.62$ mm, $\Delta l_{BD}=1.56$ mm

2-22 $\alpha=26.57°=26°34'$, $[F]=62.5$ kN

第 三 章

3-1 最大正扭矩 $T=0.860$ kN·m
　　　最大负扭矩 $T=2.006$ kN·m

3-2 (1) $\tau_{max}=71.4$ MPa, $\varphi=1.02°$
　　　(2) $\tau_A=\tau_B=71.4$ MPa, $\tau_C=35.7$ MPa
　　　(3) $\gamma_C=0.446\times10^{-3}$

3-3 (1) $\tau_{max}=46.4$ MPa; (2) $P=71.8$ kW

3-4 $\tau_{max}=19.2$ MPa

3-5 (1) $d\geq21.7$ mm; (2) $W=1.12$ kN

3-6 (1) $m=0.009\,76$ kN·m/m; (2) $\tau_{max}=17.76$ MPa
　　　(3) $\varphi=8.5°$

3-7 (1) $\tau_{max}=69.8$ MPa
　　　(2) $\varphi_{AC}=2°$

3-8 $\nu=0.289$

3-9 $E=216$ GPa, $G=81.8$ GPa, $\nu=0.32$

3-10 重量比=0.51, 刚度比=1.19

3-11 $\varphi=\dfrac{32M_e l}{3\pi G}\left(\dfrac{d_1^2+d_1 d_2+d_2^2}{d_1^3 d_2^3}\right)$

3-12 $d\geq111.3$ mm

3-13 $d\geq87.5$ mm

3-14 AE 段: $\tau_{max}=45.2$ MPa, $\varphi'=0.462(°)/$m
　　　BC 段: $\tau_{max}=71.3$ MPa, $\varphi'=1.02(°)/$m

3-15 $\tau_{max}=65.6$ MPa, $V_\varepsilon=0.492$ kN·m

3-16 $V_\varepsilon=\dfrac{m^2 l^3}{6EI_p}$

3-17 （1）$\tau_{max}=32.8$ MPa$\left(根据 \tau_{max}=K\dfrac{16FR}{\pi d^3}, K=\dfrac{4c+2}{4c-3}\right)$

（2）$n=6.5$ 圈

3-18 （1）$[F]=981$ N

（2）提示：簧丝任一截面的半径 R 与极角 α 的关系为 $R=R_1+\dfrac{(R_2-R_1)\alpha}{2\pi n}$

3-19 （1）$\tau_{max}=40.1$ MPa；（2）$\tau'_{max}=34.4$ MPa；

（3）$\varphi'=0.564(°)/m$

3-20 （1）$\sigma_{max}=4.81\dfrac{M_e}{a^3}$，发生在横截面周边中点处，与横截面成45°的截面上。

（2）$\varphi=7.09\dfrac{M_e l}{Ga^4}$

3-21 $\tau_{max}=25$ MPa，$\varphi'=1.56(°)/m$（求 φ' 用的 I_t 根据修正因数 $\eta=1.15$ 计算）

3-22 闭口截面杆 $M_e=10.35$ kN·m，开口截面杆 $M_e=0.142$ kN·m

3-23 （1）最大切应力比 $=\dfrac{3a}{2\delta}$；（2）扭转角比 $=\dfrac{3a^2}{4\delta^2}$

第 四 章

4-1 （a）$F_{S1}=\dfrac{3}{4}qa, M_1=\dfrac{11}{12}qa^2; F_{S2}=0, M_2=\dfrac{4}{3}qa^2$

（b）$F_{S1}=12.5$ kN, $M_1=-15.25$ kN·m；$F_{S2}=-11.81$ kN, $M_2=-15.25$ kN·m

习题号	最大正剪力	最大负剪力	最大正弯矩	最大负弯矩
4-2（a）		$\dfrac{1}{2}q_0 l$		$\dfrac{1}{6}q_0 l^2$
（b）	45 kN			127.5 kN·m
（c）	30 kN	10 kN	15 kN·m	30 kN·m
（d）	0.6 kN	1.4 kN	2.4 kN·m	1.6 kN·m
（e）		22 kN	6 kN·m	20 kN·m
（f）	qa	$\dfrac{1}{8}qa$		$\dfrac{1}{2}qa^2$
4-3（a）	5 kN			10 kN·m
（b）	15 kN			25 kN·m
（c）	$\dfrac{3}{2}qa$	$\dfrac{3}{2}qa$	$\dfrac{21}{8}qa^2$	
（d）		$\dfrac{M_e}{3a}$		$2M_e$
（e）	2 kN	14 kN	4.5 kN·m	20 kN·m
（f）	$\dfrac{11}{16}F$	$\dfrac{11}{16}F$	$\dfrac{5}{16}Fa$	$\dfrac{3}{8}Fa$

续表

习题号	最大正剪力	最大负剪力	最大正弯矩	最大负弯矩
(g)	1.5 kN	0.5 kN	0.563 kN·m	
(h)	280 kN	280 kN	545 kN·m	
4-4(a)	qa	qa	$\frac{1}{2}qa^2$	qa^2
(b)	0	qa	0	qa^2
4-6(a)			54 kN·m	
(b)			0.25 kN·m	2 kN·m
4-7(a)		10 kN		
(b)		20 kN		
4-8(a)				$\frac{1}{2}Fl$
(b)				qa^2
(c)			10 kN·m	10 kN·m
(d)			$\frac{1}{40}ql^2$	$\frac{1}{50}ql^2$
4-9(a)	11.45 kN	3 kN	1.55 kN·m	3.09 kN·m
(b)	$\frac{1}{4}q_0 l$	$\frac{1}{4}q_0 l$	$\frac{1}{12}q_0 l^2$	
(c)	50 kN	40 kN	27.8 kN·m	15 kN·m
(d)	$\frac{1}{\pi}q_0 l$	$\frac{1}{\pi}q_0 l$	$\frac{1}{\pi^2}q_0 l^2$	

4-10 (a) $q_R = 62.5$ kN/m

最大正剪力 37.5 kN, 最大负剪力 37.5 kN, 最大正弯矩 12.81 kN·m

(b) 最大正、负剪力 $\frac{ql}{16}$, 最大正弯矩 $\frac{ql^2}{48}$

习题号	最大正剪力	最大负剪力	最大弯矩	最大拉力	最大压力
4-11(a)	6 kN	0	15 kN·m	6 kN	0
(b)	15 kN	17.5 kN	26.3 kN·m		17.5 kN
(c)	60 kN	45 kN	180 kN·m	0	60 kN
(d)	45 kN	27.1 kN	101.3 kN·m	27.1 kN	27.1 kN
4-12(a)	10.5 kN	10.5 kN	9.09 kN·m		12.12 kN
(b)	0.433F	0.433F	0.25Fl		0.25F
4-13(a)	F		FR		F
(b)	0	F	FR	F	0

4-14　$x = 0.462$ m

4-15　$F_t = 0.435F$

4-16　$\sigma_{max} = 352$ MPa

4-17　$a = l - \delta\sqrt{\dfrac{E}{6\rho gR}}$

4-18　$\sigma_{max} = 40.7$ MPa

4-19　(a) $b = 0.225$ m, $\sigma_{t,max} = 22.8$ MPa
　　　(b) $F_t = F_c = 183$ kN, $M = 30$ kN·m

4-20　$h/b = \sqrt{2} \approx 3/2$

4-21　$\delta = 0.011d$

4-22　$F = 47.4$ kN

4-23　$\sigma_{max} = 153.5$ MPa

4-24　$b \geqslant 61.5$ mm, $h \geqslant 184.5$ mm

4-25　$[F] = 28.9$ kN

4-26　(1) $x = 1.74$ m; (2) $b \geqslant 76.9$ mm, $h \geqslant 154$ mm

4-27　$a = 1.385$ m

4-28　$a = 2.12$ m, $q = 25$ kN/m

4-29　(1) $[F] = 122$ kN; (2) $\Delta l = 0.25$ mm

4-30　$n = 3.71$

4-31　$[F] \leqslant 3.94$ kN, $\sigma_{max} = 9.47$ MPa

4-32　$\sigma_{max} = 7.06$ MPa, $\tau_{max} = 0.477$ MPa

4-33　$\sigma_{max} = 159.8$ MPa, $\tau_{max} = 74.5$ MPa

4-34　$h \geqslant 208$ mm, $b \geqslant 138.7$ mm

4-35　选 28a 号工字钢

4-36　选 20a 号工字钢

4-37　$\tau = \dfrac{F_S}{\pi r_0 \delta}(1 - \cos\theta)$

4-38　$h_c = 7.5 \times 10^{-2}$ m, $h_t = 12.5 \times 10^{-2}$ m
　　　$\sigma_{t,max} = 18.1$ MPa, $\sigma_{c,max} = 30.2$ MPa

第 五 章

5-2　$\theta_A = \dfrac{7q_0 l^3}{360EI}$, $\theta_B = -\dfrac{q_0 l^3}{45EI}$, $w_{max} = 0.00652\dfrac{q_0 l^4}{EI}$

5-3　$\theta_A = -\dfrac{5q_0 l^3}{48EI}$, $\theta_B = -\dfrac{q_0 l^3}{24EI}$, $w_A = \dfrac{q_0 l^4}{24EI}$, $w_D = -\dfrac{q_0 l^4}{384EI}$

5-4　$w_C = -\dfrac{3Fa^3}{8EI}$

5-5　$w_B = \dfrac{2Fl^3}{9EI}$

5-6　$\theta_A = -\dfrac{qa^3}{48EI}$, $w_C = -\dfrac{13qa^4}{48EI}$

5-7　$\theta_A = -\theta_B = \dfrac{5qa^3}{192EI}$, $w_{max} = \dfrac{q_0 l^4}{120EI}$

5-8　$M_B = 2M_A$

5-9　$w_C = \dfrac{11Fl^3}{64Ebh^3}$

5-10　(1) $y = \dfrac{Fx}{12EIl}(l^3 - 2lx^2 + x^3)$；(2) $\sigma_{max} = 120$ MPa

5-14　$w_C = 20.5$ mm

5-15　(a) $w_C = \dfrac{135qa^4}{24EI}$；(b) $w_C = \dfrac{M_e a^2}{3EI}$

5-16　$\delta_{AD} = \dfrac{5Fl^3}{3EI}$

5-17　$\alpha = \dfrac{n\pi}{2} + \dfrac{\pi}{8}$ ($n = 0, 1, 2, \cdots$)

5-20　$\theta_A = \dfrac{1}{EI}\left(-\dfrac{M_A l}{3} + \dfrac{M_B l}{6}\right)$

5-22　$d = 158$ mm

5-23　选 22a 号工字钢

5-24　$\Delta l = 2.28$ mm, $\Delta = 7.39$ mm

第 六 章

6-1　最大拉力 $F_N = \dfrac{7}{4}F$, 最大压力 $F_N = \dfrac{5}{4}F$

6-2　$F_{N1} = 8.45$ kN, $F_{N2} = 2.68$ kN, $F_{N3} = -11.55$ kN

6-3　$F_{N1} = -\left(\dfrac{1}{4} - \dfrac{e}{\sqrt{2}a}\right)F$, $F_{N2} = -\dfrac{1}{4}F$

　　　$F_{N3} = -\left(\dfrac{1}{4} + \dfrac{e}{\sqrt{2}a}\right)F$, $F_{N4} = -\dfrac{1}{4}F$

6-4　$\Delta_A = \dfrac{6Fl}{(2+3\sqrt{3})EA}$ ($\downarrow$)

6-5　$\sigma_{CE} = 96$ MPa, $\sigma_{BD} = 161$ MPa

6-6　$[F] \leq 2.5[\sigma]A$

6-7　$[F] = 742$ kN

6-8　杆 1 应力 $\sigma_1 = 16.2$ MPa, 杆 2 应力 $\sigma_2 = 45.9$ MPa

6-9　最大拉伸内力 $F_N = 85$ kN, 最大压缩内力 $F_N = -15$ kN

6-10　$\sigma_{AC} = -100.8$ MPa, $\sigma_{CD} = -50.4$ MPa

6-11　截面 C 左侧 $\tau_{max} = 59.8$ MPa, 右侧 $\tau_{max} = 29.9$ MPa,
　　　$\varphi_{AC} = \varphi_{BC} = 0.713°$

6-12 $T_A = T_B = \dfrac{G\beta I_{pA}I_{pB}}{l_A I_{pB} + l_B I_{pA}}$

6-13 $\tau_{1,\max} = 46.7$ MPa, $\tau_{2,\max} = 6.95$ MPa

6-14 $\tau_{\max} = 30.6$ MPa

6-15 (a) $F_B = -\dfrac{3}{2}\dfrac{M_e}{2a}(\downarrow)$; (b) $M_A = \dfrac{ql^2}{12}(\curvearrowleft)$

6-16 两者的最大弯矩相等, $|M_{\max}| = \dfrac{ql^2}{32}$

6-17 $F_C = \dfrac{5}{4}F$, w_B 减小 39%, $M_{\max}$ 减小 50%

6-18 D 端的铅垂反力 $F_D = \dfrac{3F}{8-6f}(\uparrow)$

6-19 $\sigma_{\max} = \dfrac{6E\delta r}{l^2}$

6-20 $\Delta = \dfrac{7}{72}\dfrac{ql^4}{EI}$

6-21 $F_A = \dfrac{6EI\theta}{l^2}(\uparrow)$; $M_A = \dfrac{4EI\theta}{l}(\curvearrowleft)$

6-22 $w_B = \dfrac{6(\alpha_1 - \alpha_2)\Delta t E_1 E_2 l^2}{h[(E_1+E_2)^2 + 12E_1 E_2]}(\downarrow)$

第 七 章

7-1 (a) $\sigma_A = -\dfrac{4F}{\pi d^2}$; (b) $\tau_A = 79.6$ MPa

(c) $\tau_A = 0.42$ MPa, $\sigma_B = 2.08$ MPa, $\tau_B = 0.31$ MPa

(d) $\sigma_A = 50$ MPa, $\tau_A = 50$ MPa

7-2 $F = 60$ kN

7-3 $\sigma_{45°} = -55$ MPa, $\tau_{45°} = -55$ MPa

7-4 $\alpha = 60°$

7-6 $\sigma_1 = 10.66$ MPa, $\sigma_3 = -0.06$ MPa, $\alpha = 4.73°$

7-7 (a) $\sigma_\alpha = 25$ MPa, $\tau_\alpha = 26$ MPa, $\sigma_1 = 20$ MPa, $\sigma_3 = -40$ MPa;

(b) $\sigma_\alpha = -26$ MPa, $\tau_\alpha = 15$ MPa, $\sigma_1 = -\sigma_3 = 30$ MPa;

(c) $\sigma_\alpha = -50$ MPa, $\tau_\alpha = 0$, $\sigma_2 = \sigma_3 = -50$ MPa;

(d) $\sigma_\alpha = 40$ MPa, $\tau_\alpha = 10$ MPa, $\sigma_1 = 41$ MPa, $\sigma_3 = -61$ MPa, $\alpha_0 = 39.35°$

7-8 (a) $\sigma_1 = 160$ MPa, $\sigma_3 = -30$ MPa, $\alpha_0 = -23.5°$;

(b) $\sigma_1 = 36$ MPa, $\sigma_3 = -176$ MPa, $\alpha_0 = 65.6°$;

(c) $\sigma_2 = -16.25$ MPa, $\sigma_3 = -53.75$ MPa, $\alpha_0 = 16.1°$;

(d) $\sigma_1 = 170$ MPa, $\sigma_2 = 70$ MPa, $\alpha_0 = -71.6°$;

7-9 $\alpha = 54°44'$

7-10 $\sigma_1 = 141$ MPa, $\sigma_2 = 31$ MPa, $\sigma_3 = 0$; $\alpha_0 = 29.7°$; $\alpha = 75°$

7-12 a 点：$\sigma_1 = 212$ MPa；b 点：$\sigma_1 = 210$ MPa，$\sigma_3 = -17$ MPa；
　　　c 点：$\sigma_1 = -\sigma_3 = 85$ MPa

7-13 椭圆长轴：300.109 mm，短轴：299.979 mm

7-14 (a) $\sigma_1 = 94.7$ MPa，$\sigma_2 = 50$ MPa，$\sigma_3 = 5.3$ MPa，$\tau_{max} = 44.7$ MPa；
　　　(b) $\sigma_1 = 80$ MPa，$\sigma_2 = 50$ MPa，$\sigma_3 = -20$ MPa，$\tau_{max} = 50$ MPa；
　　　(c) $\sigma_1 = 50$ MPa，$\sigma_2 = -50$ MPa，$\sigma_3 = -80$ MPa，$\tau_{max} = 65$ MPa；

7-16 $\Delta h = 1.46 \times 10^{-3}$ mm

7-17 纵向（力 F 方向）：$\sigma_y = -35$ MPa，横向：$\sigma_x = \sigma_z = -15$ MPa

7-18 $\nu = 0.27$

7-19 $M_e = 10.89$ kN·m

7-20 $M_e = \dfrac{2EIbh}{3(1+\nu)}\varepsilon_{45°}$

7-21 $\Delta V = 6.54 \times 10^{-10}$ m^3

7-22 $\nu_d = 12.99$ kN·m/m^3

7-23 $\sigma_{r2} = 29.8$ MPa

7-24 $\sigma_{r3} = 250$ MPa，$\sigma_{r4} = 229$ MPa

7-25 集中荷载作用截面上点 a 处 $\sigma_{r4} = 176$ MPa

7-26 $\sigma_{r3} = 183$ MPa

7-27 $F = 2.01$ kN，$M_e = 2.01$ N·m，$\sigma_{r4} = 31.2$ MPa

7-28 $\sigma_{rM} = 58$ MPa

7-29 $\alpha = 57°41'$

7-30 $\tau_{max} = 131$ MPa，$\nu_d = 124$ kN·m/m^3

第 八 章

8-1 $\sigma_{max} = 79.1$ MPa

8-2 $\sigma_{max} = 10.55$ MPa，$w_{max} = 2.05 \times 10^{-2}$ m

8-3 $\theta = 63°13'$，$[F] = 12.15$ kN

8-4 最大压应力 5.29 MPa，最大拉应力 5.09 MPa

8-5 （1）最大压应力 0.72 MPa；（2）$D = 4.17$ m

8-6 $\sigma_{max} = 180$ MPa，$\delta_{AB} = 0.98$ mm

8-7 $\sigma_{max} = 0.572 \dfrac{F}{a^2}$

8-8 $[F] = 140.5$ kN

8-9 $b = 0.63h$

8-10 $\sigma_A = -0.193$ MPa，$\sigma_B = -0.0114$ MPa

8-11 (a) 核心边界为一正方形，其对角顶点在两对称轴上，相对两顶点间距离为 364 mm
　　　(b) 核心边界为一八边形，其中有四个顶点在与截面各边平行的两对称轴上，相对的两顶点间距离为 12.9×10^{-2} m
　　　(c) 核心边界为一扇形

习 题 答 案

8-12　$\sigma_1 = 33.5$ MPa, $\sigma_3 = -9.95$ MPa, $\tau_{max} = 21.7$ MPa

8-13　$\delta = 2.65 \times 10^{-3}$ m

8-14　$P = 0.59$ kN

8-15　$d = 35.5$ mm

8-16　$\sigma_{r3} = 84.5$ MPa

8-17　$[F] = 70.8$ N

8-18　$[F] = 1.64$ kN

8-19　圆杆的危险截面为杆的两端截面 A 或 B（C 或 D），其内力分量为：剪力 $F_S = \dfrac{7.5M_e a l}{2l^2 + 7.5a^2}$，扭矩 $T = \dfrac{M_e l^2}{2l^2 + 7.5a^2}$，弯矩 $M = \dfrac{7.5M_e a l}{2(2l^2 + 7.5a^2)}$

8-20　$\tau = 30.3$ MPa, $\sigma_{bs} = 44$ MPa

8-21　$\tau = 68.3$ MPa

8-22　$d = 14$ mm

8-23　$\tau = 52.6$ MPa, $\sigma_{bs} = 90.9$ MPa, $\sigma = 166.7$ MPa

8-24　(1) $\tau = 37.3$ MPa; (2) $\tau_{max} = 59.1$ MPa

8-25　$\tau = 104$ MPa

8-26　$s = 213$ mm

8-27　$l = 200$ mm, $a = 20$ mm

8-28　$\delta = 60$ mm, $l = 120$ mm

第 九 章

9-2　$\Delta t = 29.2$℃

9-3　面外失稳时 F_{cr} 最小，$F_{cr} = \dfrac{\pi^3 E d^4}{128 l^2}$

9-4　$F_{cr} = 36.1 \dfrac{EI}{l^2}$

9-5　$\theta = 18°26'$, $F_{cr,max} = 41.6 \dfrac{EI}{l^2}$

9-6　$T = 51.4$℃

9-7　(1) $\lambda = 92.3$; (2) $\lambda = 65.8$; (3) $\lambda = 73.7$

9-8　$[F] = 302.4$ kN

9-9　$\lambda = 80.8$, $\varphi = 0.393$, $[F] = 88.4$ kN

9-10　$\sigma = 0.58$ MPa $< \varphi[\sigma] = 0.6$ MPa

9-11　$a = 0.191$ m

9-12　$[F] = 557$ kN

9-13　$[F] = 378$ kN

9-14　$d = 193.7$ mm

9-15　$[F] = 15.5$ kN

9-16　$F_N \approx 120$ kN, $\lambda_{CD} \approx 103$, $\varphi[\sigma] = 91.1$ MPa

9-17 $F_{cr} = 1.35^2 \dfrac{EI}{l^2}$

9-18 (1) $[F] = 120.5$ kN; (2) $[F] = 109.3$ kN

附录 I

I-1 (a) $S_x = 24 \times 10^3$ mm^3; (b) $S_x = 42.25 \times 10^3$ mm^3
    (c) $S_x = 280 \times 10^3$ mm^3; (d) $S_x = 520 \times 10^3$ mm^3

I-2 $S_x = \dfrac{2}{3}r^3$, $\bar{y} = \dfrac{4r}{3\pi}$

I-3 (a) 距上边 $\bar{y} = 46.4$ mm; (b) 距下边 $\bar{y} = 23$ mm, 距左边 $\bar{x} = 53$ mm
    (c) 距下边 $\bar{y} = 76$ mm, 自槽钢腹板右边缘向左 6 mm

I-4 $I_x = I_y = \dfrac{\pi R^4}{16}$, $I_{xy} = \dfrac{R^4}{8}$

I-5 $I_x = 5.32 \times 10^7$ mm^4

I-6 $I_x = \dfrac{a^4}{12}$

I-7 $I_x = \dfrac{\pi ab^3}{4}$, $I_y = \dfrac{\pi ba^3}{4}$

I-8 $I_x = \dfrac{bh^3}{4}$

I-9 $I_x = 3.3$ m^4

I-10 $I_x = \dfrac{11}{64}\pi d^4$

I-11 (a) $I_x = 6.58 \times 10^7$ mm^4; (b) $I_x = 1.22 \times 10^9$ mm^4

I-12 (a) $I_x = 1.337 \times 10^{10}$ mm^4; (b) $I_x = 1.34 \times 10^{11}$ mm^4; (c) $I_x = 2.03 \times 10^9$ mm^4

I-13 $\alpha_0 = 13°31', 103°31'$; $I_{x_0} = 76.1 \times 10^4$ mm^4; $I_{y_0} = 19.9 \times 10^4$ mm^4

I-15 $I_x = 188.9a^4$, $I_y = 190.4a^4$

I-16 $I_x = 1\,307 \times 10^5$ mm^4, $I_y = 1\,309 \times 10^5$ mm^4

I-17 $I_{max} = 1\,820 \times 10^4$ mm^4, $I_{min} = 1\,148 \times 10^4$ mm^4

I-18 (a) $\alpha_0 = 26°25'$, $I_{x_0} = 7.04 \times 10^8$ mm^4, $I_{y_0} = 0.541 \times 10^8$ mm^4;
    (c) $\alpha_0 = 4°24'$, $I_{x_0} = 2.31 \times 10^7$ mm^4, $I_{y_0} = 0.237 \times 10^7$ mm^4

索 引

（按汉语拼音字母顺序）

A
安全因数　safety factor §2-7

B
比例极限　proportional limit §2-6
闭口薄壁截面杆　thin-walled bar with closed cross section §3-8
变形　deformation §1-3
变形仪　instrument of measure deformation §2-6
变形几何相容方程　geometrically compatibility equation of deformation §6-1
边界条件　boundary condition §5-2
标距　gauge length §2-6
泊松比　Poisson ratio §2-4

C
材料力学　mechanics of materials §1-1
长度因数　factor of length §9-3
长细比　slenderness §9-4
超静定问题　statically indeterminate problem §6-1
超静定结构　statically indeterminate structure §6-1
超静定次数　degree of statically indeterminate problem §6-1
超静定梁　statically indeterminate beam §4-1, §6-4
初参数　initial parameter §5-4
初参数方程　initial parametric equation §5-4

初应力　initial stress §6-2
纯弯曲　pure bending §1-5, §4-4
纯扭转　pure torsion §3-7
纯剪切应力状态　shearing state of stresses §3-4
脆性材料　brittle materials §2-6
脆性断裂　brittle fracture §7-6

D
大柔度压杆　long column, slender column §9-4
单轴应力状态　state of uniaxial stress §2-3
单位长度扭转角　torsional angle perunit length §3-5
等强度梁　beam of constant strength §4-6
叠加原理　superposition principle §4-2
断面收缩率　percentage reduction of area §2-6
断后伸长率　percentage elongation after fracture §2-6
对称弯曲　symmetric bending §4-1
多余约束　redundant constraint §6-1
多余反力　redundant reaction §6-1
多余未知力　redundant unknown force §6-1

F
非对称弯曲　unsymmetric bending §4-1

G
杆件　bar §1-5
刚度　stiffness §1-1
刚度条件　stiffness condition §3-5

刚架 frame §4-3
各向同性假设 isotropy assumption §1-3
各向异性 anisotropy §1-3
各向异性材料 material with anisotropy §2-6
割线弹性模量 secant elastic modulus §2-6
功能原理 work-energy principle §2-5
工程实用计算法 engineering method of practical analysis §8-1
构件 member §1-1
惯性矩 moment of inertia of an area §I-2
惯性积 product of inertia of an area §I-2
惯性半径 radius of gyration of an area §I-2
广义胡克定律 generalized Hooke's law §7-4
固定端 fixed end §4-1
固定铰支座 fixed support of pin joint §4-1
规定非比例伸长应力 proof stress of non-proportional elongation §2-6

H

横向 transverse §1-4
横截面 cross section §1-4
横向变形因数 factor of transverse deformation §2-4
横力弯曲 bending by transverse force §1-5, §4-4
荷载 load §1-1
胡克定律 Hooke's law §2-4
滑移线 slip lines §2-6

J

几何相容条件 geometrically compatibility condition §1-3
基本静定系 primary statically determinate system §6-1
挤压 bearing §8-5
挤压力 bearing force §8-5
挤压应力 bearing stress §8-5
计算挤压面 effective bearing surface §8-5
极限应力 ultimate stress §2-7
极限应力圆 limit stress circle §7-7

极惯性矩 polar moment of inertia of an area §3-4, §I-2
剪力 shearing force §4-2
剪力方程 equation of shearing force §4-2
剪力图 shearing force diagram §4-2
剪切 shear §1-5
剪切胡克定律 Hooke's law in shear §3-2
剪切面 shear surface §8-5
简支梁 simply supported beam §4-1
交变压力 alternating stress §8-4
截面法 method of section §2-2
截面的几何性质 geomatrical properties of an area §I-1
截面二次极矩 second polar moment of an area §I-2
截面二次轴矩 second axial moment of an area §I-2
截面核心 core of section §8-3
结构 structure §1-1
静定问题 statically determinate problem §6-1
静定梁 statically determinate beam §4-1
静荷载 static load §1-1
静矩 static moment of an area §I-1
局部变形阶段 stage of local deformation §2-6
均匀性假设 homogenization assumption §1-3

K

开口薄壁截面杆 thin-walled bar with open cross section §3-8
可变形固体 deformable solid §1-3
可动铰支座 roller support of pin joint §4-1
可靠性设计 reliability design §2-9
空间应力状态 state of Triaxial stress §7-3
跨 span §4-1
跨长 length of span §4-1

L

拉(压)杆 axially loaded bar §2-1
拉力 tensile force §2-2

拉伸刚度 tension rigidity §2-4
拉伸图 tensile diagram §2-6
拉伸强度 tension strength §2-6
冷作硬化 cold hardening §2-6
冷作时效 cold time-effect §2-6
力学性能 mechanical properties §1-1,§2-6
理论应力集中因数 theoretical stress concentration factor §2-8
连续性假设 continuity assumption §1-3
连续分布 continuous distribution §2-2
连续条件 continuity condition §5-2
连续梁 continuous beam §6-4
连接件 connective element §8-1
梁 beam §4-1
临界力 critical force §9-1
临界压力 critical compressive force §9-1
临界应力 critical stress §9-4
临界应力总图 total diagram of critical stress §9-4

M

莫尔应力圆 Mohr circle for stress §7-2
莫尔强度理论 Mohr theory of strength §7-7

N

挠度 deflection §5-1
挠曲线 deflection curve §5-1
挠曲线方程 equation of deflection curve §5-1
挠曲线近似微分方程 approximately differential equation of the deflection curve §5-2
内力 internal force §2-2
内力图 internal force diagram §4-3
能量法 energy method §2-5
扭转 torsion §1-5
扭矩 torsional moment, torque §3-2
扭矩图 torque diagram §3-3
扭转截面系数 section modulus of torsion §3-4
扭转刚度 torsion rigidity §3-5

O

欧拉公式 Euler formula §9-2
欧拉临界应力曲线 Euler curve of critical stress §9-4

P

偏心拉伸 eccentric tension §8-3
偏心压缩 eccentric compression §8-3
平均应力 mean stress §2-3,§7-5
平面假设 plane assumption §2-3,§3-4,§4-4
平面刚架 plane frame §4-3
平面应力状态 state of plane stress §7-2
平行移轴公式 paralled axis formula §I-3

Q

强度 strength §1-1
强度极限 ultimate strength §2-6
强化阶段 strengthing stage §2-6
强度理论 theory of strength, failure criterion §7-1,§7-6
强度条件 strength condition §2-7,§3-4,§4-4,§4-5
翘曲 warping §3-7,§4-4
奇异函数 singular function §5-4
切应力 shearing stress §2-3,§3-4,§4-5
切应变 shearing strain §3-2
切应力互等定理 theorem of conjugate shearing stress §3-4
切变模量 shear modulus §3-2
切线弹性模量 tangent modulus of elasticity §9-4
屈服 yield §2-6
屈服阶段 yielding stage §2-6
屈服极限 yield limit §2-6
屈服强度 yield strength §2-6
屈服点应力 yielding point stress §2-6
曲杆 curved bar §4-3
曲率 curvature §5-2

R

柔度,长细比　slenderness　§9-4

S

三弯矩方程　three moment equation　§6-4
圣维南原理　Saint-Venant principle　§2-3
失稳　lost stability buckling　§9-1
上屈服强度　upper yield strength　§2-6
塑性变形　plastic deformation　§1-3
塑性材料　ductile materials　§2-6
塑性屈服　plastic yield　§7-6
缩颈　necking　§2-6

T

弹性变形　elastic deformation　§1-3
弹性阶段　elastic stage　§2-6
弹性极限　elastic limit　§2-6
弹性模量　modulus of elasticity　§2-4
弹性曲线　elastic curve　§5-1
弹性曲线方程　equation of elastic curve　§5-1
体应变　volume strain　§7-4
体积改变能密度　strain energy density of volume change　§7-5

W

外伸梁　overhang beam　§4-1
弯曲　bending　§1-5, §4-1
弯矩　bending moment　§4-2
弯矩方程　equation of bending moment　§4-2
弯矩图　bending moment diagram　§4-2
弯曲正应力　normal stress in bending　§4-4
弯曲切应力　shearing stress in bending　§4-4
弯曲截面系数　section modulus in bending　§4-4
弯曲刚度　flexural rigidity　§4-5
万能试验机　universal testing machine　§2-6
危险截面　critical section　§2-3, §3-4, §4-4
危险点　critical point　§3-4, §4-4
位移　displacement　§5-1

温度内力　temperature intenal force　§6-2
温度应力　temperature stress　§6-2, §6-4
稳定性　stability　§1-1
稳定因数　stability factor　§9-5
稳定条件　stability condition　§9-6

X

下屈服强度　lower yield strength　§2-6
细长压杆　slender column, long column　§9-4
线应变　linear strain, strain　§2-4
线弹性范围　region of linear elasticity　§2-5
相对扭转角　relative angle of twist　§3-2
相当极惯性矩　equivalent polar moment of an area　§3-7
相当系统　equivalent system　§6-1
相当应力　equivalent stress　§7-6
相当长度　equivalent length　§9-3
小柔度压杆　short column　§9-4
卸载规律　unloading rule　§2-6
形心　center of an area　§Ⅰ-1
形状改变能密度　distortional strain energy density　§7-5
形状改变能密度理论　distortional strain energy density theory　§7-6
形心轴　centroidal axis　§Ⅰ-3
形心主惯性矩　centroidal principal moment of inertia of an area　§Ⅰ-4
形心主惯性轴　centroidal principal axes of inertia of an area　§Ⅰ-4
许用应力　allowable stress　§2-7
悬臂梁　cantilever beam　§4-1

Y

压力　compressive force　§2-2
压缩刚度　compressive rigidity　§2-4
压缩图　compressive diagram　§2-6
一次矩　first moment of an area　§Ⅰ-1
一点处的应力状态　state of stress at a given point　§7-1
应力　stress　§2-3

应力状态　state of stress　§2-3
应变能　strain energy　§2-5
应变能密度　strain energy density　§2-5,§7-5
应力-应变曲线　stress-strain curve　§2-6
应力集中　stress concentration　§2-8
应力圆　stress circle　§7-2
约束扭转　constrained torsion　§3-7
约束条件　constraint condition　§5-2

Z

折减弹性模量　discounted modulus of elasticity　§9-4
正应力　normal stress　§2-3
正交各向异性材料　material with othotropy　§2-6
中性层　neutral surface　§4-4
中性轴　neutral axis　§4-4
重心　center of gravity　§I-1
轴线　axis　§I-4
轴向拉伸　axial tension　§1-5
轴向压缩　axial compression　§1-5
轴向拉力　axially tensile force　§2-1
轴向压力　axially compressive force　§2-1
轴力　normal force　§2-2
轴力图　normal force diagram　§2-2
轴　shaft　§3-3

主惯性矩　principal moment of inertia of an area　§I-4
主惯性轴　principal axes of inertia of an area　§I-4
主平面　principal plane　§7-2
主应力　principal stress　§7-2
主应变　principal strain　§7-4
转角　slope rotation angle　§5-1
转轴公式　rotation axis formula　§I-4
装配内力　assemble internal force　§6-2
装配应力　assemble stress　§6-2
最大工作应力　maximum active stress　§2-3
最大拉应力理论　maximum tensile stress theory　§7-6
最大伸长线应变理论　maximum elongated strain theory　§7-6
最大切应力　maximum shearing stress　§7-3
最大切应力理论　maximum shearing stress theory　§7-6
自由扭转　free torsion　§3-7
总应力　overall stress　§2-3
纵向　longitude　§I-4
纵向伸长　longitudinal elongation　§2-1
纵向缩短　longitudinal shortening　§2-1
组合变形　combined deformation　§8-1
组合截面　composite area　§I-3

Synopsis

The first edition of this textbook was published in April of 1979, the second in April of 1987. And the third edition of this book, published in September of 1994, was awarded a 1st grade prize of the outstanding textbooks for undergraduate courses in Chinese universities by the Commission of Education of P. R. of China in 1996, and was also selected by some universities in Taiwan and Hongkong. For this reason, a science book company had published the third edition in original complex form of Chinese chracters. Based on the formal textbooks, in the fouth edition the original two parts of the textbook was divided into two individual books titled "Mechanics of Materials (I)" and "Mechanics of Materials (II)", maintaining the chief features of the earlier editions, such as plentiful content; clear interpretation of the principles; and close relation with engineering practice.

"Mechanics of Materials (I)" gives the chief ingredients and basic concepts of Mechanics of Materials, and can be used as a textbook for students who take a shorter undergraduate course. In "Mechanics of Materials (II)" more advanced knowledge is included to meet with the requirement of people who take more advanced course or have ability to study in-depth.

"Mechanics of Materials (I)" has 9 chapters: introduction and basic concepts; axial loading; torsion; bending stresses; displacements of bending beam; simple statically indeterminate problems; stress state and failure criteria; combined deformation and analysis of connections; and stability of column.

"Mechanics of Materials (II)" includes 7 chapters: further investigation in bending problem; plastic limit analysis; energy methods; further investigation in stability of column; analysis strain and basis for strain-gage measurement; dynamic load and alternative stress; and further studies in mechanical behaviour of materials.

The presented textbooks are written for the undergraduates majoring in civil and hydraulic engineering, but they can also be selected as the reference books for person specialized in other fields.

Contents

Chapter 1 Introduction and Basic Concepts   1
  § 1-1   Objectives of Mechanics of Materials   1
  § 1-2   A Brief Review on Mechanics of Materials   2
  § 1-3   Basic Assumptions of Deformable Solid   5
  § 1-4   Geometric Character of Prismatic Bar   6
  § 1-5   Basic Form of Deformation of Prismatic Bar   7

Chapter 2 Axial Loading   9
  § 2-1   Concepts of Axial Loading   9
  § 2-2   Internal Forces · Method of Sections · Axial Force Diagrams   9
  § 2-3   Stresses · Stresses in Axially Loaded Bar   13
  § 2-4   Deformation of Axially Loaded Bar · Hooke's Low 19
  § 2-5   Strain Energy in the Axially Loaded Bar   24
  § 2-6   Mechanical Behaviour of Materials under Tension and Compression   27
  § 2-7   Strength Condition · Safety Factor · Allowable Stress   39
  § 2-8   Concepts of Stress Concentration   45
  *§ 2-9 Concepts of Static Strength Reliability Design   46
  Problems   50
  Exercises   52

Chapter 3 Torsion   58
  § 3-1   Introduction   58
  § 3-2   Torsion for Thin-Walled Tube   59
  § 3-3   External Couple of Shafts · Twisting Moment Diagrams   61
  § 3-4   Stresses in Circular Bar under Torsion · Strength Condition   64
  § 3-5   Deformation of Circular Bar under Torsion · Stiffness Condition   73
  § 3-6   Strain Energy in Circular Bar under Torsion   76
  § 3-7   Stresses and Deformations of Noncircular Bar under Torsion   80
  *§ 3-8 Stresses and Deformations of Thin-Walled Bar with

	Open/Closed Cross Section under Free Torsion	83
Problems		89
Exercises		92

Chapter 4 Bending Stresses — 97

§ 4-1 Concept of Symmetrical Bending — 97
§ 4-2 Shearing Force and Bending Moment Diagram of Beams — 100
§ 4-3 Diagrams of Internal Forces for Plane Frame and Curved Bar — 118
§ 4-4 Normal Stresses on Cross Section of Beam · Strength Condition for Normal Stress — 120
§ 4-5 Shearing Stresses on Cross Section of Beam · Strength Condition for Shearing Stress — 130
§ 4-6 Rational Design for Beam — 140
Problems — 143
Exercises — 146

Chapter 5 Displacements of Bending Beam — 157

§ 5-1 Displacements of Beam——Deflection and Slope — 157
§ 5-2 Approximately Differential Equation for Deflection Curve of Beam and It's Integration — 158
§ 5-3 Determine Deflection and Slope by Method of Superposition — 165
*§ 5-4 Singular Function · Equation of Initial Parameters for Deflection Curve of Beam — 169
§ 5-5 Stiffness Condition of Beam · Rational Design of Beam for Stiffness — 173
§ 5-6 Bending Strain Energy in Beam — 176
Problems — 178
Exercises — 180

Chapter 6 Simple Statically Indeterminate Problems — 184

§ 6-1 Analysis of Statically Indeterminate Problem — 184
§ 6-2 Statically Indeterminate Problem in Tension and Compression — 185
§ 6-3 Statically Indeterminate Problem in Torsion — 193
§ 6-4 Simple Statically Indeterminate Beam — 195
Problems — 203

Exercises 205

Chapter 7 Stress State · Theory of Strength 211
§ 7–1 Introduction 211
§ 7–2 Analysis of Plane Stress · Mohr Circle 212
§ 7–3 Concepts of Triaxial Stress 220
§ 7–4 Stress–Strain Relation 225
§ 7–5 Strain Energy Density under Triaxial Stress 232
§ 7–6 Theory of Strength · Equivalent Stress 234
*§ 7–7 Mohr Theory of Strength 239
§ 7–8 Application for Theories of Strength 241
Problems 247
Exercises 250

Chapter 8 Combined Deformation · Analysis of Connections 258
§ 8–1 Introduction 258
§ 8–2 Bending in Two Planes Vertical to One Another 260
§ 8–3 Combined Bending with Tension (Compression) 264
§ 8–4 Combined Bending with Torsion 277
§ 8–5 Practical Analysis of Connections 281
§ 8–6 Analysis of Bolt Connection 286
*§ 8–7 Joggle Connection 292
Problems 294
Exercises 296

Chapter 9 Stability of Column 305
§ 9–1 Concepts of Stability of Column 305
§ 9–2 Euler Formula of Critical Load for Simply Supported Column 306
§ 9–3 Euler Formula of Critical Load of Column with Various End Supports · Factor of Length 309
§ 9–4 Application of Euler Formula · Critical Stress Diagram 313
§ 9–5 Stability Factor of Column 317
§ 9–6 Stability Condition · Rational Section of Column 321
Problems 326
Exercises 329

Appendix I Geometric Properties of an Area 333
  § I-1 Static Moment · Centriod of an Area 333
  § I-2 Polar Inertia Moment · Moment of Inertia · Product of Inertia 335
  § I-3 Parallel Axis Theorem for Inertia Moment and Product of Inertia 338
  § I-4 Rotation of Axis · Principal Axis of Inertia and Principle Moment of Inertia of an Area 342
  *§ I-5 Approximate Method to Determine Moment of Inertia 346
  Problems 348
  Exercises 350

Appendix II Formula Determining Geometric Properties of Common Area Types 355
Appendix III Properties of Rolled-Steel Shapes 357
Appendix IV Deflection and Slopes of Beam under Simple Load 372
Appendix V Table of New Name and symbol of Mechanical Properties and Old Ones 376
References 378
Answers 379
Index 389
Synopsis 394
Contents 395
A Brief Introduction to the Author 399

作者简介

孙训方(1923—2000),西南交通大学教授。1945年毕业于西南联合大学土木系,获工程学士学位,随后在清华大学任助教。1948年赴美国哈佛大学工程研究生院学习,获科学硕士学位。1949年9月新中国成立前夕毅然回国,一直在西南交通大学(原唐山铁道学院)任教,长期担任数理力学系副系主任及材料力学教研室主任。1981年被国务院批准为首批博士生导师,1988年成为博士后指导专家,1989年被评为铁道部优秀教师,1991年被评为四川省优秀博士生导师,1993年起享受国务院政府特殊津贴。

历任中国力学学会第一、二、三届副理事长,第四、五届名誉理事,全国高等学校工科力学课程指导委员会副主任委员,中国反应堆结构力学专业委员会主任,四川省力学学会副理事长,四川省机械工程学会常务理事,四川省高校高级职称评委会委员及力学评审组组长,四川省科技顾问团成员等。

毕生从事于力学教学与科研工作,致力于力学在工程实际中的应用。尤为我国断裂力学的开创、发展和工程应用作出了不朽的贡献。在损伤力学和材料本构关系领域中的研究成果为世人瞩目。1957年起先后出版主编的材料力学教材4套、译著4本,发表学术论文近100篇。曾获全国科学大会奖、国家教委科技进步二等奖和四川省优秀教学成果一等奖。1996年《材料力学》(第三版)获国家教育委员会第三届全国普通高等学校优秀教材一等奖。二十余年来为国家培养了硕士生、博士生和博士后数十位,其中大多成为所在单位的学术带头人或业务骨干。

郑重声明

高等教育出版社依法对本书享有专有出版权。任何未经许可的复制、销售行为均违反《中华人民共和国著作权法》，其行为人将承担相应的民事责任和行政责任，构成犯罪的，将被依法追究刑事责任。为了维护市场秩序，保护读者的合法权益，避免读者误用盗版书造成不良后果，我社将配合行政执法部门和司法机关对违法犯罪的单位和个人给予严厉打击。社会各界人士如发现上述侵权行为，希望及时举报，本社将奖励举报有功人员。

反盗版举报电话：(010)58581897/58581896/58581879
传　　真：(010)82086060
E – mail：dd@hep.com.cn
通信地址：北京市西城区德外大街4号
　　　　　高等教育出版社打击盗版办公室
邮　　编：100120

购书请拨打电话：(010)58581118